"十四五"职业教育国家规划教材

国家卫生健康委员会"十四五"规划教材
全国中医药高职高专教育教材

供中药学等专业用

无机化学

第5版

主　编　冯务群　张宝成
副主编　梁晓峰　石宝珏　叶国华

编　者（按姓氏笔画排序）

王司雷（漳州卫生职业学院）
石宝珏（济南护理职业学院）
叶国华（山东中医药高等专科学校）
冯务群（湖南中医药高等专科学校）
汤胤旻（广东江门中医药职业学院）
孙晓晶（山东医学高等专科学校）
李小林（江西中医药高等专科学校）
狄庆锋（湖南中医药高等专科学校）
张宝成（安徽中医药高等专科学校）
林沁华（赣南卫生健康职业学院）
勇飞飞（山东药品食品职业学院）
梁晓峰（四川中医药高等专科学校）
鲍闻渊（湖北中医药高等专科学校）

人民卫生出版社
·北　京·

图书在版编目(CIP)数据

无机化学 / 冯务群，张宝成主编. —5 版. —北京：
人民卫生出版社，2023.7（2025.4重印）
ISBN 978-7-117-34943-7

Ⅰ. ①无… Ⅱ. ①冯… ②张… Ⅲ. ①无机化学－医
学院校－教材 Ⅳ. ①061

中国国家版本馆 CIP 数据核字(2023)第 141708 号

人卫智网	www.ipmph.com	医学教育、学术、考试、健康，购书智慧智能综合服务平台
人卫官网	www.pmph.com	人卫官方资讯发布平台

无 机 化 学
Wuji Huaxue
第 5 版

主　　编：冯务群　张宝成
出版发行：人民卫生出版社（中继线 010-59780011）
地　　址：北京市朝阳区潘家园南里 19 号
邮　　编：100021
E - mail：pmph @ pmph.com
购书热线：010-59787592　010-59787584　010-65264830
印　　刷：天津善印科技有限公司
经　　销：新华书店
开　　本：850 × 1168　1/16　　印张：17
字　　数：480 千字
版　　次：2005 年 6 月第 1 版　　2023 年 7 月第 5 版
印　　次：2025 年 4 月第 4 次印刷
标准书号：ISBN 978-7-117-34943-7
定　　价：62.00 元
打击盗版举报电话：010-59787491　E-mail：WQ @ pmph.com
质量问题联系电话：010-59787234　E-mail：zhiliang @ pmph.com
数字融合服务电话：4001118166　E-mail：zengzhi @ pmph.com

《无机化学》
数字增值服务编委会

主　编　冯务群　张宝成

副主编　梁晓峰　石宝珏　叶国华

编　者　**（按姓氏笔画排序）**

王司雷（漳州卫生职业学院）
石宝珏（济南护理职业学院）
叶国华（山东中医药高等专科学校）
冯务群（湖南中医药高等专科学校）
汤胤旻（广东江门中医药职业学院）
孙晓晶（山东医学高等专科学校）
李小林（江西中医药高等专科学校）
李叶婧（济南护理职业学院）
狄庆锋（湖南中医药高等专科学校）
张宝成（安徽中医药高等专科学校）
林沁华（赣南卫生健康职业学院）
勇飞飞（山东药品食品职业学院）
梁晓峰（四川中医药高等专科学校）
鲍闻渊（湖北中医药高等专科学校）

修订说明

为了做好新一轮中医药职业教育教材建设工作，贯彻落实党的二十大精神和《中医药发展战略规划纲要（2016—2030年）》《教育部 国家卫生健康委 国家中医药管理局关于深化医教协同进一步推动中医药教育改革与高质量发展的实施意见》《教育部等八部门关于加快构建高校思想政治工作体系的意见》《职业教育提质培优行动计划（2020—2023年）》《职业院校教材管理办法》的要求，适应当前我国中医药职业教育教学改革发展的形势与中医药健康服务技术技能人才培养的需要，人民卫生出版社在教育部、国家卫生健康委员会、国家中医药管理局的领导下，组织和规划了第五轮全国中医药高职高专教育教材、国家卫生健康委员会“十四五”规划教材的编写和修订工作。

为做好第五轮教材的出版工作，我们成立了第五届全国中医药高职高专教育教材建设指导委员会和各专业教材评审委员会，以指导和组织教材的编写与评审工作；按照公开、公平、公正的原则，在全国1 800余位专家和学者申报的基础上，经中医药高职高专教育教材建设指导委员会审定批准，聘任了教材主编、副主编和编委；确立了本轮教材的指导思想和编写要求，全面修订全国中医药高职高专教育第四轮规划教材，即中医学、中药学、针灸推拿、护理、医疗美容技术、康复治疗技术6个专业共89种教材。

党的二十大报告指出，统筹职业教育、高等教育、继续教育协同创新，推进职普融通、产教融合、科教融汇，优化职业教育类型定位，再次明确了职业教育的发展方向。在二十大精神指引下，我们明确了教材修订编写的指导思想和基本原则，并及时推出了本轮教材。

第五轮全国中医药高职高专教育教材具有以下特色：

1. 立德树人，课程思政 教材以习近平新时代中国特色社会主义思想为引领，坚守“为党育人、为国育才”的初心和使命，培根铸魂、启智增慧，深化“三全育人”综合改革，落实“五育并举”的要求，充分发挥思想政治理论课立德树人的关键作用。根据不同专业人才培养特点和专业能力素质要求，科学合理地设计思政教育内容。教材中有机融入中医药文化元素和思想政治教育元素，形成专业课教学与思政理论教育、课程思政与专业思政紧密结合的教材建设格局。

2. 传承创新，突出特色 教材建设遵循中医药发展规律，传承精华，守正创新。本套教材是在中西医结合、中西药并用抗击新型冠状病毒感染疫情取得决定性胜利的时候，党的二十大报告指出促进中医药传承创新发展要求的背景下启动编写的，所以本套教材充分体现了中医药特色，将中医药领域成熟的新理论、新知识、新技术、新成果根据需要吸收到教材中来，在传承的基础上发展，在守正的基础上创新。

3. 目标明确，注重三基 教材的深度和广度符合各专业培养目标的要求和特定学制、特定对象、特定层次的培养目标，力求体现“专科特色、技能特点、时代特征”，强调各教材编写大纲一定要符合高职高专相关专业的培养目标与要求，注重基本理论、基本知识和基本技能的培养和全面素质的提高。

4. 能力为先，需求为本　教材编写以学生为中心，一方面提高学生的岗位适应能力，培养发展型、复合型、创新型技术技能人才；另一方面，培养支撑学生发展、适应时代需求的认知能力、合作能力、创新能力和职业能力，使学生得到全面、可持续发展。同时，以职业技能的培养为根本，满足岗位需要、学教需要、社会需要。

5. 规划科学，详略得当　全套教材严格界定职业教育教材与本科教育教材、毕业后教育教材的知识范畴，严格把握教材内容的深度、广度和侧重点，既体现职业性，又体现其高等教育性，突出应用型、技能型教育内容。基础课教材内容服务于专业课教材，以“必需、够用”为原则，强调基本技能的培养；专业课教材紧密围绕专业培养目标的需要进行选材。

6. 强调实用，避免脱节　教材贯彻现代职业教育理念，体现“以就业为导向，以能力为本位，以职业素养为核心”的职业教育理念。突出技能培养，提倡“做中学、学中做”的“理实一体化”思想，突出应用型、技能型教育内容。避免理论与实际脱节、教育与实践脱节、人才培养与社会需求脱节的倾向。

7. 针对岗位，学考结合　本套教材编写按照职业教育培养目标，将国家职业技能的相关标准和要求融入教材中，充分考虑学生考取相关职业资格证书、岗位证书的需要。与职业岗位证书相关的教材，其内容和实训项目的选取涵盖相关的考试内容，做到学考结合、教考融合，体现了职业教育的特点。

8. 纸数融合，坚持创新　新版教材进一步丰富了纸质教材和数字增值服务融合的教材服务体系。书中设有自主学习二维码，通过扫码，学生可对本套教材的数字增值服务内容进行自主学习，实现与教学要求匹配、与岗位需求对接、与执业考试接轨，打造优质、生动、立体的学习内容。教材编写充分体现与时代融合、与现代科技融合、与西医学融合的特色和理念，适度增加新进展、新技术、新方法，充分培养学生的探索精神、创新精神、人文素养；同时，将移动互联、网络增值、慕课、翻转课堂等新的教学理念、教学技术和学习方式融入教材建设之中，开发多媒体教材、数字教材等新媒体形式教材。

人民卫生出版社成立70年来，构建了中国特色的教材建设机制和模式，其规范的出版流程，成熟的出版经验和优良传统在本轮修订中得到了很好的传承。我们在中医药高职高专教育教材建设指导委员会和各专业教材评审委员会指导下，通过召开调研会议、论证会议、主编人会议、编写会议、审定稿会议等，确保了教材的科学性、先进性和适用性。参编本套教材的1 000余位专家来自全国50余所院校，希望在大家的共同努力下，本套教材能够担当全面推进中医药高职高专教育教材建设，切实服务于提升中医药教育质量、服务于中医药卫生人才培养的使命。谨此，向有关单位和个人表示衷心的感谢！为了保持教材内容的先进性，在本版教材使用过程中，我们力争做到教材纸质版内容不断勘误，数字内容与时俱进，实时更新。希望各院校在教材使用中及时提出宝贵意见或建议，以便不断修订和完善，为下一轮教材的修订工作奠定坚实的基础。

人民卫生出版社有限公司

2023年4月

前　言

本教材以服务高职高专中药学类专业高素质技术技能人才培养为宗旨，坚持“必需，够用”为原则，贯彻课程思政理念，在上版教材的基础上进一步优化内容，力争做到教材好用、实用。

纸质教材部分，本版教材保留了上版教材的知识编排构架，全书共 13 章，包括绪论部分 1 章，基本理论部分的溶液理论和化学平衡共 7 章，物质结构部分的原子结构和分子结构共 2 章，元素及其化合物部分的 s 区元素、p 区元素和 d 区元素共 3 章。调整了与化学平衡有关的章、节名称，使四大化学平衡体系更加明确。实验部分沿用上版的内容，与理论部分紧密结合，可以保证开出率和成功率。在具体内容表达上，力求进一步完善与精准。

与上版教材相比，本教材继续保留了“知识链接”“课堂互动”模块，根据科学技术进展修改了部分“知识链接”的内容；根据课堂活动的需要修改了部分“课堂互动”的题型。将“学习要点”修改为包括知识、能力和素质目标的“学习目标”，课程思政目标融入素质目标。

在数字资源中，将“扫一扫，知重点”模块修改为更加简洁明了的“知识导览”；“扫一扫，测一测”在优化测试题的基础上增加了答题解析；适当增加了重点难点知识的微课视频。无机化学课程蕴含丰富的课程思政元素，挖掘并遴选部分思政资源以“思政元素”模块的方式融入教材中；“复习思考题”模块增加了含有思政元素题干的问答题，并以二维码形式链接思政元素数字资源等，多维度助力课程思政教育，对接课程思政目标。

本教材按 80 学时编写，各学校可根据实际情况进行内容的删减。

本教材编写分工如下：第一章由冯务群编写，第二章由鲍闻渊编写，第三章由林沁华编写，第四章由王司雷编写，第五章由孙晓晶编写，第六章由叶国华编写，第七章由张宝成编写，第八章由汤胤旻编写，第九章由狄庆锋编写，第十章由石宝珏编写，第十一章由梁晓峰编写，第十二章由李小林编写，第十三章由勇飞飞编写。各院校领导对教材编写给予了极大的支持，在此深表感谢！

限于编者水平，教材难免有不妥之处，敬请各位读者多提宝贵意见和建议，以便修订和完善。

《无机化学》编委会

2023 年 4 月

目 录

第一章　绪　论

ER-1-1
PPT 课件

学习目标

【知识目标】

1. 熟悉无机化学的研究内容和无机化学课程的内容，熟悉人体中宏量元素和微量元素的概念、中药与无机化学的关系。

2. 了解无机化学的发展史和发展的新动态，了解常见微量元素的主要生理功能和缺乏症，了解常见地方病与微量元素的关系。

【能力目标】

确立学习无机化学的学习方法。

【素质目标】

认识无机化学与生命活动、生态环境及医药卫生的关系，树立学好无机化学的决心，培养学习化学的兴趣。

ER-1-2
知识导览

第一节　化学发展简史和无机化学简介

一、化学发展简史

伴随着人类社会的进步，化学的发展经历了古代化学、近代化学和现代化学三个时期。

17 世纪以前称为古代化学时期。这一时期经历了实用化学、炼丹和炼金、医用化学和冶金化学等阶段。古代化学具有实用性和经验性的特点，尚未形成理论体系，但在化学实践活动中研制出来的用于研究物质变化的各类器皿和创造的各种实验方法，对化学科学的发展做出了重大的贡献。

从 17 世纪中叶到 19 世纪末是近代化学时期。这一时期明确了化学的科学性，创造和建立了化学的理论体系。例如，17 世纪，英国科学家波意耳提出了元素的概念，确立了化学的科学性；法国化学家拉瓦锡开创了实验定量分析的科学方法，否定了古代化学中的“燃素说”，提出了燃烧是氧化过程的重要理论；英国化学家、物理学家道尔顿应用观察、实验和数学相结合的科学方法提出了原子的科学概念，创立了科学的“原子学说”，为人们进行物质结构的研究奠定了基础，这是化学发展史上的一次飞跃；俄国科学家门捷列夫总结前人的工作，根据量变引起质变的规律，于 1869 年提出了元素周期律，奠定了现代化学的基础，这是化学发展史上的一个里程碑。这一时期，化学得到了迅速发展，并逐渐分化成了无机化学、有机化学、分析化学和物理化学等分支学科。

19 世纪末开始，科学技术的迅猛发展影响着化学，使化学进入现代化学时期。例如：卢瑟福含核原子的“天体行星模型”和波尔原子模型的相继建立，初步揭示了原子的内部结构和微观粒子的运动规律；20 世纪 30 年代初，建立在量子力学基础上的现代原子结构模型及化学键理论，又揭示了分子结构的本质，等等。这一时期，化学的发展既高度分化又高度综合。一方面，化学和其他自然科学相互交叉渗透，产生了一系列的边缘学科，如化学和数学的交叉形成计算机化学；化学和物理的结合形成固体化学、激光化学、核化学等；化学和生物学之间的渗透形成生物化学、化学仿生学、生物电化学；化学和地质、地理学的交叉又产生了地球化学、海洋化学等。另一方面，近30年来，由于有机化学、物理化学、生物化学、电化学、催化化学等学科对无机化学的渗透和影响，大大地开拓了无机化学的研究领域，产生了不少新的分支学科，如无机固体化学、生物无机化学、金属有机化学等。

总之，几个世纪以来，随着生产实践与科学技术的发展，化学这门科学不断从描述性向推理性过渡、从定性向定量过渡、从无序向系统过渡、从宏观向微观深入。但是，纵观千变万化的现代物质文明，人类面临着一系列重大的课题，如环境的保护、新能源的开发和利用、功能材料的研制、生命奥秘的探索等，都与化学的发展密切相关。可以预言，未来化学将面临全新的挑战，也充满着无限的生机。

二、无机化学简介

无机化学是化学中最古老的分支学科，其研究对象主要是无机物质，是在原子和分子水平上研究无机物质的组成、结构、性质、变化规律及其应用的自然科学。无机物质包括所有化学元素的单质和它们的化合物，但是碳和氢的化合物及其衍生物除外（一些简单的含碳化合物，如一氧化碳、二氧化碳、二硫化碳、碳酸及碳酸盐、氢氰酸及其盐等，仍然为无机物质）。

随着无机化学的深入发展，已形成了许多分支学科，如元素无机化学、制备无机化学、配位化学等。元素无机化学中的稀土元素化学近年来发展迅速，由于稀土元素原子的特殊电子构型，使其具有许多独特的光、电、磁性质，被誉为新材料的宝库，新型稀土永磁材料、稀土高温超导材料、稀土发光材料、稀土激光晶体等不断问世。有些稀土元素可作为饲料和肥料的添加剂，促进动物、植物生长发育；有些稀土元素可作为药物和医疗检查的造影剂。与稀土元素相关的生物无机化学和无机药物化学也都成了非常活跃的研究领域。

近几十年来，无机化学与各学科相互渗透，形成了许多交叉性的边缘学科，如生物无机化学、金属有机化学、物理无机化学、环境无机化学、地球化学、海洋化学等。因此无机化学的任务除了传统的研究无机物质的组成、结构、性质、变化规律及其应用外，还要不断运用新的理论和技术，研究新型无机化合物的合成和应用，以及新研究领域的开辟和建立。

根据中药学等专业的需要，在本教材中无机化学课程的内容主要包括无机化学的基本理论，如化学平衡（酸碱平衡、沉淀 - 溶解平衡、氧化 - 还原平衡和配位平衡）、原子结构和分子结构等；基本概念，如氧化还原的概念、配合物的概念等；化学计算，如溶液浓度的计算、化学平衡的计算等；元素和化合物知识、实验等。

第二节　无机化学与人类健康

人类早已认识到生命机体的构成和活动与有机物质息息相关，然而随着人类对生命奥秘探索的不断深入，也认识到了无机物质在生命活动中的重要作用，无机化学与人类健康关系的重要性日益显现出来。

一、生命与必需元素

（一）生命必需元素的概念和分类

人们把维持生命所必需的元素称为**生命必需元素**。大多数科学家认为，生命必需元素有28

种。根据元素在生物体内含量的不同分为宏量元素和微量元素。**宏量元素**又叫**常量元素**，是指占生物体总质量 0.01% 以上的元素，如碳、氢、氧、氮、磷、硫、氯、钠、钾、钙和镁 11 种元素；凡含量只占生物体总质量 0.01% 以下的元素均称为**微量元素**或**痕量元素**，如铁、铜、锌、锰、钴、镍、铬、锡、钼、钒、锶、硒、硅、硼、碘、氟、砷 17 种元素。

生命必需元素在生物体内的化学形态多样，有些以难溶无机化合物形式存在于硬组织中，如 SiO_2、$CaCO_3$、$Ca_{10}(PO_4)_6(OH)_2$ 等；有些以游离水合离子形式存在于细胞内、外液中，并维持一定浓度梯度，如 Na、Mg、K、Ca、Cl 等元素；Mo、Mn、Fe、Cu、Co、Ni、Zn 等则形成生物大分子，如血红蛋白中的 Fe、维生素 B_{12} 中的 Co 等；有些以小分子形式存在；有些元素的存在形式还有待进一步研究确定。

（二）生命必需元素的生物功能

生命必需元素不仅是生物体的重要组成部分，而且不同元素具有不同特异性的功能，特别是一些微量元素含量虽少，但在生物体内众多的反应中发挥着开关、调节、控制、放大、传递等作用，它们与生物体的物质代谢、能量代谢、信息传递、生物解毒等多方面的生命活动过程密切相关。

生命必需元素特别是微量元素，要发挥正常的生物功能，与它们在人体内的浓度是否适中有很大的关系，缺少或过量都会引起病变，某些微量元素对人体健康的影响见表 1-1。

表 1-1 常见微量元素对人体健康的影响

元素	主要功能	缺乏症	过量症	可补充该元素的食物
Fe	贮存、输送氧，参与多种新陈代谢过程	贫血、龋齿、无力	青年智力发育缓慢，肝硬化	肝、肉、蛋、水果、绿叶蔬菜
Cu	血浆蛋白和多种酶的重要成分	低蛋白血症、贫血、冠心病	肝硬化、类风湿	干果、葡萄干、葵花子、肝、茶
Zn	控制代谢酶的活性部位，参与多种新陈代谢过程	贫血、高血压、早衰、侏儒症	头昏、肠胃炎、皮肤病	肉、蛋、奶、谷物
Ca	参与传递神经脉冲，触发肌肉收缩，释放激素，血液的凝结以及正常心律的调节	软骨畸形、痉挛	胆结石、粥样硬化	动物性食物
Mg	在蛋白质生物合成中必不可少	惊厥	麻木症	日常饮食
F	氟离子能抑制糖类转化成腐酸酶，是骨骼和牙齿正常生长的必需元素	龋齿、骨质疏松	斑釉齿、骨骼生长异常	饮用水、茶叶、鱼
I	人体合成甲状腺激素必不可少的原料	甲状腺肿大、地方性呆小病	甲状腺肿大	海产品，奶、肉、水果、加碘食盐

二、健康与化学元素

人类所生存的生态环境是影响人类健康的重要因素，而生态环境与以化学元素为基础的化学物质关系密切，如工厂排放氮、硫的氧化物形成酸雨，燃煤企业、燃油汽车排放的废气是产生雾霾的重要原因之一，工厂排放废气、废水、废渣等对环境的恶劣影响等，都严重影响着人类的生命健康。一方面，大气中的污染物，如含二氧化硫、重金属微粒等的烟尘直接影响人们的生命健康，如 1952 年发生在英国伦敦的烟雾事件，导致 4 000 多人死亡；1931 年发生在日本富士县的“骨痛病事件”，患者由于镉中毒而痛苦致死。这些都是警醒人们增强绿色环保意识的严重事件。

另一方面，人类的生命过程是不断地与周围环境进行着以化学元素为基础的物质交换过程，人体内的各种化学元素，主要是微量元素，必须保持一定的动态平衡。当一个地区的某种元素缺乏或过多时，这种动态平衡就会遭到破坏，人体就会发生某种病变，这就叫**地方病**，如 20 世纪 50 年代震惊世界的日本水俣病事件，就是含汞的工业废水污染海水所致的地方病。常见地方病与微量元素的关系见表 1-2。

表 1-2　常见地方病与微量元素的关系

地方病	微量元素状况	主要症状
地方性甲状腺肿	碘缺乏、碘中毒	甲状腺肿大、功能亢进
地方性克汀病	碘缺乏	呆（傻）、小（矮）、聋、哑、瘫
锌缺乏症	锌缺乏	生长缓慢、夜盲症、视神经萎缩
地方性心肌病（克山病）	硒缺乏	心律不齐，心脏扩大，心力衰竭，休克
地方性硒中毒	硒过量	脱发脱甲，皮肤潮红，神经、牙齿损害
慢性砷中毒	长期过量暴露于砷化物	皮肤色素过度沉着、神经性皮炎、脚趾自发性坏死、致癌
水俣病	慢性甲基汞中毒	感觉障碍、共济失调、语言障碍、眼运动异常、智力障碍、震颤等
骨痛病	慢性镉中毒	易骨折，骨质疏松、软化变形，全身疼痛
地方性氟中毒	水中氟过量	氟斑牙、氟骨症
铊中毒	水中铊过量	脱发、头痛、精神不安、肌肉痛、手足颤动、走路不稳等

三、中药与无机化学

中药是中华民族的传统医药，几千年来，为中国人民的健康和民族的繁荣昌盛起到了保驾护航的作用，并且因其独特的疗效以及相对较小的毒副作用而受到了国际医学界的重视，目前在治未病、治疗疑难杂症和养生、保健等方面更是独树一帜，在流行性病毒的防治中，中药也发挥了独特的作用。

（一）矿物药是中药的组成部分

无机药物在我国已经有几千年的使用历史，许多本草典籍对无机药物有详尽的记载。早期劳动人民将无机物用于治疗和防治各种疾病，如用硫黄内服通便、外用解毒、杀虫、消毒杀菌；用硫酸铁治疗贫血；用砒霜治疗慢性贫血症；明矾具有收敛作用，有止痒和解毒功效；硫酸铜内服有催吐作用，外用可治疗真菌性皮肤病；硝酸银具有收敛、腐蚀和杀菌的作用等。

明代李时珍的《本草纲目》更是集前人之大成，对 266 种矿物药进行了全面而系统的阐述。《中华人民共和国药典》收录了矿物药的质量标准。可以说，矿物药以其独特、显著的疗效为人们的健康做出了重大的贡献。但是，我国矿物药尚无统一的质量标准，名称因地、因人而异，缺乏统一的质检方法和手段，尤其是微量元素的含量因地域和测试方法的不同而出现较大的差异。因此，加强矿物药质量标准的制定是提高矿物药质量的首要问题。另外，要加强矿物药的微观研究，开拓矿物药的新领域。我们祖先的研究为人们留下了宝贵的实践资料，但缺乏理论的深度和广度。目前在元素含量测定、药理分析的基础上，若能从矿物药中金属离子与有机体或与其他中药中的有机成分的相互作用出发，以现代配位化学、生物无机化学和物质结构为基础，在晶体学、物理学、化学、生物学、药理学和临床治疗等多方面、多层次进行研究，必将取得更加丰硕的成果。要加强矿物药的鉴定、炮制、毒性及临床安全用量的研究，为矿物药的临床正确应用奠定坚实的基础。要开展矿物药复方制剂的药理和临床研究，丰富和发展矿物药的医学理论，为临床应用提供物质基础，全面推动矿物药向前发展。

（二）无机药物的开发是现代医学发展的需要

现代医学证明，某些无机药物对人体的某些疾病的治疗具有显著的效果，如 EDTA 的钙盐是排出人体中铅及某些放射性元素的高效解毒剂；顺式二氯二氨合铂（Ⅱ）、卡铂、二氯茂铁是发展中的第一至第三代抗癌药物等。抗癌铂配合物、抗炎及抗病毒金和铜的化合物、治疗糖尿病的钒化合物、治疗白血病的砷化合物等的研制开发已成为生物无机化学研究的新潮流。随着研究成果的不断问世，人类的一些疑难疾病有望得到良好的治疗。

第三节　无机化学的学习方法

大学课程的安排较之中学有较大差异，学习方法与中学不尽相同，学生应尽快适应新的教学方式、方法，提高自主学习能力。在信息技术不断发展并与教育高度融合的今天，要适应信息化的教学手段和方法，提高学习效率。在学习各项知识与技能的同时，要理论联系实际，提高发现问题、分析问题和解决问题的能力。

无机化学是中药学、中药制药技术、药学等专业的一门基础课，学习无机化学的目的是通过理论课的学习为有机化学、分析化学，以及其他专业课程的学习打好必要的理论基础，并培养科学的思维方式；通过实验掌握一些基本的实验技能，为专业技能的形成打好基础，并培养严谨求实的科学态度；通过自学，提高独立思考和独立解决问题的能力。

无机化学课程内容主要包括溶液理论、胶体化学、物质结构、酸碱平衡、沉淀溶解平衡、氧化还原平衡、配位平衡、元素和化合物等知识。内容多，课时少，为确保学好无机化学，要做好如下几个方面：

1. 把握三个环节

预习：在每一次课之前，要预习本次课的教学内容，以求对这次课的知识有一些认识，对内容的重点和知识的难点有一定的了解。这样既可培养自学能力，又能保证有的放矢地听老师讲解。学习要主动，培养好的学习习惯，提高学习效率。

听课：课堂听讲十分关键，教师授课包含其教学经验，内容经过了精心组织，以利突出重点和化解难点。有些讲授内容、比拟、分析推理和归纳会很生动深刻，对理解很有帮助。听课时要紧跟教师的思路，积极思考，产生共鸣。特别要注意弄清基本概念、弄懂基本原理。还要注意教师提出问题、分析问题和解决问题的思路和方法，从中受到启发，以培养自己良好的思维方式。听课时应适当做些笔记，重点地记下讲课的内容，以备复习、回味和深入思考。

复习：课后复习是消化和掌握所学知识的重要环节。本门课程的特点是理论性强，有些概念、理论比较抽象，很难做到一听就懂、一看就会，要经过反复的思考并应用一些原理去说明或解释，才能逐渐理解和掌握。做练习有利于深入理解、掌握和运用课程内容。要重视书本例题和教师讲解习题过程中的分析方法和技巧，努力培养独立思考和分析问题、解决问题的能力。特别要提出的是复习要及时，要有计划性。

2. 处理好理解和记忆的关系　要学会运用分析对比和联系归纳的方法，掌握概念、原理、公式的含义、特点、联系和区别，以及应用条件和使用范围。在理解的基础上，记忆一些基本概念、基本原理、重点公式，努力做到熟练掌握、灵活运用、融会贯通。

3. 注意联想　通过联想可将相关知识由点连结成线，由线连结成面，由面交织成知识网络，这样才能把知识真正学活、学牢，也才能使自己头脑中的知识达到最优化的程度。

4. 培养自学能力　提倡学生自主学习，培养自学能力。除预习、复习、做练习外，阅读参考书刊是自学的重要内容，也是培养学生综合能力和创新精神的极好方法。只读教材，思路难免受到限制，如能查阅参考文献和书刊，不但可以加深理解课程内容，还可以扩大知识面、活跃思想、提高学习兴趣。提高自学能力不仅是现在的需要，更是个人可持续发展的需要。

5. 认真实验 实验课是无机化学课程的重要组成部分，是理解和掌握课程内容、学习科学实验方法、培养动手能力的重要环节，要树立正确的实验态度。实验课前要预习实验内容，做到实验中原理清楚、目的性强、步骤明确。要认真操作、仔细观察、正确记录。实验完毕要认真处理实验数据，分析实验现象和问题，得出正确结论，写好实验报告。

（冯务群）

复习思考题

一、填空题

1. 人们把维持生命所必需的元素称为生命必需元素，大多数科学家认为，生命必需元素有________种。占生物体总质量________以上的称为________元素；占生物体总质量________以下的称为________元素。
2. 人体中的生命必需元素特别是微量元素缺少或过量都会引起病变，例如 Fe 缺乏会导致________；甲状腺肿大是因为缺乏________；软骨畸形、痉挛是因为缺乏________。

二、简述题

1. 简述无机化学和中药发展的关系。
2. 根据自己的实际情况谈谈你打算怎样学好无机化学。

ER-1-3

扫一扫，测一测

第二章　原子结构

PPT课件

学习目标

【知识目标】

1. 掌握原子的组成及质子、中子、电子的数量关系；掌握核外电子排布的规律，能熟练写出常见元素原子的核外电子排布；掌握元素周期律的概念及元素周期表的结构。

2. 熟悉原子半径、电离能、电子亲和能、电负性的变化规律。

3. 了解四个量子数的名称、符号、取值和意义。

【能力目标】

1. 能根据常见元素原子核外电子层结构判断元素的主要性质。

2. 理解元素周期律与元素周期表的关系。

【素质目标】

培养用批判性思维辩证认识世界的能力；培养抽象思维的能力。

知识导览

第一节　原子的组成

一、原子的组成

（一）原子的组成

1. 原子　原子（atom）是由带正电的原子核（atomic nucleus）和核外带负电的电子（electron）组成的，而原子核又是由带正电的质子（proton）和不带电的中子（neutron）（氢原子除外，氢原子没有中子）组成的。原子核的正电荷数与核外电子的负电荷数相等，整个原子不带电。

对原子而言：

原子序数＝核内质子数＝核电荷数＝核外电子数

2. 质量数　相对于原子核而言，电子的质量很小，可以忽略不计。因此，原子的质量近似等于原子核的质量。当每个质子和中子的相对质量都近似取1时，则原子的近似原子量就等于质子数和中子数之和，称之为**质量数**（mass number）。

组成原子的各粒子间的关系如下：

$$\text{原子}\ ({}^{A}_{Z}X)\begin{cases}\text{原子核}\begin{cases}\text{质子}\ Z\ \text{个}\\ \text{中子}\ N\ (N=A-Z)\ \text{个}\end{cases}\\ \text{核外电子}\ Z\ \text{个}\end{cases}$$

其中，质量数用“A”表示，质子数用“Z”表示，中子数用“N”表示，则

质量数（A）＝质子数（Z）＋中子数（N）

注意：在标记原子时，在元素符号的左上角标出质量数，而在左下角标出质子数。如用 X 代

表元素符号，则原子可标记为：

$$^{A}_{Z}X$$

思政元素

从原子结构的认知得到的启发

公元前400多年前，古希腊哲学家德谟克利特提出古典原子论，认为原子是所有物质不可再分的微粒，但原子之间没有性质的区别，只有形状、体积和序列的不同。19世纪道尔顿用科学实验证明，同一种元素的原子的形状、质量、性质相同，不同元素的原子则不同，这是人类第一次依据科学实验的证据阐述微观物质世界。1898年，汤姆逊提出"枣糕模型"，但这一观点很快被他的学生卢瑟福推翻。1911年卢瑟福通过 α 粒子轰击金箔的实验推测原子中带正电的部分非常微小并集中了原子的绝大多数质量，电子在其外面做高速运转。1913年，波尔在卢瑟福"核式结构"模型基础上提出了原子轨道模型。

原子结构模型的发展经历了从古希腊哲学家眼中的朴素原子模型，到现代量子力学视野下的电子云模型的变化过程，科学家们在追求真理的道路上不畏艰难、一往无前。只有用发展的眼光看待世界，理论与实验相结合，才能更好地探究科学的奥秘。

（二）元素和原子序数

1. 元素 元素是原子核里核电荷数（即质子数）相同的一类原子的总称。因此同一元素中不同原子的质子数相同，而中子数不同。如氢元素有三种不同的原子，分别为 $^{1}_{1}H$、$^{2}_{1}H$ 和 $^{3}_{1}H$。

2. 原子序数 将元素按核电荷数（即质子数）由小到大排列成序而形成的原子序号称为该原子的原子序数。因此原子序数正好等于对应原子的核电荷数或质子数。如 Fe 原子的核电荷数是26，原子序数也是26。

二、同 位 素

（一）同位素的概念

具有相同质子数，不同中子数的同一元素的不同原子互称为**同位素**。例如，碳元素的 $^{12}_{6}C$、$^{13}_{6}C$ 和 $^{14}_{6}C$ 三种原子互为同位素，它们的原子核里都含有6个质子，同为碳元素，但所含的中子数不同。

在元素周期表中，绝大多数的元素都有同位素。同一元素的同位素虽然中子数不同，但是它们的核外电子数相同，因此化学性质也相同。

（二）放射性同位素的应用

同位素分为稳定性同位素和放射性同位素。放射性同位素能从原子核中自发地放射出射线，而变成另一种新元素，这种变化叫做衰变。和天然放射性物质相比，人造放射性同位素的放射强度容易控制，还可以制成各种所需的形状，而且放射性废料容易处理。由于这些优点，在生产和科研中凡是用到射线时，用的都是人造放射性同位素，而不用天然放射性物质。

用放射性同位素代替非放射性的同位素来制成各种化合物，这种化合物的原子跟通常的化合物一样参与所有化学反应，但却带有"放射性标记"，用仪器可以探测出来，这种原子叫做示踪原子。

放射性同位素在医学领域中已经广泛应用于诊断和治疗。例如，用探测器测量放射性同位素 $^{131}_{53}I$ 放射出的射线强弱，可以帮助诊断甲状腺的病变。

知识链接

放射线

不稳定元素衰变时，从原子核中放射出来的有穿透性的粒子束，称为放射线，这些不稳定元素称为放射性同位素。放射性同位素放射出的射线有 α、β 和 γ 三种，α 射线是带正电的氦原子核流，穿透本领差；β 射线是带负电的电子流，穿透本领比 α 射线强一些；γ 射线不带电，是光子流，穿透本领强。人体受到放射线的照射，随着射线作用剂量的增大，可能出现某些有害效应。例如可能诱发白血病、甲状腺癌、骨肿瘤等；也可能引起人体遗传物质发生基因突变和染色体畸形，造成先天性畸形、流产、死胎、不育等病症。当然，放射线也能为人类造福，医院使用放射线用于人体某些疾病的诊断和治疗，如临床上用于甲状腺疾病诊断及鉴别诊断的甲状腺吸 ^{131}I 试验，治疗肿瘤的放射线疗法。同时放射线也广泛应用于工农业、科研及国防建设等领域。我们关键是要做到科学使用、严格地加以防护，从而使人体免受其危害。

（三）平均原子量

一种元素有着多种同位素，所以就用平均原子质量来表示这个元素的原子的质量。元素的原子量是按照各种天然同位素原子所占的百分比计算出来的平均值，称为平均原子量。

例如氯的平均原子量为：$35\times75.53\%+37\times24.47\%=35.45$

这便是为什么一般元素的原子量不为整数的原因。

第二节　核外电子的运动状态

一、核外电子运动的特征

原子核外电子的质量极小，绕核运动的速率极大，其运动的特征不同于宏观物体，具有特殊性。

（一）量子化特性

原子核外的电子是以基本量的整数倍地吸收或发射能量，是不连续的，这种以一个单位的整数倍进行不连续吸收或发射能量的过程叫做能量的量子化。

氢原子光谱实验得到的实验图像是一系列不连续的线状光谱，这证实了原子中电子运动的能量是不连续的，具有量子化特性。

（二）波粒二象性

微观粒子的波粒二象性是从光的本性得出的。光既是电磁波又是光子，光具有波粒二象性。

1924 年，法国年轻的物理学家德布罗意在研究量子论时，根据光的波粒二象性，大胆地假设核外电子也具有波粒二象性，其波长公式为：

$$\lambda=\frac{h}{p}=\frac{h}{mv} \qquad \text{（式 2-1）}$$

式中，h 为普朗克常数，取值为 $6.626\,17\times10^{-34}\text{J·s}$；$\lambda$ 为电子的波长；p 为电子的动量；m 为电子的质量；v 为电子的运动速度。

1927 年，美国科学家进行了电子衍射实验：用一束高速电子流通过金属晶体薄片投射到感光屏上，正对着电子流的屏上得到了一系列明暗相间的光环——衍射环纹。由晶体衍射公式得到的电子波长与式 2-1 计算出的波长完全一致。因此电子衍射实验证明了电子的波动性。电子衍射实验示意图如图 2-1 所示。

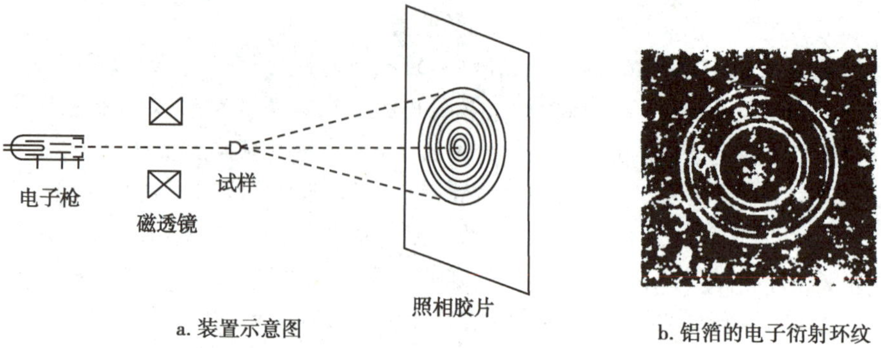

图 2-1 电子衍射实验示意图

(三) 测不准关系

对于宏观物体，可以在不同的时间内同时准确地确定其所在的位置和运动速度。但量子力学认为，对于原子核外的电子等微观粒子而言，由于质量很小、速度很快，又具有波粒二象性，因此不可能同时准确测定它的空间位置和运动速度。电子的运行符合海森堡的测不准关系：

$$\Delta x \cdot \Delta p \geqslant \frac{h}{2\pi} \quad \text{（式 2-2）}$$

式中，Δx 为确定粒子位置时的测不准量；Δp 为确定粒子动量时的测不准量；h 为普朗克常数。

Δx 越小（即粒子位置测定准确度越大），则 Δp 越大（即粒子动量测定准确度越小）；Δx 越大，则 Δp 越小。

二、核外电子运动状态的描述

(一) 电子云

电子云是用统计的方法描述核外电子的运动状态。在日常生活中，常常用到统计方法，例如，一个射箭运动员在练习射箭时，箭矢的命中率是遵循统计规律的。假如某一运动员的统计结果是：中十环的机会最多，中九环的机会其次，其余依次减少，脱靶的机会很少。这种“机会”的百分数称为概率。

人们利用统计方法对电子在核外的运动状况进行了研究。假如能设计一个理想的实验方法，对氢原子的一个电子在核外运动的情况进行多次重复观察，并记录电子在核外空间每一瞬间出现的位置，统计结果，便可以得到一个空间图像。统计得到的这个图像就好像原子核外笼罩着一团电子形成的云雾，称为“电子云”，如图 2-2 所示。

图中小黑点表示电子出现的瞬间位置，小黑点密集的地方，表示电子在该区域出现的概率大，小黑点稀疏的地方，表示电子在该区域出现的概率小。

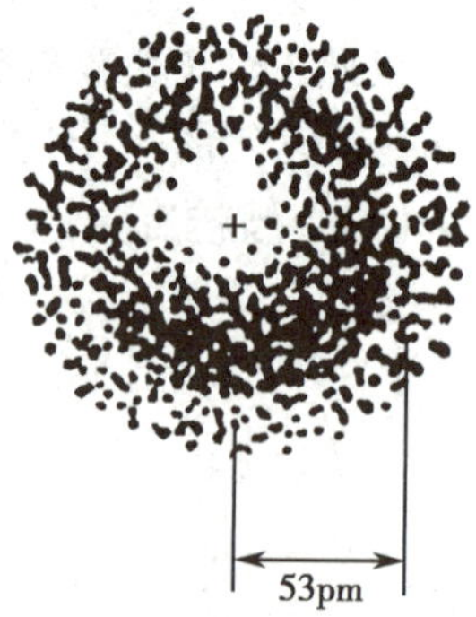

图 2-2 基态氢原子电子云图

电子云是电子在空间出现的概率密度分布的形象化表示。在利用电子云图时要注意：电子云图中小黑点的数目并不代表电子的数目，而是表示一个电子在原子核外可能出现的瞬间位置。对于氢原子来说，在离核 53pm 的球壳内出现的概率最大，而在球壳以外的地方，电子云的密度非常低。把电子出现概率相等的各点联结成一个曲面，如果在某一个曲面内电子出现的总概率达到 95% 以上，则这个曲面就称为电子云的界面图，常用电子云的界面图表示电子云的形状。电子云的界面图表示电子在核外空间的运动范围，而电子在核外空间的一定运动范围叫做一个**原子轨道**。氢原子的 s 电子云是球形对称的，电子云在核外空间中半径相同的各个方向上出现的概率密度相同。p 电子云为哑铃形，电子云沿着某一轴的方向上电子出现的概率密度最大，在空间有三种不同的取向，分别为 p_x、p_y 和 p_z。d 电子云为四叶花瓣形，在核外空间有五种不同的分布。

除了用电子云和原子轨道外，还可以用量子数来描述核外电子运动状态。

ER-2-3 核外电子运动状态的描述 微课视频

（二）核外电子运动状态的描述

对于某一给定的电子而言，其运动状态是指该电子离核平均距离的远近和能量的大小、电子云或原子轨道的形状、电子云或原子轨道的伸展方向及电子的自旋方向等。如果某一电子的这些情况明确了，该电子的运动状态也就确定了。

核外电子的运动状态可以用 n、l、m、m_s 四个参数来描述，每一个参数反映了电子某一个方面的性状。由于表征电子运动状态的物理量都是量子化（即不连续地变化）的，所以把这些参数称为“量子数”。

1. 主量子数（n） 主量子数 n 是表示电子离核的平均距离，n 的取值为 1，2，3……n 等正整数，有∞个。n 越大，电子离核的平均距离越远，其能量越高。n 是决定电子能量的主要量子数。n 又代表电子层数，不同的电子层用不同的符号表示，主量子数与电子层的关系如表 2-1 所示。

表 2-1　主量子数 n 和电子层的关系

n 的取值	1	2	3	4	5	6	7
电子层符号	K	L	M	N	O	P	Q
电子层	一	二	三	四	五	六	七
能量高低		低 →				→ 高	

2. 角量子数（l） 在多电子原子中，同一电子层的电子的能量还稍有差别，运动状态也有所不同，即一个电子层还可分为若干个能量稍有差别、电子云形状不同的亚层。角量子数 l 用来描述原子轨道的形状，反映空间不同角度电子的分布。角量子数 l 的取值受主量子数的限制，可取 0，1，2，3……（$n-1$），共 n 个整数值。

每一个 l 对应着一个电子亚层，当 $l=0$、1、2、3 时，可分别用符号 s、p、d、f 表示。当 $n=1$ 时，l 只能取 0；$n=2$ 时，l 可以取 0 和 1；依此类推。

例如，$n=4$ 时，l 有 4 个取值 0，1，2，3，它们分别代表核外第四电子层的 4 种形状不同的原子轨道。

$l=0$，表示 s 轨道，形状为球形，即 4s 轨道；

$l=1$，表示 p 轨道，形状为哑铃形，即 4p 轨道；

$l=2$，表示 d 轨道，形状为花瓣形，即 4d 轨道；

$l=3$，表示 f 轨道，形状更复杂，即 4f 轨道。

角量子数 l 与主量子数 n 的关系如表 2-2。

表 2-2　主量子数与角量子数的关系

n	1	2	3	4
电子层	第一	第二	第三	第四
l	0	0　1	0　1　2	0　1　2　3
亚层	1s	2s　2p	3s　3p　3d	4s　4p　4d　4f

同一电子层中，随着角量子数 l 的增大，原子轨道能量也依次升高，即 $ns<np<nd<nf$。在多

电子原子中，原子轨道的能量由主量子数和角量子数共同决定。

3. 磁量子数(m) 磁量子数 m 用来描述原子轨道在空间的伸展方向。在同一电子亚层的不同电子，它们的电子云处在不同的空间位置上，以不同的伸展方向存在于该亚层中。磁量子数 m 的每一个取值对应一个伸展方向。

每一种原子轨道具有一定形状和伸展方向。磁量子数(m)的取值受角量子数(l)的制约。当角量子数 l 一定时，m 可以取从 $+l$ 到 $-l$ 并包括 0 在内的整数值，即 $m=0, \pm1, \pm2 \cdots\cdots \pm l$。因此，每一电子亚层所具有的轨道总数为 $2l+1$。如 $l=1$ 时，m 有 $+1, 0, -1$ 三个取值，分别描述 p 轨道的三个伸展方向：p_x、p_y、p_z。

主量子数和角量子数相同的轨道叫做简并轨道或等价轨道，它们之间能量相等。例如：$l=1$，为 p 亚层，m 取值为 3 个，有 3 个轨道，p 轨道为三重简并。同样，d 轨道为五重简并，f 轨道为七重简并。

磁量子数 m 与角量子数 l 的关系如表 2-3。

表 2-3 磁量子数与角量子数的关系

l 值	m 值	轨道
$l=0$(s 亚层)	$m=0$	只有一种伸展方向，无方向性
$l=1$(p 亚层)	$m=+1, 0, -1$	三种伸展方向，三个等价轨道
$l=2$(d 亚层)	$m=+2, +1, 0, -1, -2$	五种伸展方向，五个等价轨道
$l=3$(f 亚层)	$m=+3, +2, +1, 0, -1, -2, -3$	七种伸展方向，七个等价轨道

综上所述，n、l、m 三个量子数的组合必须满足取值相互制约的规则。它们的每一合理组合都确定了一个原子轨道，其中 n 决定原子轨道所在的电子层，l 确定原子轨道的形状，m 确定原子轨道的空间伸展方向。n 和 l 共同决定原子轨道的能量(氢原子除外，其原子轨道能量只由 n 决定)。

4. 自旋量子数(m_s) 自旋量子数 m_s 是用来描述电子的自旋状态。m_s 的取值为 $+1/2$ 和 $-1/2$。原子中的电子围绕着原子核运动的同时，也围绕着本身的轴转动，这种转动叫做电子的自旋。电子的自旋有两种方向，一般用向上和向下的箭头"↑"和"↓"表示。由于 m_s 只有两个取值，所以每一个原子轨道中最多只能容纳 2 个电子，它们的能量相等，但自旋方向相反。

综上所述，每个原子轨道由三个量子数 n、l、m 确定，每个电子的运动状态由 n、l、m、m_s 四个量子数来描述。例如，基态钾原子最外层中的那个电子是在 4s 轨道上，其运动状态为：$n=4$，$l=0$，$m=0$，$m_s=+1/2$(或 $-1/2$)。四个量子数 n、l、m、m_s 与电子运动状态之间的关系见表 2-4 所示。

表 2-4 四个量子数与电子运动状态之间的关系

主量子数(n)	1	2		3			4			
角量子数(l)	0	0	1	0	1	2	0	1	2	3
磁量子数(m)	0	0	0 ±1	0	0 ±1	0 ±1 ±2	0	0 ±1	0 ±1 ±2	0 ±1 ±2 ±3
亚层轨道数($2l+1$)	1	1	3	1	3	5	1	3	5	7
电子层轨道数 n^2	1	4		9			16			
电子层最多容纳电子数 $2n^2$	2	8		18			32			

课堂互动

讨论四个量子数的意义，并联系自己的学号，说说两者是否思路相似？

三、原子轨道能级图

（一）多电子原子的原子轨道能级

1. 能级 多电子原子的原子轨道的能量由 n 和 l 共同决定，因为每一个电子层上各亚层的 n 和 l 都已经确定了，所以每一个亚层都有自己确定的能量。通常把每一个亚层看作是一个**能级**，能级书写形式是由代表电子层数的数字和代表电子亚层的符号组合的。例如 1s、2s、2p、3s、3p、3d 等分别代表不同的能级。

2. 能级组 能级总是按照能量由低到高的顺序排列。在原子轨道能级中，根据公式 $E=n+0.7l$ 求算能级的能量，把能级能量 $(n+0.7l)$ 的整数值相同的能级归为一组，称为**能级组**。整数值为 1 的称为第一能级组，整数值为 2 的称为第二能级组，以此类推，可以分为多个能级组。

3. 能级图 和能级一样，能级组也是按照能量由低到高的顺序排列，得到的排列图叫做**能级图**，如图 2-3 所示。能级图中每一个虚线框表示一个能级组，从图 2-3 中可以发现每一个能级组都是由 s 能级开始，以 p 能级结束。

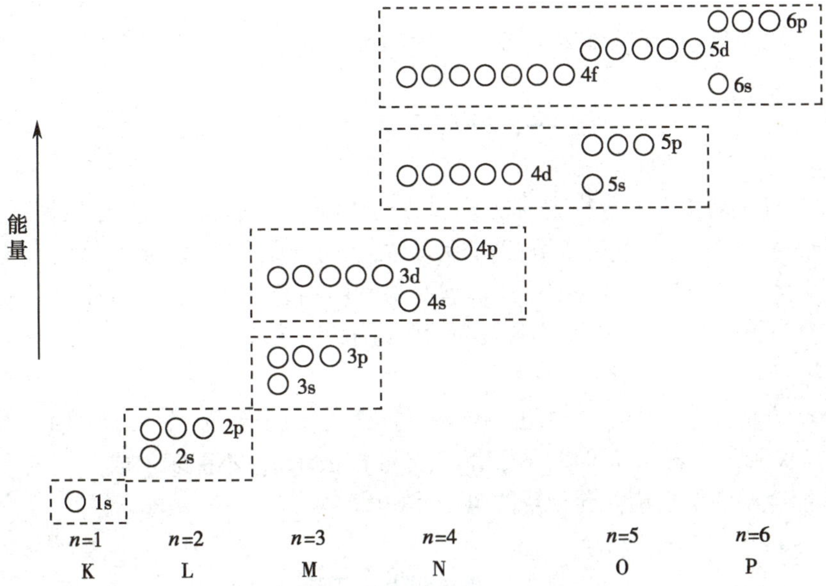

图 2-3 原子轨道能级图

4. 能级能量高低比较

(1) 如果 n 值不同，而 l 值相同，则 n 值越大，能级的能量越高。

例如：$E_{1s}<E_{2s}<E_{3s}<E_{4s}$……

(2) 如果 n 值相同，而 l 值不同，则 l 值越大，能级的能量越高。

例如：$E_{4s}<E_{4p}<E_{4d}<E_{4f}$……

(3) 如果 n、l 都不同，则可由公式 $E=n+0.7l$ 求算能级的能量，E 值越大，能级能量越高。

例如：$E_{4s}=4+0.7\times0=4$　$E_{3d}=3+0.7\times2=4.4$

因为 $E_{4s}<E_{3d}$，所以 4s 能级的能量比 3d 能级的能量低，出现能级交错现象。

（二）能级交错的原因

通过公式 $E=n+0.7l$ 计算，得到以下结果 $E_{4s}<E_{3d}$、$E_{5s}<E_{4d}$、$E_{5p}<E_{4f}$，即主量子数较大的某些能级的能量反而比主量子数较小的某些能级的能量低，这种现象叫做能级交错，产生能级交错的原因有两个，即钻穿效应和屏蔽效应。

1. 屏蔽效应　对于多电子原子来说，每个电子既受到原子核的吸引又受到其他电子的排斥，前者使电子靠近原子核，后者使电子远离原子核。对于某一电子来说，其他内层电子的存在势必削弱了原子核对该电子的吸引力，相当于抵消了一部分核电荷，这种现象称为屏蔽效应。屏蔽效应使得原子核对电子的吸引力减小，电子的能量增大。离核越近的电子对外层电子的屏蔽作用越强；离核越远的电子受到其他电子的屏蔽作用越强。

2. 钻穿效应　离核较远的电子可能钻到离核较近的内层空间，从而更靠近原子核的现象称为"钻穿效应"。电子钻穿的结果可以避开其他电子对它的屏蔽作用，起到增加有效核电荷，降低能量的作用。

电子钻穿能力的相对大小为 $ns>np>nd>nf$，电子受到的屏蔽效应大小顺序为 $ns<np<nd<nf$。由于 s 电子的钻穿能力强于 d 电子，而 d 电子屏蔽效应强于 s 电子，因此造成了 $(n-1)$d 的能级高于 ns，即 $E_{(n-1)d}>E_{ns}$。

ER-2-4

原子核外电子的排布遵循的三条原则 微课视频

第三节　原子核外电子的排布

根据光谱实验结果，原子核外电子的排布应遵循三条原则。

一、保利不相容原理

原子核外没有运动状态完全相同的电子，即原子核外不可能有四个量子数完全相同的电子。如果两个电子的 n、l、m 这三个量子数都相等，即处于同一原子轨道，那么这两个电子的自旋方向必然相反，即第四量子数 m_s 必然不同，这就是**保利不相容原理**。因为处于同一原子轨道的两个电子，如果自旋方向相同，那么它们彼此就会互相排斥；如果自旋方向不相同，则产生的磁场方向相反，彼此相吸，才能够共存。

一般用一个方框表示一个原子轨道，用一个箭头表示一个电子，箭头的方向不同表示电子的自旋方向不同，保利不相容原理可以用图"[↑↓]"或"[↓↑]"表示，而不能表示成"[↓↓]"或"[↑↑]"，即每个原子轨道最多能容纳两个自旋方向相反的电子。

二、能量最低原理

（一）能量最低原理的定义

在不违背保利不相容原理的情况下，电子在原子轨道上的排布，要尽可能地使整个原子电子的能量最低，这就是**能量最低原理**。在排布电子时，应先将电子排布到能量低的轨道，再依次排布到能量高的轨道上。

（二）电子排布的表示

电子在原子轨道上的排布方式叫做电子层结构，简称电子构型。表示原子的电子构型的方式通常有三种。

1. 电子轨道式　用一个方框表示一个原子轨道，用一个箭头表示一个电子，电子填充时按照能级由低到高的顺序，从左向右依次填入各原子轨道。注意：将亚层符号标在方框的上端，同一亚层中的几个简并轨道应该并列画在一起。

例如：氯原子电子排布的轨道表示式为：

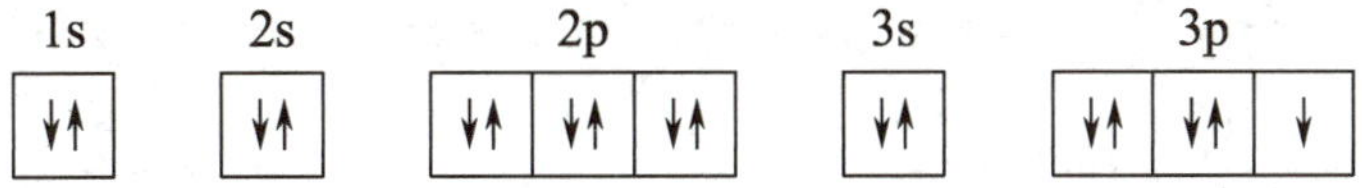

严格来讲，在用轨道式表示电子排布时，应该体现出不同亚层的能量高低。例如 $E_{1s} < E_{2s} < E_{2p}$，在书写轨道表示式时，2s 的方框应该画高些，而 2p 的方框应该画得更高些。但为了书写简便，一般把各个亚层的方框画在同一水平线上。

2. 电子排布式 将电子按图 2-3 所示能级组顺序填充并在轨道符号上标出电子的数目即为核外电子排布式。

如：19 号元素 K 的电子排布式为：$1s^22s^22p^63s^23p^64s^1$。

通常把内层电子已达到稀有气体结构的部分，称为“原子实”。用稀有气体的元素符号外加方括号的形式来表示，避免了电子排布式过长。例如：K 的电子排布式可表示为[Ar]$4s^1$。

3. 价电子层结构式 在原子实表示中，方括号“[ ]”外的电子称为外围电子。外围电子是能量最高能级组中的电子，对应的构型称为**外围电子构型**。而价电子指的是能参与成键的电子，对应的构型称为**价电子构型**，又称为外电子构型。

元素的化学性质主要取决于价电子构型。价电子也处在最高能级组中，但外围电子不一定都是价电子。对于主族元素来说，价电子构型不一定是外围电子构型。例如，氯的外围电子构型为 $3s^23p^5$，价电子构型为 $3s^23p^5$，外围电子构型和价电子构型一致；又如，溴的外围电子构型为 $3d^{10}4s^24p^5$，价电子构型为 $4s^24p^5$，外围电子构型和价电子构型不一致。对于副族元素来说，外围电子构型与价电子层构型一致，但并不是所有的外围电子都是价电子。例如，Ag 的外围电子构型为 $4d^{10}5s^1$，共有 11 个外围电子，而 Ag 的价电子只有一个，因此一般只呈现 +1 氧化态。

三、洪特规则

在 n 和 l 相同的简并轨道上，电子尽可能分占不同的等价轨道，而且自旋方向相同，这就是**洪特规则**（Hund rules）。因此碳的 2p 亚层上的 2 个电子应该分占两个轨道，且自旋方向相同。所以碳的电子排布的轨道式为：

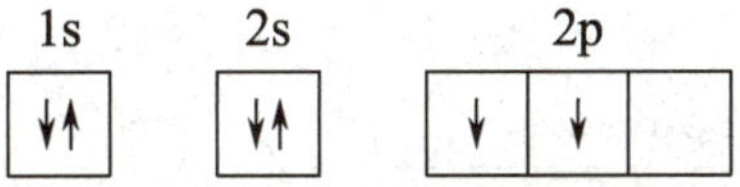

在简并轨道上的电子排布处于全充满、全空或半充满的状态时有较低的能量和较大的稳定性，这是洪特规则的补充。

半充满：p^3 d^5 f^7

全充满：p^6 d^{10} f^{14}

全空：p^0 d^0 f^0

实验表明：24 号元素铬的电子排布式是 $1s^22s^22p^63s^23p^63d^54s^1$ 或[Ar]$3d^54s^1$，而不是 $1s^22s^22p^63s^23p^63d^44s^2$ 或[Ar]$3d^44s^2$；29 号元素铜的电子排布式是 $1s^22s^22p^63s^23p^63d^{10}4s^1$ 或[Ar]$3d^{10}4s^1$，而不是 $1s^22s^22p^63s^23p^63d^94s^2$ 或[Ar]$3d^94s^2$。

注意：电子填充是按照近似能级图从能量低向能量高的轨道排布的。书写电子排布式时，要把同一主量子数（n 相同）的轨道写在一起。

大多数元素的电子构型符合以上三条电子排布规则，但有少数例外，如 $_{41}Nb$、$_{44}Ru$、$_{78}Pt$ 等及一些镧系元素和锕系元素。对于这些例外，若当代科学还不能给出确切的解释，则它们的排布由光谱实验结果确定。元素基态原子的电子层结构如表 2-5 所示。

表 2-5 基态原子的电子层结构

周期	原子序数	元素名称	化学符号	电子层结构（原子实排布）
1	1	氢	H	$1s^1$
	2	氦	He	$1s^2$
2	3	锂	Li	$[He]2s^1$
	4	铍	Be	$[He]2s^2$
	5	硼	B	$[He]2s^22p^1$
	6	碳	C	$[He]2s^22p^2$
	7	氮	N	$[He]2s^22p^3$
	8	氧	O	$[He]2s^22p^4$
	9	氟	F	$[He]2s^22p^5$
	10	氖	Ne	$[He]2s^22p^6$
3	11	钠	Na	$[Ne]3s^1$
	12	镁	Mg	$[Ne]3s^2$
	13	铝	Al	$[Ne]3s^23p^1$
	14	硅	Si	$[Ne]3s^23p^2$
	15	磷	P	$[Ne]3s^23p^3$
	16	硫	S	$[Ne]3s^23p^4$
	17	氯	Cl	$[Ne]3s^23p^5$
	18	氩	Ar	$[Ne]3s^23p^6$
4	19	钾	K	$[Ar]4s^1$
	20	钙	Ca	$[Ar]4s^2$
	21	钪	Sc	$[Ar]3d^14s^2$
	22	钛	Ti	$[Ar]3d^24s^2$
	23	钒	V	$[Ar]3d^34s^2$
	24	铬	Cr	$[Ar]3d^54s^1$
	25	锰	Mn	$[Ar]3d^54s^2$
	26	铁	Fe	$[Ar]3d^64s^2$
	27	钴	Co	$[Ar]3d^74s^2$
	28	镍	Ni	$[Ar]3d^84s^2$
	29	铜	Cu	$[Ar]3d^{10}4s^1$
	30	锌	Zn	$[Ar]3d^{10}4s^2$
	31	镓	Ga	$[Ar]3d^{10}4s^24p^1$
	32	锗	Ge	$[Ar]3d^{10}4s^24p^2$
	33	砷	As	$[Ar]3d^{10}4s^24p^3$
	34	硒	Se	$[Ar]3d^{10}4s^24p^4$
	35	溴	Br	$[Ar]3d^{10}4s^24p^5$
	36	氪	Kr	$[Ar]3d^{10}4s^24p^6$
5	37	铷	Rb	$[Kr]5s^1$
	38	锶	Sr	$[Kr]5s^2$
	39	钇	Y	$[Kr]4d^15s^2$
	40	锆	Zr	$[Kr]4d^25s^2$
	41	铌	Nb	$[Kr]4d^45s^1$
	42	钼	Mo	$[Kr]4d^55s^1$
	43	锝	Tc	$[Kr]4d^55s^2$
	44	钌	Ru	$[Kr]4d^75s^1$
	45	铑	Rh	$[Kr]4d^85s^1$
	46	钯	Pd	$[Kr]4d^{10}$
	47	银	Ag	$[Kr]4d^{10}5s^1$
	48	镉	Cd	$[Kr]4d^{10}5s^2$
	49	铟	In	$[Kr]4d^{10}5s^25p^1$
	50	锡	Sn	$[Kr]4d^{10}5s^25p^2$
	51	锑	Sb	$[Kr]4d^{10}5s^25p^3$
	52	碲	Te	$[Kr]4d^{10}5s^25p^4$
	53	碘	I	$[Kr]4d^{10}5s^25p^5$
	54	氙	Xe	$[Kr]4d^{10}5s^25p^6$
6	55	铯	Cs	$[Xe]6s^1$
	56	钡	Ba	$[Xe]6s^2$
	57	镧	La	$[Xe]5d^16s^2$
	58	铈	Ce	$[Xe]4f^15d^16s^2$
	59	镨	Pr	$[Xe]4f^36s^2$
	60	钕	Nd	$[Xe]4f^46s^2$
	61	钷	Pm	$[Xe]4f^56s^2$
	62	钐	Sm	$[Xe]4f^66s^2$
	63	铕	Eu	$[Xe]4f^76s^2$
	64	钆	Gd	$[Xe]4f^75d^16s^2$
	65	铽	Tb	$[Xe]4f^96s^2$
	66	镝	Dy	$[Xe]4f^{10}6s^2$
	67	钬	Ho	$[Xe]4f^{11}6s^2$
	68	铒	Er	$[Xe]4f^{12}6s^2$
	69	铥	Tm	$[Xe]4f^{13}6s^2$
	70	镱	Yb	$[Xe]4f^{14}6s^2$
	71	镥	Lu	$[Xe]4f^{14}5d^16s^2$
	72	铪	Hf	$[Xe]4f^{14}5d^26s^2$

续表

周期	原子序数	元素名称	化学符号	电子层结构（原子实排布）
7	87	钫	Fr	[Rn]$7s^1$
	88	镭	Ra	[Rn]$7s^2$
	89	锕	Ac	[Rn]$6d^17s^2$
	90	钍	Th	[Rn]$6d^27s^2$
	91	镤	Pa	[Rn]$5f^26d^17s^2$
	92	铀	U	[Rn]$5f^36d^17s^2$
	93	镎	Np	[Rn]$5f^46d^17s^2$
	94	钚	Pu	[Rn]$5f^67s^2$
	95	镅	Am	[Rn]$5f^77s^2$
	96	锔	Cm	[Rn]$5f^76d^17s^2$
	97	锫	Bk	[Rn]$5f^97s^2$
	98	锎	Cf	[Rn]$5f^{10}7s^2$
	99	锿	Es	[Rn]$5f^{11}7s^2$
	100	镄	Fm	[Rn]$5f^{12}7s^2$
	101	钔	Md	[Rn]$5f^{13}7s^2$
	102	锘	No	[Rn]$5f^{14}7s^2$
	103	铹	Lr	[Rn]$5f^{14}6d^17s^2$
	104	𬬻	Rf	[Rn]$5f^{14}6d^27s^2$
	105	𬭊	Db	[Rn]$5f^{14}6d^37s^2$
	106	𬭳	Sg	[Rn]$5f^{14}6d^47s^2$
	107	𬭛	Bh	[Rn]$5f^{14}6d^57s^2$
	108	𬭶	Hs	[Rn]$5f^{14}6d^67s^2$
	109	鿏	Mt	[Rn]$5f^{14}6d^77s^2$

周期	原子序数	元素名称	化学符号	电子层结构（原子实排布）
6	73	钽	Ta	[Xe]$4f^{14}5d^36s^2$
	74	钨	W	[Xe]$4f^{14}5d^46s^2$
	75	铼	Re	[Xe]$4f^{14}5d^56s^2$
	76	锇	Os	[Xe]$4f^{14}5d^66s^2$
	77	铱	Ir	[Xe]$4f^{14}5d^76s^2$
	78	铂	Pt	[Xe]$4f^{14}5d^96s^1$
	79	金	Au	[Xe]$4f^{14}5d^{10}6s^1$
	80	汞	Hg	[Xe]$4f^{14}5d^{10}6s^2$
	81	铊	Tl	[Xe]$4f^{14}5d^{10}6s^26p^1$
	82	铅	Pb	[Xe]$4f^{14}5d^{10}6s^26p^2$
	83	铋	Bi	[Xe]$4f^{14}5d^{10}6s^26p^3$
	84	钋	Po	[Xe]$4f^{14}5d^{10}6s^26p^4$
	85	砹	At	[Xe]$4f^{14}5d^{10}6s^26p^5$
	86	氡	Rn	[Xe]$4f^{14}5d^{10}6s^26p^6$

第四节　元素周期律与元素周期表

一、元素周期律

元素的性质随着元素原子序数的递增而呈周期性变化的规律，叫做**元素周期律**。元素呈周期性变化的性质包括原子核外电子排布、原子半径、电离能、电子亲和能和电负性等。

元素的化学性质主要取决于原子的最外层电子构型，而最外层电子构型又取决于核电荷数和核外电子排布的规律。因此，元素周期律是原子内部结构周期性变化的反映，所以元素性质的周期性来源于原子电子构型的周期性。

二、元素周期表

根据元素原子电子构型的周期性，按原子序数递增的顺序从左到右，将主量子数相同的元素排成横行；将不同横行中最外电子层上电子数目相同的元素按电子层数递增的顺序自上而下排成纵行，绘制成**元素周期表**（见封三）。

（一）周期

元素周期表中有 7 个横行，每个横行称为一个周期。第 1 周期中有 2 种元素，第 2、3 周期中各有 8 种元素，第 4、5 周期中各有 18 种元素，第 6 周期中有 32 种元素，第 7 周期是一个未完成的周期，还有一些元素待发现。元素周期表中，57 号元素镧至 71 号元素镥，共有 15 种元素，称为镧系元素，合起来表示在元素镧同一方格中；89 号元素锕至 103 号元素铹，共有 15 种元素，称为锕系元素，合起来表示在元素锕同一方格中。镧系和锕系分别单独列在元素周期表的下方。

元素周期表中元素的周期数等于它的能级组数，也等于该元素原子的核外电子层数。即：周期数 = 能级组数 = 核外电子层数 = 主量子数。

（二）族

元素周期表中共有 18 纵列，分为 16 个族，其中铁、钴、镍所在的三列合为一族，其他每一列为一族。16 个族中，有 7 个主族，7 个副族，一个 0 族和一个第Ⅷ族。同族元素原子的电子层数随周期数增加而逐渐增加。

1. 主族　主族用符号“A”表示，包括ⅠA、ⅡA……ⅦA，共 7 个主族。

主族元素的族数 = 元素原子最外层的电子数 = 主族元素的最高氧化数

主族元素的价电子层构型为 $ns^{1\sim2}$ 或 $ns^2np^{1\sim5}$；同一主族元素的价电子层构型相同，因此同一主族元素的化学性质相似。

2. 0 族　0 族元素的电子排布处于全充满状态，因此比较稳定，化学性质很不活泼。0 族元素称为稀有气体元素，在元素周期表的最右边一列。

3. 副族　副族用符号“B”表示，包括ⅠB、ⅡB……ⅦB，共 7 个副族，有些副族元素原子的次外层轨道有可能未填满电子。同一副族元素具有相似的化学性质。

4. 第Ⅷ族　铁、钴、镍所在的三列合为一族，称为第Ⅷ族。这三列元素的化学性质相似，第Ⅷ族元素原子的次外层 d 亚层未填满。

副族元素和第Ⅷ族元素都称为过渡元素。过渡元素都是金属元素，它们呈现多种氧化态，性质与主族元素有较大的差别。

大多数过渡元素的族数与价电子层构型和电子数关系如下：

(1) $(n-1)$d 亚层电子已充满的元素，其族数等于最外层电子数。

(2) $(n-1)$d 亚层电子未充满的元素，其族数等于 $(n-1)$d 和 ns 电子数之和。

(3) 镧系和锕系均属于ⅢB 族

（三）区

根据元素原子外围电子构型，可以将元素周期表分为 s 区、p 区、d 区和 f 区，如表 2-6 所示。

表 2-6　元素周期表分区表

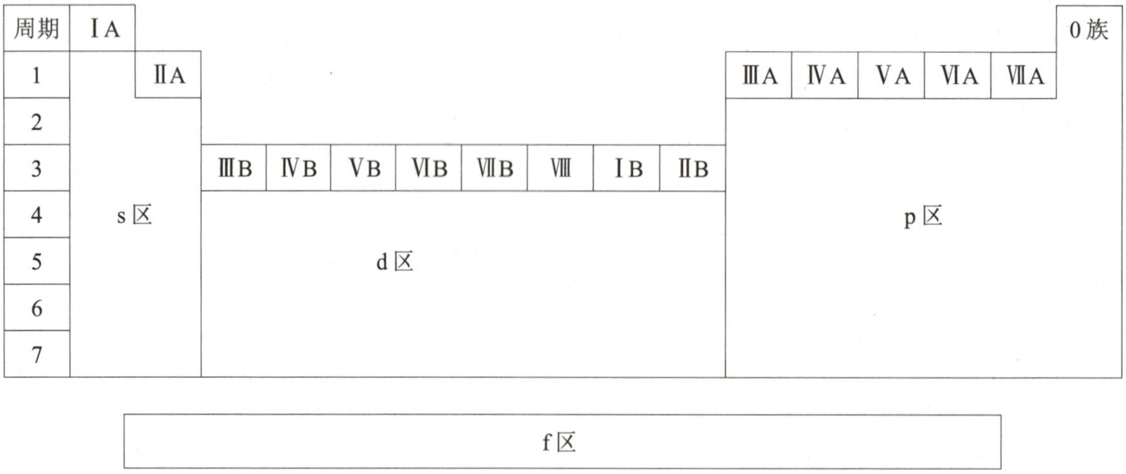

1. s 区　包括ⅠA 和ⅡA 族的元素，价电子层构型分别为 ns^1 和 ns^2。s 区元素的原子易失去最外层电子，形成+1 和+2 氧化态的正离子，该区元素是活泼的金属元素。

2. p 区　包括ⅢA～ⅦA 族和 0 族的元素，价电子层构型为 ns^2np^1～ns^2np^6。该区元素大部分是非金属元素，多数元素有多种氧化态。

3. d 区　包括ⅠB～ⅦB 族和Ⅷ族的元素，价电子层构型为 $(n-1)d^{1\sim10}ns^{1\sim2}$。d 区元素都是过渡元素，都是金属元素，每种元素都有多种氧化态。该区元素中ⅠB 和ⅡB 族的元素又称为 ds 区元素，其价电子层构型为 $(n-1)d^{10}ns^{1\sim2}$。

4. f 区　包括镧系和锕系的元素，价电子层构型为 $(n-2)f^{1\sim14}(n-1)d^{0\sim2}ns^2$。f 区元素都是过渡元素，都是金属元素。该区元素的最外层电子数相同，次外层电子数大部分也相同，只有 f 轨道上的电子数不同，因此该区元素的化学性质十分相似。

根据元素原子的电子排布式可以找出元素在元素周期表中的位置。例如，35 号元素原子的电子排布式为 $1s^22s^22p^63s^23p^63d^{10}4s^24p^5$，价电子层构型为 $4s^24p^5$，符合 $ns^2np^{1\sim5}$ 构型，是主族元素，且是 p 区元素。

周期数＝核外层电子层数＝4

族数＝最外层电子数＝2＋5＝7

因此，35 号元素在周期表中位置是第 4 周期，第ⅦA，化学性质表现为较强的非金属性。

课堂互动

原子序数为 28 的镍原子电子排布为 $[Ar]3d^84s^2$，原子序数为 29 的铜原子电子排布为何不是 $[Ar]3d^94s^2$？

知识链接

元素周期表的发现

1869 年，俄国科学家门捷列夫在继承和分析了前人工作的基础上，对元素的性质与相对原子质量的相互关系进行分析和概括，他总结出一条规律：元素（以及由它所形成的单质和化合物）的性质随着相对原子质量的递增而呈周期性的变化。这就是最初的元素周期律。他还根据元素周期律编制了第一张元素周期表，把当时已经发现的 63 种元素全部列在表里。他预言了与硼、铝、硅相似的未知元素（即后来发现的钪、镓、锗）的性质，并为这些元素在表中留了空位。他在周期表中也没有机械地按照相对原子质量数值由小到大的顺序排列，并指出了当时测定的某些元素的相对原子质量数值可能有错误。若干年后，他的预言和推测都得到了证实。人们为了纪念他的功绩，把元素周期律和元素周期表称为门捷列夫元素周期律和门捷列夫元素周期表。但由于时代的局限性，门捷列夫揭示的元素内在联系的规律还是初步的，他未能认识到形成元素周期性变化的根本原因。

三、元素周期表中元素性质的递变规律

元素性质取决于原子的内部结构，元素性质的周期性变化是元素原子的电子排布呈周期性变化的反映。本节主要介绍原子半径、电离能、电子亲和能和电负性等性质的变化规律。3～18 号元素性质的周期性变化如表 2-7 所示。

表 2-7 3～18 号元素性质的周期性变化

原子序数	3	4	5	6	7	8	9	10
元素名称	锂	铍	硼	碳	氮	氧	氟	氖
元素符号	Li	Be	B	C	N	O	F	Ne
外围电子构型	$2s^1$	$2s^2$	$2s^22p^1$	$2s^22p^2$	$2s^22p^3$	$2s^22p^4$	$2s^22p^5$	$2s^22p^6$
原子半径（10^{-10}m）	1.52	1.113	0.88	0.77	0.7	0.66	0.64	1.60
金属性和非金属性	活泼金属	两性元素	不活泼非金属	非金属	活泼非金属	很活泼非金属	最活泼非金属	稀有气体
氧化数	+1	+2	+3	+4 −4	+5 −3	−2	−1	0
电负性	1.0	1.6	2.0	2.6	3.0	3.4	4.0	
原子序数	11	12	13	14	15	16	17	18
元素名称	钠	镁	铝	硅	磷	硫	氯	氩
元素符号	Na	Mg	Al	Si	P	S	Cl	Ar
外围电子构型	$3s^1$	$3s^2$	$3s^23p^1$	$3s^23p^2$	$3s^23p^3$	$3s^23p^4$	$3s^23p^5$	$3s^23p^6$
原子半径（10^{-10}m）	1.537	1.60	1.43	1.17	1.10	1.04	0.99	1.92
金属性和非金属性	很活泼金属	活泼金属	两性元素	不活泼非金属	非金属	活泼非金属	很活泼非金属	稀有气体
氧化数	+1	+2	+3	+4 −4	+5 −3	+6 −2	+7 −1	0
电负性	0.9	1.3	1.6	1.9	2.2	2.6	3.2	

（一）原子半径

从量子力学理论观点考虑，电子云没有明确的界限，因此严格而讲，不能准确地给出原子半径，只能假设原子为球体，根据实验测定和间接计算方法求得。

原子半径常用的有三种，即共价半径、范德瓦耳斯半径和金属半径。

通常情况下，范德瓦耳斯半径都比较大，而金属半径比共价半径大一些。在比较元素的某些性质时，原子半径最好采用同一种数据。

原子半径的递变规律，随着原子序数的递增，元素的原子半径呈周期性变化。对于同一周期元素，从左到右，原子半径逐渐减小。这是因为同一周期，从左到右，元素的原子序数逐渐增大，核电荷数逐渐增加，原子核对外层电子的吸引能力逐渐增强；对于同一主族元素，从上到下，原子半径逐渐增大。这是因为同一主族，从上到下，元素原子的电子层数逐渐增加，电子离原子核的距离逐渐变远；同一副族，从上到下，原子半径略有增加，但是副族中第 5、6 周期元素的原子半径很接近。

（二）电离能

一个基态的气态原子失去电子成为气态正离子所需要吸收的能量，称为该元素的第一**电离能**，符号为 I_1，单位为 kJ/mol。一个多电子原子，可以失去多个电子，因此具有第一电离能 I_1，第二电离能 I_2 等多个电离能，而且 $I_1<I_2<\cdots\cdots$

电离能的数值大小主要取决于原子的有效核电荷数、原子半径和原子的电子构型。一般而言，原子半径越小，有效核电荷数越大，电离能就越大；原子半径越大，有效核电荷数越小，电离能就越小。电子构型越稳定，电离能也越大。

元素的电离能越小，表示元素的原子越易失去电子，则该元素的金属性就越强；元素的电离能越大，表示元素的原子越难失去电子，则该元素的金属性就越弱。因此电离能是衡量元素金属性强弱的一个重要参数。

同一周期，从左到右，随着原子序数的增加，元素的第一电离能总体趋势是逐渐增大的，但是有些元素的电离能比元素周期表中处于其右侧的元素的电离能反而略高。例如，氮的第一电离能大于氧的第一电离能，这是因为氮原子的电子排布处于较稳定的半充满状态。同一周期中，稀有气体元素的电离能最大，因为稀有气体元素原子的电子排布处于稳定的全充满状态。

（三）电子亲和能

一个基态的气态原子获得一个电子成为气态阴离子时所释放的能量，称为该元素的**电子亲和能**，符号为 E，单位为 kJ/mol。一个多电子原子，可以得到多个电子，因此具有第一电子亲和能 E_1 和第二电子亲和能 E_2 等。

电子亲和能的大小主要取决于原子的有效核电荷数、原子半径和原子的电子构型。一般而言，原子半径越小，有效核电荷数越大，电子亲和能就越大；原子半径越大，有效核电荷数越小，电子亲和能就越小。电子构型越稳定，电子亲和能也越小。

元素的电子亲和能越大，表示元素的原子越易得到电子，则该元素的非金属性就越强；元素的电子亲和能越小，表示元素的原子越难得到电子，则该元素的非金属性就越弱。因此电子亲和能是衡量元素非金属性强弱的一个重要参数。

同一周期，从左到右，随着原子序数的增加，元素的第一电子亲和能总体趋势是逐渐增大的，但ⅡA、ⅤA、0 族例外。例如氮，在得到电子时，破坏了其稳定的半充满结构，使得氮的电子亲和能是吸热的。

（四）电负性

1932 年，鲍林提出了电负性的概念，他指出“元素的**电负性**是指元素的原子在分子中吸引电子的能力”。鲍林还指定了氟的电负性为 4.0，然后通过对比求出了其他元素的电负性数值，如表 2-8 所示。

表 2-8　元素的相对电负性数值

H 2.1										He
Li 1.0	Be 1.5				B 2.0	C 2.5	N 3.0	O 3.5	F 4.0	Ne
Na 0.9	Mg 1.2				Al 1.5	Si 1.8	P 2.1	S 2.5	Cl 3.6	Ar
K 0.9	Ca 1.5	Se 1.8		Zn 2.8	Ga 0.8	Ge 1.0	As 1.3	Se 1.5	Br 1.6	Kr
Rb 0.9	Sr 1.0	Y 1.2	……	Cd 1.7	In 1.7	Sn 1.8	Sb 1.9	Te 2.1	I 2.5	Xe
Cs 0.7	Ba 0.8	La 1.1	……	Hg 1.9	Tl 1.8	Pb 1.8	Bi 1.9	Po 2.0	At 2.2	Rn

根据鲍林对电负性的标度，电负性大于 2.0 的元素为非金属元素，电负性越大，则元素的非金属性越强；电负性小于 2.0 的元素为金属元素，电负性越小，则元素的金属性越强。

元素的电负性随着原子序数的递增呈现周期性变化。电负性是衡量元素非金属性强弱的一个重要参数。除了稀有气体元素以外，电负性最大的元素是位于元素周期表中右上角的氟，电负性最小的是位于元素周期表中左下角的铯。

综上所述，对于主族元素，元素周期表中的同一周期，从左至右，随着原子序数的递增，元素的电离能、电子亲和能和电负性逐渐增大，说明元素的金属性逐渐减弱而非金属性逐渐增强。元素周期表的同一主族，自上而下，随着原子半径的增大，元素的电离能、电子亲和能和电负性逐渐减小，说明元素的金属性逐渐增强而非金属性逐渐减弱。

过渡元素性质的规律性总体上不如主族强。一般在同一副族中，自上而下，原子失电子的倾向减小，元素的金属性有所减弱。

元素周期表中主族元素性质的变化规律和它们的位置关系如表 2-9 所示。

表 2-9　主族元素性质的递变规律

周期	ⅠA	ⅡA	ⅢA	ⅣA	ⅤA	ⅥA	ⅦA
1～7	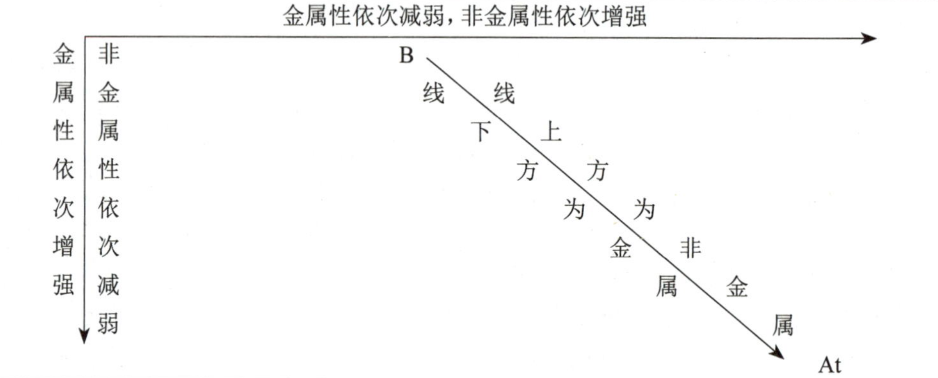						

在ⅢA 的硼和ⅦA 的砹之间连一条线，线右上方的元素是非金属元素，线左下方的元素是金属元素，线上的元素为两性元素。根据元素性质的递变规律，元素周期表左下方的元素铯是最活泼的金属元素，而右上方的元素氟是非金属性最强的元素。

（鲍闻渊）

复习思考题

一、填空题

1. 每一个原子轨道需要用________个量子数描述，其符号分别是________，表征电子自旋方式的量子数是________，具体值分别是________。

2. 原子中，$n=3$，$l=1$ 表示是________原子轨道。

3. 填充合理的量子数值

(1) $n=3$，$l=$________，$m=2$，$m_s=-\frac{1}{2}$　　(2) $n=$________，$l=3$，$m=3$，$m_s=+\frac{1}{2}$

(3) $n=4$，$l=3$，$m=$________，$m_s=-\frac{1}{2}$　　(4) $n=4$，$l=2$，$m=1$，$m_s=$________

二、简答题

简述核外电子排布所需遵守的三个原则，并写出 1～36 号元素原子核外的电子排布式。

三、问答题

徐光宪院士是中国著名的无机化学家、教育家，被誉为“中国稀土之父”“稀土界的袁隆平”。1947 年，徐光宪赴美国华盛顿大学留学，他深厚的学术功底和渊博的学识使他有机会留在美国任教。然而，他却毅然决然地放弃了这个机会，冲破重重阻拦回到祖国，投身社会主义建设，他为了国家的建设需要，四次更换研究方向，并在多个领域取得了卓越成就。在长期的科研和实践中，徐光宪院士总结出一条电子电离的近似规则，即“$n+0.7l$”规则，他认为轨道能量的高低顺序可由“$n+0.7l$”值判断，数值大小顺序对应于轨道能量的高低顺序。

请根据徐光宪规则，将下面每组用四个量子数表示的核外电子运动状态按能量增加的顺序排列。

(1) $3, 2, -1, -\frac{1}{2}$　(2) $1, 0, 0, +\frac{1}{2}$　(3) $2, 1, 1, -\frac{1}{2}$

(4) $3, 2, 1, -\frac{1}{2}$　(5) $3, 1, 0, +\frac{1}{2}$　(6) $2, 0, 0, +\frac{1}{2}$

(7) $4, 3, 0, -\frac{1}{2}$　(8) $4, 3, 3, +\frac{1}{2}$

ER-2-5

扫一扫，测一测

PPT课件

第三章　分 子 结 构

学习目标

【知识目标】

1. 掌握离子键、共价键的概念、形成及特点，氢键的形成。

2. 熟悉经典价键理论、现代价键理论及杂化轨道理论的要点，分子极性的概念、分子间作用力的形成及对物质物理性质的影响。

3. 了解杂化的类型及对分子几何构型的影响，晶体的概念及离子极化的概念。

【能力目标】

1. 能够根据原子结构判断分子中原子间的成键类型。

2. 理解分子间作用力对物质物理性质的影响。

【素质目标】

培养透过现象分析问题的本质属性和通过分析内在本质特征判断事物表观性质的能力。

知识导览

分子是保持物质化学性质的最小微粒，是参与化学反应的基本单元。分子由原子组成，构成分子的原子种类、数目、排列方式、相邻原子间的作用力决定了分子的性质。其中分子内相邻原子之间的相互作用力，即化学键，是分子结构讨论的重点内容。而分子与分子之间存在着较弱的作用力，即分子间作用力。研究分子结构及分子间作用力，找出物质结构和性质的内在联系，对于了解物质的性质和化学变化的规律，具有十分重要的意义。

第一节　化　学　键

原子结合成分子时，相邻原子间存在着一种力，我们把分子中相邻原子间的强烈相互作用力，叫**化学键**。根据原子间作用力的不同，化学键分为离子键、金属键与共价键。

一、离　子　键

1. 离子键的形成　1916 年德国科学家科赛尔（W. Kossel），提出了离子键的理论，认为离子键的本质是正离子和负离子间的相互作用。在活泼金属原子（K、Na、Ca、Mg 等）和活泼非金属原子（F、O、Cl 等）相互接近时，因为两者电负性相差较大，有着形成稀有气体稳定结构的正离子和负离子的倾向。我们知道，金属钠和氯气能发生反应生成氯化钠。由于钠原子的最外层只有 1 个电子，容易失去，氯原子的最外层有 7 个电子，容易得到 1 个电子，从而使双方最外层都成为 8 个电子的稳定结构。当金属钠和氯气反应时，就发生了这种电子的得失，形成了带正电荷的钠离子（Na^+）和带负电荷的氯离子（Cl^-）。钠离子和氯离子之间除了有静电相互吸引的作用外，还有电子与电子、原子核与原子核之间的相互排斥作用。当两种离子接近到某一定距离时，吸引和排斥作用达到平衡，于是阴离子和阳离子之间就形成了稳定的化学键。

Na 失去电子　$Na(2s^22p^63s^1)-e^-\rightarrow Na^+(2s^22p^6)$

Cl 得到电子　$Cl(3s^23p^5)+e^-\rightarrow Cl^-(3s^23p^6)$

离子结合　$Na^++Cl^-\rightarrow NaCl$

形成离子键的条件是成键原子间的电负性差值较大，一般要相差 1.7 以上。事实上，任何阴阳离子间均可产生静电引力，即形成离子键，包括简单的阴阳离子，如 Na^+、Cl^-，或原子团型的阴阳离子，如 NH_4^+、SO_4^{2-}。

2. 离子化合物　由离子键结合而形成的化合物称为**离子化合物**。例如：KCl、CaO、$MgBr_2$、$(NH_4)_2SO_4$ 等都是离子化合物。

在离子化合物中，离子具有的电荷，就是它的化合价。如：Na^+、K^+ 是 +1 价，Ca^{2+}、Mg^{2+} 是 +2 价，Cl^-、Br^- 是 −1 价，O^{2-}、S^{2-} 是 −2 价。

离子化合物有离子型气体分子和离子晶体之分。如在氟化锂的蒸气中，1 个 Li^+ 和 1 个 F^- 以离子键结合成独立的离子型气体分子 LiF 分子；氯化钠晶体则为离子晶体。离子型气体分子很少，故一般所指的离子化合物就是离子晶体。离子化合物一般具有熔点高、易溶于水、水溶液或熔融状态能导电等特点。

3. 离子键的特征　离子键的特征是，既没有方向性又没有饱和性，只要空间条件允许，正离子周围可以尽量多地吸引负离子，反之亦然。我们可以把任何一个离子都近似地看作带电的球体，其形成的电场是均匀分布的，在空间各个方向都可以与带相反电荷的离子产生静电吸引而结合，故离子键没有方向性。同时，由于阴阳离子之间的结合是电场中的静电引力，某一带电离子在其电场范围内，只要空间条件允许，可以与任何一个带相反电荷的离子产生作用力，作用力的大小由离子所带电荷的多少和离子间的距离大小来决定，这就是说离子键没有饱和性。如在 NaCl 晶体中，每个 Na^+ 周围吸引着 6 个 Cl^-，每个 Cl^- 周围吸引着 6 个 Na^+。因此，在离子化合物的晶体中没有单个的分子。

4. 离子键的稳定性　离子键的稳定性与组成离子化合物的离子的性质有关。这里介绍影响离子键稳定性的两种主要因素：离子电荷和离子半径。

（1）离子电荷：根据离子键的形成过程，阳离子所带的电荷数就是相应原子失去的电子数；阴离子所带的电荷数就是相应原子得到的电子数。离子键的本质是阴阳离子间的静电作用力，阴阳离子所带电荷越多，作用力越强，离子键就越牢固。

（2）离子半径：离子键的稳定性除与离子所带电荷多少有关外，还与阴阳离子间的距离有关，距离越近，键越牢固。而成键离子间的距离大小与阴阳离子的半径大小有关。常见离子的离子半径见表 3-1。

表 3-1　一些离子的离子半径（单位：pm）

Li^+ 76	Be^{2+} 45	B^{3+} 20	Sn^{4+} 69	O^{2-} 140	F^- 133
Na^+ 102	Mg^{2+} 72	Al^{3+} 54	Pb^{4+} 78	S^{2-} 184	Cl^- 181
K^+ 138	Ca^{2+} 100	Ga^{3+} 62		Se^{2-} 198	Br^- 196
Rb^+ 152	Sr^{2+} 118	In^{3+} 80		Te^{2-} 221	I^- 220
Cs^+ 167	Ba^{2+} 135	Tl^{3+} 8			

观察表 3-1 中数据可得出以下规律：

1）同一周期元素，阳离子半径随离子所带正电荷数的增加而减小，如 $Na^+>Mg^{2+}>Al^{3+}>Si^{4+}$；阴离子半径随离子所带负电荷数的增加而增大，如 $O^{2-}>F^-$。

2）同一主族元素，离子携带电荷相同时，离子半径自上而下依次增大，如：$F^-<Cl^-<Br^-<I^-$。

3）同一周期元素的阳离子半径较小，阴离子半径较大。

4）同一元素的阳离子半径小于原子半径；阴离子半径大于原子半径；金属离子低氧化态的半径大于高氧化态的半径。如 $Fe>Fe^{2+}$、$Cl^->Cl$、$Fe^{2+}>Fe^{3+}$。

5）相邻两主族元素，左上方和右下方两元素的阳离子半径相近，如 Li^+ 和 Mg^{2+}、Na^+ 和 Ca^{2+} 等。通常情况下，离子键越强的离子化合物，熔点、沸点越高，硬度也越大。

二、金 属 键

1. 金属键的形成　金属的特点是原子的最外层电子容易失去，故在金属晶体中，一些原子因失去最外层电子而成为阳离子，而被失去的电子在整块金属的范围内自由运动，我们把这种在某一瞬间不受一定原子束缚的电子称为**自由电子**。当电子与某一阳离子结合时，阳离子又变成原子，而同时又有其他原子失去电子成为阳离子。因此，在金属晶体中总是存在着原子、阳离子和自由电子，这些原子和阳离子沉浸在自由电子的电子氛中，被电子吸引着而结合在一起。我们把在金属晶体中的这种由于自由电子运动而使金属原子和金属阳离子间相互结合的化学键称为**金属键**。

2. 金属晶体的特性　金属键没有方向性和饱和性。因为自由电子的存在，所以金属可导电和导热；原子和阳离子是紧密堆积，故密度大，延展性好。

三、共 价 键

（一）经典共价键理论

1916 年，美国科学家路易斯（G. N. Lewis）提出了经典共价键理论。该理论指出，共价键是原子间通过共用电子对形成的化学键。通常，相同的或者不同的非金属原子形成化合物时，一般是以共价键的形式结合。

1. 共价键的形成　同种元素的原子及电负性相近的元素的原子相互结合时，成键原子各自提供相同数目的电子，形成一对、两对或三对共用电子对，共同围绕两个原子核运动，为两个成键原子所共有，成键原子双方都达到了 8 个电子（H 原子除外）的稳定结构。原子间通过共用电子对而形成的化学键叫做**共价键**。如氢气（H_2）的生成是由于当 2 个 H 原子相互作用时，它们得失电子的能力相同，所以只能采用每个 H 原子各提供 1 个电子，组成 1 个电子对，使每个 H 原子的最外层都达到 2 个电子的稳定结构。这种由 2 个原子各提供 1 个电子形成的电子对，称为共用电子对。如 Cl_2、HCl、H_2O、NH_3 等也是通过共价键结合形成的化合物，称为共价化合物。其电子式可表示为：

氢分子　　　H· + ×H ⟶ H×H

氯分子　　　×C̈l× + ·C̈l: ⟶ ×C̈l×C̈l:

氯化氢分子　H× + ·C̈l: ⟶ H×C̈l:

水分子　　　H· + ×Ö× + ·H ⟶ H×Ö×H

氨分子　　　3H× + ·N̈· ⟶ H×N̈×H
　　　　　　　　　　　　　　　　　H

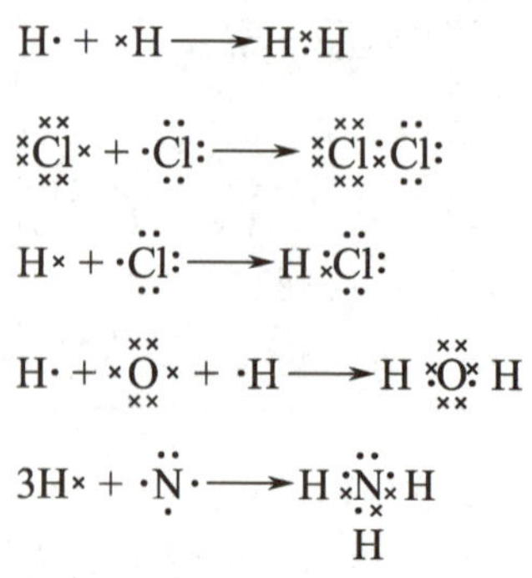

2. 共价键的特点

（1）饱和性：一个原子有几个未成对电子，便和几个自旋相反的电子配对成键；而未成对电子数是有限的，故形成化学键的数目是有限的。

(2) 方向性：在形成稳定的共价键时，原子核间电子云总是尽可能沿着密度最大的方向进行重叠。

饱和性和方向性是共价键的特点，也是共价键区别于离子键的显著特征。

3. 共价键的极性 成键原子的电负性不同导致了化学键的极性不同。当成键的两个原子相同时，由于同原子的电负性相同，吸引电子的能力相同，则共用电子对不偏向任何一个原子，成键的原子都不显电性，这种共价键称为非极性共价键，简称**非极性键**。如 H—H、Cl—Cl 等相同原子之间形成的共价键都是非极性键。

当成键的两个原子不同时，由于不同原子的电负性不同，吸引电子的能力不同，所以共用电子对必然偏向吸引电子能力较强的原子一方，使其带部分负电荷，而吸引电子能力较弱的原子则带部分正电荷，这种共价键称为极性共价键，简称**极性键**。如 H—C 键是极性键，共用电子对偏向 C 原子一端，使 C 原子带部分负电荷，H 原子带部分正电荷。

共价键极性的大小与成键原子电负性的差值有关，差值越大，极性越大。如 H—F 键的极性大于 H—C 键的极性。

4. 配位键 配位键是一种特殊的共价键。若两个成键原子共享的电子对不是由两原子各提供一个电子，而是由其中一原子独自提供，这种共价键叫做**配位键**。配位键用 A→B 来表示，其中 A 原子是提供电子对的原子，叫做电子对的给予体；B 原子是接收电子对的原子，叫做电子对的接收体。例如 NH_3 和 H^+ 形成 NH_4^+。

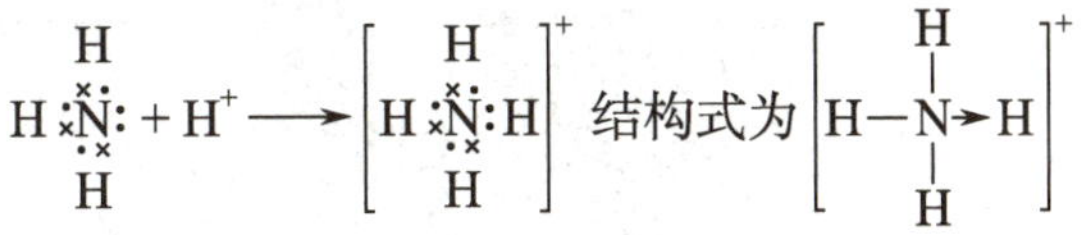

（二）现代价键理论

经典的共价键理论可以初步解释共价键不同于离子键的本质，但是也存在着局限性。比如为什么同带着负电荷的两个电子也可以相互配对成键；共用电子对怎样形成空间构型稳定的分子等问题。1927 年，德国科学家海特勒（W. H. Heitler）和伦敦（F. W. London）提出了**价键理论**，把量子力学理论运用到分子结构中，进一步阐明了共价键的本质。在 1931 年，美国科学家鲍林（L. C. Pauling）提出了**杂化轨道理论**，使得共价键理论得到进一步完善。

1. 现代价键理论的要点 现代价键理论是建立在形成分子的原子应有未成对电子，且未成对电子在自旋方向相反时才可以配对形成共价键的基础上。其要点如下：

(1) 具有自旋方向相反的未成对电子的两个原子相互接近时，核间电子密度较大，才可以配对形成稳定的共价键。

(2) 共价键有饱和性。一个原子有几个未成对电子，便可和几个自旋方向相反的电子配对成键。已成键的电子不能再与其他电子配对成键，这就是共价键的“饱和性”。按照价键理论，原子未成对的电子数，等于原子形成共价键的数目，也就是原子的化合价数。

(3) 共价键有方向性。在形成共价键时，原子间总是尽可能地沿着原子轨道最大重叠的方向成键。成键电子的原子轨道重叠程度越高，电子在两核间出现的概率越大，形成的共价键越稳固，这就是最大重叠原理。原子轨道中除了 s 轨道呈球形对称之外，其他的 p、d、f 轨道都有一定的空间伸展方向。因此，除了 s 轨道与 s 轨道成键没有方向限制外，其余原子轨道的重叠只有沿一定的方向进行才能达到最大程度的重叠，因而共价键具有一定的方向性（图 3-1）。

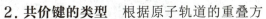

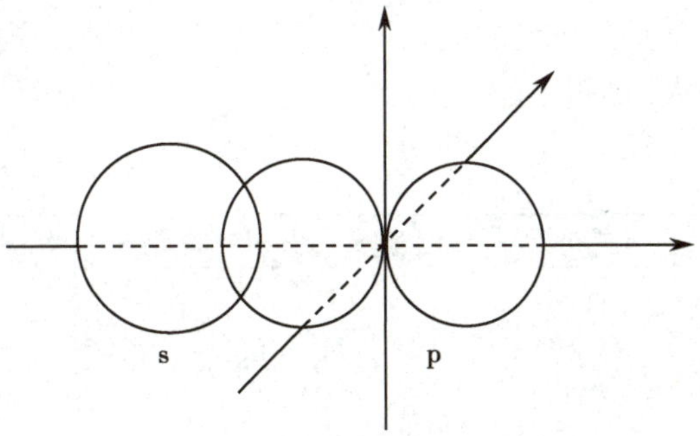

图 3-1 共价键的方向性

2. 共价键的类型 根据原子轨道的重叠方

式不同，形成了两种不同类型的共价键：σ键和π键。

（1）σ键：成键原子轨道沿键轴（成键原子的原子核连线）方向以“头碰头”的方式重叠而形成的共价键叫**σ键**。σ键的特点是轨道重叠程度大，键比较牢固；重叠部分集中于两核之间，并沿键轴对称分布，可任意旋转，形成σ键的电子称为σ电子（图3-2）。

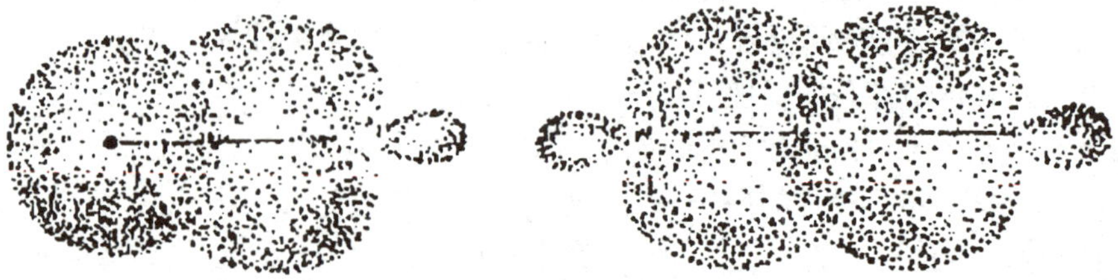

图3-2　σ键的形成

（2）π键：成键原子轨道垂直于两核连线，以“肩并肩”的方式重叠而成的共价键叫**π键**。π键的特点是原子轨道重叠程度小，不如σ键稳定，容易参加反应；重叠部分分布在键轴的两侧，呈镜面反对称，不能旋转，形成π键的电子称为π电子（图3-3）。

ER-3-3

现代价键理论视频

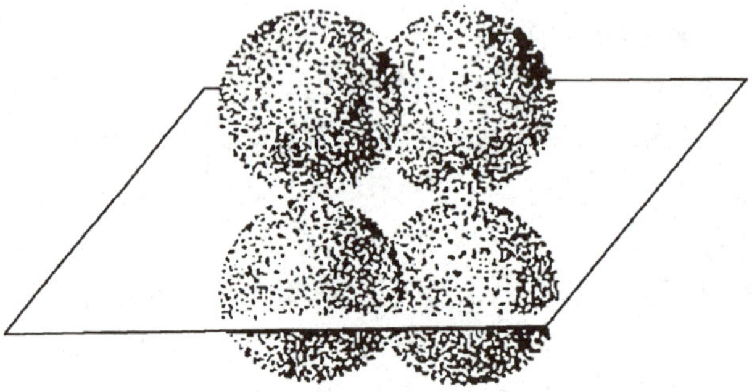

图3-3　π键的形成

3. 键参数　为了表征化学键的性质，常用键能、键长、键角作为主要的键参数。

（1）键能（E）：**键能**是表示共价键牢固程度的参数。其定义是：在298K和101.3kPa下，物态为理想气体状态时，断开1mol分子中某一键所需要的能量，单位为kJ/mol。

对于双原子分子，键能在数值上等于键的离解能；对于多原子分子，则键能在数值上等于多个相同键的离解能的平均值。另外，同样的键在不同分子中的键能有差别，但差别不大，我们可以取不同分子中键能的平均值作为该种键的键能。表3-2列出了一些常见共价键的键能。一般来说，键能越大，表明键越牢固，由该键形成的分子也就越稳定。

（2）键长（l）：**键长**是成键的两个原子核间的平均距离的物理量，单位为pm。不同化合物分子中，同样两种原子之间的键长稍有差别，一般取平均值作为该种键的键长。表3-2列出了一些常见共价键的键长。一般情况下，成键原子的半径越小，成键电子对越多，其键长越短，键能越大，键越牢固。

表3-2　一些共价键的键长和键能

共价键	键长/pm	键能 E/kJ·mol^{-1}	共价键	键长/pm	键能 E/kJ·mol^{-1}
H—H	74	436	C—H	109	414
C—C	154	347	C—N	147	305
C=C	134	611	C—O	143	360
C≡C	120	837	C=O	121	736

续表

共价键	键长/pm	键能 E/kJ·mol⁻¹	共价键	键长/pm	键能 E/kJ·mol⁻¹
N—N	145	159	C—Cl	177	326
O—O	148	142	N—H	101	389
Cl—Cl	199	244	O—H	96	464
Br—Br	228	192	S—H	136	368
I—I	267	150	N≡N	110	946
S—S	205	264	F—F	128	158

（3）键角（α）：在分子中键与键之间的夹角称为**键角**。键角是表征分子空间结构的重要键参数。表 3-3 列出了一些分子的键长、键角和分子的几何构型。

表 3-3 一些分子的键长、键角和分子构型

分子	键长/pm	键角 α	几何构型	分子	键长/pm	键角 α	几何构型
$HgCl_2$	234	180°	直线形	NH_3	101.5	107°18′	三角锥形
CO_2	116.3	180°	直线形	SO_3^{2-}	151	106°	三角锥形
H_2O	96	104.5°	V 形	CH_4	109	109.5°	四面体形
SO_2	143	119.5°	V 形	SO_4^{2-}	149	109.5°	四面体形
BF_3	131	120°	三角形	SO_3	143	120°	三角形

课堂互动

1. 下列化合物中，哪些属离子化合物？哪些属共价化合物？

KCl、HCl、CO、NH_3、$CaSO_4$、NH_4Cl、HF、SO_2、MgO、NaOH

2. 共价键分为σ键和π键，它们的主要区别是什么？

（三）杂化轨道理论

价键理论比经典共价键理论更好地阐明了共价键的形成过程和本质，但是不能解释一些分子或多原子分子离子的空间构型，比如 CH_4 形成过程中，C 原子的电子排布式为$1s^2 2s^2 2p_x^1 2p_y^1$，只有两个未成对电子，按照价键理论只能与两个 H 原子形成共价键，但是实际中 C 与四个 H 原子形成正四面体结构。鲍林的杂化轨道理论能更好地解释多原子分子的空间构型和性质，丰富了现代价键理论。1953 年，我国科学家唐敖庆等统一处理 s、p、d、f 轨道的杂化，提出杂化轨道一般方法，进一步发展了杂化轨道理论内容。

1. 杂化轨道理论的基本要点

（1）原子形成分子时，中心原子能量相近、不同类型价层原子轨道重新分配能量和确定空间方向，组合成新的原子轨道，这种原子轨道重新组合的过程称为杂化。杂化后形成的新原子轨道称为杂化原子轨道，简称杂化轨道。

（2）有几个原子轨道参与杂化，结果就会形成几个新的杂化轨道。杂化轨道比之前未杂化的轨道会更有利于原子轨道间最大程度的重叠，杂化轨道的成键能力更强。

（3）在原子轨道杂化过程中，杂化轨道的能量重新分配，杂化轨道之间尽量取最大夹角分布，使相互排斥力最小，杂化轨道的形状和空间方向都发生改变。不同类型的杂化轨道具有不同的空间构型。

2. 杂化轨道的类型与分子几何构型 杂化轨道的类型有多种，这里主要介绍 sp 型杂化的三种类型：sp 杂化、sp^2 杂化和 sp^3 杂化。

（1）sp 杂化：能量相近的 1 个 s 轨道和 1 个 p 轨道，发生轨道杂化后重新形成 2 个相同的 sp

杂化轨道。每个 sp 有 1/2 的 s 成分和 1/2 的 p 成分，杂化轨道之间的夹角为 180°，形状呈直线型构型[图 3-4(a)]。

如气态分子 $BeCl_2$ 分子的形成，基态 Be 原子的外层电子构型为 $2s^2$。Be 原子杂化过程中，基态下 1 个 2s 电子被激发进入到 2p 轨道上，形成 $1s^2 2s^1 2p_x^1$ 的激发态，然后这 2s 轨道和有单电子的 2p 轨道再发生杂化形成 2 个等同的 sp 杂化轨道。每个 sp 轨道再与 Cl 原子的 3p 轨道重叠成 2 个 σ 键，生成 $BeCl_2$ 分子，$BeCl_2$ 分子的几何构型是直线型[图 3-4(b)]。

$BeCl_2$ 分子在形成时，Be 原子轨道的杂化过程示意如下：

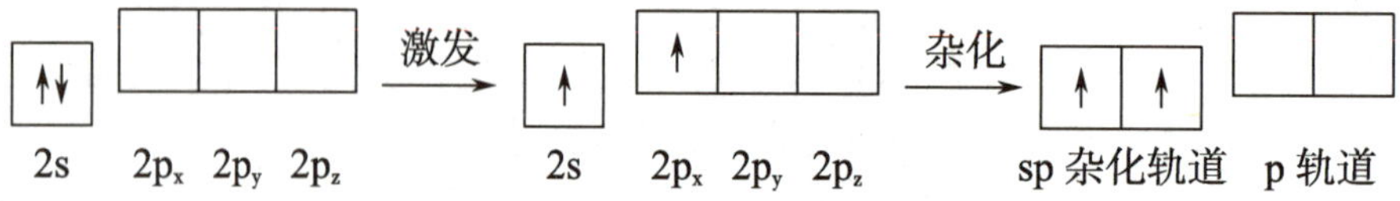

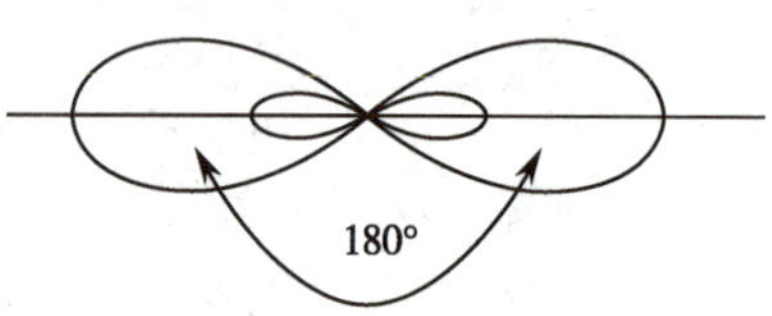

图 3-4(a) sp 杂化轨道

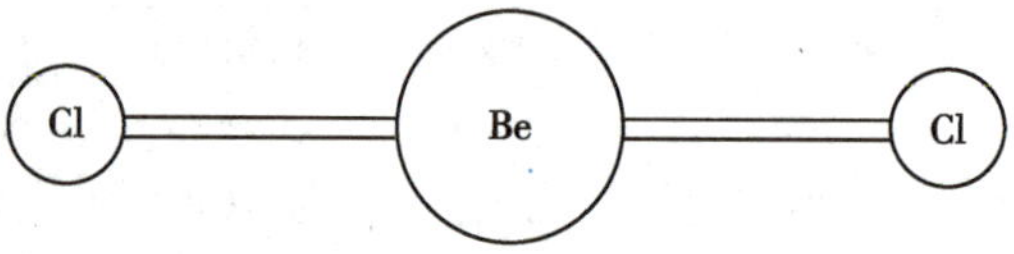

图 3-4(b) $BeCl_2$ 分子构型示意图

(2) sp^2 杂化：能量相近的 1 个 s 轨道和 2 个 p 轨道，发生轨道杂化后重新形成 3 个相同的 sp^2 杂化轨道。每个 sp^2 有 1/3 的 s 成分和 2/3 的 p 成分，杂化轨道之间的夹角为 120°，呈正三角形分布[图 3-5(a)]。

如 BF_3 分子的形成，基态 B 原子的外层电子构型为 $2s^2 2p_x^1$。B 原子杂化过程中，基态下 1 个 2s 电子被激发进入到 2p 轨道上，形成 $1s^2 2s^1 2p_x^1 2p_y^1$ 的激发态，然后这 2s 轨道和 2 个有单电子的 2p 轨道再发生杂化形成 3 个等同的 sp^2 杂化轨道。3 个杂化轨道指向平面三角形的三个顶点，每个轨道再与 F 原子的 2p 轨道重叠成 3 个 σ 键，生成 BF_3 分子，BF_3 分子的几何构型是平面正三角形[图 3-5(b)]。

BF_3 分子在形成时，B 原子轨道的杂化过程示意如下：

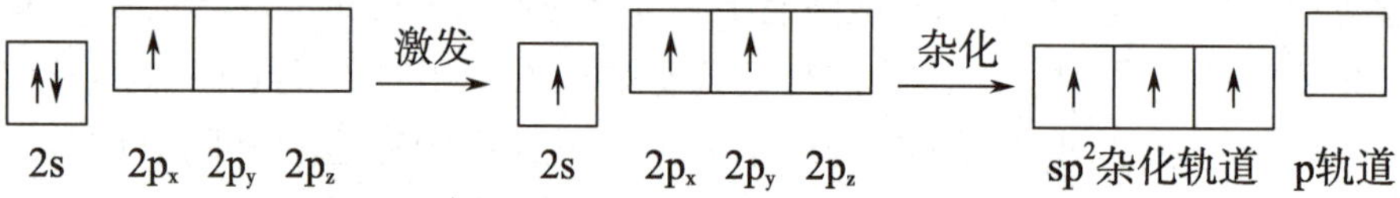

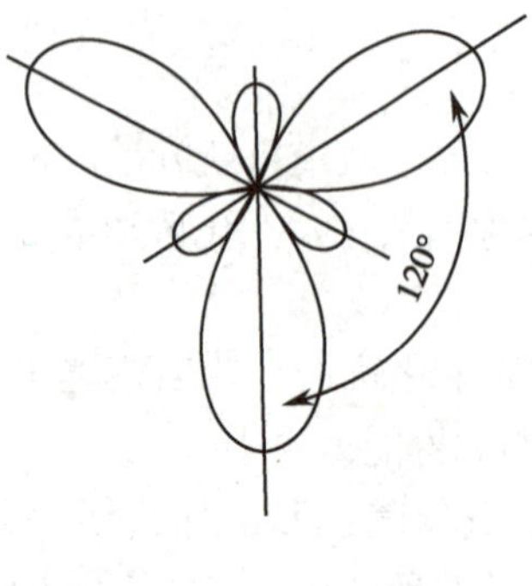

图 3-5(a) sp^2 杂化轨道

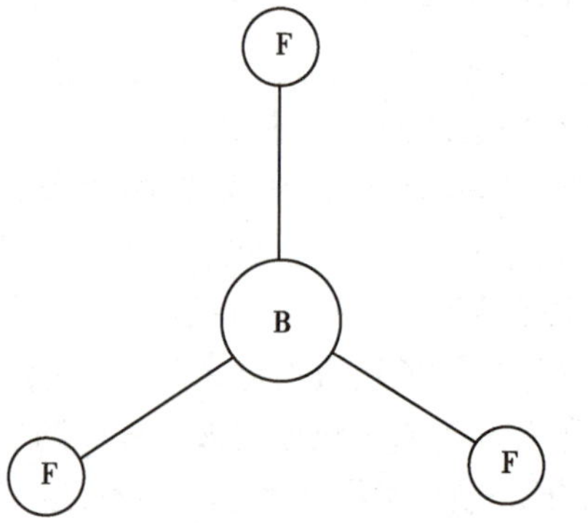

图 3-5(b) BF_3 分子构型示意图

(3) sp^3 杂化：能量相近的 1 个 s 轨道和 3 个 p 轨道，发生轨道杂化后重新形成 4 个相同的 sp^3 杂化轨道。每个 sp^3 有 1/4 的 s 成分和 3/4 的 p 成分，杂化轨道之间的夹角为 109°28′，形状呈四面体结构[图 3-6(a)]。

如 CH_4 分子形成，基态 C 原子的外层电子构型为 $2s^2 2p_x^1 2p_y^1$。C 原子杂化过程中，基态下 1 个 2s 电子被激发进入到 2p 轨道上，形成 $1s^2 2s^1 2p_x^1 2p_y^1 2p_z^1$ 的激发态，然后这 2s 轨道和 3 个有单电子的 2p 轨道再发生杂化形成 4 个等同的 sp^3 杂化轨道。4 个杂化轨道指向正四面体的四个顶点，每个轨道再与 H 原子的 1s 轨道重叠成 4 个 σ 键，生成 CH_4 分子，CH_4 分子的空间构型为正四面体型[图 3-6(b)]。

CH_4 分子在形成时，C 原子轨道的杂化过程示意如下：

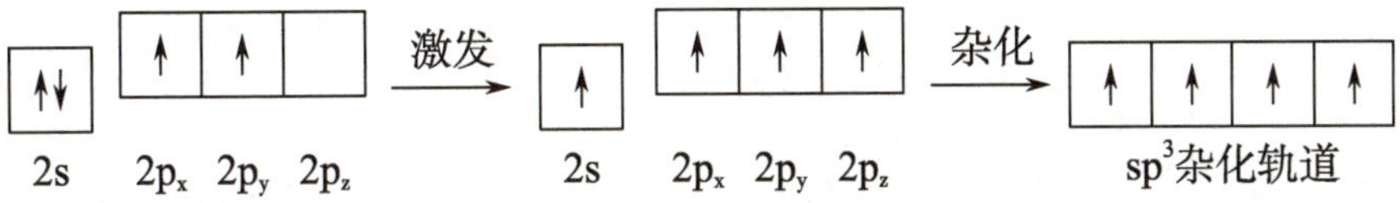

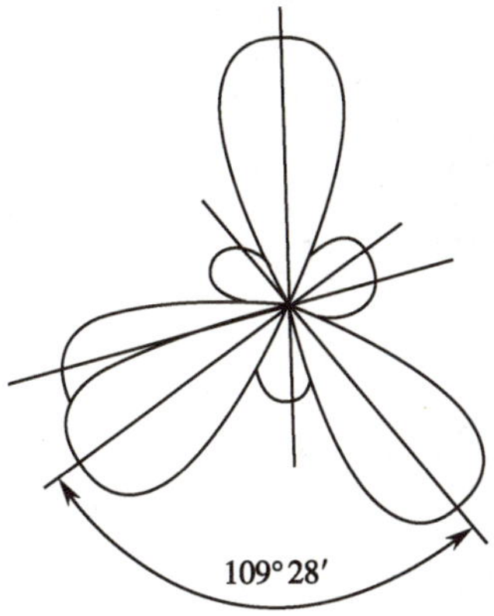

图 3-6(a) sp^3 杂化轨道

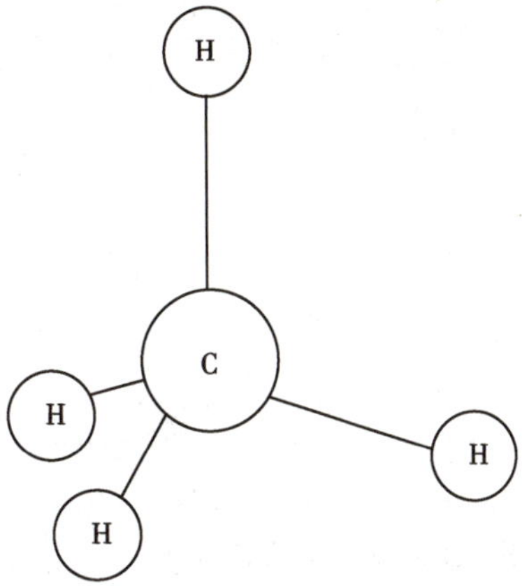

图 3-6(b) CH_4 分子构型示意图

(4) 不等性杂化：以上三种杂化轨道中的成分和能量完全相同，这种杂化属于等性杂化。如果在杂化轨道中有不参加成键的孤对电子存在，使得各杂化轨道的成分和能量不完全相同，这种杂化即为不等性杂化。如 NH_3 中的 N 和 H_2O 中的 O 的杂化。

在 NH_3 分子的形成过程中，N 原子的价电子层构型为 $2s^2 2p^3$，它的 1 个 2s 轨道和 3 个 2p 轨道杂化形成 4 个 sp^3 杂化轨道，杂化过程示意如下：

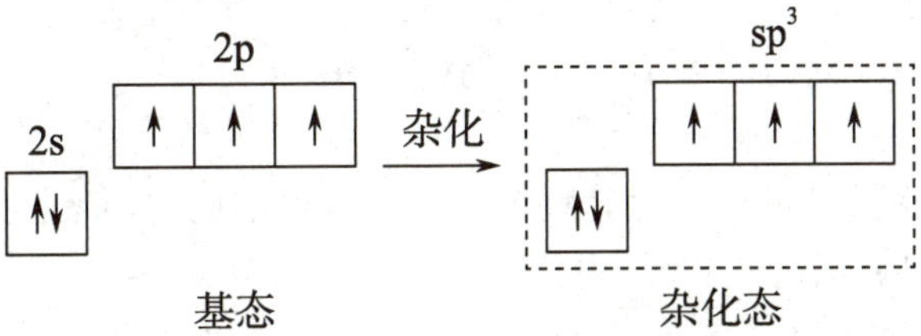

其中 1 个 sp^3 杂化轨道被 N 原子的孤对电子占据，其余 3 个轨道中各有 1 个成单电子，分别与 1 个 H 原子成键，形成 3 个 N—H 共价键。由于孤对电子的电子云对成键电子的排斥作用，使得 NH_3 分子的键角变为 107°，分子空间构型为三角锥形(图 3-7)。

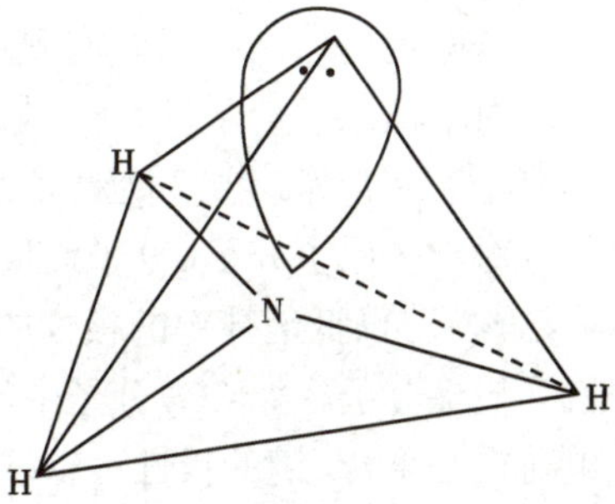

图 3-7 NH_3 分子的空间构型

再如 H_2O 分子形成过程，基态 O 原子的外层电子构型为 $2s^2 2p^4$。杂化过程中 1 个 2s 轨道和 3 个 sp 轨道形成了 4 个 sp^3 杂化，其中 2 个杂化轨道各有 1 对孤对电子所占据，不参与成键；另两个杂化轨道各有 1 个成单电子，这两个杂化轨道分别与 2 个 H 原子的 1s 形成 2 个 σ 键。2 对孤对电子的轨道在原子核周围所占的空间较大，排斥挤压成键电子对，导致 σ 键的夹角被压缩到 103°30′。因此 H_2O 分子的空间构型呈 V 形（图 3-8），杂化过程示意如下：

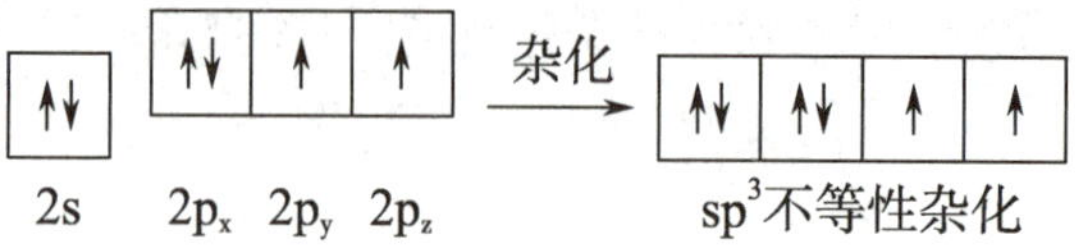

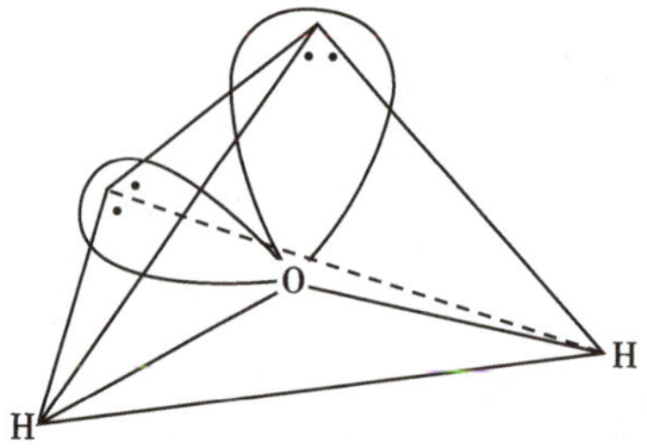

图 3-8　H_2O 分子的空间构型

对于杂化的形式，除上述介绍的外，还有 spd 型及 dsp 型等杂化形式。

第二节　分子间作用力

离子键、金属键、共价键都是原子之间的相互作用。除了这种原子间较强的作用力之外，分子与分子之间还存在着一种较弱的力，大小只有化学键键能的 1/100～1/10。原子结合成分子之后，分子通过分子间作用力结合成物质，物质固液气态的转化、溶解度等物理性质都与分子间作用力有关。分子间作用力本质上也属于静电引力的一种，其大小不仅与分子结构有关，也与分子极性有关。

一、范德瓦耳斯力

1873 年物理学家范德瓦耳斯首先提出，分子之间存在着作用力。故把这种分子间作用力称为**范德瓦耳斯力**，范德瓦耳斯力的大小与分子的极性有关。

（一）分子的极性

对于以共价键结合而成的分子，尽管整个分子是呈电中性的，但分子内部的正、负电荷分布不一定均匀。假定分子内部存在一个正电荷中心和一个负电荷中心，如果分子内部的正、负电荷分布均匀，正、负电荷重心重叠，这样的分子没有极性，称为**非极性分子**；如果分子内部的正、负电荷分布不均匀，正、负电荷重心不重叠，这样的分子有极性，称为**极性分子**。

对于双原子分子，分子的极性与化学键的极性一致。由非极性键形成的分子为非极性分子，如 H_2、O_2、Cl_2 等。由极性键形成的分子为极性分子，如 HF、HCl、CO 等。

对于多原子分子，分子的极性除与化学键的极性有关外，还与分子的空间构型有关。具有对称结构，可以抵消掉键的极性的分子就为非极性分子；结构不对称，无法抵消掉键的极性的分子就为极性分子。如 CO_2 分子中的 C=O 键是极性键，但由于 CO_2 分子的空间构型是直线型，正负电荷重心重合，键的极性可以抵消，故 CO_2 为非极性分子。而 H_2O 分子中的 O－H 是极性键，分子的空间结构是 V 型，正负电荷重心不重合，故 H_2O 为极性分子（图 3-9）。

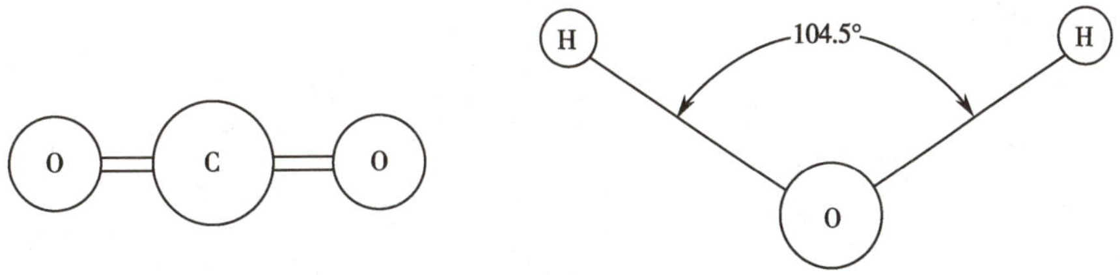

图 3-9　CO_2、H_2O 分子的空间结构与极性

分子极性的大小用**偶极矩** μ 表示，单位为 C•m（库伦米）。与正负电荷重心间的距离和正负电荷重心所带电荷量的多少有关。

$$\mu = qd$$

式中 q：正电荷重心或负电荷重心的电量（C）；d：正、负电荷重心的距离（m）。μ 可以通过实验测得，$\mu=0$ 时分子是非极性分子；μ 越大，分子极性越强。

偶极矩为零的分子为非极性分子，偶极矩不为零的分子为极性分子。偶极矩越大，分子极性越强。表 3-4 列举了一些分子的偶极矩与几何构型。

表 3-4　一些分子的偶极矩与几何构型

分子式	偶极矩	分子构型	分子式	偶极矩	分子构型
H_2	0	直线形	SO_2	5.33	V 形
N_2	0	直线形	H_2O	6.17	V 形
CO_2	0	直线形	NH_3	4.90	三角锥
CS_2	0	直线形	HCN	9.85	直线形
CH_4	0	正四面体形	HF	6.37	直线形
CO	0.40	直线形	HCl	3.57	直线形
H_2S	3.67	V 形	HBr	2.67	直线形
$CHCl_3$	3.50	四面体形	HI	1.40	直线形

课堂互动

下列分子中哪些是极性分子？哪些是非极性分子？

CO_2、H_2O、NH_3、CH_4、BF_3、CO、HF、$BeCl_2$、CH_3Cl、H_2S

（二）范德瓦耳斯力的种类

按作用力产生的原因和特性范德瓦耳斯力可分为三部分，即取向力、诱导力和色散力，它们均属于静电引力。

1. 取向力　极性分子的正电荷和负电荷的重心本来就不重合，并且极性分子中又始终存在着一个正极和一个负极，极性分子的这种固有的偶极，称为**永久偶极**。当极性分子两两相互接近时，分子间会发生“同性相斥，异性相吸”现象使得极性分子的偶极定向排列，而产生的静电作用力，即靠永久偶极之间产生的相互作用力称为取向力（图 3-10）。分子极性越大，分子所带电荷越大，取向力越强。

2. 诱导力　极性分子与非极性分子之间也存在着作用力。当极性分子与非极性分子靠近时，极性分子永久偶极所产生的电场使非极性分子的正负电荷中心发生偏移而产生**诱导偶极**，由诱导偶极与永久偶极之间产生的作用力，称为**诱导力**（图 3-11）。

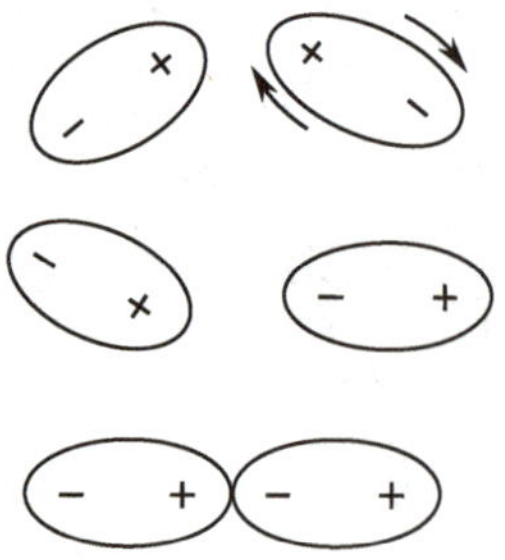

图 3-10 取向力产生示意图

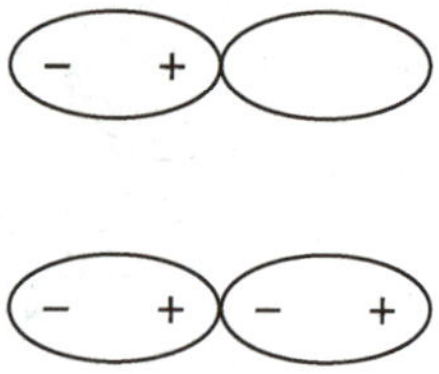

图 3-11 诱导力产生示意图

极性分子之间也存在着诱导力。诱导力的大小与极性分子的极性大小有关，还与分子的可极化性有关。

3. 色散力 非极性分子之间也存在着作用力。由于分子内原子核的不断振动和电子的不断运动而改变它们的相对位置，在某一瞬间可造成正负电荷重心不重合而产生**瞬时偶极**。瞬时偶极将诱导与它相邻的分子产生偶极并产生相互吸引力，这种由瞬时偶极所产生的作用力称为**色散力**（图 3-12）。

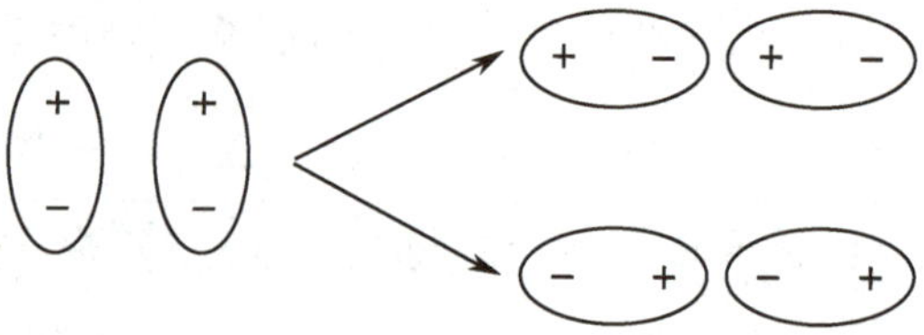

图 3-12 色散力产生示意图

瞬时偶极尽管是短暂的，但原子核和电子在不断运动中，瞬时偶极也就不断出现，所以分子间始终存在着这种作用力，并且任何分子间都存在着这种作用力。色散力大小与分子的可极化性（变形性）有关，可极化性越强，色散力越大。分子的可极化性与分子的相对分子质量成正相关。

综上所述：非极性分子与非极性分子之间只存在色散力；极性分子与非极性分子之间存在色散力和诱导力；极性分子与极性分子之间存在色散力、诱导力和取向力。

分子的极性和变形性影响三种力的大小，极性越大，取向力越大；变形性越大，色散力越大；诱导力与这两种因素有关。大多数分子中色散力是主要的分子间作用力。

（三）范德瓦耳斯力对物质性质的影响

1. 对物质熔点和沸点的影响 范德瓦耳斯力对物质的物理性质影响较大，范德瓦耳斯力愈大，物质的熔点、沸点愈高，硬度愈大。如 F_2、Cl_2、Br_2、I_2 的熔点、沸点依次升高，是因为它们的相对分子质量依次增大，分子的可极化性依次增强，范德瓦耳斯力依次增大（表 3-5）。

表 3-5 卤素单质的分子量、熔点和沸点

卤素单质	F_2	Cl_2	Br_2	I_2
分子量	38	71	160	254
熔点 /℃	−219.6	−101	−7.2	113.5
沸点 /℃	−188.1	−34.6	58.78	184.4

2. 对溶解度的影响 极性分子间有着强的取向力，彼此可相互溶解。如卤化氢、氨都易溶于水；CCl_4 为非极性分子，CCl_4 分子与 H_2O 分子间作用力小，故 CCl_4 几乎不溶于水；而 I_2 分子与 CCl_4 分子间色散力较大，故 I_2 易溶于 CCl_4 而难溶于水。所谓“相似相溶”（极性溶质易溶于极性溶剂，非极性溶质易溶于非极性溶剂）的经验规律，实际上与分子间作用力大小有密切的联系。

二、氢　　键

同系物中分子量较大的变形性较大，分子间范德瓦耳斯力也较大，因此，同系物中分子量较

大的物质熔点、沸点等应比分子量较小的高。例如，水和硫化氢、硒化氢、碲化氢是同系列化合物，水的分子量最小，其熔点、沸点应最低，但由表3-6看到，它的熔点、沸点却最高，其余三个化合物则符合上述规律，即随分子量增大物质的熔点、沸点升高。同样，氟化氢在卤化氢系列中、氨在氮族氢化物中也存在类似的反常现象。可见在水、氟化氢和氨中，分子间除范德瓦耳斯力外还存在其他作用力，这种作用力就是氢键。

表3-6　氧族元素氢化物的熔点和沸点

氧族元素氢化物	H_2O	H_2S	H_2Se	H_2Te
沸点/K	373	202	232	271
熔点/K	273	187	212.8	224

（一）氢键的形成

以HF为例。在HF中，H原子与电负性很大、半径很小的X原子（如：F、O、N等）形成强极性的共价键时。两原子之间的电子云强烈地偏向X原子，使得氢原子几乎变成一个“裸露”的带正电荷的原子核。这时的H原子可以和另一个电负性大、半径小且有孤对电子的Y原子（如F、O、N等）产生较强的静电吸引作用，从而形成氢键。可表示为：

$$X—H\cdots Y$$

其中虚线表示氢键，X和Y可以相同，也可以不同，但X和Y都应是电负极强、原子半径较小的原子，一般指F、O、N等原子。如水分子间氢键的形成（图3-13）。

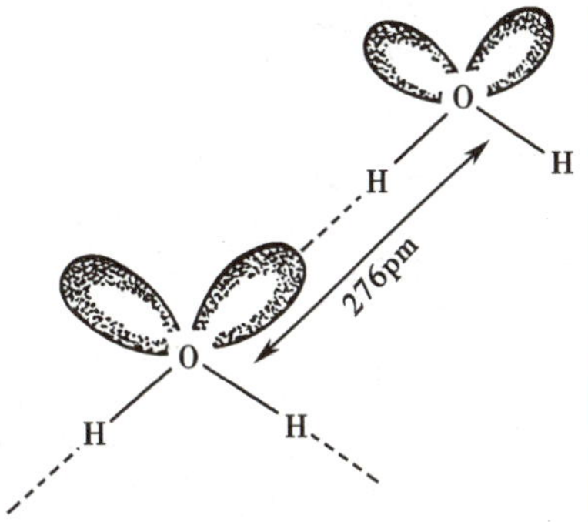

图3-13　水分子间的氢键

（二）氢键的特点

1. 氢键具有饱和性和方向性　氢键的饱和性是指每个X—H中的H原子只能与一个Y原子相互吸引形成氢键。这是因为H原子半径很小，当它与一个Y原子相互吸引形成氢键后，第二个Y原子受原有X（Y）原子的斥力而不能靠近，无法再形成第二个氢键。氢键的方向性是指与X原子结合的H原子尽量沿着Y原子的孤对电子云伸展方向去吸引，即X—H键的键轴尽量与Y原子孤对电子云的对称轴成一直线，也即X—H⋯Y三原子成一直线，这样H与Y之间的吸引力大，X与Y间的排斥力小。但有时氢键的方向性不能满足，尤其在分子内生成氢键时。

2. 氢键属静电引力　氢键键能为10～40kJ/mol，比范德瓦耳斯力略强，而比化学键的键能要小得多。氢键的键能与X、Y原子的电负性和原子半径有关，X、Y原子的电负性愈大而原子半径愈小，形成的氢键愈强。常见的氢键强弱有下列关系：

$$F—H\cdots F>O—H\cdots O>O—H\cdots N>N—H\cdots N$$

3. 氢键可在分子内或分子间形成　两个分子间形成的氢键称分子间氢键。如H_2O分子间的氢键，HF分子间的氢键等。同一分子内部形成的氢键，称为分子内氢键。如硝酸、邻羟基苯甲酸分子内氢键等。

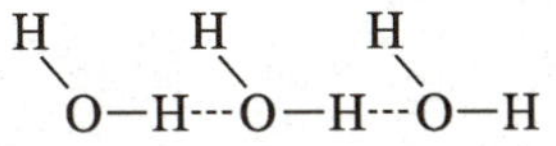

水

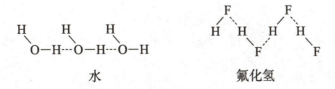

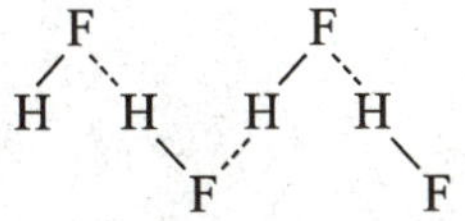

氟化氢

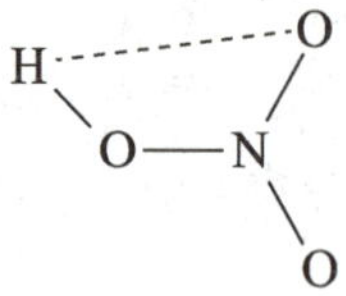

硝酸

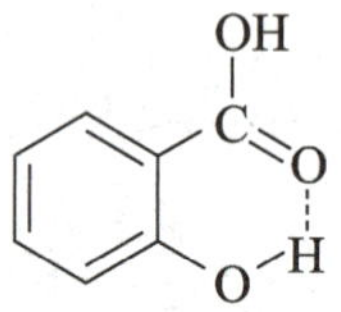

邻羟基苯甲酸

氢键的存在是相当普遍的，对物质性质有很大的影响。在生物体内，氢键的存在具有很重要的生物学意义，如蛋白质的空间结构中含有很多氢键，DNA 的双螺旋结构是通过碱基间氢键的形成而形成的。

（三）氢键对物质性质的影响

在同类化合物中分子间氢键的存在，会使得物质的熔点、沸点升高许多。但是分子内氢键的形成，会使得分子极性下降，熔点、沸点不会上升，反而会下降。

在极性溶剂中，如果溶质分子和溶剂分子间存在氢键，则溶质的溶解度增大。所以甲醇、乙醇能与水任意比例混合。如果溶质分子内形成氢键，会使得分子极性下降，在极性溶剂中溶解度下降；但在非极性溶剂中，其溶解度会增大。

课堂互动

1. 下列分子间存在哪些作用力？

（1）HCl　（2）CO_2　（3）H_2O　（4）NH_3 和 H_2O

2. 下列哪些分子间可形成氢键？

（1）H_2S　（2）HF　（3）NH_3 和 H_2O　（4）HCl 和 H_2O

第三节　晶体及离子的极化

一、晶　体

物质的存在有气、液、固三种聚集状态，固态又可分为晶体和非晶体两类。**晶体**是组成固态的质点（离子、原子、分子）在空间有规则地排列，有一定的几何形状，并有固定的熔点，如食盐、金刚石、水晶等。非晶体又叫无定形体，组成固态的质点在空间排列不规则，没有一定的结晶外型，也没有固定的熔点，如石蜡、沥青、玻璃等。

按照组成晶体的质点不同和质点间作用力的不同，晶体可分为离子晶体、原子晶体、分子晶体和金属晶体四种基本类型。表 3-7 列出了四种晶体的区别和各自的特性。

表 3-7　晶体的类型和性质

晶体基本类型	晶体中的质点	质点间作用力	熔、沸点	硬度	延展性	导电性
离子晶体	阴、阳离子	离子键	较高	较大	差	熔融态或水溶液导电
原子晶体	原子	共价键	高	大	差	绝缘体（半导体）
分子晶体	分子	分子间作用力	低	小	差	绝缘体（部分极性分子水溶液能导电）
金属晶体	金属原子、金属阳离子	金属键	一般较高（部分低）	一般较大（部分小）	良好	良好

晶体除了上述四种基本类型外，还有混合型晶体。如石墨具有层状结构，同层碳原子间以共价键和大π键结合，层与层之间以分子间作用力结合，所以石墨是处于原子晶体、分子晶体之间的一种混合型晶体。

知识链接

金刚石

金刚石，又称钻石，英文名称diamond，源自希腊语“adamant”，其意为难征服。其实，严格地说，金刚石和钻石的含义是不同的。自然界产出的金刚石因其品质的优劣不同，只有很少一部分可作宝石用，其余大部分只能用于工业上。可作宝石的金刚石是指那些纯净无杂质无裂隙无包裹体无色透明或有特殊颜色且晶体较大的金刚石。这种未经加工琢磨的金刚石原石称作宝石金刚石。宝石金刚石经过专门的琢磨加工成各种首饰才能称作钻石。不过，人们习惯上常常把金刚石和钻石等同起来，也就不加严格区分了。

钻石为立体网状结构，每个碳原子都与相邻的四个碳原子相连接形成正四面体结构，这种结构中碳原子间形成极其牢固的共价键，要分裂这种化学键必须提供很大的能量。这就决定了金刚石具有一些特殊的性质，如极高的硬度和化学稳定性。

二、离子的极化

NaCl和AgCl都是离子化合物，NaCl易溶于水，而AgCl却难溶于水，究其原因，就是离子极化的结果。

（一）离子的极化作用和变形性

离子本身带有电荷，形成一个小的电场。当阴、阳离子相互接近时使对方的电子云分布发生变形，正、负电荷重心发生移动而产生诱导偶极，这种作用称为离子的极化作用。被异性离子极化而发生离子电子云变形的性能，称为该离子的“变形性”或“可极化性”。

无论阳离子或阴离子都有极化作用和变形性两方面的性质，但是阳离子的半径一般比阴离子小，电场强，所以阳离子的极化作用强，而阴离子则变形性大。

（二）影响离子极化作用和变形性的因素

1. 影响离子极化作用强弱的因素

（1）离子半径和电荷数：离子半径越小，电荷数越大，极化作用越强。一般阳离子半径较小，极化作用较强。

（2）离子的电子层结构：就离子的外层电子层结构而论，离子极化作用强弱依次为

$$8\text{电子}<9\sim17\text{电子}<18\text{电子和}18+2\text{电子}$$

这是因为d电子对原子核有较小的屏蔽作用，更能使离子电荷发挥作用，因此含有d电子的离子，比电荷数相同，半径相近的8电子离子极化作用强。

2. 影响离子变形性大小的因素

（1）离子半径：电子层结构相同的离子的半径越大，变形性越大。如卤素离子变形性大小的顺序是：$F^- < Cl^- < Br^- < I^-$。

（2）离子电荷：电子层结构相同的阴离子所带电荷数越大，电子云伸展范围越大，变形性越大，如$O^{2-} > F^-$；阳离子则所带电荷越少，电子云受吸引越小而易变形，因此Cu^+和Ag^+易变形。

（3）离子的电子层结构：d电子受核吸引小易变形，所以离子的电子层结构与变形性大小的关系和与极化作用强弱的关系相似。8电子构型的离子变形性小而18、18+2和9～17电子构型的离子变形性大。

（三）离子极化对键型和化合物性质的影响

1. 离子极化对键型的影响 由于阴阳离子相互极化，使电子云产生强烈的变形（图 3-14），而使阴、阳离子外层电子云重叠，阴、阳离子相互极化越强，电子云重叠的程度也越大，键的极性也越减弱，键长缩短，从而由离子键过渡到共价键，离子型晶体也就成了共价型晶体。阴阳离子间相互极化作用越强，这种变化越显著。如 AgCl 中的 Cl^- 半径较大，受 Ag^+ 极化后易变形，Ag^+ 是 18 电子构型，不但极化作用强，而且变形性也大，所以 AgCl 已不再是纯粹的离子晶体了，而是过渡型晶体。

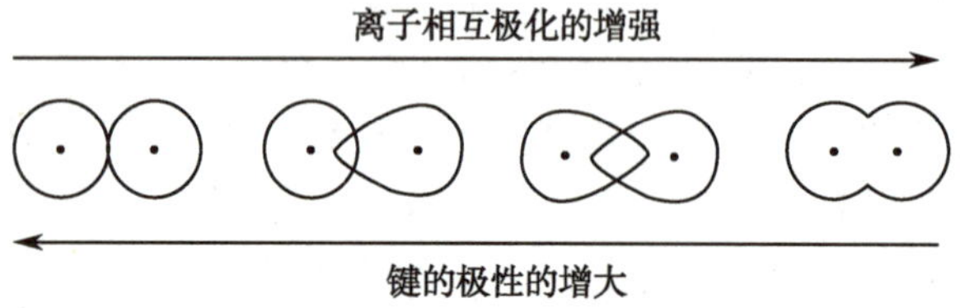

图 3-14 由离子键向共价键的过渡

2. 离子极化对溶解度及熔点的影响 由于极性水分子的吸引，由离子键结合的无机化合物一般是可溶于水的，而共价型的无机晶体，却难溶于水。由于离子极化导致离子键向共价键过渡，离子型晶体向共价型晶体过渡，导致物质在水中的溶解度减小、熔点降低。如 NaCl 晶体以离子键为主，易溶于水、熔点较高，而 AgCl 晶体以共价键为主，难溶于水、熔点较低。

3. 离子极化对物质颜色的影响 离子极化导致物质颜色加深，并且离子极化越强，物质颜色越深。如 AgCl 为白色，AgBr 为淡黄色，AgI 为黄色。

（林沁华）

复习思考题

一、填空题

1. 根据原子间作用力产生的方式不同，化学键可分为________、________和________。
2. 非极性共价键是由________的原子组成，由于元素的电负性相同，电子云在两核中间是________。极性共价键是由________的原子组成。
3. 在 NH_3、H_2、NaOH、K_2S、NH_4Cl 分子中，只存在离子键的是________，只存在共价键的是________，既存在离子键又存在共价键的是________，既存在离子键、共价键又存在配位键的是________。
4. 分子间作用力包括________、________和________，其中最主要的作用力是________。

二、问答题

1. 为什么常温下氟和氯是气体、溴是液体，而碘则是固体？
2. 判断下列各组的两种分子间存在哪些作用力。
   （1）Cl_2 和 CCl_4
   （2）CO_2 和 H_2O
   （3）HBr 和 H_2O
   （4）HF 和 H_2O
3. 分析下列化合物形成时采用的杂化类型及其空间构型。
   CH_4、BCl_3、$BeCl_2$、H_2O
4. 对共价键的认识，路易斯（G. N. Lewis）、海特勒（W. H. Heitler）、伦敦（F. W. London）和

鲍林(L. C. Pauling)等化学家们不断总结与研究，先后提出了经典共价键理论、现代价键理论和杂化轨道理论，逐步完善了对共价键的形成和本质的认识。请叙述经典共价键理论、现代价键理论和杂化轨道理论的要点，并说明价键理论的不断发展与完善体现了马克思主义原理中的哪个观点。

ER-3-4

扫一扫，测一测

第四章 溶 液

PPT课件

学习目标

【知识目标】

1. 掌握分散系的概念及分类；不同分散系的性质；溶液浓度的表示方法；渗透的概念、渗透产生的条件；晶体渗透压与胶体渗透压概念与生理作用。
2. 熟悉渗透压定律，等渗、低渗、高渗的区别；渗透压在医学上的应用。
3. 了解蒸气压下降、沸点升高、凝固点降低的应用。

【能力目标】

1. 能熟练进行溶液浓度的有关计算、渗透浓度与渗透压的计算。
2. 理解溶液蒸气压下降、沸点升高、凝固点降低与渗透压产生的原理。
3. 会独立进行溶液的配制和稀释、凝固点降低法测定葡萄糖摩尔质量的实验操作。

【素质目标】

培养严谨细致的分析问题能力，树立严谨务实的实验态度，增强协作精神和团队意识。

知识导览

溶液在自然界广泛存在，与工农业生产、医药行业、生命活动等关系密切。自然界的水因其溶有多种离子、小分子形成溶液。很多化学反应需要在溶液中进行；人体的组织间液、血液、淋巴液及各种腺体的分泌液等都是溶液，人体内的新陈代谢必须在溶液中进行；临床上许多药物和试剂须配制成一定浓度的溶液才能使用。

如何准确地配制溶液？溶液具有哪些性质？如何正确地使用溶液？本章在介绍分散系相关知识的基础上，重点探讨溶液的配制、性质与作用。

第一节 分 散 系

一、分散系的概念

一种或几种物质分散在另一种物质里所形成的系统称为分散系统，简称分散系。例如：土壤分散在水中成为泥浆，水滴分散在空气中成为云雾，氯化钠分散在水中形成盐水等都是分散系。在分散系中，被分散的物质叫做分散相（或分散质），容纳分散质的物质称为分散剂（或分散介质）。在以上例子中，土壤、水滴、氯化钠等是分散相，水、空气是分散剂。分散质和分散剂的聚集状态不同，分散质粒子大小不同，分散系的性质也不同。

二、分散系的分类

在分散系中，根据分散相和分散介质之间是否有界面存在，分散系可分为均相（单相）分散系和非均相（多相）分散系。凡只含有一个相的分散系称为均相（单相）分散系，而含有两个或两个以上相的分散系称为非均相（多相）分散系。相是指体系中物理性质和化学性质完全相同的均匀部分。每一个相内部是完全均匀的，而相与相之间有明显的界面。

根据分散相粒子的大小不同，分散系可分为分子、离子分散系、胶体分散系和粗分散系三类。三种分散系的比较如表4-1所示。

表4-1　三种分散系的比较

类型		粒子大小	分散相粒子	主要特征	实例
分子、离子分散系（真溶液）		<1nm	单个小分子、原子或离子	①均相，透明，稳定，扩散快 ②能透过滤纸与半透膜 ③对光散射极弱	生理盐水
胶体分散系	溶胶	1～100nm	胶粒（多个分子、原子或离子的聚集体）	①非均相，较稳定，扩散慢 ②能透过滤纸，不能透过半透膜 ③对光散射强	$Fe(OH)_3$溶胶
	高分子溶液		单个高分子	①均相，稳定，扩散慢 ②能透过滤纸，不能透过半透膜 ③对光散射极弱，黏度大	蛋白质溶液
粗分散系	悬浊液	>100nm	固体小颗粒	①非均相，浑浊，不稳定，扩散慢 ②不能透过滤纸与半透膜 ③无光散射	泥浆
	乳浊液		液体小液滴		牛奶

（一）分子、离子分散系

分散相粒子直径小于1nm的分散系称为分子、离子分散系。分子、离子分散系又称为真溶液，简称溶液，如蔗糖溶液、食盐溶液。其分散相粒子一般为小分子、原子或离子，与分散剂的亲和力极强。分子、离子分散系是高度均匀、稳定的均相系统，能透过滤纸和半透膜。在溶液中，分散相为溶质，分散剂称为溶剂。如生理盐水中，氯化钠是溶质，水是溶剂。

物质在常温时有固体、液体和气体三种状态，溶液也有三种状态：气体溶液，例如空气；固体溶液（常称固溶体），如合金；液体溶液（简称溶液），包括两种，即电解质溶液和非电解质溶液。

（二）胶体分散系

分散相粒子直径在1～100nm之间的分散系称为胶体分散系，简称胶体。胶体分散系包括溶胶和高分子化合物溶液两种类型。

小分子、原子或离子聚集而成的固体小颗粒高度分散在液体介质（如水）中所形成的胶体分散系称为胶体溶液，简称溶胶。其中分散相粒子即固体小颗粒称为胶粒。溶胶的稳定性、均匀程度小于真溶液，胶粒能透过滤纸但不能透过半透膜。溶胶是较稳定，对光散射强的非均相体系，例如：氢氧化铁溶胶、硫化砷溶胶、碘化银溶胶、金溶胶等内部是不均匀的，胶粒与水之间有明显的界面。

高分子化合物以单个分子的形式分散在水中形成的胶体分散系称为高分子化合物溶液。如淀粉溶液、纤维素溶液、蛋白质溶液等。高分子溶液中，分散相粒子是单个的高分子，与分散剂的亲和力强，分散相与分散剂之间没有明显的界面，高分子溶液是高度均匀、稳定、透明的均相系统，分散相粒子即高分子由于粒径较大，在1～100nm之间，高分子能透过滤纸但不能透过半透膜。

（三）粗分散系

分散相粒子直径大于100nm的分散系称为粗分散系。粗分散系分散相粒子是大量分子的聚集体，分散相与分散剂之间有明显的界面，用普通显微镜甚至肉眼也能分辨出。粗分散系是浑浊不透明、稳定性差的非均相系统。粗分散系中分散相颗粒大，能阻挡光线通过，不能通过滤纸和半透膜。

粗分散系常见的有两种：一类是液体分散相分散在液体分散剂中，称为乳浊液，如牛奶、医用松节油擦剂。另一类是固体分散相分散在液体分散剂中，称为悬浊液，如泥浆、皮肤杀菌剂硫黄合剂。粗分散系中，分散相粒子大，容易聚集成团，从分散剂中分离出来。乳浊液易发生分层，悬浊液易发生沉淀。

以分散质粒子直径大小作为分散系分类的依据是相对的。三类分散系之间虽有明显的区别，但没有明显的界线，三者之间的过渡是渐变的。实际中某些系统因其构成的复杂性可以同时表现出两种或者三种分散系的性质。例如：血液中分散相种类较多，既有 Na^+、K^+、Cl^- 等小离子，还有蛋白质大分子、红细胞、白细胞等大粒径粒子。

课堂互动

1. 按分散相粒子直径大小分散系分为几大类？各自的主要特征是什么？
2. 判断下列物质分别属于什么分散系：
   (1) 生理盐水
   (2) 硫黄合剂
   (3) 牛奶
   (4) 血液
   (5) 合金

知识链接

纳米粒、纳米载体与纳米药物

药剂学中的纳米粒，其尺寸界定于1～1 000nm之间。纳米载体是指溶解或分散有药物的各种纳米粒。纳米药物则是指直接将原料药加工成纳米粒。

基于纳米技术的纳米药物和纳米载体的主要优点：提高药物在靶向部位浓度，改变其体内分布和药动学过程，延迟释放，延长半衰期和降低全身毒性反应，达到提高疗效和降低毒性的作用。

纳米载体的比表面积高，水溶性差的药物在纳米载体中的溶解度相对增强，克服了无法通过常规方法制剂的难题。纳米载体经特殊加工后可制成靶向定位系统，例如纳米载体用作抗感染药物的递送系统，通过延长药物的作用时间，使药物进入炎症部位的机会增加；另一方面纳米载体对网状内皮系统有明显的靶向性，可增加药物在感染部位的积蓄，有利于抗微生物药物的治疗。纳米载体可消除特殊生物屏障对药物作用的限制，穿过屏障部位进行治疗。例如纳米载体可使眼科药物在眼部的滞留时间延长，减少泪液对药物的清除，易于透过角膜屏障，使房水和角膜组织中药物浓度增加，提高对眼部病症的疗效。

纳米药物可延长药物在体内半衰期，借由控制聚合物在体内的降解速度，能使半衰期短的药物在血浆维持一定浓度水平，可改善疗效及降低副作用，减少患者服药次数。在肿瘤领域，纳米药物提高了常见抗癌药物的安全性和疗效。

第二节　溶液的浓度与浓度的换算

溶液浓度是指一定量溶液或溶剂中所含溶质的量。在配制和使用溶液时，首先要解决的问题就是溶液的浓度，溶液浓度的高于或低于要求，会影响到溶液的作用发挥，甚至会导致事故的发生。在医疗工作中如果忽略用药浓度问题会导致医疗事故的发生。

一、溶液的浓度

（一）物质的量浓度

1. 物质的量 物质的量是SI（国际单位制）规定的一个基本物理量，用来表示系统中所含基本单元的量，用符号"n"表示，其单位为摩尔（简称摩），符号mol。

1mol粒子约为6.02×10^{23}个，就好比人们常说的1打指12个，"摩尔"和"打"一样是计数单位量。$12g\,^{12}C$所包含的原子个数就是1摩尔。

书写物质的量时，应在物质的量的符号n的右下角或用括号的形式标明微粒的基本单元，基本单元可以是分子、原子、离子、电子及其他粒子，也可以是这些微粒的特定组合。基本单元不宜用中文名称，例如："1摩尔氢"未明确基本单元，氢指的是氢气（H_2）还是氢原子（H），含义模糊。

基本单元的选择可以是实际存在的，也可以根据需要而人为设定。当基本单元为微粒特定组合时，通常用加号连接，例如：4mol（$H_2+0.5O_2$）就是4molH_2和2molO_2的特定组合。再如，求$KMnO_4$的物质的量时，若分别用$KMnO_4$和$\frac{1}{5}KMnO_4$作基本单元，则相同质量的$KMnO_4$其物质的量之间的关系：$n_{KMnO_4}=\frac{1}{5}n_{\frac{1}{5}KMnO_4}=5n_{5KMnO_4}$。

1molB物质的质量称为该物质的"摩尔质量"，符号为M_B，单位为g/mol。例如：1molH_2O的质量是18g，则H_2O摩尔质量$M_{H_2O}=18g/mol$。任何分子、原子或离子的摩尔质量，当单位为g/mol时，数值上等于其相对原子质量、相对分子质量或离子化学式量。若用m_B表示物质B的质量，则该物质B的物质的量为：

$$n_B=\frac{m_B}{M_B} \qquad \text{（式4-1）}$$

2. 物质的量浓度 单位体积溶液中所含溶质B的物质的量，称为物质B的物质的量浓度，以符号c_B表示。

$$c_B=\frac{n_B}{V} \qquad \text{（式4-2）}$$

式中，n_B表示溶液中溶质B的物质的量，V表示溶液的体积，B是溶质的基本单元。c_B的SI（国际单位制）单位为摩尔每立方米（mol/m^3），医药学领域常用单位为mol/L、mmol/L等。使用物质的量浓度时，必须指明物质B的基本单元。例如：$c_{NaCl}=0.1mol/L$对应的基本单元是（NaCl），表示每升溶液中含（0.1×58.5）g氯化钠。$c_{\frac{1}{2}NaCl}=0.1mol/L$对应的基本单元是"$\frac{1}{2}$NaCl"，表示每升溶液中含$0.1\times(\frac{1}{2}\times58.5)$g氯化钠。

由于$n_B=\frac{m_B}{M_B}$，可推导

$$c_B=\frac{\frac{m_B}{M_B}}{V} \qquad \text{（式4-3）}$$

（1）已知溶质的质量和溶液的体积，求溶液的浓度

例4-1 100ml正常人的血清中含368mgNa^+，计算正常人血清中Na^+的物质的量浓度。

解：已知$m_{Na^+}=368mg=0.368g$，$M_{Na^+}=23g/mol$，$V=100ml=0.1L$

$$c_{Na^+}=\frac{n_{Na^+}}{V}=\frac{m_{Na^+}/M_{Na^+}}{V}=\frac{0.368g/23g/mol}{0.1L}=0.16mol/L$$

所以正常人的血清中 Na^+ 的物质的量浓度为 0.16mol/L

(2) 已知溶液的浓度，计算一定体积的溶液中所含溶质的量

例 4-2 若要配制临床用物质的量浓度为 154mmol/L 的生理盐水 1 500ml，需 NaCl 多少克？

解：已知 c_{NaCl} = 154mmol/L = 0.154mmol/L，V = 1 500ml = 1.5L，M_{NaCl} = 58.5g/mol

根据$c_B=\frac{m_B/M_B}{V}$得：

$$m_{NaCl}=c_{NaCl}M_{NaCl}V=0.154mol/L\times58.5g/mol\times1.5L=13.5g$$

故要配制物质的量浓度为 154mmol/L 的生理盐水 1 500ml，需氯化钠 13.5g。

(3) 已知溶液的浓度和溶质的质量，求溶液的体积

例 4-3 现有乳酸钠 ($NaC_3H_5O_3$) 18.66g，问能配制 0.167mol/L 的乳酸钠溶液多少毫升？

解：已知$m_{NaC_3H_5O_3}=18.66g$, $M_{NaC_3H_5O_3}=112g/mol$, $c_{NaC_3H_5O_3}=0.167mol/L$

根据$c_B=\frac{n_B}{V}$和$n_B=\frac{m_B}{M_B}$得：

$$V=\frac{n_B}{c_B}=\frac{m_B/M_B}{c_B}=\frac{18.66g/112g/mol}{0.167mol/L}=1L=1\ 000ml$$

用 18.66g 乳酸钠，能配制 0.167mol/L 的乳酸钠溶液 1 000ml。

例 4-4 中和 0.1mol/LNaOH 溶液 20.0ml，需要 0.1mol/LH_2SO_4 溶液多少毫升？

解：已知 c_{NaOH} = 0.1mol/L，V_{NaOH} = 20.00ml = 0.020L，$c_{H_2SO_4}$ = 0.1mol/L

设需要 0.1mol/LH_2SO_4 溶液的体积为 V

$$H_2SO_4+2NaOH=Na_2SO_4+2H_2O$$

$$1mol \quad 2mol$$

$$0.1mol/L\times V \quad 0.1mol/L\times0.020L$$

$$V=\frac{0.1mol/L\times0.020L\times1mol}{0.1mol/L\times2mol}=0.01L=10.0ml$$

中和 0.1mol/LNaOH 溶液 20.0ml，需要 0.1mol/LH_2SO_4 溶液 10.0ml。

课堂互动

临床上常用乳酸钠 ($NaC_3H_5O_3$) 注射液纠正酸中毒，其规格为每支 (20ml) 注射液中含乳酸钠 2.24g，求该注射液中乳酸钠的物质的量浓度。

（二）质量浓度

单位体积溶液中所含溶质 B 的质量，称为物质 B 的质量浓度，用符号 ρ_B 表示。即：

$$\rho_B=\frac{m_B}{V} \qquad (式 4-4)$$

质量浓度的 SI 单位为 kg/m^3，常用单位是 g/L、mg/L、μg/L 等。在使用质量浓度时，要注意溶质质量的单位可以随溶液中所含溶质的量的多少而改变，但是溶液的体积通常只能用升来表示。

世界卫生组织提议：在医学上表示体液时，凡是相对分子质量或相对原子质量已知的物质，均应采用物质的量浓度。例如人体血液中葡萄糖含量的正常值，按法定计量单位应表示为

$c_{C_6H_{12}O_6}=3.9\sim6.1\text{mmol/L}$；对于相对分子质量未知的物质，暂时可用质量浓度。如果是注射液，则在注射液的标签上应同时写明 ρ_B 和 c_B。例如静脉注射用氯化钠溶液，标签上应标明：$\rho_{NaCl}=9.0\text{g/L}$，$c_{NaCl}=0.15\text{mol/L}$。

例 4-5　在 100ml 生理盐水中含 0.90gNaCl，计算生理盐水的质量浓度。

解：根据 $\rho_B=\dfrac{m_B}{V}$ 得：

$$\rho_{NaCl}=\frac{m_{NaCl}}{V}=\frac{0.90\text{g}}{0.10\text{L}}=9.0\text{g/L}$$

即生理盐水的质量浓度为 9.0g/L。

例 4-6　配制 $\rho_{CuSO_4}=2\text{g/L}$ 的硫酸铜溶液 1.5L，需要五水硫酸铜（$CuSO_4\cdot5H_2O$）多少克？

解：已知 $V=1.5\text{L}$，$M_{CuSO_4}=159.5\text{g/mol}$，$M_{CuSO_4\cdot5H_2O}=249.5\text{g/mol}$，$\rho_{CuSO_4}=2\text{g/L}$

根据 $\rho_B=\dfrac{m_B}{V}$ 得：

$$m_{CuSO_4}=\rho_{CuSO_4}V=2\text{g/L}\times1.5\text{L}=3\text{g}$$

$$m_{CuSO_4\cdot5H_2O}=3\text{g}\times\frac{249.5\text{g/mol}}{159.5\text{g/mol}}=4.7\text{g}$$

故配制 $\rho_{CuSO_4}=2\text{g/L}$ 的硫酸铜溶液 1.5L 需要五水合硫酸铜 4.7g。

（三）质量摩尔浓度

1kg 溶剂中所含溶质 B 的物质的量，称为溶质 B 的质量摩尔浓度，用符号 b_B 表示，即：

$$b_B=\frac{n_B}{m_A}\qquad\text{（式 4-5）}$$

质量摩尔浓度的单位为 mol/kg，使用时应注明溶质 B 的基本单元。

质量摩尔浓度与体积无关，故不受温度变化的影响，常用于稀溶液依数性的研究。对于较稀的水溶液来说，质量摩尔浓度近似等于其物质的量浓度。

例 4-7　将 2.76g 甘油（$C_3H_8O_3$）溶于 200g 水中，已知 $M_{C_3H_8O_3}=92.0\text{g/mol}$，求甘油的质量摩尔浓度 $b_{C_3H_8O_3}$。

解：已知 $m_{C_3H_8O_3}=2.76\text{g}$，$M_{C_3H_8O_3}=92.0\text{g/mol}$，$m_{H_2O}=200\text{g}=0.20\text{kg}$

根据 $b_B=\dfrac{n_B}{m_A}$ 可得

$$b_{C_3H_8O_3}=\frac{n_{C_3H_8O_3}}{m_{H_2O}}=\frac{m_{C_3H_8O_3}/M_{C_3H_8O_3}}{m_{H_2O}}=\frac{2.76\text{g}/92.0\text{g/mol}}{0.2\text{kg}}=0.15\text{mol/kg}$$

即该甘油（$C_3H_8O_3$）的质量摩尔浓度为 0.15mol/kg。

（四）质量分数

混合系统中，某组分 B 的质量（m_B）与混合物总质量（m）之比，称为组分 B 的质量分数，用符号 ω_B 表示，即：

$$\omega_B=\frac{m_B}{m}\qquad\text{（式 4-6）}$$

质量分数无单位，可以用小数或百分数表示。例如：浓硫酸的质量分数为 0.98 或 98%。

由溶质 B 与溶剂 A 组成的溶液，$m=m_A+m_B$，式中 m_A 为溶剂的质量；m_B 为溶质的质量。溶质 B 的质量分数：$\omega_B=\dfrac{m_B}{m_A+m_B}$，溶剂 A 的质量分数：$\omega_A=\dfrac{m_A}{m_A+m_B}$，可得：

$$\omega_A+\omega_B=1\qquad\text{（式 4-7）}$$

如溶质是 B、C……两种或两种以上成分构成的溶液，则：

$$\omega_A+\omega_B+\omega_C+\cdots=1 \quad (式4\text{-}8)$$

例 4-8 市售浓硫酸的密度为1.84kg/L，0.5L浓硫酸溶液中含硫酸881.3g，计算该浓硫酸溶液的质量分数是多少？

解： 已知 $\rho=1.84kg/L$，$V=0.5L$，$m_{H_2SO_4}=881.3g$

硫酸溶液的质量为：$m=\rho V=1.84kg/L\times0.5L=0.92kg=920g$

$$\omega_{H_2SO_4}=\frac{m_{H_2SO_4}}{m}=\frac{881.3g}{920g}=0.96$$

所以该硫酸溶液的质量分数为0.96。

（五）体积分数

体积分数是溶质B所占的体积 V_B 除以溶液的体积 V 之比，用符号 φ_B 表示。即：

$$\varphi_B=\frac{V_B}{V} \quad (式4\text{-}9)$$

体积分数无单位，可以用小数或百分数表示。例如：医用消毒酒精的体积分数为0.75或75%。医学上常用体积分数表示溶质和溶剂均为液体的溶液浓度。例如：酒精的浓度通常用体积分数表示。

例 4-9 计算用375ml纯酒精可以配制医用消毒酒精多少毫升？

解： 已知 $V_B=375ml$，$\varphi_B=0.75$

根据 $\varphi_B=\frac{V_B}{V}$ 可得：

$$V=\frac{V_B}{\varphi_B}=\frac{375ml}{0.75}=500ml$$

即可配制医用消毒酒精500ml。

知识链接

不同浓度医用酒精的作用

医用酒精是指医学上使用的酒精，医用酒精的浓度有多种，常见的为（体积分数）95%、75%、40%～50%、25%～50%等。不同浓度医用酒精的作用不同。

95%酒精常用于擦拭紫外线灯。这种酒精在医院常用，也可用于相机镜头的清洁。

75%酒精用于消毒。过高浓度的酒精会在细菌表面形成一层保护膜，阻止其进入细菌体内，难以将细菌彻底杀死。若酒精浓度过低，虽可进入细菌，但不能将其体内的蛋白质凝固，同样也不能将细菌彻底杀死。

40%～50%酒精预防压疮。长期卧床患者的背、腰、臀部因长期受压可引发压疮，如按摩时将少许40%～50%的酒精倒入手中，均匀地按摩患者受压部位，就能达到促进局部血液循环，防止压疮形成的目的。

25%～50%酒精用于物理退热。高烧患者可用其擦身降温。因为用酒精擦拭皮肤，能使患者的皮肤血管扩张，增加皮肤的散热能力，其挥发性还能吸收并带走大量的热量，使症状缓解。但酒精浓度不可过高，否则可能会刺激皮肤，并使表皮散失大量的水分。

（六）摩尔分数

溶质B的物质的量 n_B 除以溶液中溶质与溶剂的物质的量总和 n，称为物质B的摩尔分数，又称为物质B的物质的量分数，用符号 x_B 表示。

$$x_B=\frac{n_B}{n} \quad (式4\text{-}10)$$

对于溶质B与溶剂A组成的溶液，溶质B的摩尔分数为：$x_B=\frac{n_B}{n_A+n_B}$，溶剂A的摩尔分数为$x_A=\frac{n_A}{n_A+n_B}$，可得：

$$x_A+x_B=1 \quad \text{（式4-11）}$$

如是B、C……两种或两种以上溶质成分组成的溶液，则

$$x_A+x_B+x_C+\cdots=1 \quad \text{（式4-12）}$$

例4-10 将10gNaCl和90g水配成溶液，问该溶液中NaCl和水的摩尔分数各为多少？

解： 已知$m_{NaCl}=10g$，$M_{NaCl}=58.5g/mol$，$m_{H_2O}=90g$，$M_{H_2O}=18g/mol$

$$n_{NaCl}=\frac{m_{NaCl}}{M_{NaCl}}=\frac{10g}{58.5g/mol}=0.17mol$$

$$n_{H_2O}=\frac{m_{H_2O}}{M_{H_2O}}=\frac{90g}{18g/mol}=5.00mol$$

$$x_{NaCl}=\frac{n_{NaCl}}{n_{NaCl}+n_{H_2O}}=\frac{0.17mol}{0.17mol+5.00mol}=0.03$$

$$x_{H_2O}=1-x_{NaCl}=1-0.03=0.97$$

NaCl的摩尔分数为0.03，水的摩尔分数为0.97。

思政元素

珍爱生命，拒绝酒驾

——饮酒驾车与醉酒驾车的判定标准

一、饮酒驾车的判定标准

饮酒驾车：车辆驾驶人员血液中的酒精含量大于或者等于20mg/100ml，小于80mg/100ml的驾驶行为。饮酒后驾驶营运机动车，处5 000元罚款；15日拘留，吊销驾照，并5年内禁驾。饮酒后驾驶机动车，处1 000元以上2 000元以下罚款；记12分，驾照暂扣6个月。

二、醉酒驾车的判定标准

醉酒驾车：车辆驾驶人员血液中的酒精含量大于或者等于80mg/100ml的驾驶行为。醉酒后驾驶营运机动车，处吊销驾照，依法追究刑事责任，并10年内禁驾，且终身不得驾驶营运车辆。醉酒后驾驶机动车，处吊销驾照，依法追究刑事责任，并5年内禁驾。

饮酒后人的感知能力与思维能力下降，此时驾驶机动车将严重危害他人的生命和财产安全。世界卫生组织的事故调查显示，50%～60%的交通事故与酒后驾驶有关，酒后驾驶已经被列为车祸致死的主要原因。在中国，每年由于酒后驾车引发的交通事故达数万起；而造成死亡的事故中50%以上都与酒后驾车有关。

我们应警醒酒驾的危害，遵交规，守纪律，珍爱生命，拒绝酒驾，这是公民应当履行的对个人、对家庭、对社会的责任与保障幸福的担当。

二、溶液浓度间的换算

同一溶液有不同的浓度表示方式，实际工作中，常因需求不同进行溶液浓度间的换算。

（一）物质的量浓度与质量浓度之间的换算

根据$c_B=\frac{n_B}{V}$、$n_B=\frac{m_B}{M_B}$和$\rho_B=\frac{m_B}{V}$得：

$$\left.\begin{array}{l} c_B=\dfrac{n_B}{V} \\ n_B=\dfrac{m_B}{M_B} \end{array}\right\} \rightarrow \left.\begin{array}{l} c_B=\dfrac{m_B/M_B}{V}=\dfrac{m_B}{V}\times\dfrac{1}{M_B} \\ \rho_B=\dfrac{m_B}{V} \end{array}\right\} \rightarrow c_B=\dfrac{\rho_B}{M_B}$$

即
$$c_B=\frac{\rho_B}{M_B} \qquad \text{（式 4-13）}$$

或
$$\rho_B=c_BM_B \qquad \text{（式 4-14）}$$

例 4-11 医用葡萄糖溶液（$C_6H_{12}O_6$）的质量浓度为 50.0g/L，求该溶液的物质的量浓度。

解：已知$\rho_{C_6H_{12}O_6}=50.0\text{g/L}$，$M_{C_6H_{12}O_6}=180\text{g/mol}$

根据$c_B=\dfrac{\rho_B}{M_B}$得：

$$c_{C_6H_{12}O_6}=\frac{\rho_{C_6H_{12}O_6}}{M_{C_6H_{12}O_6}}=\frac{50.0\text{g/L}}{180\text{g/mol}}=0.278\text{mol/L}$$

医用葡萄糖溶液的物质的量浓度为 0.278mol/L。

例 4-12 已知碳酸氢钠注射液的$c_{NaHCO_3}=0.149\text{mol/L}$，求该注射液的质量浓度。

解：已知$c_{NaHCO_3}=0.149\text{mol/L}$，$M_{NaHCO_3}=84.0\text{g/mol}$

根据 $\rho_B=c_BM_B$ 可得：

$$\rho_{NaHCO_3}=c_{NaHCO_3}M_{NaHCO_3}=0.149\text{mol/L}\times84\text{g/mol}=12.5\text{g/mol}$$

该碳酸氢钠注射液的质量浓度为 12.5g/mol。

课堂互动

生理盐水的质量浓度为 9g/L，问生理盐水的物质的量浓度是多少？

（二）物质的量浓度与质量分数之间的换算

根据$c_B=\dfrac{n_B}{V}$、$n_B=\dfrac{m_B}{M_B}$、$\omega_B=\dfrac{m_B}{m}$和 $m=\rho V$ 得

$$\left.\begin{array}{l} \left.\begin{array}{l} c_B=\dfrac{n_B}{V} \\ n_B=\dfrac{m_B}{M_B} \end{array}\right\} \rightarrow c_B=\dfrac{m_B/M_B}{V}=\dfrac{m_B}{V}\times\dfrac{1}{M_B} \\ \omega_B=\dfrac{m_B}{m}\rightarrow m_B=m\omega_B \end{array}\right\} \rightarrow \left.\begin{array}{l} c_B=\dfrac{m\omega_B}{V}\times\dfrac{1}{M_B} \\ m=\rho V \end{array}\right\} \rightarrow c_B=\dfrac{\rho V\omega_B}{V}\times\dfrac{1}{M_B}=\dfrac{\rho\omega_B}{M_B}$$

即
$$c_B=\frac{\rho\omega_B}{M_B} \qquad \text{（式 4-15）}$$

或
$$\omega_B=\frac{c_BM_B}{\rho} \qquad \text{（式 4-16）}$$

注意：溶液密度 ρ 是指单位体积溶液的质量，质量浓度 ρ_B 是指单位体积溶液中溶质的质量。式 4-15 与式 4-16 中，因 c_B 单位 mol/L，M_B 单位 g/mol，故 ρ 应取 g/L 为单位。

例 4-13 质量分数为 0.365 的盐酸溶液密度为 1.19g/cm^3，求该盐酸溶液的物质的量浓度。

解：已知 $\omega_{HCl}=0.365$，$\rho_{HCl}=1.19\text{g/cm}^3=1\ 190\text{g/L}$，$M_{HCl}=36.5\text{g/mol}$

根据$c_B=\dfrac{\rho\omega_B}{M_B}$得：

$$c_{HCl}=\frac{\rho\omega_{HCl}}{M_{HCl}}=\frac{1\,190g/L\times0.365}{36.5g/mol}=11.9mol/L$$

该盐酸溶液的物质的量浓度为11.9mol/L。

课堂互动

市售浓硫酸的$\omega_B=0.98$，$\rho=1.84kg/L$。计算该浓硫酸的物质的量浓度。

第三节 溶液的配制

配制一定浓度某物质的溶液，可由某纯物质直接配制，也可将其浓溶液稀释配制，还可用不同浓度的溶液混合配制。下面分别就不同类型的配制方法举例介绍。

一、溶液的直接配制

在一定量溶剂中加入一定量纯溶质配成一定浓度溶液的操作称为溶液的直接配制。溶液的直接配制常见的有以下两种情况。

（一）一定质量的溶液中含一定质量溶质的溶液的配制

称取一定质量的溶质和一定质量的溶剂，混合均匀，即得。一般用质量分数（ω_B）、质量摩尔浓度（b_B）和摩尔分数（x_B）表示溶液的组成时用这种方法配制比较方便。

例4-14 如何配制质量分数$\omega_B=0.09$的NaCl溶液200g？

配制步骤：

1. 计算 计算所配溶液中的溶质质量。

配制200gNaCl溶液需要NaCl和H_2O的质量分别为：

$$m_{NaCl}=200g\times0.09=18g$$
$$m_{H_2O}=200g-18g=182g$$
$$V_{H_2O}=\frac{m_{H_2O}}{\rho_{H_2O}}=\frac{182g}{1g/ml}=182ml$$

2. 称量 用天平称取18g的氯化钠，用量筒量取182ml的纯化水。

3. 混合 将称好的氯化钠放入500ml烧杯中，加入量好的纯化水将其溶解。

4. 搅拌 搅拌均匀。

5. 装瓶 把配制好的溶液装入试剂瓶中，盖好瓶塞，贴上标签。

（二）一定体积的溶液中含一定量溶质的溶液的配制

将一定质量（或体积）的溶质与适量的溶剂混合，使之完全溶解后，再加溶剂到所需体积，搅拌均匀即可。一般用物质的量浓度（c_B）、质量浓度（ρ_B）和体积分数（φ_B）表示溶液浓度时，采用这种方法配制。

一般情况下，配制溶液时，可用托盘天平称量物质的质量，用量筒量取液体的体积，将溶质在烧杯中用适量溶剂溶解后，在量筒中加入溶剂到相应体积。若需配制精确浓度的溶液时，需用分析天平称取物质的质量，用吸量管（或移液管）量取液体的体积，在烧杯中将溶质溶解后，在容量瓶中加入溶剂到相应体积。

例 4-15 如何配制 9g/L 的 NaCl 溶液 250ml？

配制步骤：

1. 计算 计算所配溶液中的溶质质量。

250mlNaCl 溶液中含 NaCl 的质量为：

$$m_{NaCl}=9g/L\times0.25L=2.25g$$

2. 称量 用天平称取 2.25g 的氯化钠。

3. 溶解 将称好的氯化钠放入 150ml 烧杯中，加入适量纯化水将其溶解。

4. 转移 将溶解好的溶液用玻璃棒转移至 250ml 容量瓶中，少量纯化水冲洗烧杯和玻璃棒 2～3 次，洗液也转移到容量瓶中。

5. 定容 玻璃棒引流加水至容量瓶 1/3～1/2 容积时，初步摇匀（手持容量瓶颈部，平摇容量瓶几次）。继续向容量瓶中加入纯化水至近刻度线 1cm 处，改用滴管滴加纯化水至凹液面最低处与刻度线相切。

6. 摇匀 盖好容量瓶塞，反复倒置 15～20 次，混匀。

7. 装瓶 把配制好的溶液装入试剂瓶中，盖好瓶塞，贴上标签。

例 4-16 用 $Na_2S_2O_3\cdot5H_2O$ 配制物质的量浓度为 0.100 0mol/L 的硫代硫酸钠溶液 500.0ml，如何配制？

配制方法：

1. 计算 已知$M_{Na_2S_2O_3\cdot5H_2O}=248.2g/mol$，$V=500ml=0.5L$，$c_{Na_2S_2O_3\cdot5H_2O}=0.100\ 0mol/L$

根据题意，所需硫代硫酸钠的质量为：

$$m_{Na_2S_2O_3\cdot5H_2O}=c_{Na_2S_2O_3\cdot5H_2O}VM_{Na_2S_2O_3\cdot5H_2O}=0.100\ 0mol/L\times0.5L\times248.2g/mol=12.41g$$

2. 称量 准确称取 $Na_2S_2O_3\cdot5H_2O$ 12.41g。

3. 溶解 将称好的 $Na_2S_2O_3\cdot5H_2O$ 放入小烧杯中，加少量纯化水溶解。

4. 转移 将溶解好的溶液转移至 500ml 容量瓶内，并用少量纯化水冲洗小烧杯 2～3 次，冲洗后的液体也全部转移至容量瓶内。

5. 定容 玻璃棒引流加水至容量瓶 1/3～1/2 容积时，初步摇匀。继续向容量瓶中加入纯化水至近刻度线 1cm 处，改用滴管滴加纯化水至凹液面最低处与刻度线相切。

6. 摇匀 盖好容量瓶塞，反复倒置 15～20 次，混匀。

7. 装瓶 把配制好的溶液装入试剂瓶中，盖好瓶塞，贴上标签。

课堂互动

配制溶液时，为何要将洗涤烧杯后的溶液注入容量瓶？

二、溶液的稀释配制

稀溶液采取直接配制时，由于称量较小量的药品，易产生较大的误差，实际工作中经常采取先配制浓溶液，使用时再根据需要稀释。

在浓溶液中加入一定量的溶剂得到所需浓度溶液的操作过程称为溶液的稀释。因此，溶液稀释的特点是稀释前后溶液中所含溶质的量不变。

设 c_1、V_1 为稀释前的浓溶液的浓度、体积，c_2、V_2 为稀释后的稀溶液的浓度、体积。则：

$$c_1V_1=c_2V_2 \qquad (式 4-17)$$

此稀释公式适用于与体积有关的浓溶液中加入溶剂的稀释计算。使用时应注意等式两边的单位必须一致。其中稀释公式中的浓度可以是物质的量浓度 c_B、质量浓度 ρ_B 或体积分数 φ_B。

例 4-17 如何用体积分数为 0.95 的酒精加水稀释至 0.50 的酒精 800ml。

1. 计算 计算 1 000ml 0.50 的酒精所需 0.95 的酒精体积。

$$V_1 = \frac{c_2V_2}{c_1} = \frac{0.50 \times 800\text{ml}}{0.95} = 421\text{ml}$$

2. 量取 量取 421ml 0.95 酒精至 1 000ml 量筒中。

3. 稀释 加入水至 800ml 刻度，混合均匀。

4. 装瓶 把稀释好的溶液装入试剂瓶中，盖好瓶塞，贴上标签。

三、溶液的混合配制

溶液的混合配制是指用两种浓度不同的溶液配制一定浓度的溶液，所得溶液的浓度介于前两种溶液的浓度之间。以质量分数表示的溶液采用混合法配制，其计算公式为方程组：

$$\begin{cases} \omega_{B1}m_1 + \omega_{B2}m_2 = \omega_B m \\ m_1 + m_2 = m \end{cases} \qquad \text{（式 4-18）}$$

其中 ω_{B1}、m_1 为稀释前浓溶液所对应的质量分数与质量，ω_{B2}、m_2 为稀释前稀溶液所对应的质量分数与质量。ω_B、m 为混合后的溶液的质量分数和质量。

例 4-18 如何用质量分数为 0.35 和 0.15 的氯化钠溶液配制质量分数为 0.25 的盐水 700g。

1. 计算 根据混合公式得二元方程组

$$\begin{cases} 0.35m_1 + 0.15m_2 = 0.25 \times 700\text{g} \\ m_1 + m_2 = 700\text{g} \end{cases}$$

解得：$m_1 = 350\text{g}$，$m_2 = 350\text{g}$

2. 量取 分别称取 350g 质量分数为 0.35 的氯化钠溶液和 350g 质量分数为 0.15 的氯化钠溶液。

3. 混合 在干净、干燥的烧杯中将两溶液混合均匀。

4. 装瓶 把混合好的溶液装入试剂瓶中，盖好瓶塞，贴上标签。

课堂互动

以摩尔分数表示的溶液采用混合法配制，其中 x_{B1}、n_1 为稀释前浓溶液所对应的摩尔分数与总物质的量，x_{B2}、n_2 为稀释前稀溶液所对应的摩尔分数与总物质的量。x_B、n 为混合后的溶液的摩尔分数与总物质的量。写出这些物理量之间的关系式。

第四节 稀溶液的依数性

溶质溶解的结果是溶质和溶剂的某些性质相应地发生了变化，这些性质变化可分为两类：一类是溶质本性不同所引起的，如溶液的密度、体积、导电性、酸碱性和颜色等的变化，溶质不同则性质各异。另一类是溶液的浓度不同而引起溶液的性质变化，如蒸气压下降、沸点上升、凝固点下降、渗透压等，这些性质只与溶质的粒子数目有关，而与溶质的本性无关，这类性质称为溶液的依数性。如不同种类的难挥发的非电解质葡萄糖、甘油等配成相同浓度的水溶液，它们的蒸气压下降值等几乎都相同。

通常只有稀溶液才具有依数性，对于浓溶液或溶质是易挥发的溶液及电解质溶液，往往偏离依数性规律。本节主要介绍难挥发性非电解质稀溶液的依数性。

一、溶液的蒸气压下降

（一）蒸气压

在一定温度下，在密闭容器中注入纯溶剂，一部分动能较高的溶剂分子将克服溶剂分子间的引力自液面逸出，扩散到液面上部的空间，形成气相，这一过程称为蒸发。同时，气相的溶剂分子也会接触到液面并被吸引到液相中，这一过程称为凝结。开始阶段，蒸发过程占优势，但随着溶剂蒸汽密度的增大，凝结的速率也随之增大，最后蒸发速率与凝结速率相等，气相和液相达到动态平衡。气液两相达到平衡时，气相密度与压力不再改变，此平衡状态时的蒸汽所具有的压力称为该温度下的饱和蒸气压，简称蒸气压，用符号 p 表示，单位是 Pa 或 kPa。

蒸气压与液体的本性有关，不同的物质在相同温度下有不同的蒸气压。例如：在 273K（20℃），水的蒸气压为 2.34kPa，而乙醚却高达 57.6kPa。同种物质的蒸气压随温度的变化而变化。液体蒸发是吸热过程，温度越高，蒸气压越大，不同温度下水的蒸气压见表 4-2。

表 4-2 不同温度下水的蒸气压

温度 /K	273	293	313	333	353	373
蒸气压 /kPa	0.61	2.34	7.38	19.92	47.34	101.32

通常把常温下蒸气压较高的物质称为易挥发性物质，如苯、乙醚等，蒸气压较低的物质称为难挥发性物质，如甘油、硫酸等。纯液体在一定温度下具有一定的蒸气压。不仅液体能蒸发，固体也能或多或少地蒸发，我们称之为升华，因而固体也具有一定的蒸气压。无论是固体或是液体，蒸气压大的称为易挥发性物质，蒸气压小的称为难挥发性物质。一般情况下，固体的蒸气压都很小，但易升华的物质如碘、萘等有较大的蒸气压。本节讨论稀溶液依数性时忽略难挥发性溶质自身的蒸气压，只考虑溶剂的蒸气压。

（二）溶液的蒸气压下降

如图 4-1 所示，在两支相同型号的试管中装入等体积的水和蔗糖溶液，用 U 型水银压力计连接起来，然后置于 329K 恒温水浴中。实验开始时，U 型管两侧水银面高度相等，数分钟后，与水相连接的一侧水银面降低，与蔗糖溶液连接的一侧水银面升高。该实验表明：同一温度下纯溶剂水的蒸气压比蔗糖溶液的蒸气压大。

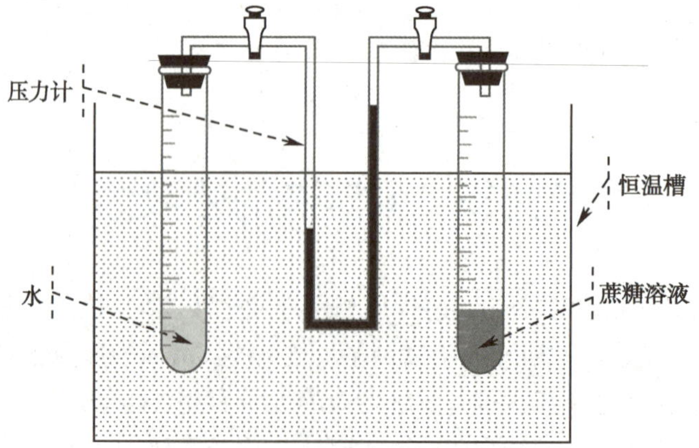

图 4-1 溶液的蒸气压下降

往密闭容器的纯水中加入少量难挥发非电解质，在同一温度下，稀溶液的蒸气压总是低于纯水的蒸气压，这种现象称为溶液的蒸气压下降。产生这种现象的原因是在溶剂中加入难挥发非电解质后，溶质分子占据了溶液的一部分表面，结果使得在单位时间内逸出液面的溶剂分子减少，达到平衡状态时，溶液的蒸气压必定比纯溶剂的蒸气压低，显然溶液浓度越大，蒸气压下降得越多（图4-2）。

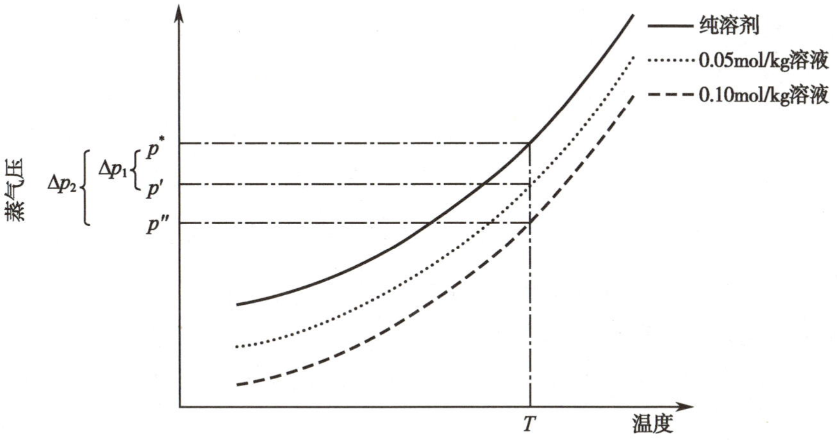

图4-2　纯溶剂与溶液蒸气压曲线

在同一温度下，溶液的蒸气压下降值Δp、纯溶剂的蒸气压p^*与溶液的蒸气压p的关系式为：$\Delta p=p^*-p$。图4-2中，$\Delta p_1=p^*-p'$，$\Delta p_2=p^*-p''$，$\Delta p_2=2\Delta p_1$，这说明：稀溶液中难挥发性溶质的浓度越大，占据溶液表面的溶质质点数目就越多，蒸气压下降也就越多。1887年法国化学家拉乌尔根据大量实验结果得出结论：在一定温度下，难挥发性非电解质稀溶液的蒸气压p等于纯溶剂的蒸气压p^*与溶剂摩尔分数x_A乘积，即拉乌尔定律，其数学表达式：

$$p=p^*x_A \quad \text{（式4-19）}$$

对于只含一种溶质的稀溶液，溶质摩尔分数为x_B，则$x_A=1-x_B$，代入式4-19得：

$$p=p^*(1-x_B)=p^*-p^*x_B$$

$$p^*-p=p^*x_B$$

$$\Delta p=p^*x_B \quad \text{（式4-20）}$$

式4-20是拉乌尔定律的另一种表达。此式说明，在一定温度下，难挥发性非电解质稀溶液的蒸气压下降与溶质的摩尔分数成正比。

在稀溶液中，因$n_A>>n_B$，则$n_A+n_B\approx n_A$，可得：$x_B=\dfrac{n_B}{n_A+n_B}\approx\dfrac{n_B}{n_A}=\dfrac{n_B}{m_A/M_A}$

质量摩尔浓度：$b_B=\dfrac{n_B}{m_A/1\,000}$

综合上两式，可得：$x_B\approx\dfrac{b_BM_A}{1\,000}$

代入式4-20得

$$\Delta p=p^*x_B=p^*\frac{M_Ab_B}{1\,000}=Kb_B$$

$$\Delta p=Kb_B \quad \text{（式4-21）}$$

式4-21中比例系数$K=p^*\dfrac{M_A}{1\,000}$，在一定温度下为常数。对于稀溶液，拉乌尔定律也可表述为：在一定温度下，难挥发性非电解质稀溶液的蒸气压下降，近似地与溶液的质量摩尔浓度成正比，而与溶质的本性无关。

综上所述，难挥发性非电解质稀溶液的蒸气压下降是溶液的依数性之一。表4-3所列甘露醇水溶液的蒸气压下降的理论值近似等于实验值。

表4-3 甘露醇水溶液的蒸气压下降值(293K)

甘露醇的质量摩尔浓度 b_B/mol·kg^{-1}	蒸气压下降 Δp/Pa	
	实验值	理论值
0.098 4	4.09	4.14
0.197 6	8.32	8.29
0.394 8	16.35	16.51
0.594 2	24.79	24.77
0.693 2	28.82	28.85
0.891 1	37.21	36.99
0.990 6	41.27	41.01

溶液的蒸气压下降，对植物的抗旱具有重要意义。当外界气温升高时，在生物体的细胞中，可溶物(主要是可溶性糖类等小分子物质)强烈地溶解，增大了细胞液的浓度，从而降低了细胞液的蒸气压，使植物的水分蒸发过程减慢。因此，植物在较高温度下仍能保持必要的水分而表现出抗旱性。

二、溶液的沸点升高

(一)纯溶剂的沸点

在一定压力下，液体的表面和内部同时进行汽化的过程称为沸腾，此时的温度称为沸点。液体的沸点随外压的变化而变化，压力愈大，沸点愈高。

液体的正常沸点是指外界压力为101.325kPa(即标准大气压)时的沸点。通常情况下，没有注明压力条件的沸点都是指正常沸点。例如水的正常沸点为373.15K(100℃)，此时水的饱和蒸气压等于外界大气压101.325kPa。而在高山地区或空气稀薄时，水的沸点就低于100℃，一般的炊具就不能把饭做熟。

根据液体沸点与外界压力有关的性质，在提取和精制对热不稳定的物质时，常采用减压蒸馏或减压浓缩的方法以降低被蒸发液体的沸点，以防止高温使那些对热不稳定的物质受到破坏。对热稳定的注射液以及某些医疗器械灭菌时，则常采用高温高压的方法进行灭菌，即在密闭的高压消毒器内加热，通过升高压力使液体的沸点升高，可达到缩短灭菌时间并提高灭菌效果的目的。

(二)溶液的沸点升高

实验表明，溶液的沸点要高于纯溶剂的沸点，这一现象称之为溶液的沸点升高。

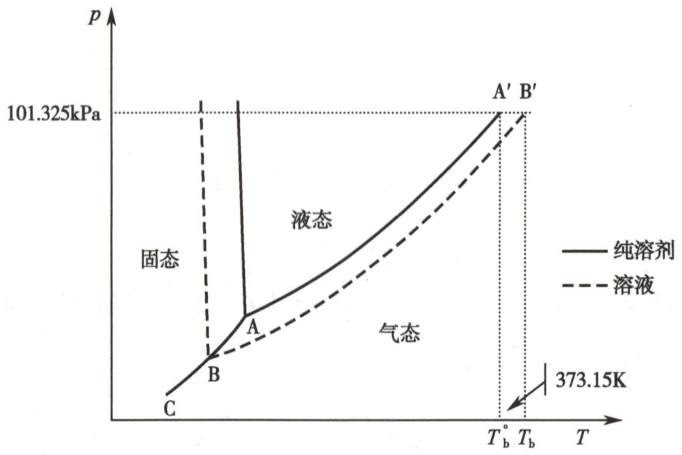

图4-3 稀溶液的沸点升高

溶液沸点升高的原因是溶液的蒸气压低于纯溶剂的蒸气压。在图4-3中，横坐标表示温度，纵坐标表示蒸气压。AA′表示纯水的蒸气压曲线，BB′表示溶液的蒸气压曲线。从图中可以看出，溶液中水的蒸气压在任何温度下都低于同温度下的纯水的蒸气压，所以BB′处于AA′的下方。纯水的蒸气压等于外压101.325kPa时，温度$T_b^\circ=373.15K$，这是水的正常沸点。此温度时溶液中水的蒸气压仍小于101.325kPa，只有升高温度达到T_b时，溶液中水的蒸气压等于外压而沸腾。溶液的沸点升高为ΔT_b，$\Delta T_b=T_b-T_b^\circ$。

纯溶剂的沸点是恒定的，但溶液的沸点却不断在变动。溶液的沸点是指溶液刚开始沸腾时的温度，随着沸腾的进行，溶剂不断蒸发，溶液浓度不断增大，其蒸气压不断下降，沸点不断升高。直到形成饱和溶液时，溶剂在蒸发，溶质也在析出，浓度不再改变，蒸气压也不改变，此时沸点才恒定。

难挥发性的非电解质稀溶液的沸点升高只与溶质的质量摩尔浓度有关，而与溶质的本性无关。溶液的沸点升高ΔT_b与质量摩尔浓度b_B的关系式为：

$$\Delta T_b=T_b-T_b^\circ=K_b b_B \qquad \text{（式 4-22）}$$

式中K_b为溶剂的质量摩尔沸点升高常数，它只与溶剂的本性有关。常见溶剂的沸点T_b°及摩尔沸点升高常数K_b见表4-4。

表4-4 常见溶剂的沸点（T_b°）及质量摩尔沸点升高常数（K_b）和凝固点（T_f°）及质量摩尔凝固点降低常数（K_f）

溶剂	T_b°	K_b/(K·kg/mol)	T_f°	K_f/(K·kg/mol)
水	373.1	0.512	273.1	1.86
苯	353.1	2.53	278.5	5.10
萘	491.1	5.80	353.1	6.90
氯仿	334.2	3.63	209.5	4.90
四氯化碳	349.7	5.03	250.1	32.0
乙醚	307.7	2.02	156.8	1.80
乙醇	351.4	1.22	155.7	1.99
乙酸	391.0	2.93	290.0	3.90

纯溶剂的沸点是固定的，溶液的沸点是不断变化的。因为溶液沸腾时，溶液的浓度随溶剂的蒸发而增大，其蒸气压不断下降，沸点不断升高。直到形成饱和溶液时，溶液的浓度不再改变，沸点才恒定。溶液的沸点一般是指溶液刚开始沸腾时的温度。

利用溶液沸点升高可测定溶质的相对分子质量。

根据$\Delta T_b=K_b b_B$和$b_B=\dfrac{m_B/M_B}{m_A}$，可得：

$$M_B=\frac{K_b m_B}{\Delta T_b m_A} \qquad \text{（式 4-23）}$$

例4-19 已知苯的沸点是353.2K，将2.67g某难挥发性物质溶于100g苯中，测得该溶液的沸点为353.731K，求该物质的摩尔质量。

解： 设该物质的摩尔质量为M_B

$$\Delta T_b=353.731K-353.2K=0.531K$$

查表得苯的摩尔沸点升高常数为$K_b=2.53K\cdot kg/mol$

根据$M_B=\dfrac{K_b m_B}{\Delta T_b m_A}$，可得：

$$M_B=\frac{2.53K\cdot kg/mol\times 2.67g}{0.531K\times\dfrac{100}{1\,000}kg}=127.21g/mol$$

即该物质的摩尔质量为127.21g/mol。

课堂互动

通过哪些方法可以提高水的沸点。

三、溶液的凝固点降低

（一）纯溶剂的凝固点

凝固点是指在一定外压下，物质的液相与固相具有相同蒸气压时的温度，即其液相与固相能平衡共存时的温度。外压是标准大气压时的凝固点称为正常凝固点。如水的正常凝固点（亦称冰点）在标准大气压（100kPa）下是273.15K（0℃）。此时，液相水和固相冰的蒸气压相等，冰和水能够平衡共存。

当溶液中两相的蒸气压不相等时，两相不能共存，蒸气压小的一相较稳定，蒸气压大的一相将自发地向蒸气压小的一相转化。如在273.15K以下时，水的蒸气压高于冰的蒸气压，水将转化为冰；在273.15K以上时，冰的蒸气压高于水的蒸气压，冰将融化为水。

图4-4是水和溶液的冷却曲线图。曲线①为纯水的理想冷却曲线。从a点处无限缓慢地冷却，达到b点（273.15K）时，水开始结冰。在结冰过程中温度不再变化，曲线上出现一段bc水平线，此时液体和晶体平衡共存。水平线bc对应的温度就是水的凝固点（$T_f^\circ=273.15K$），继续冷却，全部水将结成冰后，温度再继续下降。纯溶剂的凝固点是恒定的，在冷却曲线上不随时间而变的平台相对应的温度是该液体的凝固点T_f°。

（二）溶液的凝固点降低

图4-4中的曲线②是溶液的理想冷却曲线。与曲线①不同，当温度由a′处冷却，达到T_f（$T_f<T_f^\circ$）时，溶液中才开始结冰。随着冰的析出，溶液浓度不断增大，溶液的凝固点也不断下降，于是b′c′并不是一段平台，而是一段缓慢下降的斜线。溶液凝固时，浓度在不断增大，因此溶液的凝固点是指溶剂开始凝固析出（即b′点）对应的温度T_f。

难挥发性非电解质溶液的凝固点总是比纯溶剂凝固点低。这一现象被称为溶液的凝固点降低，这是由于溶液的蒸气压比纯溶剂的蒸气压低造成的。如图4-5所示，AC表示固态冰的蒸气压曲线，AA″与AC相交于水的三相点A（273.16K，0.610 6kPa），A点是固态冰、液态水与气态水的三相平衡共存点。AA″是固态冰和液态水两相平衡共存线，BB″是固态冰和溶液两相平衡共存线。

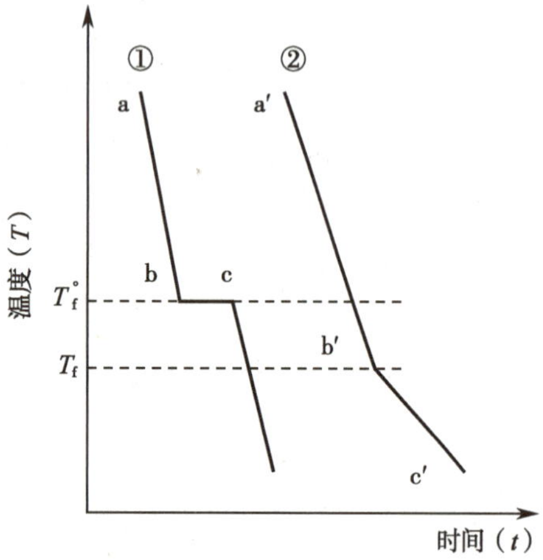

图4-4 水和溶液的冷却曲线

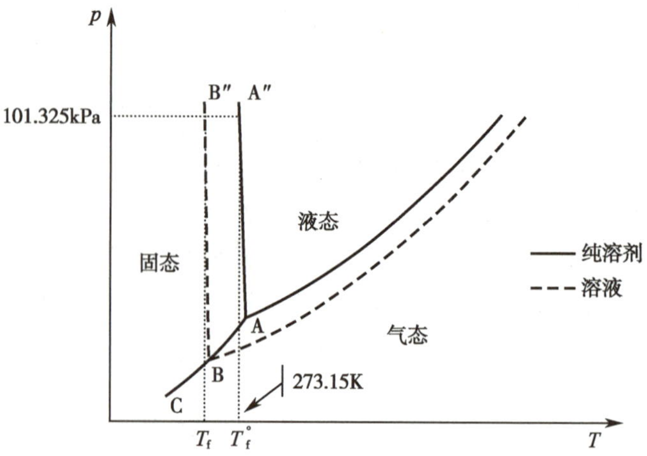

图4-5 稀溶液的凝固点降低

273.16K 时溶液的蒸气压要低于 0.610 6kPa，溶液和冰就不能平衡共存。由于冰的蒸气压比溶液中溶剂的蒸气压高，冰就会融化。只有进一步降低温度到 B 点，冰的蒸气压曲线与溶液的蒸气压曲线相交，此时溶液的蒸气压与冰的蒸气压相等，因此溶液和冰平衡共存线 BB″ 处于 AA″ 左侧，100kPa 下水的凝固点 $T_f^\circ=273.15K$，100kPa 下溶液的凝固点 $T_f<T_f^\circ$。

纯溶剂的凝固点 T_f° 与溶液凝固点 T_f 之差，即 $\Delta T_f=T_f^\circ-T_f$，称为溶液的凝固点降低。对难挥发性的非电解质稀溶液来说，凝固点降低正比于溶液的质量摩尔浓度，而与溶质的本性无关。和沸点升高一样，凝固点降低体现了稀溶液的依数性，其数学表达式为：

$$\Delta T_f=T_f^\circ-T_f=K_f b_B \qquad \text{（式 4-24）}$$

式中 K_f 称为溶剂的质量摩尔凝固点降低常数。K_f 只与溶剂本性有关。常见溶剂的凝固点 T_f° 及摩尔凝固点降低常数 K_f 见表 4-4。

溶液凝固点降低的性质在生产上有着实际应用。例如盐和冰的混合物可用作冷却剂。冰的表面总附有少量水，撒盐于冰面，盐溶解在水中成溶液，此时溶液的蒸气压下降，当它低于冰的蒸气压时，冰就会融化。冰融化时将吸收大量的热，使冰盐混合物温度降低。采用 NaCl 和冰，温度可降到 −22℃，用 $CaCl_2·2H_2O$ 和冰，可降到 −55℃。在水产事业和食品贮藏及运输中，广泛使用食盐和冰混合而成的冷却剂。冬天在汽车水箱中加入甘油或乙二醇可以降低水的凝固点，防止水因结冰体积膨大而引起水箱胀裂。有机化学实验中常用测定熔点（或沸点）的方法来检验化合物的纯度，因为含杂质的化合物相当于一种溶液，杂质是溶质，化合物是溶剂，不纯物质的熔点比纯化合物的熔点低（沸点比纯化合物的沸点高）；还可鉴别未知样品，向未知样品中加入已知物质以后，若熔点不变，则未知样品与已知物质相同。

利用溶液的凝固点降低也可以测定溶质的相对分子质量。

因为 $b_B=\dfrac{m_B/M_B}{m_A}$，可得 $\Delta T_f=K_f\dfrac{m_B/M_B}{m_A}$，因此

$$M_B=\frac{K_f m_B}{\Delta T_f m_A} \qquad \text{（式 4-25）}$$

例 4-20 将 0.638g 尿素溶于 250g 水中，测得该溶液的凝固点降低值为 0.079K，求尿素的摩尔质量。

解：查表得水的摩尔凝固点降低常数为 $K_f=1.86K·kg/mol$

根据 $M_B=\dfrac{K_f m_B}{\Delta T_f m_A}$，得：

$$M_{CO(NH_2)_2}=\frac{1.86K·kg/mol\times0.638g}{0.079K\times250g}=0.060\ 085kg/mol=60g/mol$$

故尿素的摩尔质量为 60g/mol。

例 4-21 乙二醇为难挥发性物质（沸点为 470.5K），将 124.02g 乙二醇溶于 2 500g 水中，求该溶液的沸点和凝固点。（已知乙二醇的摩尔质量为 62.01g/mol）

解：根据 $b_B=\dfrac{m_B/M_B}{m_A}$，得：

$$b_B=\frac{\dfrac{m_B}{M_B}}{m_A}=\frac{\dfrac{124.02g}{62.01g/mol}}{\left(\dfrac{2\ 500}{1\ 000}\right)kg}=0.8mol/kg$$

查表得：水的 $K_b=0.512K·kg/mol$，$T_b^\circ=373.1K$，$K_f=1.86K·kg/mol$，$T_b^\circ=273.0K$

该溶液的沸点升高为：

$$\Delta T_b=K_b b_B=0.512K·kg/mol\times0.8mol/kg=0.41K$$

该溶液的沸点为：

$$T_b = T_b^{\circ} + \Delta T = 373.1K + 0.41K = 373.51K$$

该溶液的凝固点降低为：

$$\Delta T_f = K_f\, b_B = 1.86K\cdot kg/mol \times 0.8mol/kg = 1.49K$$

该溶液的凝固点为：

$$T_f = T_f^{\circ} - \Delta T_f = 273.0K - 1.49K = 271.51K$$

乙二醇溶液的沸点为373.51K，凝固点为271.51K。

利用溶液的沸点升高和凝固点降低都可以测定溶质的相对分子质量，在实际应用中测定分子质量时通常选用凝固点降低法。因为同一溶剂的凝固点下降常数 K_f 比沸点上升常数 K_b 要大，同一溶液的凝固点降低值比沸点升高值大，因而灵敏度高、实验误差小；而且溶液的凝固点测定是在低温下进行的，晶体析出现象较易观察，即使多次重复测定也不会引起生物样品的变性或破坏，溶液浓度也不会变化。

课堂互动

在25g水中溶解1.4g某电解质，测得此溶液的凝固点降低值为0.579K，水的 K_f=1.86K·kg/mol，计算该电解质的相对分子质量。

四、溶液的渗透压

人在淡水中游泳，会觉得眼球胀痛；植物根部的水分可以从根部输送到茎部和叶子；农作物施过化肥后需要浇水，否则植物会被"烧死"；淡水鱼不能生存于海水中，海鱼不能在淡水中养殖；失水而发蔫的花草，浇水后又可重新复原等，这些现象都和渗透现象与渗透压密切相关。

（一）渗透现象和渗透压

半透膜是只允许溶剂分子透过而不允许溶质透过的物质。不同的半透膜因结构的不同，通透性也有差别。例如：火棉胶膜、玻璃纸及羊皮纸等，不仅溶剂（水）分子可以通过，溶质小分子、离子也可缓慢透过，但高分子化合物不能透过。在生化实验中应用的透析袋和超滤膜也是用半透膜制成的，它们有不同规格（如微孔大小不同），可以阻止大于某个相对分子质量的溶质分子透过。

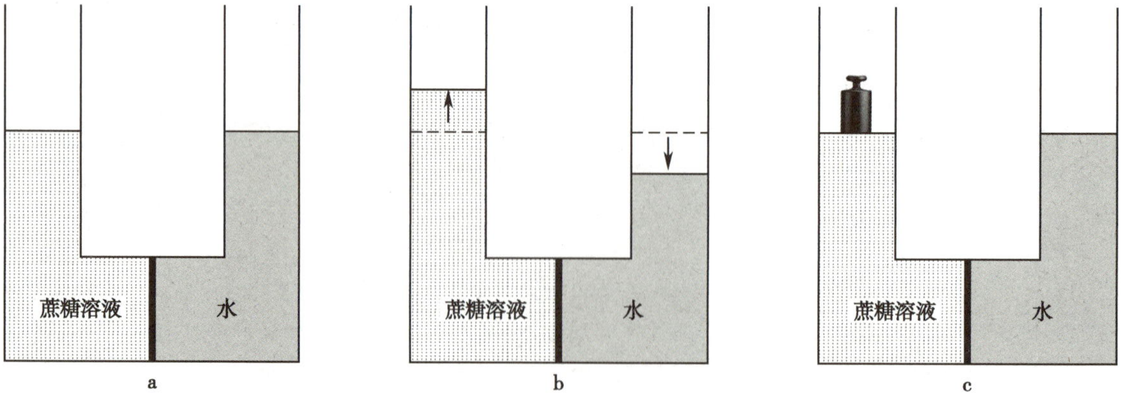

图4-6　渗透与渗透压示意图

图4-6所示是一个连通器，中间装有半透膜，在膜两边分别放入蔗糖水和纯水，并使两边液面高度相等（如图4-6a）。由于膜两侧单位体积内溶剂分子数不等，单位时间内由纯溶剂进入溶

液中的溶剂分子数要比由溶液进入纯溶剂的多，其结果是纯水液面降低，糖水一侧的液面升高（如图 4-6b），这似乎说明纯水中有一部分水分子通过半透膜进入了溶液。这种溶剂分子通过半透膜从纯溶剂进入溶液（或从稀溶液进入浓溶液）的现象称为渗透现象，简称渗透。

产生渗透现象的原因是：在单位体积溶液中，蔗糖溶液中的水分子数目比纯溶剂中的水分子数目少，溶液的蒸气压小于纯溶剂的蒸气压，致使单位时间内纯水中水分子透过半透膜进入溶液的速率大于溶液中水分子透过半透膜进入纯水的速率，因此就发生了渗透现象，使糖水体积增大，液面升高。当糖水液面上升到某一高度时，水分子向两个方向的渗透速度相等，此时水柱高度不再改变，水柱所产生的静水压阻止了纯水向溶液的渗透。即达到了渗透平衡，液面不再上升，这种状态称为渗透平衡状态。

渗透不仅可以在纯溶剂与溶液之间进行，同时也可以在两种不同浓度的溶液之间进行。产生渗透作用必须具备两个条件：一是有半透膜存在；二是半透膜两侧单位体积内溶剂的分子数目不同（如水和水溶液之间或稀溶液和浓溶液之间）。如果半透膜两侧溶液的浓度不等（严格意义上讲，应是渗透浓度差），则渗透压就不相等，渗透方向是溶剂分子从单位体积内溶剂分子数多的溶液向溶剂分子数少的溶液迁移，即从纯溶剂向溶液或稀溶液向浓溶液方向渗透，从而缩小膜两边溶液的浓度差。

如图 4-6c 所示，为了阻止渗透现象发生，保持溶剂和溶液（或稀溶液和浓溶液）两侧液面相平，必须在溶液（或浓溶液）液面上额外施加恰好能阻止渗透现象发生的压力，这个压力称为渗透压。渗透压并不等于半透膜两侧某一溶液的渗透压，它仅仅是半透膜两溶液渗透压之差。

知识链接

反渗透法淡化海水

若选用一种高强度且耐高压的半透膜把纯溶剂和溶液隔开，如外加在溶液上的压力超过了溶液的渗透压，则溶液中的溶剂分子可以通过半透膜向纯溶剂方向扩散，纯溶剂的液面上升，这种使渗透作用逆向进行的过程称为反渗透。

反渗透法被应用于淡化海水。该法是利用半透膜将海水与淡水分隔开的，用高压泵对海水侧施加远大于海水渗透压的外压，海水中的水分子将反向渗透到淡水中。反渗透法的最大优点是节能，它的能耗仅为电渗析法的 1/2、蒸馏法的 1/40。从 1974 年起，美国、日本等发达国家先后把淡化海水的发展重心转向反渗透法。中东、北非、欧洲、中北美洲、东南亚等地区淡水资源匮乏的国家，都在通过海水淡化的方式，向民众提供饮用水。

反渗透法淡化海水提供的淡化水，成本主要是由电力、膜更换费用、固定资产折旧费、化学药品消耗、人工费等构成。每吨水成本价 4～6 元人民币，接近自来水成本。反渗透淡化海水技术发展趋势为降低反渗透膜的操作压力、提高反渗透系统回收率、廉价高效预处理技术、增强系统抗污染能力等。随着技术的进步、工程规模的不断扩大，以及运行水平的不断提高，淡化海水生产的淡化水将会更加质优价廉。

（二）溶液的渗透压与浓度及温度的关系

1886 年，荷兰物理学家范特霍夫总结大量实验结果后指出，非电解质稀溶液的渗透压与溶液浓度及温度的关系与理想气体方程相似：

$$\Pi V = n_B RT \quad \text{（式 4-26）}$$

或

$$\Pi = \frac{n_B RT}{V} = c_B RT \quad \text{（式 4-27）}$$

式中：Π 为溶液的渗透压，单位为 Pa 或 kPa；n_B 为溶液中溶质的物质的量，单位是 mol；V 是溶液的体积，单位是 L；c_B 为溶液的物质的量浓度，单位是 mol/L；T 为热力学温度，单位是 K；R 为摩尔气体常数，其值是 8.314J/(K•mol) 或 8.314kPa•L/(K•mol)。

式 4-26、式 4-27 称为范特霍夫定律。它表明稀溶液渗透压的大小仅与单位体积溶液中溶质质点数的多少有关，而与溶质的本性无关。因此，渗透压也是溶液的依数性。溶液愈稀，由实验测得的 Π 值愈接近计算值。

例 4-22　计算 37℃时，临床上补液用的 50.0g/L 葡萄糖溶液的渗透压。

解：已知 $M_{C_6H_{12}O_6}=180\text{g/mol}$，$T=(273+37)\text{K}=310\text{K}$，$\rho_{C_6H_{12}O_6}=50.0\text{g/L}$

根据 $c_B=\dfrac{\rho_B}{M_B}$ 可得：

$$c_{C_6H_{12}O_6}=\frac{\rho_{C_6H_{12}O_6}}{M_{C_6H_{12}O_6}}=\frac{50.0\text{g/L}}{180\text{g/mol}}=0.278\text{mol/L}$$

$$\Pi=c_BRT=0.278\text{mol/L}\times8.314\text{kPa}\cdot\text{L/(K}\cdot\text{mol)}\times310\text{K}=716.5\text{kPa}$$

故该葡萄糖溶液在 37℃时的渗透压为 716.5kPa。

对稀的水溶液来说，其物质的量浓度近似地与质量摩尔浓度相等，即 $c_B\approx b_B$，因此式 4-27 可改写为：

$$\Pi=b_BRT \qquad \text{（式 4-28）}$$

根据 $c_B=\dfrac{n_B}{V}=\dfrac{m_B/M_B}{V}$，通过测定稀溶液的渗透压，可以推算溶质的相对分子质量。

因为 $\Pi V=n_BRT=\dfrac{m_B}{M_B}RT$，可得：

$$M_B=\frac{m_BRT}{\Pi V} \qquad \text{（式 4-29）}$$

例 4-23　在 20℃时，将 1.00g 血红素溶于水配成 100ml 溶液，测得溶液的渗透压为 0.366kPa，求此溶液的凝固点降低值及血红素的相对分子质量。

解：已知 $\Pi=0.366\text{kPa}$，$T=(273+20)\text{K}=293\text{K}$，$m_B=1.00\text{g}$，$V=100\text{ml}=0.100\text{L}$

查表得水的 $K_f=1.86\text{K}\cdot\text{kg/mol}$

根据 $\Pi=b_BRT$，可得

$$b_B=\frac{\Pi}{RT}$$

$$\Delta T_f=K_fb_B=K_f\frac{\Pi}{RT}=1.86\text{K}\cdot\text{kg/mol}\times\frac{0.366\text{kPa}}{8.314\text{kPa}\cdot\text{L/K}\cdot\text{mol}\times293\text{K}}=2.79\times10^{-4}\text{K}$$

根据 $M_B=\dfrac{m_BRT}{\Pi V}$ 得

$$M_{\text{血红素}}=\frac{1.00\text{g}\times8.314\text{kPa}\cdot\text{L/K}\cdot\text{mol}\times293\text{K}}{0.366\text{kPa}\times0.100\text{L}}=6.66\times10^4\text{g/mol}$$

该血红素溶液的凝固点降低值为 2.79×10^{-4}K，血红素的相对分子质量是 6.66×10^4g/mol。

与凝固点下降、沸点上升实验一样，溶液的渗透压下降也是测定溶质的摩尔质量的经典方法之一。由于小分子溶质溶液，虽然溶质质量较小，但产生的粒子数目较多，产生的渗透压高，对半透膜耐压的要求高，难以采用渗透压法直接测定。因此测定小分子溶质的相对分子质量应采用凝固点降低法。而对高分子化合物溶质的稀溶液，溶质的质点数少，其凝固点降低值很小，使用一般仪器无法测定，但其渗透压足以达到可以进行测定的程度，测定高分子化合物溶质的相对分子质量时用渗透压法要比凝固点降低法灵敏得多，因此确定高分子化合物溶质的相对分子质量多用渗透压法。随着科学的发展，现在多用质谱法测定，用质谱仪可准确、快速地测定有机化合物的分子量。

若溶液是强电解质溶液，由于强电解质在溶液中几乎完全解离，单位体积溶液中溶质的质点数目会成倍增加，所以，其渗透压比同浓度的非电解质溶液的渗透压大若干倍，在计算渗透压时要引入一个校正系数，即：

$$\Pi = ic_{\mathrm{B}}RT \qquad (式 4\text{-}30)$$

式中的 i 是一个强电解质分子解离后所产生的质点数（离子总数）。例如，NaCl 的 i 为 2，$CaCl_2$ 的 i 为 3。

例 4-24 计算 37℃时，0.154mol/LNaCl 溶液的渗透压。

解：已知 $c_{\mathrm{NaCl}}=0.154\mathrm{mol/L}$，$T=(273+37)\mathrm{K}=310\mathrm{K}$，

$$i=2,\ R=8.314\mathrm{kPa\cdot L/(K\cdot mol)}$$

根据式 4-30 可得：

$$\Pi = ic_{\mathrm{NaCl}}RT = 2\times0.154\mathrm{mol/L}\times8.314\mathrm{kPa\cdot L/(K\cdot mol)}\,310\mathrm{K} = 793.8\mathrm{kPa}$$

（三）渗透压在医学上的应用

1. 渗透浓度 由于渗透压是依数性，它只与溶液中溶质粒子的浓度有关，而与粒子的本性无关，所以把溶液中产生渗透效应的溶质粒子（分子、离子）统称为渗透活性物质。渗透浓度的定义：溶液中能产生渗透效应的各种溶质微粒（渗透活性物质）的物质的量的总和除以溶液的体积，用符号 c_{os} 表示，单位常用 mol/L 或 mmol/L。

根据范特荷甫定律，在一定温度下，对于任一稀溶液，其渗透压应与渗透活性物质的物质的量浓度成正比。医学上常用渗透浓度表示溶液的渗透压的大小，通常也可直接用渗透浓度来比较溶液渗透压的大小。

非电解质溶液，渗透浓度等于其物质的量浓度。

$$c_{\mathrm{os}} = c_{\mathrm{B}} \qquad (式 4\text{-}31)$$

强电解质溶液，渗透浓度等于物质的量浓度与校正因子的乘积，校正因子 i 数值上等于某强电解质以其化学式 B 电离出的阴、阳离子之和。

$$c_{\mathrm{os}} = ic_{\mathrm{B}} \qquad (式 4\text{-}32)$$

对于成分复杂的溶液，渗透浓度等于各渗透活性物质微粒的分渗透浓度之和。

例 4-25 临床上常用的生理盐水是 9.0g/L 的 NaCl 溶液，求溶液在 37℃时的渗透浓度与渗透压。

解：NaCl 在稀溶液中完全解离，i 等于 2，NaCl 的摩尔质量为 58.5g/mol

$$c_{\mathrm{NaCl}} = \frac{\rho_{\mathrm{NaCl}}}{M_{\mathrm{NaCl}}} = \frac{9.0\mathrm{g/L}}{58.5\mathrm{g/mol}} = 0.154\mathrm{mol/L}$$

根据 $c_{\mathrm{os}}=ic_{\mathrm{B}}$，得：

$$c_{\mathrm{os}} = 2\times c_{\mathrm{NaCl}} = 2\times0.154\mathrm{mol/L} = 0.308\mathrm{mol/L} = 308\mathrm{mmol/L}$$

根据 $\Pi=ic_{\mathrm{B}}RT$ 有：

$$\Pi = 2c_{\mathrm{NaCl}}RT = 2\times0.154\mathrm{mol/L}\times8.314\mathrm{J/(K\cdot mol)}\times310\mathrm{K} = 7.93\times10^{2}\mathrm{kPa}$$

生理盐水在 37℃时的渗透浓度为 308mmol/L，渗透压为 7.93×10^{2}kPa。

例 4-26 某 1 000ml 溶液中含 4.5g 的 NaCl 与 25g 的葡萄糖（$C_6H_{12}O_6$），求此溶液的渗透浓度。

解：NaCl 在稀溶液中完全解离，i 等于 2，NaCl 的摩尔质量为 58.5g/mol，葡萄糖是非电解质，葡萄糖的摩尔质量为 180g/mol

$$c_{\mathrm{NaCl}} = \frac{\rho_{\mathrm{NaCl}}}{M_{\mathrm{NaCl}}} = \frac{4.5\mathrm{g/L}}{58.5\mathrm{g/mol}} = 0.073\mathrm{mol/L}$$

$$c_{C_6H_{12}O_6}=\frac{\rho_{C_6H_{12}O_6}}{M_{C_6H_{12}O_6}}=\frac{25g/L}{180g/mol}=0.139mol/L$$

$$c_{os}=2c_{NaCl}+c_{C_6H_{12}O_6}=2\times0.073mol/L+0.139mol/L=0.285mol/L=285mmol/L$$

该溶液的渗透浓度为285mmol/L。

课堂互动

强电解质溶液与非电解质溶液在计算渗透浓度时，有何不同？

2. 等渗、低渗和高渗溶液 渗透压相等的两种溶液称为等渗溶液。渗透压不同的两种溶液，把渗透压相对高的溶液叫做高渗溶液，把渗透压相对低的溶液叫做低渗溶液。对同一类型的溶质来说，浓溶液的渗透压比较大，稀溶液的渗透压比较小。因此，在发生渗透作用时，水会从低渗溶液（即稀溶液）进入高渗溶液（即浓溶液），直至两溶液的渗透压达到平衡为止。

医学上，溶液的等渗、低渗或高渗溶液是以血浆总渗透压为标准确定的。正常人血浆的渗透浓度为303.7mmol/L。临床上规定渗透浓度在280～320mmol/L的溶液为等渗溶液，如生理盐水、12.5g/L的$NaHCO_3$溶液等是等渗溶液；渗透浓度c_{os}>320mmol/L的称高渗溶液，渗透浓度c_{os}<280mmol/L的称低渗溶液。在实际应用时，略低于（或略超过）此范围的溶液，在临床上也看作等渗溶液，如50.0g/L的葡萄糖溶液。

在临床治疗中，当为病人大剂量补液时，要特别注意补液的渗透浓度，否则可能导致机体内水分调节失常及细胞的变形和破坏。如红细胞的形态与其所处的介质渗透压有关，这可以从红细胞在不同浓度的NaCl溶液中的形态加以说明，如表4-5。

表4-5 低渗溶液、等渗溶液与高渗溶液比较

溶液类型		低渗溶液	等渗溶液	高渗溶液
渗透浓度 c_{os}		<280mmol/L	280～320mmol/L	>320mmol/L
红细胞在溶液中情况	渗透压	$\Pi_{外}<\Pi_{内}$	$\Pi_{外}=\Pi_{内}$	$\Pi_{外}>\Pi_{内}$
	渗透情况	细胞吸水胀大	细胞正常形态	细胞脱水皱缩
	危害	细胞破裂，释出血红蛋白，产生溶血	—	胞浆分离，细胞聚结成团，产生栓塞

若将红细胞置于9.0g/L NaCl（生理盐水）中，在显微镜下观察，看到红细胞的形态没有什么改变（图4-7a）。这是因为生理盐水与红细胞内液的渗透压相等，细胞内外处于渗透平衡状态。

若将红细胞置于稀NaCl溶液（如3.0g/L）中，在显微镜下观察可见红细胞先是逐渐胀大，最后破裂（图4-7b），释放出红细胞内的血红蛋白使溶液染成红色，医学上称之为溶血。产生溶血现象的原因是细胞内溶液的渗透压高于外液，外液的水向细胞内渗透，使红细胞吸水胀大以致破裂。

若将红细胞置于较浓的NaCl溶液（如15g/L）中，在显微镜下可见红细胞逐渐皱缩（图4-7c），称为质壁分离。若此现象发生于血管内，皱缩的红细胞互相聚结成团，将产生"栓塞"堵塞血管。产生胞浆分离的原因是红细胞内液的渗透压低于浓NaCl溶液，红细胞内的水向外渗透，使红细胞脱水胞浆分离。

根据体液渗透压的测定数据，医生可以评估病人的水与电解质平衡状况。临床上，大量补液时应配成等渗溶液，小剂量注射时，也有用到高渗溶液的，例如渗透压比血浆高10倍的2.78mol/L葡萄糖溶液。对急需增加血液中葡萄糖的患者，如用等渗溶液，注射液体积太大，所需注射时间

太长，反而不易收效。在特殊情况下，允许使用高渗溶液，但必须控制用量和注射速度，用量不能太大，注射速度不可太快，否则易造成局部高渗引起红细胞皱缩，并密切注意病人反应，一旦出现异常，立即采取措施。用高渗溶液作静脉注射时，当高渗溶液缓缓注入体内时，可被大量体液稀释成等渗溶液。对于剂量较小浓度较稀的溶液，大多是将剂量较小的药物溶于水中，并添加氯化钠、葡萄糖等调制成等渗溶液，亦可直接将药物溶于生理盐水或 0.278mol/L 葡萄糖溶液中使用，以免引起红细胞破裂。

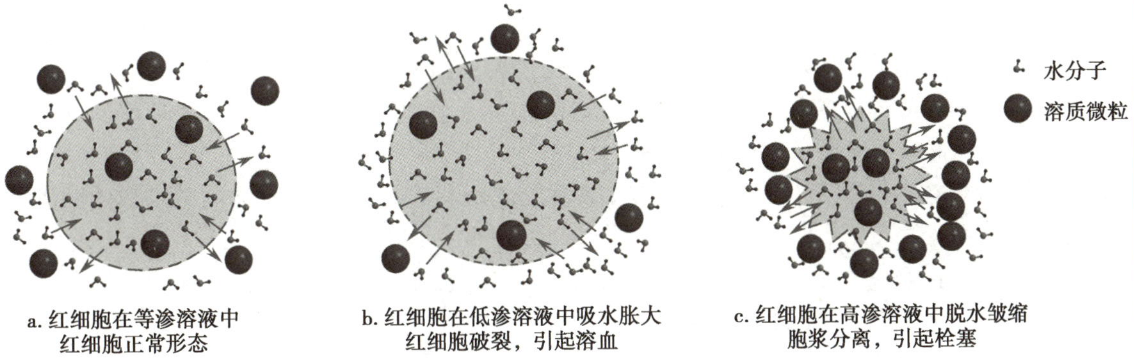

图 4-7　红细胞在不同浓度 NaCl 溶液中的形态图

（四）晶体渗透压和胶体渗透压

血浆等生物体液是电解质（如 NaCl、KCl、$NaHCO_3$ 等）、小分子物质（如葡萄糖、尿素、氨基酸等）和高分子物质（蛋白质、糖类、脂质等）溶解于水而形成的复杂的混合物。血浆中的渗透压是这两类物质所产生渗透压的总和。在医学上，习惯把电解质、小分子物质统称为晶体物质，由它们产生的渗透压称晶体渗透压；而把高分子物质称为胶体物质，由它们产生的渗透压称胶体渗透压。血浆中小分子晶体物质的质量浓度约为 7.5g/L，高分子胶体物质的质量浓度约为 70g/L，虽然高分子胶体物质的质量浓度高，它们的相对分子质量却很大，单位体积血浆中的粒子数却很少；而小分子晶体物质在血浆中质量浓度含量虽然很低，但由于相对分子质量很小，多数又可离解成离子，单位体积内粒子数反而多。正常人血浆的总渗透压约为 770kPa，其中晶体渗透压约为 766kPa（约占 99.5%），胶体渗透压约为 4kPa。

由于毛细血管壁和细胞膜的通透性不同，晶体渗透压和胶体渗透压在维持体内水盐平衡功能上各有侧重。

晶体渗透压对维持细胞内外的水盐的相对平衡和细胞的正常形态起重要作用。细胞膜是一种把细胞内液和细胞外液隔开的半透膜，它只允许水分子自由通过，而 Na^+、K^+ 等离子和大分子均不能通过。当某种原因引起人体内缺水，则细胞外液中盐的浓度将相对增大，晶体渗透压升高，于是细胞内液的水分子透过细胞膜向细胞外渗透，造成细胞内失水而引起口渴。若大量饮水或输入过多葡萄糖溶液，则使细胞外液中盐的浓度降低，晶体渗透压减少，细胞外液中的水分子向细胞内渗透，使得细胞吸水膨胀，严重时产生溶血现象。高温作业者之所以饮用盐汽水，就是为了使细胞外液的晶体渗透压保持正常。

胶体渗透压在维持血容量和调节毛细血管内外水盐平衡方面起重要作用。毛细血管壁与细胞膜不同，它可以允许水分子和各种小离子自由通过，而不允许蛋白质等大分子物质通过。毛细血管壁间隔着血浆和组织间液，如果血浆中蛋白质减少时，血浆的胶体渗透压降低，血浆中的水和低分子晶体物质就会通过毛细血管壁进入组织间液，从而导致血容量降低而组织液增多，这是形成水肿的原因之一。临床上对大面积烧伤或失血过多而造成血容量降低的患者进行补液时，除补以生理盐水外，同时还需要输入血浆或高分子右旋糖酐等代血浆，目的在于恢复人体血浆的胶体渗透压并增加血容量。

（王司雷）

复习思考题

一、填空题

1. 根据分散相粒子的大小，分散系可分为________、________和________三大类。胶体分散相粒子的直径在________范围内。
2. 阿伏加德罗常数 N_A = ________，M_{NaCl} = ________，M_{H_2O} = ________。
3. 稀溶液的依数性包括：________、________、________、________。溶液的沸点升高和溶液的凝固点降低的根本原因是________。
4. 等渗溶液的渗透浓度为________，高渗溶液的渗透浓度为________，低渗溶液的渗透浓度为________。
5. 将红细胞置于低渗溶液中发生________。将红细胞置于高渗溶液中发生________现象。
6. 人体体液的渗透压由两部分组成。一部分是________渗透压，其主要功能是维持________的相对平衡；另一部分是________渗透压，其主要功能是维持________的相对平衡。
7. 在相同温度下，稀溶液中难挥发性溶质的浓度越大，溶液的蒸气压下降越________，溶液的沸点越________。
8. 溶液沸腾时，溶液的浓度不断________，所以在溶液没有达到饱和时，溶液的沸点不断________。

二、简答题

1. 为什么临床上大量静脉输注液体时一定要用等渗溶液？
2. 产生渗透现象的条件是什么？渗透方向是怎样？渗透的结果是什么？
3. 将红细胞置于 3g/L 的 NaCl 溶液中，红细胞会发生什么现象？将红细胞置于 15g/L 的 NaCl 溶液中，红细胞会发生什么现象？
4. 有四种溶液分别是 NaCl、$CaCl_2$、HAc 和 $C_6H_{12}O_6$，它们的浓度均为 0.1mol/L，按渗透压由高到低的顺序是怎样的？
5. 溶液的理想冷却曲线上到达凝固点时，为何不像纯溶剂那样出现平台？
6. 饮酒驾车与醉酒驾车的判定标准的酒精含量分别是多少？判定标准中的酒精含量是浓度的何种表示方式？列举酒驾的危害有哪些？作为新时代的大学生，应如何做到规范行为，遵守交规，珍爱生命，拒绝酒驾？

三、计算题

1. 生理盐水的浓度为 9.0g/L，问配制 500ml 生理盐水需要多少克氯化钠？
2. 将 1.0g 固体 $C_6H_{12}O_6$ 溶于 100ml 纯化水中配成溶液，计算该溶液的质量分数。
3. 用 5.0g 固体 NaCl 配成 500ml NaCl 溶液，计算该溶液的质量浓度和物质的量浓度。
4. 某患者需补充 0.050mol Na^+，应补充 NaCl 的质量为多少？如果采用生理盐水（ρ_{NaCl} = 9.0g/L）进行补充，需要生理盐水的体积为多少？
5. 已知浓硫酸的质量分数为 98.0%，密度为 1.84kg/L。取浓硫酸 5.00ml 配成 300ml 硫酸溶液，求此硫酸溶液的物质的量浓度？

6. 分别计算下列溶液的渗透浓度

（1）0.10mol/L 葡萄糖溶液。

（2）0.10mol/L NaCl 溶液。

（3）0.10mol/L Na_2SO_4 溶液。

（4）0.10mol/L NaCl 与 0.10mol/L Na_2SO_4 的等体积混合溶液。

（5）0.10mol/L 葡萄糖与 0.10mol/L NaCl 的等体积混合溶液。

（6）0.10mol/L 葡萄糖与 0.1mol/L Na_2SO_4 的等体积混合溶液。

ER-4-3

扫一扫，测一测

FR-5-1

PPT课件

FR-5-2

知识导览

第五章　胶体溶液和表面现象

学习目标

【知识目标】

1. 掌握胶体溶液的性质、胶体溶液稳定性的原因、高分子化合物溶液的特性。

2. 熟悉胶粒带电的原因、溶胶聚沉的方法、凝胶的特性、表面吸附的概念及表面活性剂的结构特征。

3. 了解胶体的结构、表面张力和表面能的产生。

【能力目标】

1. 能理解胶体溶液和高分子化合物溶液与生命活动、医药临床等的关系及应用。

2. 能独立进行胶体溶液和高分子化合物溶液的性质实验。

3. 能依据表面活性剂的性质理解日常的有关问题和现象。

【素质目标】

培养绿色发展理念和科学探究精神，培养爱国、敬业、奉献的情怀。

胶体的范围十分广泛，如日常生活中的稀粥、豆浆、墨水、雾、烟、玛瑙、珍珠等都属于胶体的范畴。胶体和医学、药学的关系非常密切，蛋白质、核酸、糖原等许多构成人体组织和细胞的基本物质都以胶体的形式存在；人体体液都具有胶体溶液的性质，如血液、细胞内液、淋巴液等；许多药物以胶体的形式生产和使用，如胰岛素、催产素、血浆代用液及疫苗等；许多不溶于水的药物要制成胶体溶液才能被有效利用，如硫粉、氯化银、碘化银等。因此，学习胶体溶液的基础知识对于医药专业的学生来说具有重要意义。

第一节　胶体溶液

溶胶是难溶性颗粒分散在分散介质中形成的非均相体系。按照分散介质的存在状态不同，可将溶胶分为气溶胶、液溶胶和固溶胶。气溶胶是以气体为分散介质的胶体，如粉尘、小水珠分散在大气中形成的烟或雾；固溶胶是以固体为分散介质的胶体，如宝石、果冻、有色玻璃、合金、冰淇淋等；液溶胶是以液体为分散介质的胶体，简称溶胶，如墨汁、果汁、硫溶胶等。通常讲的溶胶，是分子、原子或离子聚集的固态颗粒（直径在1～100nm之间）分散在液体介质中所形的分散系，又称胶体溶液。

制备溶胶常用的方法有两种：分散法和凝聚法。

1. 分散法　利用设备将大颗粒粉碎成胶粒大小的制备方法。如将胡萝卜、水果等研磨后制作成果汁。

2. 凝聚法　用物理或化学方法使分子、原子或离子聚集成胶粒大小的方法。凝聚法可分为物理凝聚法和化学凝聚法。

（1）物理凝聚法：将溶解状态或蒸气状态的物质凝结为溶胶的方法，称为物理凝聚法。如将硫黄-乙醇溶液逐滴加入水中制得硫黄水溶胶。

（2）化学凝聚法：利用化学反应将分子或离子等聚集成较大的颗粒而制成溶胶的方法，称为化学凝聚法。如水解法制备 $Fe(OH)_3$ 溶胶，复分解法制备 AgI 溶胶。

$$FeCl_3 + 3H_2O \xrightarrow{\text{煮沸}} Fe(OH)_3 + 3HCl$$

$$AgNO_3(\text{过量}) + KI \longrightarrow AgI + KNO_3$$

一、溶胶的性质

溶胶的分散相粒子是小分子、离子或原子构成的聚集体，分散相粒子直径在 1～100nm 之间。分散相与分散介质间存在明显相界面，有很大的表面积和表面能，因此胶粒具有自发合并降低表面能的趋势。溶胶具有非均相性、高度分散性和不稳定性三个特征，在光学、动力学和电学等方面都表现出特殊性质。

FR-5-3

溶胶的性质

（一）溶胶的光学性质

在暗室，用一束聚焦的可见光束自侧面分别照射真溶液、溶胶时，可在与光束垂直的方向上观察到：真溶液是透明的，而溶胶中有一道明亮的光柱，如图 5-1 所示，这种现象称为**丁达尔现象**，也叫乳光现象。日常生活中，也常见到丁达尔现象。例如，播放电影时，放映室射到银幕上的光柱；光线透过树叶间的缝隙射入密林中可看到光的通路。

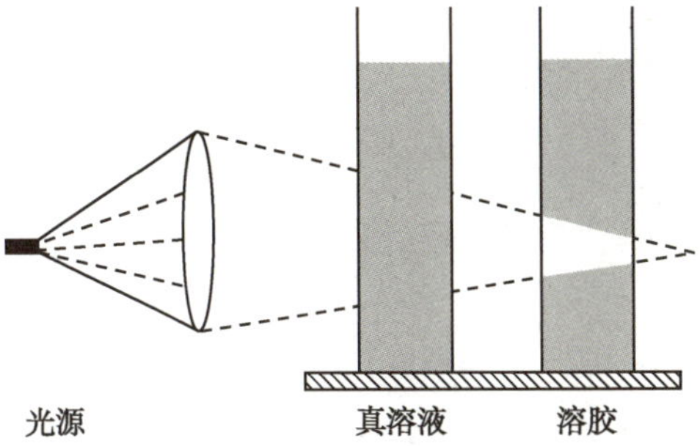

图 5-1　丁达尔现象

丁达尔现象是由于胶粒对光的散射产生的。由于胶粒的直径略小于可见光的波长，光照射在胶粒上时，光环绕胶粒向各个方向散射，在光传播的垂直方向也可观察到，于是形成了光柱。真溶液的分散相粒子直径小于 1nm，大部分光在通过真溶液时是发生透射，光的散射十分微弱，肉眼无法观察到光柱。粗分散系的分散相粒子直径较大，大部分光照射在分散相粒子上是发生反射，呈浑浊不透明状态。高分子化合物溶液因为分散相与分散介质之间折射率差值小，对光的散射作用很弱，也观察不到明显的光柱。因此，利用丁达尔现象，可以区别溶胶与真溶液、粗分散系和高分子化合物溶液。临床上，注射用针剂应保证在强光照射下无乳光现象，否则被认定为不合格，此方法称为灯检。

（二）溶胶的动力学性质

1. 布朗运动　英国植物学家布朗（Brown）在显微镜下观察到胶粒在分散介质中不停地做无规则运动，这种运动称为**布朗运动**（图 5-2）。

布朗运动是分子热运动的结果。分散系中，分散介质分子包围在胶粒周围，不断做热运动、对胶粒产生碰撞。胶粒受到来自分散介质分子不同大小、不同方向的碰撞，且碰撞合力不为零，使胶粒时刻以不同方向、不同速度做无规则运动（图 5-3）。实验表明，胶粒质量越小、环境温度越高、分散介质黏度越低，布朗运动越剧烈。布朗运动无序的运动状态可一定程度抵抗重力作用，保证胶粒不易发生沉降。这是溶胶能保持相对稳定的原因之一，即溶胶具有动力学稳定性。

图 5-2　布朗运动示意图

2. 扩散　当溶胶中胶粒分布不均匀时，胶粒由于布朗运动，将自发从浓度高的区域向浓度低的区域迁移，直至达到浓度均匀的状态，这种现象称为扩散。实验表明，胶粒的质量越小，温度越高，介质黏度越小，则胶粒就越容易扩散。

扩散现象在生物体内的物质运输和分子的跨细胞膜运输中有重要作用。胶体粒子的扩散，能透过滤纸，但不能透过半透膜。利用半透膜能透过小分子和小离子但不能透过胶体粒子的性质，除去溶胶中小分子和小离子使其净化的过程，称为**渗析**（或**透析**）。渗析时将胶体溶液置于由半透膜构成的渗析器内，器外则定期更换胶体溶液的分散介质，即可达到纯化胶体的目的（图 5-4）。

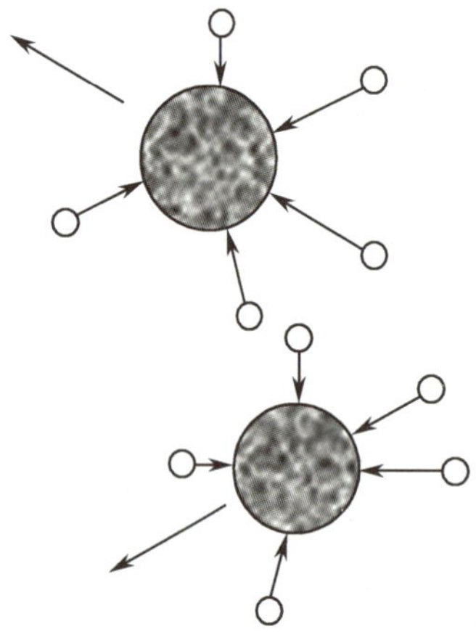

图 5-3　介质分子对胶体粒子的冲撞示意图

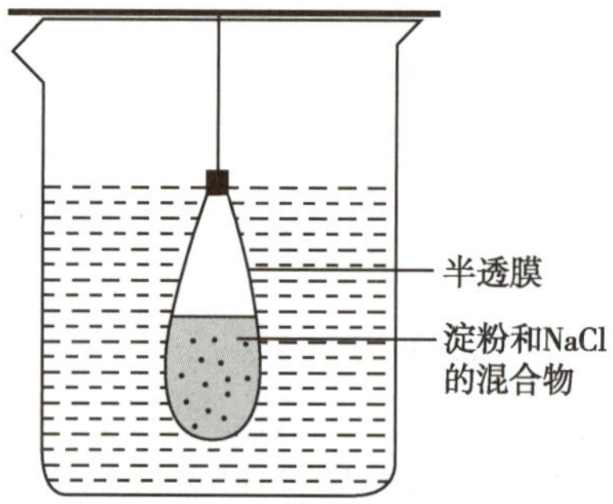

图 5-4　透析现象

知识链接

血液透析

血液透析是利用渗析和超滤原理，将透析液与患者的血液分别引入透析机中，两者在纤维素基膜或合成高分子膜等人工合成的半透膜两侧流动。遵循渗透平衡的原理，半透膜两侧的溶质会发生扩散、对流等交换行为，帮助肾脏病患者清除血液中的毒素，实现血液净化。例如，用于尿毒症的“血透”疗法，就是将患者的血液和透析液在透析器内半透膜两侧接触，使血液中代谢废物透过半透膜扩散入透析液中，血液中的蛋白质、红细胞则不能透过；同时也自透析液向血液扩散患者所需的营养物质或治疗药物。如果将透析液一侧的负压升高，进行超滤，还可达到排除体内过多水分的目的。

血液透析是目前应用广泛的一种较为安全、易行的血液净化方式，通过血液透析替代因肾衰竭而丧失的部分生理功能，达到维系生命的目的。但血液透析不能代替肾脏的内分泌功能、也不能治愈肾衰竭，只是一种在临床上救治各类急、慢性肾衰竭的常用方法。

3. 沉降和沉降平衡　分散系中的分散相粒子在重力作用下逐渐下沉的现象称为**沉降**。溶胶是高度分散的体系，胶粒有一定质量，在溶胶中胶粒的沉降和扩散同时存在。胶粒一方面受重力吸引而下沉，同时布朗运动使胶粒向上扩散，当沉降和扩散两个相反方向的作用力相等时，胶粒的分布达到平衡状态，这种平衡称为**沉降平衡**。平衡状态时，体系中的胶粒将按浓度梯度分布：底层浓度最大，随高度上升形成一定的浓度梯度（图 5-5）。利用此规律，可以测定生物大分子等溶胶的相对分子质量，也可实现蛋白质的纯化、病毒的分离等。

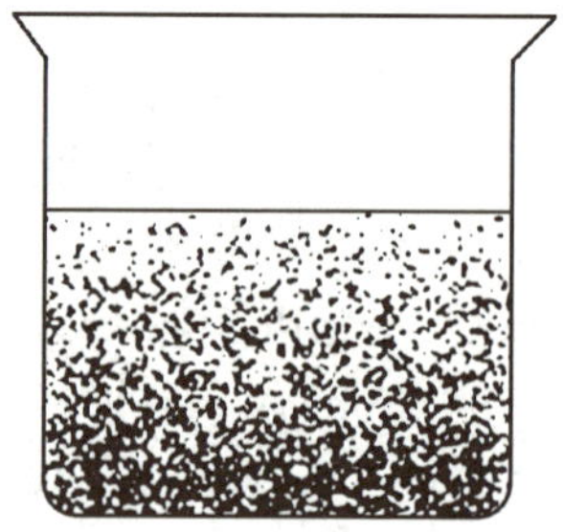

图 5-5　沉降平衡示意图

溶胶达到沉降平衡所需的时间与胶粒大小有关，胶粒越小，沉降速度越慢，达到沉降平衡所需的时间越长。

（三）溶胶的电学性质

1．电泳　在外电场作用下，胶粒在分散介质中定向移动的现象称为**电泳**。胶粒能够发生电泳，说明胶粒带电。如图 5-6 所示，向 U 形管中注入棕红色 $Fe(OH)_3$ 溶胶，小心地在两端液面上加一层用于导电的 NaCl 溶液，使溶胶与 NaCl 溶液间有清晰的界面。自 U 形管两端插入惰性电极，接通直流电后，可以观察到阴极端棕红色 $Fe(OH)_3$ 的溶胶界面上升、颜色加深；阳极端界面下降、颜色变浅，表明 $Fe(OH)_3$ 胶粒向阴极移动，$Fe(OH)_3$ 胶粒带正电荷，是正溶胶。若使用黄色 As_2S_3 溶胶重复上述实验过程，会观察到阳极附近溶液颜色变深，表明此胶粒带负电荷，是负溶胶。利用电泳方向可判断胶粒带何种电荷。多数金属氧化物、金属氢氧化物溶胶为正溶胶；多数金属硫化物、硅胶、金、银、硫等溶胶为负溶胶。电泳技术在临床与科研过程中常被用于分离与鉴定各类氨基酸、蛋白质、核酸等物质，并为相关疾病提供诊断依据。

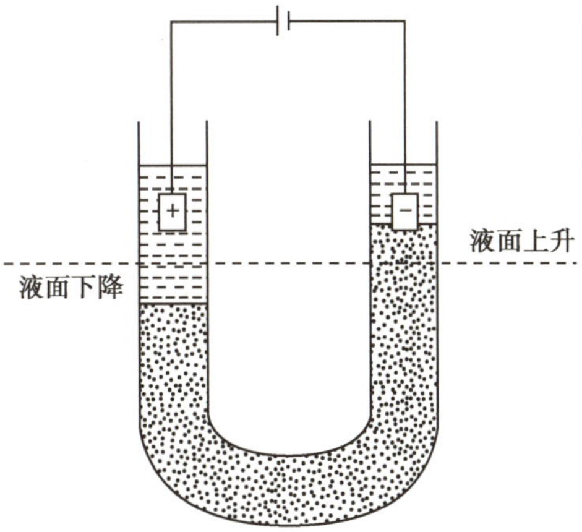

图 5-6　电泳现象

2．胶粒带电的原因　胶粒带电的主要原因是胶体粒子选择性地吸附带电离子和胶粒表面分子的解离。胶体是高度分散的体系，分散相的表面积大，表面能高，所以胶粒总是选择性吸附溶液中与其组成与结构相似的离子以降低表面能，并带相应电荷。例如，AgI 溶胶在含过量 $AgNO_3$ 的溶液中，会优先吸附 Ag^+，使胶粒带正电；而在含过量 KI 的溶液中，会优先吸附 I^-，使胶粒带负电。有些固体胶粒与液体介质接触时，表面分子发生部分解离，使胶粒带电。例如硅溶胶是由许多硅酸分子聚合而成的，其表面分子可解离出 H^+ 进入介质中，残留的 $HSiO_3^-$ 和 SiO_3^{2-} 使胶粒表面带负电，故硅溶胶为负溶胶。

ER-5-4
胶粒带电的原因

课堂互动

用 NaBr 和 $AgNO_3$ 制备 AgBr 溶胶时，若溶液中 NaBr 过量，该溶胶的胶粒带何种电荷？

3．胶团的结构　胶核与吸附层共同构成胶粒，吸附层由电位离子和反离子组成。电位离子是与胶核组成相似的离子，决定胶体所带电荷的种类；反离子是溶液中与电位离子带相反电荷的离子。胶粒和扩散层组成胶团。

现以 AgI 溶胶为例来讨论胶团的结构，如图 5-7 所示。

假设 AgI 胶粒的核心由 *m* 个 AgI 分子聚集而成，称为胶核。当 KI 溶液过量时，胶核选择性地吸附 *n* 个电位离子 I^-，I^- 又吸引溶液中反离子 K^+。K^+ 既受到 I^- 的静电吸引有靠近胶核的趋势，又因本身的扩散作用有离开胶核分布到溶液中去的趋势，当 K^+ 被吸引与扩散作用达到平衡时，仅余部分 K^+ 紧密地排列在胶核表面，这部分 K^+ 和胶核表面吸附的 I^- 组成吸附层。由于吸附层中被吸附的 K^+ 总数比 I^- 少，所以 AgI 胶粒在此种情况下带负电荷。还有一部分 K^+ 在静电作用下松散地分布在胶粒周围形成扩散层。胶粒和扩散层所带的电荷相反、电量相

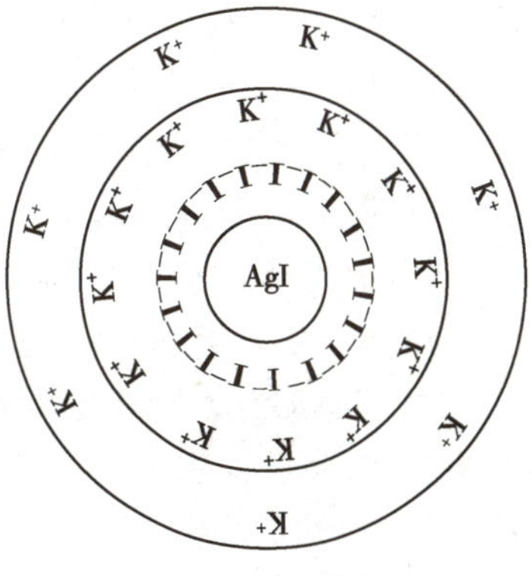

图 5-7　AgI 胶团结构示意图

等，两者总称为胶团，胶团呈电中性，分散在介质中就形成了溶胶。

在外电场作用下，胶团的吸附层和扩散层之间的界面发生分离，此时，胶粒向某一电极定向迁移。胶粒是独立运动的单位，通常所说的溶胶带电，是指胶粒带电。当 KI 溶液过量时，AgI 胶团结构可用下式表示：

$$\underbrace{\underbrace{\{\underbrace{(\mathrm{AgI})_m}_{\text{胶核}}\cdot\underbrace{\overset{\text{电位离子}}{n\mathrm{I}^-}\cdot\overset{\text{反离子}}{(n-x)\mathrm{K}^+}}_{\text{吸附层}}\}^{x-}}_{\text{胶粒}}\cdot\underbrace{x\mathrm{K}^+}_{\text{反离子 扩散层}}}_{\text{胶团}}$$

二、溶胶的稳定性和聚沉

（一）溶胶的稳定性

溶胶是具有很大表面积和表面能的热力学不稳定体系，胶粒间有相互聚集以降低其表面能的趋势，但是很多纯化的溶胶却可以长期稳定存在，具有相对稳定性。主要有以下三方面原因：

1. 胶粒带电　同一溶胶的胶粒因为带有相同电性的电荷，相互排斥，从而阻止了胶粒互相接近、聚集、合并。胶粒所带电荷越多，斥力越大，溶胶越稳定。胶粒带电也是溶胶稳定的主要因素。

2. 溶剂化膜（水化膜）的保护作用　胶核外层吸附的电位离子和反离子具有较强的溶剂化能力，会在胶粒表面形成一层具有一定强度和弹性的水化膜，阻止了胶粒直接聚集而保持相对稳定。水化膜越厚，胶粒越稳定。

3. 布朗运动　溶胶是高度分散的体系，胶粒较小，具有强烈的布朗运动，能够克服重力作用，保持溶胶均匀分散而不聚沉。布朗运动是溶胶稳定的动力学因素。

（二）溶胶的聚沉

溶胶的稳定性是相对的、有条件的。从溶胶稳定性来看，保持稳定性的某一因素被破坏，就可以使胶粒聚集变大，当粒子直径大到布朗运动无法克服重力作用时，就发生沉降。这种使胶粒聚集成较大颗粒，自分散介质中沉淀析出的现象称为**聚沉**。使溶胶聚沉的方法主要有以下三种：

1. 加入少量电解质　溶胶对电解质十分敏感，加入少量电解质就会引起溶胶聚沉。一方面是加入电解质后，离子浓度增大，扩散层中的反离子受同电荷离子排斥被挤入吸附层，使胶粒的电荷数减少，失去带电的保护作用；另一方面，电解质离子破坏胶粒表面的水化膜，使其变薄甚至消失，因而胶粒在碰撞过程中更易相互结合变大而聚沉。例如在 $Fe(OH)_3$ 溶胶中加入少量 Na_2SO_4 溶液，溶胶立即发生聚沉作用，析出 $Fe(OH)_3$ 沉淀。

电解质对溶胶的聚沉能力常用聚沉值来表示。电解质的聚沉值是指使一定量溶胶在一定时间内完全聚沉所需电解质的最小浓度，单位为 mmol/L。聚沉能力主要取决于与胶粒带相反电荷离子的荷电数。同价态的反离子聚沉能力几乎相同，反离子荷电数越高，聚沉能力越强。

例如，对硫化砷溶胶（负溶胶）的聚沉能力：电解质 $AlCl_3>CaCl_2>NaCl$。

对 $Fe(OH)_3$ 溶胶（正溶胶）的聚沉能力：电解质 $K_3PO_4>K_2SO_4>KCl$。

2. 加入带相反电荷的溶胶　两种带相反电荷的溶胶以适当比例混合后，由于胶粒所带电荷互相中和，也能产生聚沉。溶胶聚沉的程度与两溶胶的比例有关，当两种溶胶的胶粒所带的电荷量相等，电性被完全中和时，聚沉最完全，否则只能部分聚沉，甚至不聚沉。明矾净水就是溶胶相互聚沉的实际应用，明矾[$KAl(SO_4)_2\cdot 12H_2O$]水解可生成带正电荷的 $Al(OH)_3$ 溶胶，而水体中的胶体污物通常带负电荷，两者混合会发生聚沉，从而达到清除污物、净化水体的目的。临床上利用血液能否相互凝结来判明血型，也与胶体的相互聚沉有关。

3. 加热　加热可使多数溶胶发生聚沉。因为加热既增加了胶粒的运动速度和碰撞机会，又削弱了胶核对电位离子的吸附能力，降低了胶粒所带电荷量和溶剂化程度，使胶粒在碰撞时容易聚沉。例如，将 As_2S_3 溶胶加热至沸腾，会析出黄色的 As_2S_3 沉淀。

第二节　高分子化合物溶液

高分子化合物又称大分子化合物，是指由一种或多种小的结构单元重复连接而成的相对分子质量大于 10^4 的化合物。它包括天然高分子化合物和合成高分子化合物两类。如蛋白质、明胶、淀粉、核酸、纤维素、天然橡胶等均为天然高分子化合物；而合成橡胶、聚乙烯塑料、树脂和合成纤维等则是常见的合成高分子化合物。高分子化合物一般具有碳链结构。每个链节中的单键都可绕相邻单键做内旋，使高分子化合物的碳链柔韧易弯曲。高分子化合物溶液的分散相粒子直径在 1～100nm 内，属于胶体分散系，其分散相粒子是单个高分子化合物。

一、高分子化合物溶液的特性

高分子化合物溶于适当溶剂中所形成的均相体系是高分子溶液，分散相和分散介质之间无界面。根据分散相粒子直径，将高分子溶液划分为胶体分散系，它具有胶体的某些性质；由于分散相粒子是单一高分子，它又具有特殊的性质。其特性如下：

（一）稳定性

高分子化合物溶液属于均相、稳定体系，具有强的溶剂化能力。在无菌及溶剂不蒸发的情况下，可以长期放置不沉淀。高分子化合物溶液的稳定性与真溶液相似，比溶胶稳定性高。

由于高分子化合物具有大量亲水基团，溶解在水中时，亲水基团通过氢键与水分子结合，在高分子化合物表面上形成一层很厚的水化膜，从而能稳定地分散在溶液中不易聚沉。这层水化膜与溶胶粒子的水化膜相比，在厚度和紧密程度上都要大得多，因此高分子化合物在水溶液中比溶胶粒子更稳定。高分子化合物的溶剂化膜是高分子化合物溶液稳定的重要原因。

（二）盐析

电解质能使高分子化合物溶液发生聚沉，但必须加入大量的电解质，这种加入大量电解质使高分子化合物从溶液中聚沉的过程，称为**盐析**。胶体溶液和高分子化合物溶液均属于胶体分散系，但两种溶液具有稳定性的主要原因不同。溶胶稳定的主要因素是胶粒带电，只需加入少量电解质就能中和胶粒所带的电荷。而高分子化合物溶液稳定的主要因素是分子表面的水化膜，只有加入大量电解质，才能破坏厚而致密的水化膜使高分子化合物聚沉。

盐析作用的实质，是电解质离子具有强的溶液化作用，大量电解质的加入，一方面使高分子化合物分子脱溶剂化，导致水化膜减弱或消失；另一方面溶剂被电解质夺去，导致这部分溶剂失去溶解高分子化合物的性能。所以高分子化合物发生聚沉。

不同种类和浓度的电解质，夺取溶剂的能力不同，故盐析的能力也不同。不同的高分子化合物溶液盐析时，所需的电解质浓度也不一样。利用这一性质，可对蛋白质等高分子化合物进行分离，例如在血清中分别加入浓度为 2.0mol/L、3.5mol/L 的 $(NH_4)_2SO_4$ 可使血清中的球蛋白、清蛋白分步沉淀实现分离。

（三）黏度大

高分子化合物溶液的黏度比溶胶和真溶液大得多。一方面是是因为高分子化合物具有链状或分枝状结构，分子相互靠近时，一部分溶剂分子被包围在长链之间而失去流动性；另一方面是因为高分子化合物高度溶剂化作用束缚了大量溶剂，导致自由液体量减少，故表现为高黏度。

（四）溶解过程可逆

高分子化合物能自动溶解在溶剂里形成真溶液。用蒸发或烘干的方法可以将高分子化合物从它的溶液里分离出来。如果再加入溶剂又能自动溶解，得到真溶液。而胶体溶液聚沉后，加入分散剂却不能再恢复原来的状态。

（五）高渗透压

在同一浓度下，高分子化合物溶液与真溶液、溶胶相比，具有较高的渗透压。这是因为高分子化合物长链上的每一个链段都是能独立运动的小单元，使高分子化合物溶液具有较高的渗透压。

高分子化合物溶液、溶胶和真溶液的主要性质的异同点见表5-1。

表5-1 高分子化合物溶液、溶胶、真溶液的性质比较

性质	溶胶	高分子化合物溶液	真溶液
分散相粒子直径	1～100nm	1～100nm	<1nm
分散相	小分子、离子的聚集体	单个分子、离子	单个分子、离子
扩散性	扩散速度慢，不能透过半透膜	扩散速度快，不能透过半透膜	扩散速度慢，能透过半透膜
黏度	小，与分散介质相似	大	小，与分散介质相似
稳定性	非均相 体系相对稳定	均相 均匀稳定体系	均相 均匀稳定体系
丁达尔效应	明显	微弱	无
对外加电解质的敏感程度	敏感，加入少量电解质即聚沉	较不敏感，加入大量电解质盐析	不敏感

二、高分子化合物对溶胶的保护作用

向溶胶中加入适量高分子化合物溶液，可以显著增强溶胶的稳定性，受到外界因素作用时，不易发生聚沉，这种现象称为高分子化合物溶液对溶胶的保护作用。例如，向含有明胶的 $AgNO_3$ 溶液中加入适量的 NaCl 溶液，生成 AgCl 胶体溶液的稳定性增强，不易析出 AgCl 沉淀。药用防腐剂胶体银，就是利用蛋白质的保护作用制成银的胶态制剂，使银稳定地分散于水中。

ER-5-5
高分子化合物溶液对溶胶的保护作用

高分子化合物溶液对溶胶的保护作用，一方面是由于加入的高分子化合物都是链状能卷曲的线性分子，容易被吸附在胶粒表面将胶粒包裹起来形成保护层；另一方面是由于高分子化合物具有的亲水性基团，溶剂化能力强，在其表面又形成一层水化膜，阻止了溶液中离子对胶粒的吸引，降低了胶粒互相碰撞的概率，如图5-8所示。阻止了溶胶粒子的聚集，从而提高了溶胶的稳定性。

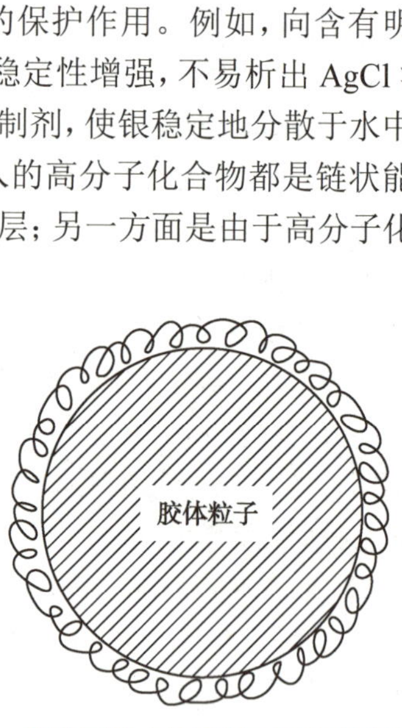

图5-8 高分子化合物溶液对溶胶的保护作用

高分子化合物溶液对溶胶的保护作用在生理过程中具有重要意义。血液中微溶性的无机盐类，如 $CaCO_3$、$Ca_3(PO_4)_2$ 等是以溶胶的形式存在，因为血液中的蛋白质对这些盐类起了保护作用，它们在血液中能稳定存在而不聚沉。但当血液中的蛋白质因某些疾病而减少时，蛋白质对这些盐类溶胶的保护作用就减

弱了，这些盐类可能沉积在肝、肾等器官中，形成各种结石。临床上用于胃肠道造影的 $BaSO_4$ 合剂就含有阿拉伯胶，阿拉伯胶对硫酸钡溶胶起到了保护作用，患者口服后，$BaSO_4$ 胶浆能均匀地黏附在胃肠道壁上形成薄膜，有利于造影检查。

三、凝 胶

（一）凝胶的形成与分类

1. 概念 适当条件下，高分子化合物溶液或溶胶中的高分子或胶粒互相连接，形成立体网状结构，把分散介质包裹在网眼中使其不能自由流动，而成为半固体状态，这种半固体物质称为**凝胶**，形成凝胶的过程称为**胶凝**。常用的制备凝胶的方法有改变温度、转换溶剂、加入电解质和化学反应等四种。例如明胶、琼脂、阿胶、鹿角胶等溶于热水，冷却后形成凝胶，采用的就是改变温度的方法。

新制成的凝胶通常液体含量在 95% 以上。若所含的液体为水，则该凝胶称为水凝胶。水凝胶有一定几何外形、呈半固体状态、无流动性，具有固体的某些性质，如有一定的强度、弹性和可塑性等；同时又有液体的某些性质。水凝胶经干燥脱水即为干凝胶，通常市售的硅胶、明胶、阿拉伯胶等均为干凝胶。

凝胶在人体组成中有重要地位，肌肉、细胞膜、指甲、毛发等都属于凝胶，人体中占体重 2/3 的水基本都保存在凝胶中。凝胶的网状骨架具有一定强度，可以维持某种形态，同时又可使代谢物质在其间进行物质交换，可以说没有凝胶就没有生命。

2. 凝胶的分类 根据分散相的性质可将凝胶分为弹性凝胶和脆性凝胶。由柔性的线型高分子化合物形成的凝胶为弹性凝胶，具有弹性，如橡胶、琼脂和明胶。此类凝胶干燥后体积明显缩小，具有分散介质脱除和吸收可逆的特性，如将明胶水凝胶脱水后所得的干凝胶，放入水中加热，使其吸收水分，冷却后可重新变为水凝胶。刚性凝胶是由刚性分散相粒子交联成网状结构的凝胶，如硅胶、氢氧化铝等，在吸收或脱除溶剂后刚性凝胶的骨架基本不变，体积也无明显变化。

（二）凝胶的主要性质

1. 溶胀（膨润） 干燥的弹性凝胶吸收液体使自身体积或重量明显增加的现象称为凝胶的溶胀。凝胶的溶胀分为有限溶胀和无限溶胀。若凝胶吸收有限量的液体，凝胶的网状骨架只被撑开而不解体，则为有限溶胀，如干明胶室温下在水中的溶胀。若凝胶的溶胀可一直进行下去，直到其网状骨架完全消失形成溶液，则称为无限溶胀，如明胶在热水中的溶胀。

溶胀在生理过程中也有体现：人越年轻，溶胀能力越强，皮肤越光滑；另外多发于老年人的血管硬化现象与构成血管壁的凝胶溶胀能力下降也有关。

2. 离浆 溶胶或高分子化合物溶液经胶凝作用形成凝胶会随着放置时间延长逐渐老化。**离浆**是凝胶老化的重要形式，也称为脱液收缩，即凝胶不改变原来的性状，自发地分离出其网孔中所包含的部分液体的现象（图 5-9）。例如新鲜的血块放置后可分离出血清；稀饭胶凝后，久置分离出液体等。离浆是凝胶网状骨架结构的粒子进一步收缩靠近、排列更加有序、部分液体被从网孔中挤出的结果。

离浆现象在生命过程中普遍存在。老年人皮肤松弛、产生皱纹，主要是由于机体逐渐衰老，人体的皮肤、肌肉、细胞膜等凝胶状组织逐渐老化脱液所致。

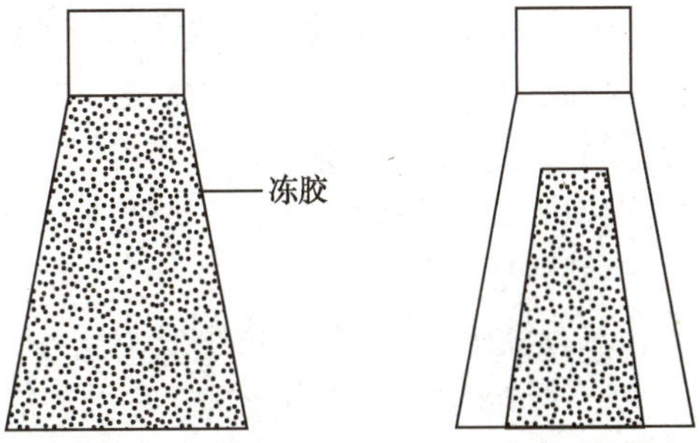

图 5-9 凝胶的离浆

3. 触变现象 某些凝胶在受到振荡或搅拌等外力作用时，变为具有较大流动性的溶液状态；去掉外力后，又逐渐恢复半固体凝胶状态，这种现象称为**触变现象**。如硬脂酸铝分散于植物油中形成的胶体溶液，一定温度下静置，逐渐变为半固体状凝胶，振摇时，又变为可流动的胶体溶液。触变现象产生的原因是：此类凝胶的网状结构是通过范德瓦耳斯力形成，不稳定、不牢固。受外力作用时，网状骨架被破坏并释放出其中液体，表现出流动性；去除外力后，分散相粒子通过范德瓦耳斯力重新交织成空间网状结构，包住液体形成凝胶。

临床上有的药物就是触变性药剂，使用时只需用力振摇就会成为均匀的溶液。触变性药剂比较稳定，便于储藏。

4. 吸附作用 一般来说，刚性凝胶的干胶都具有多孔性毛细管结构，表面积较大，有较强的吸附能力，如硅胶常用作干燥剂或吸附剂；弹性凝胶也具有一定吸附能力。

5. 半透膜及其透过性 所有天然的和人造的半透膜都是凝胶。半透膜具有选择透过性，可以将大小不同的粒子分离。粒子能否通过半透膜主要取决于膜的孔径大小，同时与网状骨架结构中所含液体的性质及网眼壁所带电荷有关。

第三节 表面现象

体系中相与相之间的分界面称为**相界面**。相界面包括液-气、固-气、固-液、液-液、固-固等类型。习惯上把固相或液相与气相组成的界面称为**表面**。在相界面上发生的一切物理、化学现象称为界面现象或**表面现象**。本节讨论的是发生在液-气和固-气界面上的表面现象。

一、表面张力与表面能

表面与其相邻的两相不同，表面是两相紧密相互渗透构成的表面层，其厚度约为数个分子大小。处于表面层的分子和两相内部的分子由于所处状态不同、受力情况不同，所具有的能量也不同。以气-液表面为例，如图 5-10 所示。

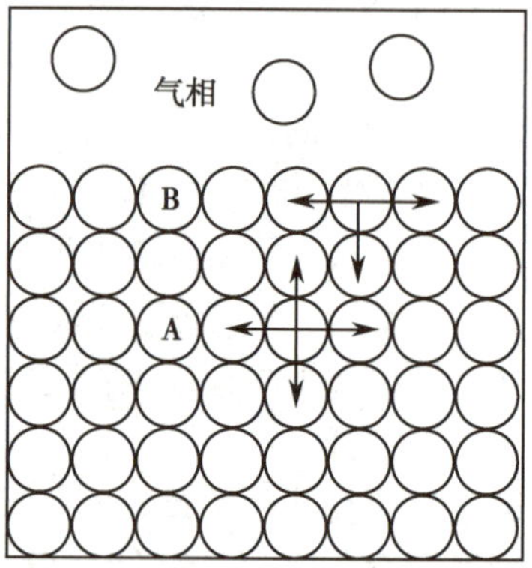

图 5-10 液体内层及表面分子受力情况示意图

液体内部的 A 分子，受周围分子自各个方向等同的引力彼此抵消，所受合力为零，所以 A 分子可自由移动且不做功。表面层的 B 分子受力不均匀，密集的液体内部分子对它的引力远大于疏散的气体分子对它的引力，所受合力不等于零，合力方向指向液体内部并与液面垂直。这种合力倾向于把表面层的分子拉入液体内部，说明表面存在一种抵抗扩张的力，即**表面张力**，用符号 σ 表示，它垂直作用于单位面积相界面上，单位为 N/m。所以液体表面有自动缩小的趋势，总是倾向于形成球形，例如荷叶上的水珠。

表面张力是物质的固有属性，是分子间互相作用的结果，与物质种类、共存两相物质的性质、温度及溶液的组成有关。分子间作用力是产生表面张力的根本原因，不同物质分子间作用力不同，表面张力不同。极性分子分子间作用力大，表面张力大；非极性分子的分子间作用力小，表面张力小。通常随温度升高，表面张力降低。

保持温度、压力和液体组成不变，若要增大液体的表面积，即将液体内部分子移到表面，要克服液体内部分子的拉力做功，它以势能的形式储存于表面层分子。就像把物体举高做功，物体因此而具有势能一样。表面层分子比内部分子多出一部分能量，这部分能量称为**表面能**。表面能(E)等于表面张力(σ)与表面积(A)的乘积。即：

$$E=\sigma \times A$$

表面层分子具有的表面能大小与表面积有关，一定压力和温度下表面张力为常数。一定量的物质分散得越细小，表面积越大，表面能越高，体系越不稳定。

物质的表面能有自动降低的趋势，表面能越大，降低的趋势越强。从上式可知，降低表面能可通过减小表面积 A、降低表面张力 σ、或同时减小两者来实现。纯液体在一定温度、压力下的表面张力是常数，只能通过减小表面积来降低表面能。如液滴常呈球形，小液滴相遇会自动合并成大液滴以减小表面积，降低表面能。对固体和盛放在固定容器内的液体，无法自动减小其表面积，往往通过吸附作用减小表面张力，使体系的表面能降低。

二、表面吸附

固体或液体吸引其他分子、原子或离子聚集在其表面上的过程称为**吸附**。例如，向充满红棕色溴蒸气的玻璃瓶中加入少量活性炭，可以观察到瓶中的红棕色逐渐变淡甚至消失，说明大量溴蒸气被活性炭表面吸附，溴的浓度在两相界面增大。具有吸附作用的物质称为**吸附剂**，被吸附的物质称为**吸附质**。吸附作用可发生于固体表面，也可发生于液体表面。吸附作用是一个可逆过程，被吸附在吸附剂表面的分子通过热运动，可挣脱吸附剂表面逸出，这个吸附的反过程，称为**解吸附**。当吸附与解吸附的速率相等时，达到吸附平衡。

（一）固体表面的吸附

疏松多孔或粉末状的固体物质，如活性炭、硅胶、活性氧化铝等，具有很大的表面积，它们常通过吸附作用，把周围介质中的分子、原子或离子吸附到自己的表面以降低表面张力，从而降低表面能。

按作用力的性质不同，将固体表面的吸附分为物理吸附和化学吸附两种。物理吸附通过范德瓦耳斯力实现，本质是固体表面的分子通过静电作用吸引吸附质分子。这类吸附没有选择性，吸附速度快，吸附与解吸附易达到平衡状态，低温时易发生物理吸附。化学吸附通过形成化学键实现，由于固体表面原子的成键能力未被相邻原子饱和，这些原子剩余的成键能力与吸附质作用形成化学键。这类吸附具有选择性，且吸附与解吸附都较慢，升高温度可增强化学吸附。物理吸附是普遍现象，化学吸附通常发生在特定的吸附剂和吸附质之间。

固体表面的吸附有广泛的应用。例如，活性炭能有效地吸附有害气体和某些有色物质，常用作防毒面具的除毒剂、中药提取液的脱色剂；口服药用活性炭可吸附肠道中的毒素、细菌和气体；硅胶、活性氧化铝和分子筛等常用作色谱分析法的吸附剂；实验室中，常用无水硅胶作干燥剂，防止仪器和试剂受潮等。在气体反应中，可用固相催化剂提高反应效率。如合成氨反应的催化剂，可将气相的 N_2 和 H_2 吸附于其表面，促进反应的进行。

知识链接

色谱法

固-液界面吸附最主要的应用之一是色谱法。色谱法是利用吸附剂对混合样品中各组分吸附能力的不同，实现吸附质分离的一种方法。

色谱法由俄国植物学家茨维特（Tswett）于1906年首先提出，他将粉状吸附剂 $CaCO_3$ 填充于玻璃柱内作为固定相组成色谱柱，将石油醚萃取的混合植物色素加至色谱柱顶端，以石油醚作为流动相由柱顶端向底端淋洗，石油醚会携带混合植物色素迁移。由于 $CaCO_3$ 对不同色素的吸附能力不同，易被吸附的组分在柱中移动速度慢，较难被吸附的组分在柱中移动速度快，各组分迁移速度存在差异。在迁移过程中各组分被逐一分开，不久便在色谱柱上呈现出叶绿素、叶红素和胡萝卜素等色带。色谱法的名称便由此而来。

（二）液体表面上的吸附

纯液体的表面张力在一定温度下为常数。若向纯溶剂中加入某种溶质，由于溶质的表面张力与溶剂不同，会有部分溶质分子占据液体表面，所得溶液的表面张力随之改变。加入不同溶质后，溶液表面张力的改变通常有两种情况：一是表面张力随溶质浓度增大而升高，如 NaCl、KNO_3 等无机盐以及蔗糖、甘露醇等多羟基有机物，称为非表面活性物质，它们的表面张力比纯液体大，为使体系的表面能趋于最低，溶质分子会尽可能进入溶液内部，此时溶液表面层的溶质浓度低于其内部浓度，这种吸附是负吸附。二是在一定范围内，表面张力随溶质浓度的增大而降低，如肥皂、合成洗涤剂、高级脂肪酸等物质，称为表面活性物质，它们的表面张力比纯液体小，会自发集中在表面以降低表面张力，导致溶液表面层的溶质浓度高于内部浓度，这种吸附是正吸附，简称吸附。

三、表面活性剂

（一）表面活性剂

表面活性剂是能显著降低水的表面张力，在两相界面上定向排列的一类物质。

表面活性剂能显著降低水的表面张力与其分子结构密切相关。表面活性剂的分子结构中有一个共同特征——具有“两亲”结构。它由两种极性不同的基团组成，一种是极性基团，如$-OH$、$-NH_2$、$-SH$、$-COOH$、$-SO_3H$ 等，极性基团易与水分子产生较强的作用力，具有亲水性；另一种是非极性基团，多为直链或带支链或带苯环的有机烃基，碳原子在 8 个以上，这类基团易与非极性分子接近，具有疏水性。如常见的表面活性剂十二烷基硫酸钠[$CH_3(CH_2)_{11}SO_4Na$]，是由非极性的“$CH_3(CH_2)_{11}-$”与极性“$-SO_4Na$”组成，前者为疏水基，后者为亲水基。十二烷基硫酸钠的分子模型如图 5-11 所示。

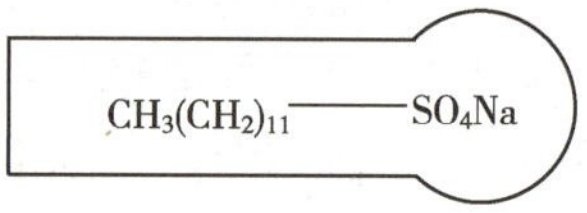

图 5-11 十二烷基硫酸钠的分子模型

表面活性剂分子不对称的两亲结构，决定了表面活性物质具有在两相界面定向排列、形成胶束等基本性质。

表面活性剂溶于水时，分子中的亲水基受极性水分子的吸引有进入水中的趋势，而疏水基受水分子的排斥有离开水相向表面聚集的趋势。当表面活性剂浓度较低时，一部分分子自发聚集于表面层，降低水的表面张力和体系的表面能，另一部分分子则把疏水基聚在一起，形成简单的聚集体。当表面活性剂溶于水的正吸附达到饱和时，表面活性剂分子在水的表面定向排列构成单分子吸附层，而溶液内部的表面活性剂的亲水基靠在一起缔合成**胶束**，即亲水基向外，疏水基向内的形式。胶束的直径在胶体分散系范围，是在水中稳定分散的聚合体。表面活性剂在相界面和溶液内部分布如图 5-12 所示。

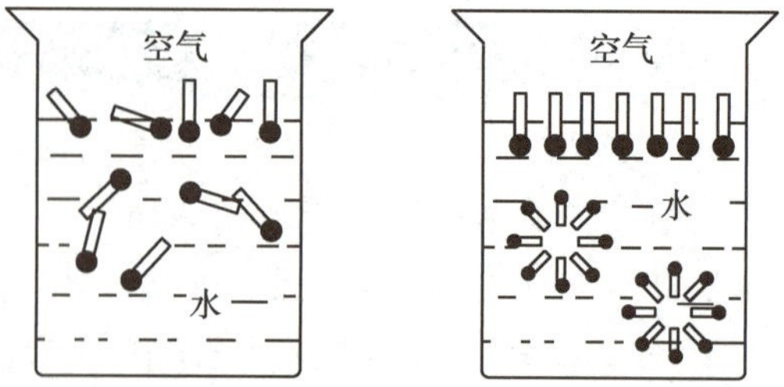

a. 稀溶液 b. 临界胶束浓度的溶液

图 5-12 表面活性物质相界面和溶液内部分布示意图

表面活性剂开始明显形成胶束的最低浓度称为临界胶束浓度。达到临界胶束浓度后，溶液表面张力发生显著变化，其他性质如增溶作用、起泡作用、去污能力、渗透压等性质也有较大差异。

（二）表面活性剂的应用

表面活性剂被广泛应用于各领域中，有“工业味精”之称。它具有润湿、乳化、增溶、起泡消泡、渗透、洗涤、抗静电、润滑、杀菌等一系列性能。这些性能主要归因于它的两个性质，一是在各种界面上发生的定向吸附，二是在溶液内部能形成胶束。定向吸附是许多表面活性剂能用作乳化剂、起泡剂、润湿剂的根本依据，能够形成胶束是表面活性剂具有增溶作用的原因。

1. 乳化作用　乳浊液的分散相粒子直径大于100nm，属于粗分散系、非均相体系，不稳定，易出现分层。例如，油与水摇匀后形成的乳浊液，在静置后，油、水重新分成两层，不能形成稳定存在的乳浊液。要制得比较稳定的乳浊液，须加入某种可以增加其稳定性的物质，这种物质称为**乳化剂**。乳化剂使乳浊液稳定性增强的作用，称为**乳化作用**。如在油、水混合液中加入少量的肥皂沫，充分振摇后可得外观均匀、稳定的乳浊液。常用的乳化剂是一些表面活性剂，如聚山梨酯类、脂肪酸山梨坦类、蛋白质、胆甾醇、卵磷脂等。

乳化剂使乳浊液稳定的原因有两方面：一是由于乳化剂是一种表面活性剂，能被吸附在油滴和水的相界面，降低了表面张力和表面能，使乳浊液稳定性增强；二是当乳化剂吸附于互不相容两相的相界面时，分子中的亲水基朝向水相，疏水基朝向油相，乳化剂分子在两相界面上定向排列，形成乳化剂的单分子保护膜，阻止了分散相粒子之间的进一步聚集，从而增强了分散系的稳定程度。

油脂在体内的消化、吸收和运输，很大程度上依赖于胆汁中胆汁酸盐的乳化作用。消化过程中，胆汁酸盐可通过乳化作用使油脂具有更大表面积，增大了其与消化酶的接触面积，不仅加快了消化油脂的水解进程，同时使水解产物更易被小肠壁吸收。

课堂互动

某患者胆囊炎反复发作，经腹腔镜切除胆囊后，常有大便不成形甚至腹泻现象，在进食脂肪性食物后症状加重。请分析该患者腹泻的原因。

2. 增溶作用　有的药物在水中溶解度很小，直接配制水溶液不能达到治疗疾病的有效浓度。若向药物中加入某种可形成胶束的表面活性剂，药物分子会钻进胶束的中心或夹缝中，其溶解度显著提高，达到治疗所需的有效浓度。这种能增加物质溶解度的作用称为增溶作用，能形成胶束的表面活性剂称为**增溶剂**。

增溶作用不等于溶解。溶解是溶质以单个分子或离子状态分散在溶剂中，使溶液的依数性产生变化；增溶作用是溶质分子或离子以聚集状态进入胶束中，增溶作用发生后虽然胶束体积变大，但分散相粒子数目基本不变，溶液的依数性没有明显变化。

增溶作用常用于制药工业中。例如消毒防腐的煤酚在水中的溶解度为2%，若加入肥皂液作为增溶剂，可使其溶解度增大到50%；氯霉素在水中的溶解度为0.25%，加入吐温作增溶剂可使其溶解度增大到5%，其他维生素、磺胺类、激素等药物也常用吐温来增溶。

3. 润湿作用　向固体和液体的相界面加入表面活性物质，这些表面活性物质分子会定向吸附在固 - 液界面上，降低了固 - 液界面的表面张力，使液体能在固体表面更好地黏附，更易润湿固体。这种能改善固 - 液相界面润湿程度的作用称为**润湿作用**，具有润湿作用的表面活性物质称为**润湿剂**。例如外用软膏中常加入润湿剂，用以增强药物对皮肤的润湿程度，提高用药效率；农药杀虫剂中也普遍使用润湿剂，以改善药物对植物叶片和虫体的润湿程度，有利于发挥药效。

4. 起泡作用和消泡作用　泡沫是包裹气体的很薄的液膜，属气体分散在液体中形成的体系。起泡剂是一种可产生泡沫的表面活性剂，起泡剂使泡沫趋于稳定的作用称为**起泡作用**。形成泡沫可使药物在用药部位更易分散均匀且不易流失。起泡剂一般用于向皮肤、腔道黏膜给药的剂型中。消泡剂是一种用来破坏消除泡沫的表面活性剂，能吸附在泡沫液膜表面取代原有的起泡剂，但其本身不能形成稳定的液膜，导致泡沫易被破坏。消泡剂消除起泡的作用称为**消泡作用**。如在药剂生产中，某些药材浸出物或高分子化合物溶液本身含有表面活性物质，在剧烈搅拌或蒸发浓缩操作时，会产生大量稳定的泡沫，阻碍操作进行，可加入消泡剂解决此类问题。

（孙晓晶）

复习思考题

一、填空题

1. 利用半透膜把胶体溶液中混有的电解质分子或离子分离出来的方法称为________。
2. 表面活性剂的分子结构中具有共同的结构特征，它是由两种极性不同的基团组成，一种是________，另一种是________。
3. 电解质对溶胶的聚沉作用取决于反离子所带的电荷数，所带电荷数越________，聚沉能力越________。
4. 表面张力和表面积越大，表面能越________，体系越________。

二、简答题

1. 胶粒为什么会带电？
2. 为什么在溶胶中加入少量电解质就会发生聚沉，而要使蛋白质溶液聚沉则要加入大量电解质？
3. 0.05mol/L KI 溶液与 0.1mol/L $AgNO_3$ 溶液等体积混合后，制成 AgI 溶胶。若将电解质溶液 $AlCl_3$、$MgSO_4$、$K_3[Fe(CN)_6]$分别加入该溶胶中，请对上述溶液聚沉能力由小到大排序。若改为向 0.05mol/L $AgNO_3$ 溶液与 0.1mol/L KI 溶液等体积混合制成的 AgI 溶胶中分别加入此三种溶液，请再对比它们的聚沉能力。

ER-5-6

扫一扫，测一测

第六章　化学反应速率和化学平衡

PPT课件

学习目标

【知识目标】

1. 掌握化学反应速率的概念及影响化学反应速率的因素，化学平衡的建立及影响化学平衡的因素。

2. 熟悉化学平衡移动的原理及应用。

3. 了解基元反应和反应机理的概念，化学反应速率碰撞理论和过渡态理论的主要观点；活化能的概念。

【能力目标】

1. 能应用化学反应速率与化学平衡的基本理论知识解释说明生产生活中的某些问题。

2. 独立完成化学反应速率与化学平衡的实验。

【素质目标】

培养利用化学反应速率和化学平衡理论分析和解决实际问题的能力。

知识导览

任何一个化学反应都涉及两个方面的问题，一个是反应进行的快慢即反应速率问题；另一个是反应进行的方向和程度即化学平衡的问题。人类只有掌握化学反应速率和化学平衡的知识，才能更好地控制化学反应，加快有益的化学反应，使之进行得更完全、更彻底，从而缩短生产周期，提高转化率；抑制或减缓有害的化学反应。

第一节　化学反应速率

不同的化学反应速率不同，有的反应瞬间即可完成，例如酸碱中和、火药爆炸等；而有的化学反应则需要亿万年的时间，如煤和石油的形成。即使同一化学反应，在不同条件下，其反应速率也不相同。化学反应的快慢用化学反应速率来表示。

一、化学反应速率的概念和表示方法

化学反应速率是指化学反应进行的快慢程度。通常用单位时间内反应物浓度的减少量或生成物浓度的增加量来表示，符号为 v。浓度（c）的单位一般用 mol/L，时间根据快慢可用秒（s）、分钟（min）或小时（h）表示。故化学反应速率的单位是 mol/（L•s）、mol/（L•min）或者 mol/（L•h）。为保证反应速率为正值，化学反应速率的计算式可用下式表示：

$$\text{化学反应速率}\bar{v}=\left|\frac{\text{某反应物或生成物浓度变化值}}{\text{变化所需时间}}\right|=\left|\frac{\Delta c}{\Delta t}\right| \qquad \text{（式 6-1）}$$

式中，Δc 表示 Δt 时间内某组分浓度的变化；Δt 表示反应时间；$\bar{v}$ 为平均速率。

现以一定条件下五氧化二氮的分解反应为例，说明反应速率的表示方法及相关概念。

例如：在 298K 下，将 2mol 的 N_2O_5 充入一个体积为 1L 的密闭容器中，反应中各物质浓度变化如下：

	$2N_2O_5(g) \rightleftharpoons 4NO_2(g) + O_2(g)$		
起始浓度（mol/L）	2.0	0	0
4 秒末浓度（mol/L）	1.8	0.4	0.1

请计算用不同物质表示该反应在 4 秒内的化学反应速率并进行比较。

解：分别用 N_2O_5、NO_2 和 O_2 的浓度变化表示反应速率：

$$\bar{v}_{N_2O_5} = \left|\frac{\Delta c_{N_2O_5}}{\Delta t}\right| = \left|\frac{1.8-2.0}{4}\right| = 0.05\text{mol/L} \cdot \text{s}$$

$$\bar{v}_{NO_2} = \left|\frac{\Delta c_{NO_2}}{\Delta t}\right| = \left|\frac{0.4-0}{4}\right| = 0.1\text{mol/L} \cdot \text{s}$$

$$\bar{v}_{O_2} = \left|\frac{\Delta c_{O_2}}{\Delta t}\right| = \left|\frac{0.1-0}{4}\right| = 0.025\text{mol / L} \cdot \text{s}$$

通过比较得出以下几点结论：

（1）同一化学反应，用不同物质表示的反应速率数值可能不同，反应速率之比等于化学方程式中各物质前的化学计量数之比，如上述五氧化二氮分解反应，$\bar{v}_{N_2O_5}:\bar{v}_{NO_2}:\bar{v}_{O_2}=2:4:1$

（2）如果将各自反应速率除以各自物质在反应式中的计量数，即得

$$\bar{v} = \frac{1}{2}\bar{v}_{N_2O_5} = \frac{1}{4}\bar{v}_{NO_2} = \bar{v}_{O_2} = 0.025\text{mol/L} \cdot \text{s}$$

对一般反应：$aA + bB = dD + eE$，用 v 表示反应速率时，有

$$\frac{v(A)}{a} = \frac{v(B)}{b} = \frac{v(D)}{d} = \frac{v(E)}{e} \text{或 } v(A):v(B):v(D):v(E) = a:b:d:e \qquad \text{（式 6-2）}$$

（3）以上所得的反应速率指该反应在 0～4 秒内的平均速率，所谓平均速率是指在一定时间间隔内反应物浓度或生成物浓度变化量的平均值。但在实际生产中，了解某一时刻的反应速率，即瞬时速率，更具有实际意义。瞬时速率则是指某一反应在某一时刻的真实速率，它等于时间间隔趋于无限小时的平均速率的极限值。瞬时速率用 v 表示。

当 Δt 趋近于 0 时，反应的瞬时速率

$$v = \lim_{\Delta t \to 0}\left|\frac{\Delta c}{\Delta t}\right| = \left|\frac{dc}{dt}\right|$$

（4）化学反应具有可逆性，实验测得的反应速率实际上是正向速率和逆向速率之差，即净反应速率。

二、化学反应的活化能与反应热

当温度一定时，某一化学反应的反应速率与反应进行的具体途径有关。化学反应进行时所经过的具体途径称为反应机制。要了解反应机制，研究反应物浓度与反应速率之间的定量关系，必须首先了解基元反应和非基元反应的概念。

（一）基元反应与非基元反应

大量的实验证明，大多数化学反应方程式所表示的化学反应，其反应机制都是很复杂的。在化学反应中，反应物的微粒（分子、原子、离子或自由基）一步直接转化为产物的反应称为基

元反应。例如

$$NO_2+CO = NO+CO_2$$

在反应中，反应物 NO_2 分子和 CO 分子经过一次碰撞就转变成产物 NO 分子和 CO_2 分子，是一步完成的，是基元反应。基元反应是最简单的反应，因为反应过程中没有任何中间产物。

实际上基元反应并不多，大多数化学反应要经过若干步骤才能实现，即由若干个基元反应组成，这类经过两步或两步以上的基元反应才能完成的化学反应称为非基元反应，又称复杂反应。一个非基元反应的反应速率由反应速率最慢的那一步基元反应的速率决定。对于一个化学反应，若正向反应是基元反应，其逆向反应也是基元反应。例如

在酸性溶液环境中，过氧化氢氧化溴离子的反应方程式为

$$H_2O_2+2H^++2Br^- = 2H_2O+Br_2$$

实验证明，这个化学反应实际是由下面的一系列反应步骤（基元反应）构成的：

（1）$H^++H_2O_2 = H_3O_2^+$　　（快）

（2）$H_3O_2^+ = H^++H_2O_2$　　（第一个基元反应的逆过程，快）

（3）$H_3O_2^++Br^- = H_2O+HOBr$　　（快）

（4）$HOBr+H^++Br^- = H_2O+Br_2$　　（慢）

其中，$HOBr+H^++Br^- = H_2O+Br_2$ 是速控步骤，决定了整个反应的速率。

（二）化学反应速率理论简介

为什么不同的化学反应，有的极快，如爆炸反应、酸碱中和反应，几乎瞬间完成，而有的却很慢，如氢和氧化合成水在常温常压下几乎觉察不出来。为了解化学反应速率的内在规律，下面简单介绍两种反应速率理论——有效碰撞理论和过渡态理论。

1. 碰撞理论

（1）有效碰撞：1918 年，路易斯（Lewis）在研究气相双分子反应的基础上，提出了有效碰撞理论。该理论认为：反应物分子间的相互碰撞是发生化学反应的必要条件。反应物分子必须相互碰撞才有可能发生反应。碰撞的频率越高，反应速率越快，即反应速率的快慢与单位时间内碰撞次数（碰撞频率）成正比，而碰撞频率与反应物浓度成正比。

但实际上并不是反应物分子间的每次碰撞都能发生化学反应。据测定，标准状态下，气体分子间的碰撞频率高达 10^{32} 次 /（L•s），如果每次碰撞都能发生反应，气体反应物之间会爆炸性地发生反应，而事实并非如此。如常温下，氢气和氧气之间的反应慢到无法察觉。可见，反应速率不仅与碰撞频率有关，还应考虑能量等其他因素。能发生化学反应的碰撞称为有效碰撞。

（2）活化分子与活化能：只有高能量的分子才能发生有效碰撞。因为化学反应是旧键断裂新键形成的过程，为了克服旧键断裂前的引力和新键生成前的斥力，所以相互碰撞的分子必须具有足够高的能量，否则就不能发生化学反应，具有较高能量并能够发生有效碰撞的分子称为活化分子。通常它只占分子总数中的一小部分。

一定条件下，活化分子的最低能量（E^*）与反应物分子的平均能量（E）的差值称为活化能，符号表示为 E_a。即：

$$E_a=E^*-E \qquad \text{（式 6-3）}$$

活化能越大，普通分子转变为活化分子所需要吸收的能量越大，反应速率就越慢。可见，反应活化能的大小是决定化学反应速率的重要因素。化学反应 E_a 越小，活化分子百分数越大，有效碰撞频率越高，化学反应速率就越快。反之，化学反应 E_a 越大，活化分子百分数越少，有效碰撞频率越低，化学反应速率就越慢。

活化能的大小取决于反应物分子的本性，不同的化学反应活化能不同。一般化学反应的活化能在 60～250kJ/mol 之间。活化能小于 42kJ/mol 的反应，反应速率很快，可瞬间完成；活化能

大于420kJ/mol的反应，其反应速率很慢，可以认为很难反应。

发生有效碰撞，还取决于碰撞分子间的取向。活化分子之间的碰撞还必须在适当的取向方位上才能发生有效碰撞。

碰撞理论比较直观地解释了一些简单的气体双原子反应的反应速率与活化能的关系，没有从分子内部的结构及运动揭示活化能的意义，对于结构比较复杂的反应，碰撞理论还不能做出满意的解释，因而具有一定的局限性。

2. 过渡状态理论 1930年，美国物理化学家艾林（H•Eying，1901—1981年）将统计力学和量子力学应用于化学，建立了反应速率的过渡态理论。该理论认为：化学反应不是通过反应物分子间的简单碰撞就生成产物的，而是要经过一个中间过渡状态，即形成了一个“活化配合物”，又称为过渡态，然后再转化为产物。

例如：反应物A与BC反应的过程可表示为：

$$\underset{\text{反应物}}{A+BC} \rightleftharpoons \underset{\text{活化配合物（过渡态）}}{[A\cdots B\cdots C]} = \underset{\text{生成物}}{AB+C}$$

[A…B…C]为过渡状态时所形成的一个类似配合物结构的物质，称为活化配合物。这时原有的化学键（B—C键）被削弱但未完全断裂，新的化学键（A—B键）开始形成但尚未完全形成。活化配合物的势能量较高、不稳定，它既可分解为原来的反应物（A和B—C），又可分解成产物（A—B和C）。

在过渡态理论中，活化配合物具有的最低能量与反应物分子平均能量之差，称为活化能（正反应）（图6-1）。

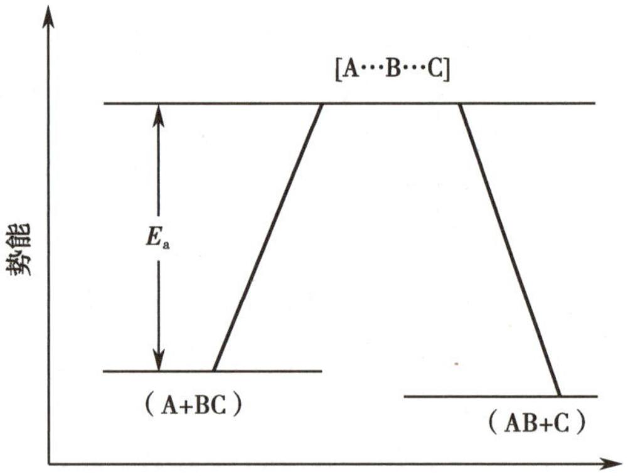

图6-1 过渡状态势能图

化学反应进行时需要克服的能量障碍越大，要越过的能峰越高，反应的活化能就越大，反应物分子越难形成活化配合物，反应进行的速率就越慢；反之，反应进行时所需要克服的能量障碍越小（或者说要越过的能峰越低），说明活化能越小，反应物分子越易形成活化络合物，反应进行的速率就越快。可见，反应的活化能是决定化学反应速率大小的内因。

过渡状态理论从微观结构的角度，运用活化能对化学反应速率进行了解释，比碰撞理论又前进了一步。

（三）化学反应热与热化学方程式

化学反应都伴随着能量变化，通常表现为热量的变化。我们把放出热量的化学反应称为放热反应，吸收热量的化学反应称为吸热反应。化学反应过程中放出或吸收的热量称为反应热。

在化学方程式的右边用“+”表示放出热量，用“−”表示吸收热量。这种表明反应放出或吸收热量的化学方程式，称为热化学方程式。通常以摩尔为单位来计算一定量物质在化学反应中的反应热。

例如：1mol碳跟1mol水蒸气反应，吸收131.3kJ的热量，可写成：

$$C(s)+H_2O(g) = CO(g)+H_2(g)-131.3kJ$$

1mol氢气燃烧成为水蒸气，放出241.8kJ热量，可写成：

$$2H_2(g)+O_2(g) \xlongequal{\text{燃烧}} 2H_2O(g)+483.6kJ$$

书写热化学反应方程式时应注意以下几点：

1. 热化学方程式中分子式前的系数只表示物质的量，不代表分子数，因此可以把系数写成分数。但分子式前的系数与放出或吸收的热量成正比，系数不同，热化学方程式中放出和吸收热量的数值不同。例如氢气燃烧生成水蒸气的反应也可写成：

$$H_2(g)+\frac{1}{2}O_2(g)\xlongequal{燃烧}H_2O(g)+241.8kJ$$

2. 一定要在反应物和生成物分子式的右边括号里注明“固”“液”“气”等状态。因为物质呈现出的聚集状态跟它们含有的能量有关。例如：冰、水、水蒸气，三种状态显然各自具有不同的能量。只有注明了不同状态，才能正确地确定反应放出或吸收热量的多少。例如：

$$2H_2(g)+O_2(g)\xlongequal{燃烧}2H_2O(g)+483.6kJ$$

$$2H_2(g)+O_2(g)\xlongequal{燃烧}2H_2O(l)+571.7kJ$$

从上面的两个反应可以看出，氢气燃烧生成液态水要比生成水蒸气放出的热量多。

3. 对于可逆反应而言，如果正反应是吸热反应，则逆反应是放热反应；反之也成立。在相同条件下，正、逆反应吸收或放出的热量绝对值相等，符号相反。可逆反应的反应热等于正、逆反应的活化能之差。

4. 未加注明时，反应热的数据一般是指在 101.3kPa 和 25℃条件下所测得，在其他条件下测定时，必须注明条件。

反应热一般可以通过实验测出。但对于一些分步完成的复杂反应的反应热不易准确测定，可以通过俄国化学家盖斯（G•H•Hess）定律计算得到。盖斯定律指出：一个化学反应如果分几步完成，则总反应热等于各步反应反应热的代数和。运用这一定律可以通过数学计算得到那些无法由实验准确测得的反应热数值。

三、影响化学反应速率的因素

影响化学反应速率的因素有内因和外因两个方面。内因是反应物的组成、结构和性质，这些因素使反应的活化能不同，从而导致化学反应速率不同。内因是影响化学反应速率的决定因素。影响化学反应速率的外因很多，本节主要讨论浓度、压强、温度、催化剂对反应速率的影响。

（一）浓度对化学反应速率的影响

1. 浓度对化学反应速率的影响　物质在纯氧气中燃烧比在空气中燃烧快得多，这是由于空气中只含 21% 左右的氧气的缘故，这说明反应物浓度对化学反应速率有较大的影响。通过下述实验可进一步了解浓度对化学反应速率的影响。

在 $Na_2S_2O_3$ 溶液中加入稀硫酸，可发生如下反应，溶液出现浑浊。

$$Na_2S_2O_3+H_2SO_4=\!=\!=Na_2SO_4+SO_2+S\downarrow+H_2O$$

若用不同浓度的 $Na_2S_2O_3$ 和稀 H_2SO_4 反应，可以看到溶液变浑浊的快慢不同。实验如下：

取两支试管，分别编上①、②号，在①号试管中加入 0.1mol/L $Na_2S_2O_3$ 溶液 2ml；在②号试管中加入 0.1mol/L $Na_2S_2O_3$ 溶液和蒸馏水各 1ml。然后，在①号和②号试管中，分别加入 0.1mol/L H_2SO_4 溶液 2ml。

实验表明：在 $Na_2S_2O_3$ 溶液浓度较大的①号试管中先出现浑浊现象，而浓度较小的②号试管后出现浑浊现象。由此可见，反应物浓度越大，反应速率越快。

大量实验证明：在一定条件下，增加反应物的浓度，可以加快反应速率；减小反应物的浓度，可以降低反应速率。

这个现象可以用有效碰撞理论加以解释。当温度一定时，对某一化学反应来说，反应物的活化分子百分数是一定的，反应物活化分子浓度同时与反应物浓度和活化分子百分数成正比。即：

反应物活化分子浓度＝反应物浓度×活化分子百分数。

增加反应物的浓度，则单位体积内活化分子数增多，从而增加了单位时间内反应物分子有效碰撞的次数，导致反应速率加快；反之，反应速率减小。

2. 质量作用定律和速率方程 1863 年，古德柏（Guldberg）和瓦治（Waage）在大量实验的基础上总结出了一条规律：在恒定温度下，基元反应的化学反应速率与反应物浓度相应幂的乘积成正比。这就是著名的质量作用定律。若反应：

aA＋bB══dD＋eE 是基元反应，则有

$$v = k\, c_A{}^{a} \cdot c_B{}^{b} \qquad \text{（式 6-4）}$$

上述方程式是基元反应的质量作用定律的数学表达式，也称反应速率方程。

k 称为反应速率常数，其物理意义是：在一定温度下，反应物浓度均为 1mol/L 时的反应速率，故又称为比速率。

浓度乘积项里的幂指数之和（a＋b）称为该反应的总反应级数。反应级数也可以对某一反应物而言，上述反应对于反应物 A 来说是 *a* 级，对于反应物 B 来说是 *b* 级。

例如，基元反应 NO_2＋CO══NO＋CO_2 的速率方程为：$v = kc_{NO_2}c_{CO}$，此反应对于 NO_2 和 CO 来说都是一级反应，总反应级数为（1＋1），即 2 级反应。

应用速率方程时应当注意以下几点：

（1）质量作用定律只适用于基元反应。

（2）速率常数 *k* 不随反应物浓度的变化而变化，它是温度的函数，其单位随反应级数不同而异。

（3）多相反应中，固态反应物和纯液态浓度不写入速率方程。因为固态和纯液态物质的浓度被视为常数。如：C（s）＋O_2（g）══CO_2（g），速率方程式为 $v = kc_{O_2}$。

非基元反应的速率方程式必须以实验为依据进行确定，不能直接写出来。例如，非基元反应：2NO ＋ $2H_2$══N_2 ＋ $2H_2O$，通过实验测得的速率方程为：$v = k \cdot c_{NO}{}^{2} \cdot c_{H_2}$，而不是：$v = k \cdot c_{NO}{}^{2} \cdot c_{H_2}{}^{2}$。

反应级数表示反应速率与反应物浓度的幂次方成正比的关系。对于基元反应，反应级数即是反应物的化学计量数。对于复杂反应，反应级数由实验测得，可以是整数，也可以是分数或小数，甚至为零。

（二）压强对化学反应速率的影响

压强只对有气体参加的化学反应的反应速率有影响。由于在一定温度下，压强的改变导致气体体积发生变化，从而引起气体浓度的变化。因此压强对化学反应速率的影响，本质上与浓度对化学反应速率的影响相同。由于压强改变对固体和液体的体积影响很小，它们的浓度几乎不发生改变，因此可以认为，压强不影响固体或液体物质间的反应速率。

具体来说，当温度一定时，一定量气体的体积与所受的压强成反比，压强增大一定的倍数，则气体的体积缩小相应的倍数，单位体积内气体的分子数（即气体物质的浓度）就会增加相应的倍数。因此，对于有气体物质参加的反应来说，增大压强，气体反应物的体积缩小，也就是增大了气体反应物的浓度，从而使化学反应速率增大；减小压强，气体的体积扩大，气体反应物的浓度减小，从而使化学反应的速率降低。

课堂互动

在密闭容器中 2NO＋O_2══$2NO_2$ 反应，若温度不变，体系的压强增大到原来的一倍，则反应速率如何变化？

（三）温度对化学反应速率的影响

温度对化学反应速率的影响特别显著。一般来讲，温度升高，反应速率加快，其原因可用反应速率理论来解释。当温度升高时，一些普通分子获得能量变成活化分子，使活化分子百分数增大，并且分子运动的速率加快，有效碰撞次数显著增加，从而反应速率大大加快。实验证明，“温度每升高10℃，反应速率一般增大到原来的2～4倍”。此规律称为范特霍夫（Van't Hoff）规则。

1889年，瑞典物理化学家阿累尼乌斯（S. Arrhenius）根据大量的实验事实提出了一个定量表达反应速率常数k与温度、活化能之间关系的经验公式为：

$$k = \mathrm{A}e^{-E_a/RT} \tag{式6-5}$$

对式6-5两边取自然对数，得

$$\ln k = -\frac{E_a}{RT} + \ln A \tag{式6-6}$$

对式6-5取常用对数，得

$$\lg k = -\frac{E_a}{2.303RT} + \lg A \tag{式6-7}$$

式6-5、式6-6、式6-7均为阿累尼乌斯方程。

式中k为速率常数，A为常数（称为指前因子或碰撞频率因子），E_a为反应的活化能，R为摩尔气体常数[$R = 8.314\mathrm{J/(K \cdot mol)}$]，$T$为热力学温度，e为自然对数的底（e=2.718）。

从阿累尼乌斯方程中可以得出如下结论：

（1）对于同一个化学反应，活化能E_a一定，则温度T越高，k值越大。由于速率常数k与热力学温度T之间呈指数关系，故温度升高时k值显著增大。温度对k值的影响，在低温范围内比在高温范围内更显著。

（2）在同一温度下，活化能E_a越大的反应，其速率常数k较小；反之，活化能E_a越小，反应速率常数k值越大。

（3）当温度升高相同数值时，对不同的化学反应，E_a大的反应比E_a小的反应，k值增加的倍数大。

（四）催化剂对化学反应速率的影响

催化剂是一种能显著改变化学反应的反应速率而在反应前后自身的组成、质量和化学性质基本不变的物质。催化剂能改变反应速率的作用称为催化作用。能加快化学反应速率的催化剂称为正催化剂，简称催化剂。能减慢反应速率的催化剂称为负催化剂或阻化剂。通常所说的催化剂一般是指正催化剂。而有些反应的产物本身就能作为该反应的催化剂，使反应自动加速，这种催化剂称为自身催化剂，如酸性高锰酸钾溶液与草酸钠反应时产物Mn^{2+}。

催化剂能加快化学反应速率的原因是：它参与了变化过程，与反应物之间形成了一种势能较低且很不稳定的过渡态，改变了原来的反应历程，降低了反应的活化能，增大了活化分子的百分数，使有效碰撞次数增加，导致化学反应速率加快。

催化反应具有以下特征：

（1）催化剂通过改变反应途径改变反应速率，但不改变反应的方向、限度和热效应。

（2）在反应速率方程中，催化剂对反应速率的影响主要是对速率常数k的影响。所以对确定的反应，反应温度一定时，采用催化剂不同，一般有不同的k值。

（3）催化剂具有选择性和专一性。某种催化剂只对某一反应或某一类反应起催化作用。对于可逆反应，催化剂对正、逆反应都起变速作用。

酶是生物体内一类具有催化作用的蛋白质。是非常重要的生物催化剂。许多在实验室难以实现的复杂反应，在人体内常温常压下就能快速高效地完成，这都是酶的催化结果。例如消化道中要是没有酶，消化一顿饭将要花50年时间。酶除具有一般催化剂的特点外，还具有选择性强、催化效率高、催化条件温和等特性。例如，淀粉酶只能催化淀粉水解，脲酶只能催化尿素水解等。

除了浓度、压强、温度和催化剂能改变化学反应速率外，反应物颗粒的大小、溶剂的性质、超声波、高能射线、激光和光照等，也会对反应速率产生影响。如在生产中，把固态反应物进行粉碎、拌匀；将液态反应物进行雾化；溶液中进行的反应采用搅拌、振荡等，都是加快反应速率的措施。

知识链接

酶在医疗中的应用

酶在人体的新陈代谢反应中起到了至关重要的催化和调节作用。随着人们对酶的认识的不断深入，使用酶作为疾病的诊断和治疗手段也日益广泛。在我国，酶作为一种药物用于疾病治疗已有数千年的历史，早在三千多年前人们就发现了使用麦曲（富含多种酶）可以治疗消化障碍症。1893 年 Francis 等发现使用木瓜蛋白酶治疗白喉和结核性溃疡病可以获得良好的效果，引起了医药界的重视。在以后百余年的历史中多种酶被用作药物，在临床治疗中发挥了特殊的作用，逐渐发展成为酶疗法。酶直接参与疾病的诊断和治疗主要可分为以下 3 个方面：一是临床诊断用酶，如用转氨酶诊断肝炎；二是临床治疗药用酶，如溶菌酶用于抗菌消炎和镇痛；三是直接用含有特定酶的体外循环装置清除体内代谢废物。

第二节　化学平衡

一、可逆反应与化学平衡

绝大多数的化学反应都有一定的可逆性，但有的逆反应趋势较弱，从整体上看，反应是朝着一个方向进行的。我们把这些在一定条件下只能向一个方向进行的单向反应称为不可逆反应。例如氯酸钾在二氧化锰的催化下制备氧气的反应：

$$2KClO_3 \xlongequal[\triangle]{MnO_2} 2KCl + 3O_2\uparrow$$

还有一些化学反应可逆程度比较大。例如在一定条件下，氮气和氢气合成氨的反应，同时又有一部分氨又分解为氮气和氢气。像这样在一定条件下，既能向正方向同时又能向逆方向进行的反应称为可逆反应。在可逆反应中，通常把从左向右的反应称为正反应；从右向左的反应称为逆反应。化学方程式常用“$\rightleftharpoons$”表示反应的可逆性。

课堂互动

$2H_2+O_2 \xrightarrow{铂} 2H_2O$，$2H_2O \xrightarrow{电解} 2H_2\uparrow+O_2\uparrow$，能否用 $2H_2+O_2 \rightleftharpoons 2H_2O$ 将这两个反应表示为可逆反应？为什么？

可逆反应的特点是：在密闭容器中反应不能进行到底，即无论反应进行时间有多久，反应物和生成物总是同时存在，反应物都不可能 100% 地全部转化为生成物。例如，在一定条件下合成氨的反应中：

$$N_2 + 3H_2 \rightleftharpoons 2NH_3$$

反应开始时容器中只有 N_2 和 H_2，随着反应的进行，只要条件不变，无论何时测定都会发现 N_2、H_2 和 NH_3 同时共存，无论经过多长时间，N_2 和 H_2 也不可能全部转化为 NH_3。

对于可逆反应，在一定条件下，当反应开始时，容器中只有反应物，此时正反应速率（$v_{正}$）最大，逆反应速率（$v_{逆}$）为零；随着反应的进行，反应物的浓度逐渐减小，正反应速率也逐渐减小，同时由于生成物的浓度逐渐增大，逆反应速率也逐渐增大。当反应进行到一定程度时，正反应速率和逆反应速率相等，即在单位时间内反应物减少的分子数，恰好等于逆反应生成的反应物分子数。此时，反应物和生成物共存而且各自浓度不再随时间改变。在此条件下，该反应已达到了最大限度。如图 6-2 所示。

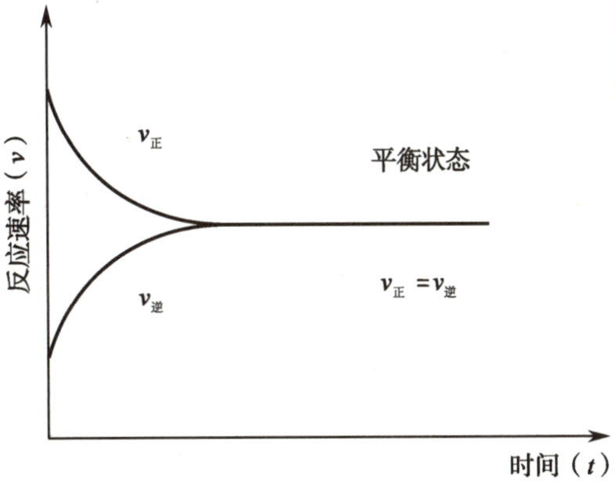

图 6-2　可逆反应的反应速率变化示意图

如上所述，在一定条件下，可逆反应的正向反应速率等于逆向反应速率，反应物和生成物的浓度不再随时间的改变而改变，反应体系所处的状态称为化学平衡状态，简称**化学平衡**。化学平衡状态是一定条件下可逆反应达到的最大限度。化学平衡是有条件的、相对的、暂时的平衡，随着条件的改变，化学平衡会被破坏而发生移动，在新的条件下建立新的化学平衡。

化学平衡的主要特征是：“动”，即化学平衡是一种动态平衡，$v_{正}=v_{逆}\neq 0$，此时反应并没有停止；“等”就是正、逆向反应速率相等；“定”就是反应物和生成物浓度各自保持恒定，不再随时间而改变；“变”即是化学平衡状态会因条件的改变而改变。

ER-6-3
可逆反应与化学平衡

课堂互动

当 $2SO_2+O_2 \rightleftharpoons 2SO_3$ 达到化学平衡时，是否反应不再进行？为什么？

二、化学平衡常数

（一）化学平衡常数

我们可以用不同的方法建立 N_2O_4-NO_2 这个体系的平衡。表 6-1 给出三组实验数据，第一组实验从 N_2O_4 开始，第二组实验从 NO_2 开始，第三组实验由 N_2O_4、NO_2 的混合物开始。

表 6-1　NO_2-N_2O_4 体系的平衡浓度（373K）

实验组号		初始浓度 /mol/L	平衡浓度 /mol/L	$[NO_2]^2/[N_2O_4]$
1	NO_2	0.000	0.120	$\frac{0.120^2}{0.040}=0.36$
	N_2O_4	0.100	0.040	
2	NO_2	0.100	0.072	$\frac{0.072^2}{0.014}=0.37$
	N_2O_4	0.000	0.014	
3	NO_2	0.100	0.160	$\frac{0.160^2}{0.070}=0.36$
	N_2O_4	0.100	0.070	

由表中数据可知，不论反应的初始浓度如何，也不管反应是从正向开始还是从逆向开始，最后都能建立平衡，且平衡时 $[NO_2]^2/[N_2O_4]$ 的比值是相同的，大约为 0.36。进一步研究发现，当温度发生变化时，$[NO_2]^2/[N_2O_4]$ 比值会随之改变，但在给定温度下为一常数。

$$K_c=\frac{[NO_2]^2}{[N_2O_4]}$$

大量的实验证明，对于任意一个可逆的化学反应 $aA+bB \rightleftharpoons dD+eE$ 而言，在一定温度下达到化学平衡时，各物质的平衡浓度分别用[A]、[B]、[D]、[E]表示，根据速率定义有：$v_{正}=k_{正}[A]^a \cdot [B]^b$、$v_{逆}=k_{逆}[D]^d \cdot [E]^e$

当反应处于平衡状态时，有：$v_{正}=v_{逆}$

$$k_{正}[A]^a \cdot [B]^b = k_{逆}[D]^d \cdot [E]^e$$

$$K_c=\frac{k_{正}}{k_{逆}}=\frac{[D]^d \cdot [E]^e}{[A]^a \cdot [B]^b} \quad (K_c \text{为常数}) \qquad \text{（式 6-8）}$$

上式表示：在一定温度下，可逆反应达到平衡时，各生成物浓度的化学计量数幂次方的乘积与各反应物浓度的化学计量数幂次方的乘积之比是一个常数（各物质的化学计量数分别等于反应式中各分子式前的系数）。这个关系式称为化学平衡常数表达式，K_c 称为化学平衡常数。

对于气相反应来说，由于恒温恒压下，气体的分压与浓度成正比，因此，在化学平衡常数表达式中，也可用平衡时各气体的平衡分压来代替浓度。如上述反应表达式中 A、B、D、E 均为气体，以 p_A、p_B、p_D、p_E 分别表示各气体的平衡分压，则化学平衡常数可表示为：

$$K_p=\frac{{p_D}^d \cdot {p_E}^e}{{p_A}^a \cdot {p_B}^b} \qquad \text{（式 6-9）}$$

平衡常数只是温度的函数，随温度的变化而变化，而与浓度的变化无关。通常：$K>10^7$，正反应单向进行；$K<10^{-7}$，逆反应单向进行；$K=10^{-7}\sim10^7$，为可逆反应。

（二）书写化学平衡常数表达式时应注意

1. 同一反应，因为温度不同，平衡常数不同，所以平衡常数表达式要注明反应温度。例如：$N_2O_4(g) \rightleftharpoons 2NO_2(g)$ 化学平衡常数表达式为：

$$K_c=\frac{[NO_2]^2}{[N_2O_4]}=0.36 \quad (373K)$$

$$K_c=\frac{[NO_2]^2}{[N_2O_4]}=3.2 \quad (423K)$$

2. 由于同一反应，化学方程式的书写不同，平衡常数不同，因此平衡常数表达式要与化学反应方程式相对应。例如，$N_2O_4(g) \rightleftharpoons 2NO_2(g)$ 的化学平衡常数表达式为：

$$K_c=\frac{[NO_2]^2}{[N_2O_4]}=0.36 \quad (373K)$$

$\frac{1}{2}N_2O_4(g) \rightleftharpoons NO_2(g)$ 的化学平衡常数表达式为：

$$K_c=\frac{[NO_2]}{[N_2O_4]^{\frac{1}{2}}}=0.60 \quad (373K)$$

3. 如果反应体系中有固体、纯液体参加时，因它们在反应过程中可以认为浓度没有变化，故其浓度通常看成为常数，不写入平衡常数表达式中。例如，$CaCO_3(s) \rightleftharpoons CaO(s)+CO_2(g)$ 的化学平衡常数表达式为：

$$K_c=[CO_2]$$

4. 稀溶液中进行的反应，有水参加或水生成，通常将水的浓度看成为常数，水的浓度不写入平衡常数表达式中。例如，$Cr_2O_7^{2-}+H_2O \rightleftharpoons 2CrO_4^{2-}+2H^+$ 的化学平衡常数表达式为：

$$K_c=\frac{[CrO_4^{2-}]^2[H^+]^2}{[Cr_2O_7^{2-}]}$$

但非水溶液中的反应，如有水参加或有水生成，水的浓度应写入平衡常数表达式中。例如，$C_2H_5OH+CH_3COOH \rightleftharpoons CH_3COOC_2H_5+H_2O$ 的化学平衡常数表达式为：

$$K_c=\frac{[CH_3COOC_2H_5][H_2O]}{[C_2H_5OH][CH_3COOH]}$$

（三）平衡常数的意义

平衡常数是化学反应的特征常数，它不随物质的起始浓度或分压而改变，仅受温度的影响，一定的化学反应，只要温度一定，平衡常数就是一个定值。

平衡常数是衡量化学反应进行完全程度的一个常数。平衡常数（K）值越大，表明反应达到平衡时生成物的浓度越大，反应物的浓度越小，正反应进行越彻底；反之，平衡常数（K）值越小，平衡时生成物的浓度越小，反应物的浓度越大，正反应越不完全。

在实际生产中人们常用平衡转化率（简称转化率）来衡量在一定条件下化学反应的完成程度。反应物的转化率是指反应物已转化为生成物的量占该反应物起始总量的百分比，用 α 表示。

$$\alpha=\frac{\text{反应物已转化为生成物的量}}{\text{反应物起始总量}}\times100\% \quad \text{或} \quad \alpha=\frac{\text{反应物变化的浓度}}{\text{反应物的起始浓度}}\times100\%$$

三、化学平衡的有关计算

（一）已知平衡浓度计算平衡常数

例 1　在某温度下，制备水煤气的反应

$$C(s)+H_2O(g)\rightleftharpoons CO(g)+H_2(g)$$

在下列浓度或分压时建立平衡：

$$[H_2O]=4.6\times10^{-3}mol/L \quad [CO]=[H_2]=7.6\times10^{-3}mol/L$$

$$p_{H_2O}=0.38\times10^5\,Pa \quad p_{CO}=p_{H_2}=0.63\times10^5\,Pa$$

计算该反应的 K_c 和 K_p

解：

	$C(s)+H_2O(g)$	$\rightleftharpoons CO(g)$	$+H_2(g)$
平衡浓度（10^{-3}mol/L）	4.6	7.6	7.6
平衡分压（10^5Pa）	0.38	0.63	0.63

根据平衡常数表达式可得到

$$K_c=\frac{[CO][H_2]}{[H_2O]}=\frac{7.6\times10^{-3}\times7.6\times10^{-3}}{4.6\times10^{-3}}=1.2\times10^{-2}$$

$$K_p=\frac{p_{CO}\cdot p_{H_2}}{p_{H_2O}}=\frac{0.63\times10^5\times0.63\times10^5}{0.38\times10^5}=1.0\times10^5$$

（二）已知平衡浓度计算反应物初始浓度

例 2　合成氨的反应 $N_2+3H_2\rightleftharpoons2NH_3$，在某温度下达到平衡时，平衡浓度分别为 $[N_2]=3mol/L$，$[H_2]=8mol/L$，$[NH_3]=4mol/L$，$[NH_3]$的初始浓度为 0，计算 N_2 和 H_2 的初始浓度。

解：设 N_2 和 H_2 的初始浓度分别为 x mol/L，y mol/L 则：

	N_2	$+3H_2$	$\rightleftharpoons2NH_3$
初始浓度（mol/L）	x	y	0
平衡浓度（mol/L）	3	8	4

根据反应式中的系数关系，要生成 4mol/L 的 NH_3，N_2 的消耗浓度应为$\frac{4}{2}\times1=2mol/L$，$H_2$ 的消耗浓度应为$\frac{4}{2}\times3=6mol/L$。

所以 N_2 的初始浓度 x＝消耗浓度＋平衡浓度＝2mol/L＋3mol/L＝5mol/L

H_2 的初始浓度 y＝消耗浓度＋平衡浓度＝6mol/L＋8mol/L＝14mol/L

（三）已知平衡常数、反应物初始浓度，计算各物质的平衡浓度及某反应物的平衡转化率

例 3 在某温度下，$H_2(g)+I_2(g) \rightleftharpoons 2HI(g)$ 反应的 $K_c=45.7$，如果反应开始时 $H_2(g)$ 和 $I_2(g)$ 的浓度均为 1.00mol/L，计算反应平衡时各物质的平衡浓度及 H_2 的平衡转化率。

解：设达平衡时 $[HI]=x$ mol/L，根据化学反应中各物质的比例关系可知：

	$H_2(g)$	$+I_2(g)$	$\rightleftharpoons 2HI(g)$
初始浓度（mol/L）	1.00	1.00	0
浓度变化（mol/L）	$-\frac{x}{2}$	$-\frac{x}{2}$	$+x$
平衡浓度（mol/L）	$1.00-\frac{x}{2}$	$1.00-\frac{x}{2}$	x

已知 $K_c=45.7$，根据平衡常数表达式可得到：

$$K_c=\frac{[HI]^2}{[H_2]\cdot[I_2]}=\frac{x^2}{(1.00-\frac{x}{2})(1.00-\frac{x}{2})}=45.7$$

解上述方程式得到 $x=1.54$

所以各物质的平衡浓度分别为：

$$[H_2]=[I_2]=1.00-\frac{1.54}{2}=0.23\text{mol/L}$$

$$[HI]=1.54\text{mol/L}$$

$$H_2\text{的平衡转化率}=\frac{H_2\text{的初始浓度}-H_2\text{的平衡浓度}}{H_2\text{的初始浓度}}\times100\%$$

$$=\frac{1.00-0.23}{1.00}\times100\%=77\%$$

（四）计算可逆反应的反应商（Q），根据反应商与平衡常数的比值来判断反应体系所处的状态或反应进行的方向

我们把可逆反应在任意状态下各生成物浓度幂的乘积与各反应物浓度幂的乘积之比称为反应商，用符号 Q 表示。对于可逆反应：$aA+bB \rightleftharpoons dD+eE$

$$Q=\frac{(D)^d\cdot(E)^e}{(A)^a\cdot(B)^b} \quad (式 6\text{-}10)$$

用（）表示任意状态的浓度。Q 的数学表达式虽然与 K 的数学表达式形式相似，但含义是完全不同的。Q 表达式中各物质的浓度是任意状态下的浓度，其值是任意数值。而 K 表达式中各物质的浓度是反应处于平衡状态时的浓度，其值在一定温度下为一固定值。

根据 Q 与 K_c 的相对大小，判断反应的状态和方向的规则如下：

当 $Q=K_c$ 或 $\frac{Q}{K_c}=1$ 时，体系处于平衡状态（此时反应进行到最大限度）。

当 $Q<K_c$ 或 $\frac{Q}{K_c}<1$ 时，体系处于非平衡状态，反应将向正反应方向进行，至 $Q=K_c$ 为止。

当 $Q>K_c$ 或 $\frac{Q}{K_c}>1$ 时，体系处于非平衡状态，反应将向逆反应方向进行，至 $Q=K_c$ 为止。

第三节 化学平衡的移动

化学平衡是一种在一定条件下的相对的和暂时的平衡状态。如果外界条件（如浓度、压力、温度等）发生变化，原来的平衡就会被破坏，正向反应速率和逆向反应速率不再相等，引起反应体系中各物质的浓度发生改变，可逆反应从暂时的平衡变为不平衡，直至在新的条件下重新达到平衡。在新的平衡状态下，各物质的浓度都已不是原来平衡时的浓度了。这种由于反应条件的改变，使可逆反应从一种平衡状态向另一种平衡状态转变的过程，叫做化学平衡的移动。如果移动是向着生成物浓度增大的方向进行，称平衡向正反应方向移动（或向右移动）；如果移动向着反应物浓度增大的方向移动，称平衡向逆反应方向移动（或向左移动）。

影响化学平衡的因素很多，这里主要讨论浓度、压强和温度对化学平衡的影响。

一、浓度对化学平衡的影响

可逆反应达到平衡后，当改变任一反应物或生成物的浓度，都会改变正反应或逆反应的速率，使化学平衡发生移动。以氯化铁与硫氰化钾反应为例，来讨论浓度改变对平衡移动的影响：

氯化铁与硫氰化钾反应，生成硫氰化铁和氯化钾，溶液呈红色，反应方程式如下：

$$FeCl_3+6KSCN \rightleftharpoons K_3[Fe(SCN)_6]（血红色）+3KCl$$

如果在平衡混合物中再加入 $FeCl_3$ 或 KSCN 后，溶液的红色均加深，表明 $K_3[Fe(SCN)_6]$ 浓度增大了，化学平衡向正反应方向（向右）发生了移动。

根据质量作用定律及 Q 与 K 的关系可解释这种现象。在一定温度下，可逆反应达到平衡时，$v_{正}=v_{逆}$，$Q_c=K_c$，如果增加反应物 $FeCl_3$ 和 KSCN 的浓度或减小生成物 $K_3[Fe(SCN)_6]$ 和 KCl 的浓度，这时 $Q_c<K_c$，体系不再处于平衡状态，正、逆反应速率不再相等，$v_{正}>v_{逆}$，平衡将向减小反应物浓度和增大生成物浓度的正反应方向移动，移动的结果使 Q_c 值增大，直到 Q_c 重新等于该温度下的 K_c，$v_{正}=v_{逆}$，体系在新的条件下重新达到平衡。反之，如果增大 $K_3[Fe(SCN)_6]$ 和 KCl 的浓度或减小 $FeCl_3$ 和 KSCN 的浓度，可使 $Q_c>K_c$，$v_{逆}>v_{正}$，平衡向着增大反应物浓度或减小生成物浓度的逆反应方向移动，直至 $Q_c=K_c$，$v_{正}=v_{逆}$，重新建立起新的平衡。

浓度对化学平衡的影响可概括如下：在其他条件不改变的情况下，增加反应物浓度或减少生成物浓度，化学平衡向正反应方向移动；反之，若增加生成物浓度或减少反应物浓度，化学平衡向着逆反应方向移动。

浓度对化学平衡的影响，还可以通过有关计算加以说明。

例 4　反应 $CO(g)+H_2O(g) \rightleftharpoons CO_2(g)+H_2(g)$，在 373K 时，平衡常数 $K_c=9.0$，若 CO 和 H_2O 的初始浓度都是 0.020mol/L，计算：

（1）在此条件下，CO 的转化率最大是多少？

（2）若将 H_2O 的初始浓度增大为原来的 4 倍，其他条件不变，CO 的转化率又是多少？

解：（1）设平衡时有 x mol/L CO_2 和 H_2 生成

	$CO(g)$ +	$H_2O(g) \rightleftharpoons$	$CO_2(g)$ +	$H_2(g)$
初始浓度	0.020	0.020	0	0
平衡浓度	$0.020-x$	$0.020-x$	x	x

据 $\dfrac{[CO_2][H_2]}{[CO][H_2O]}=K_c$，可得

$$\frac{x^2}{(0.020-x)^2}=9.0 \qquad x=0.015(mol/L)$$

$$转化率=\frac{0.015}{0.020}\times100\%=75\%$$

（2）若将 H_2O 的初始浓度增大为原来的 4 倍，即为 0.080mol/L，设反应达到平衡时 CO_2 的浓度为 y，因为温度未变，所以 K 仍为 9.0，同样的计算方法可得 y=0.019 4mol/L。

$$此时CO的转化率=\frac{0.019\ 4}{0.020}\times100\%=97\%$$

计算结果说明，对于一个平衡体系，增大某一反应物的浓度，可使平衡向着生成物浓度增加的方向移动，并使另一与其作用的反应物转化率提高。在生产实践中，常常利用这个原理，增大某些廉价原料浓度，达到充分利用贵重原料，提高贵重原料转化率的目的。

课堂互动

人体血液中的血红蛋白能与 O_2 结合生成氧合血红蛋白，$Hb+O_2 \rightleftharpoons HbO_2$，临床上抢救危重病人时给予吸氧是运用了什么原理？

二、压强对化学平衡的影响

压强只对有气体参加且反应前后气体分子数不相等的可逆反应平衡体系有影响。在恒温下改变平衡体系的压强，气体反应物和生成物的浓度将会发生改变，但浓度幂的改变不同，使得正反应速率和逆反应速率不再相等，导致化学平衡发生移动，平衡移动的方向取决于反应前后气体物质分子总数的改变情况。

例如，一定条件下，在 $N_2+3H_2 \rightleftharpoons 2NH_3$ 平衡体系中，根据质量作用定律，正、逆反应的反应速率可以分别表示为：

$$v_{正}=k_{正}[N_2]\cdot[H_2]^3$$

$$v_{逆}=k_{逆}[NH_3]^2$$

假设平衡时 $[N_2]=a \quad [H_2]=b \quad [NH_3]=c$

则

$$v_{正}=k_{正}ab^3$$

$$v_{逆}=k_{逆}c^2$$

因为平衡时 $v_{正}=v_{逆}$，所以 $k_{正}ab^3=k_{逆}c^2$

当其他条件不变时，体系的压强增加到原来的2倍，气体的体积就会缩小为原来的一半，体系中各气体的浓度均会增加到原来的2倍，此时正、逆反应的速率 $v_{正}'$、$v_{逆}'$ 分别为：

$$v_{正}'=k_{正}\cdot(2a)\cdot(2b)^3=k_{正}\cdot 16ab^3=16v_{正}$$

$$v_{逆}'=k_{逆}\cdot(2c)^2=k_{逆}\cdot 4c^2=4v_{逆}$$

通过计算可以看出，其他条件不变，压强增大后，正、逆反应的反应速率增加的倍数各不相同，显然 $v_{正}'>v_{逆}'$。因此，增大压强，上述反应的平衡体系向着生成 NH_3 的方向，即向着气体分子总数减小的方向移动，最后在新的条件下建立新的平衡。

压强对化学平衡的影响可总结为：在其他条件不变的情况下，增大压强，化学平衡向着气体分子数减少的方向移动；减小压强，化学平衡向着气体分子数增多的方向移动。

改变压强对那些反应前后气体分子数不变的可逆反应的平衡没有影响，如：

$$H_2(g)+I_2(g) \rightleftharpoons 2HI(g)$$

因为增大或减小压力对生成物和反应物的分压产生的影响是等效的，所以对平衡的结果没有影响。

由于压强对固体和液体体积的影响较小，所以压强改变对只有固体和液体参加反应的平衡体系几乎没有影响。如果既有气体物质又有固体和液体物质参加的可逆反应，则需要根据反应中气体物质分子数改变情况来判断平衡移动的方向。

三、温度对化学平衡的影响

温度对化学平衡的影响与前两种情况有本质的区别，改变浓度或压强只能使平衡点改变，而温度的改变，却导致了化学平衡常数值的改变。我们可以通过公式推导来讨论温度对化学平衡的影响。

当反应温度由 T_1 变化到 T_2 时，正、逆反应的速率常数和平衡常数由 $k_{正1}$、$k_{逆1}$、K_{c1}、分别变为 $k_{正2}$、$k_{逆2}$、K_{c2}，活化能为 $E_{a,正}$、$E_{a,逆}$。

将 Arrhenius 公式 $k=Ae^{-E_a/RT}$，两边取自然对数，

$$得\ln k=-\frac{E_a}{R}\cdot\frac{1}{T} \qquad （式 6-11）$$

反应温度为 T_1 时，$\ln k_1=-\frac{E_a}{R}\cdot\frac{1}{T_1}$

反应温度为 T_2 时，$\ln k_2=-\frac{E_a}{R}\cdot\frac{1}{T2}$

两式相减可得 $\lg\frac{k_1}{k_2}=\frac{E_a}{2.303R}(\frac{T_1-T_2}{T_1\cdot T_2})$；

对正反应：$\lg\frac{k_{正1}}{k_{正2}}=\frac{E_{a,正}}{2.303R}\cdot(\frac{T_1-T_2}{T_1\cdot T_2})$

对逆反应：$\lg\frac{k_{逆1}}{k_{逆2}}=\frac{E_{a,逆}}{2.303R}\cdot(\frac{T_1-T_2}{T_1\cdot T_2})$

两式相减可得：$\lg\frac{k_{正1}k_{逆2}}{k_{正2}k_{逆1}}=\frac{E_{a,正}-E_{a,逆}}{2.303R}\cdot(\frac{T_1-T_2}{T_1\cdot T_2})$

根据平衡常数 $K=\frac{k_{正}}{k_{逆}}$，可逆反应的反应热 $\Delta H=E_{a正}-E_{a逆}$，有：

$$\lg\frac{K_2}{K_1}=\frac{\Delta H}{2.303R}(\frac{T_2-T_1}{T_1T_2}) \qquad （式 6-12）$$

式 6-12 中，K_1、K_2 分别是可逆反应在温度 T_1、T_2 下的平衡常数，ΔH 为可逆反应的反应热。对于可逆反应，若正反应为吸热反应，则逆反应为放热反应；相反，若正反应为放热反应，则逆反应为吸热反应。

对于正方向吸热的反应（即 $\Delta H>0$），温度升高（$T_2>T_1$）会使平衡常数值增大（$K_2>K_1$），此时 $K_2>Q$，平衡向右（吸热方向）移动；降低温度（$T_2<T_1$）会使平衡常数值减小（$K_2<K_1$），此时 $K_2<Q$，平衡向左（放热方向）移动；对于放热反应，情况正好相反，那么就有升高温度，平衡向左（放热方向）移动，降低温度，平衡向右（吸热方向）移动。

由上述讨论可知，温度对化学平衡的影响，是由于温度改变了化学平衡常数而造成的。其结论是：在其他条件不变时，升高温度，平衡向吸热反应的方向移动；降低温度，平衡向放热反应的方向移动。

知识链接

关节炎病的治疗与化学平衡

在寒冷的季节易诱发关节疼痛，其化学机制为：HUr（尿酸）$+H_2O \rightleftharpoons Ur^-+H_3O^+$；$Ur^-+Na^+ \rightleftharpoons NaUr$（固体）。因此关节炎的病因是在关节滑液中形成尿酸钠晶体，并且环境温度越低，越易诱发关节疼痛，说明低温下 NaUr 能稳定存在，所以我们可以推测反应 $Ur^-+Na^+ \rightleftharpoons NaUr$（固体）是一个放热反应，降低温度平衡向正反应方向移动，所以我们预防和治疗关节炎的方法是防止潮湿和寒冷，可以采用热敷的办法进行治疗。

四、催化剂与化学平衡

催化剂能改变化学反应的途径，降低活化能，提高活化分子的百分率，极大程度地加快化学反应速率。但是，对于可逆反应来说，催化剂能同等程度地改变正、逆反应速率。因此，催化剂的加入，不会破坏平衡体系中 $v_{正}=v_{逆}$ 的状态，只能缩短到达平衡的时间，催化剂不会使平衡发生移动。

综合以上各种因素对平衡移动的影响情况，1884 年法国科学家勒夏特列（H. L.Le Chatelier）概括出一条普遍的规律：如果改变影响平衡的任一条件（如浓度、压强或温度），平衡就向着减弱这种改变的方向移动。这个规律称为勒夏特列原理，又称平衡移动原理。

勒夏特列原理是一条普遍的规律，它对于所有的动态平衡（包括物理平衡）都是适用的，但必须注意，它只能应用在已经达到平衡的体系，对于未达到平衡的体系是不能应用的。

思政元素

化学平衡思想的创造性应用——侯氏制碱法

侯氏制碱法是由中国化工科学家侯德榜先生于 1943 年所发明的一种高效、低成本的制碱方法，打破了当时欧美对制碱业的垄断。侯氏制碱法又称为联合制碱法，这个新工艺是把氨厂和碱厂建在一起，联合生产，同时生产 Na_2CO_3 和 NH_4Cl 两种产品。原料是 $NaCl$、NH_3 和 CO_2。由氨厂提供碱厂需要的 NH_3 和 CO_2（合成氨厂用水煤气制取 H_2 时的废气）。母液里的 NH_4Cl 用加入食盐的办法使它结晶出来，作为化工产品或化肥。食盐溶液又可循环使用。侯氏制碱法工艺流程中的“吸氨”“碳酸化”“盐析”“冷析”等过程均用到了平衡移动原理。

（1）“吸氨”过程：$NH_3+H_2O \rightleftharpoons NH_3 \cdot H_2O \rightleftharpoons NH_4^+ + OH^-$

不断通入的 NH_3 会使平衡右移，$c(NH_4^+)$、$c(OH^-)$ 增大

（2）“碳酸化”过程：$CO_2+H_2O \rightleftharpoons H_2CO_3 \rightleftharpoons H^+ + HCO_3^-$

因“吸氨”过程中，$c(OH^-)$ 增大，使平衡右移，$c(HCO_3^-)$ 增大，$NaHCO_3$ 析出。

（3）“盐析”过程：$NH_4^+ + Cl^- \rightleftharpoons NH_4Cl(s)$

加入 $NaCl$，增大 $c(Cl^-)$，使平衡右移，析出 NH_4Cl 沉淀。

（4）“冷析”过程：NH_4Cl 溶解度随温度升高而增大，$NH_4^+ + Cl^- \rightleftharpoons NH_4Cl(s)$　$\Delta H<0$，降温时，平衡右移，析出 NH_4Cl 沉淀。

侯氏制碱法能够提高食盐利用率，缩短生产流程，减少环境污染，提高产率，降低成本，减少资源和能源消耗。它克服了索尔维氨碱法的不足，把世界制碱技术水平推向了一个新高度，赢得了国际化工界的极高评价。

（叶国华）

复习思考题

一、填空题

1. 影响化学反应速率的影响因素有________、________、________、________；化学反应速率常数 k 与________无关，而与________有关；影响化学平衡的因素有________、________、________。

2. 化学反应的活化能越高，活化分子数越________；有效碰撞次数越________；化学反应速率越________。

二、简答题

1. 若可逆反应 $mA + nB \rightleftharpoons pC + qD$ 为基元反应，写出其质量作用定律和化学反应平衡常数的表达式。
2. 浓度、压力、温度和催化剂为什么会影响化学反应速率？试结合活化分子的概念解释。
3. 在合成氨 $N_2 + 3H_2 \rightleftharpoons 2NH_3$　$\Delta H<0$ 的反应中，达到平衡时，采取哪些措施有利于氨的合成？
4. 人类目前对煤和石油的过度消耗，使空气中的 CO_2 浓度增大，导致地球表面温度升高，形成了温室效应。科学家对 CO_2 增多带来的负面影响较为担忧，于是提出了将 CO_2 通过管道输送到海底的方法，这可减缓空气中 CO_2 浓度的增加。请你根据化学平衡知识和 CO_2 的性质回答以下问题：

   (1) 这样长期下去，将给海洋造成什么样的影响？

   (2) 你认为消除这些影响的最好方法是什么？

三、计算题

1. 在某温度下，反应 $CO(g) + H_2O(g) \rightleftharpoons CO_2(g) + H_2(g)$ 达到平衡时，各物质的浓度分别为：$[CO] = 0.4mol/L$，$[H_2O] = 6.4mol/L$，$[CO_2] = 1.6mol/L$，$[H_2] = 1.6mol/L$，求这个反应的平衡常数？
2. 对于下列化学平衡：$2HI(g) \rightleftharpoons H_2(g) + I_2(g)$，在 698K 时，$K_c = 1.82 \times 10^{-2}$，如果将 HI(g) 放入反应瓶中，问：①当 HI 的平衡浓度为 0.010 0mol/L 时，$[H_2]$ 和 $[I_2]$ 各是多少？②HI 的初始浓度是多少？③在平衡时 HI 的转化率是多少？

ER-6-4

扫一扫，测一测

ER-7-1

PPT课件

第七章　电离平衡与溶液的酸碱性

学习目标

【知识目标】

1. 掌握酸碱质子理论概念、共轭酸碱的含义，水溶液酸碱性理论及溶液值的计算。

2. 熟悉水的电离和水的离子积常数的概念，缓冲溶液的概念、组成、缓冲作用原理及生理意义。

3. 了解酸碱质子理论下酸碱反应的实质，缓冲溶液 pH 值的计算，酸碱指示剂的变色原理。

【能力目标】

1. 具备计算溶液 pH 值的能力。

2. 能独立进行溶液酸碱性的实验操作。

【素质目标】

结合酸碱理论的学习，培养对事物具有相对性和统一性的认识，培养一分为二看问题和分析问题、解决问题的辩证思维能力。

ER-7-2

知识导览

人体体液中的无机盐和一些有机物是以离子状态存在的，如钾、钠、氯、钙等，这些以离子状态存在的物质统称为电解质。它是构成细胞和组织的成分，又是某些酶、维生素和激素的组成部分，具有维持渗透压平衡、参与体内酸碱平衡调节及维持神经肌肉的正常兴奋性等功能。电解质有强弱之分，弱电解质在溶液中存在着分子和离子之间的动态平衡，即电离平衡。酸、碱是两类重要的电解质，人们对酸、碱的认识经历了一个由低级到高级的过程。酸、碱在医药方面具有重要的意义，如人体的体液要保持在一定酸碱范围，很多药物本身就是酸或碱。

本章运用前面所学过的化学平衡原理，学习弱电解质的电离平衡、酸碱质子理论、溶液的酸碱性和缓冲溶液等知识。

第一节　酸碱质子理论

酸碱物质和酸碱反应是化学研究的重要内容，酸碱理论是学习医药知识必备的基础知识。人们对酸碱的认识同其他理论的发展一样，经历了一个由浅入深、由现象到本质的深化过程。人们对酸碱最初的直观认识是，酸有酸味，能使石蕊试液变红；碱有涩味，滑腻感，能使石蕊试液变蓝，并能与酸反应生成盐和水。随着科学的发展，科学家相继提出一系列的酸碱理论。1887 年阿累尼乌斯(S.Arrhenius)提出酸碱电离理论，该理论将酸碱定义为：凡是能够在水溶液中电离产生 H^+ 的化合物叫做酸；能够电离产生 OH^- 的化合物叫做碱。H^+ 是酸的特征，OH^- 是碱的特征，酸碱反应的实质是 H^+ 和 OH^- 结合生成水的反应。酸碱电离理论是人们对酸碱认识由现象到本质的一次飞跃，是近代酸碱理论的开始，对化学科学的发展起到了积极的作用，直到现在仍然普遍使用。但该理论有很大的局限性，它把酸碱只限于水溶液，且仅把碱看成为氢氧化物。另外，许多物质在非水溶液中不能电离出氢离子和氢氧根离子，却也表现出酸和碱的性质；还有些物质，如 NH_3、Na_2CO_3、Na_3PO_4 等都不含 OH^-，但水溶液中显碱性。针对这些电离理论无法解释的问题，丹麦化学家布朗斯特（J.N.Bronsted）和劳莱（T.M.Lowey）在 1923 年分别提出了酸碱质子理论，这一理论扩大了酸和碱的范围，它不仅适用以水为溶剂的体系，而且适用于无水体系及无溶剂体系。同年，美国物理化学家路易斯（Lewis）还提出了含义更广的酸碱电子理论，也称为路易斯酸碱理论，该理论认为凡能接受电子对的物质为酸；凡能给出电子对的物质为碱。酸碱反应的实质是形成了配位键。

在此，主要介绍应用较广，意义较大的酸碱质子理论。

一、酸碱质子理论的基本概念

FR-7-3

酸碱质子理论概念视频

（一）酸碱的定义

酸碱质子理论认为：凡能给出质子（H^+）的物质都是酸，凡能接受质子（H^+）的物质都是碱。根据这个理论，酸是质子给予体，它可以是分子或离子，例如 HCl、H_2SO_4、HAc、NH_4^+、HCO_3^- 等都能给出质子，所以都是酸。碱是质子接受体，它也可以是分子或离子，如 Cl^-、HSO_3^-、Ac^-、NH_3、CO_3^{2-} 等都能接受质子，所以都是碱。某些物质既能给出质子，又能接受质子，称为酸碱两性物质，如 HCO_3^-、HSO_4^-、H_2O 等。因此，质子理论酸碱的范围更广，酸碱不局限于电中性的分子，还可以是带电的阴、阳离子。

（二）共轭酸碱对

酸给出质子后剩余的部分就是碱，碱接受质子后就成为酸。按照质子理论，酸和碱不是彼此孤立的，而是通过质子相联系的对立统一体，即

$$\text{酸} \rightleftharpoons \text{质子} + \text{碱}$$

例如：

$$HCl \rightleftharpoons H^+ + Cl^-$$

$$HAc \rightleftharpoons H^+ + Ac^-$$

$$NH_4^+ \rightleftharpoons H^+ + NH_3$$

$$HCO_3^- \rightleftharpoons H^+ + CO_3^{2-}$$

$$H_2PO_4^- \rightleftharpoons H^+ + HPO_4^{2-}$$

$$HPO_4^{2-} \rightleftharpoons H^+ + PO_4^{3-}$$

这种酸与碱的相互依存关系，称为共轭关系。人们把**仅相差一个质子的一对酸、碱称为共轭酸碱对**。上面的反应式中，左边的酸是右边碱的共轭酸，而右边的碱则是左边酸的共轭碱。酸失去一个质子后形成该酸的共轭碱，碱结合一个质子后形成该碱的共轭酸。如 HAc-Ac^- 是一对共轭酸碱对，HAc 是 Ac^- 的共轭酸，Ac^- 是 HAc 的共轭碱。NH_4^+-NH_3 是一对共轭酸碱对，NH_4^+ 是 NH_3 的共轭酸，NH_3 是 NH_4^+ 的共轭碱。

在一对共轭酸碱对中，共轭酸越易给出质子，即酸性越强，其共轭碱就越难接受质子，即碱性越弱；反之共轭酸越难给出质子，即酸性越弱，其共轭碱就越易接受质子，即碱性越强。例如 HAc 是弱酸，其对应的 Ac^- 是较强碱。HCl 是强酸，其对应的 Cl^- 是弱碱。

二、酸 碱 反 应

按照酸碱质子理论，每一个共轭酸碱对都是构成酸碱反应的半反应，共轭酸碱对的半反应是不能单独进行的。因为酸不能自动放出质子，碱也不能自动接受质子，酸给出质子的同时必须有

另一碱接受质子才能实现，同样碱接受质子的同时必须有另一酸提供质子。同时质子也不能独立存在。酸、碱只有同时存在时，酸碱性质才能通过质子转移体现出来。因此，酸碱反应必须是两个酸碱半反应相互作用才能实现。如：

$$\overset{H^+}{\ } \quad \underset{酸_1}{HAc} + \underset{碱_2}{H_2O} \rightleftharpoons \underset{酸_2}{H_3O^+} + \underset{碱_1}{Ac^-}$$

$$\overset{H^+}{\ } \quad \underset{酸_1}{HAc} + \underset{碱_2}{NH_3} \rightleftharpoons \underset{酸_2}{NH_4^+} + \underset{碱_1}{Ac^-}$$

质子理论中的酸碱反应，其实质就是两个共轭酸碱对间的质子传递反应。可表示为

$$\overset{H^+}{\ } \quad 酸_1 + 碱_2 \rightleftharpoons 酸_2 + 碱_1$$

反应过程中酸$_1$把质子传递给了碱$_2$，自身变为碱$_1$；碱$_2$从酸$_1$接受质子后变为酸$_2$。酸$_1$是碱$_1$的共轭酸，碱$_2$是酸$_2$的共轭碱。常见的共轭酸碱对见表 7-1。

表 7-1 常见的共轭酸碱对

共轭酸		共轭碱	
高氯酸	$HClO_4$	ClO_4^-	高氯酸根离子
硝酸	HNO_3	NO_3^-	硝酸根离子
盐酸	HCl	Cl^-	氯离子
硫酸	H_2SO_4	HSO_4^-	硫酸氢根离子
水合氢离子	H_3O^+	H_2O	水
亚硝酸	HNO_2	NO_2^-	亚硝酸根离子
醋酸	HAc	Ac^-	醋酸根离子
氢硫酸	H_2S	HS^-	硫氢根离子
磷酸二氢根离子	$H_2PO_4^-$	HPO_4^{2-}	磷酸氢根离子
铵离子	NH_4^+	NH_3	氨
碳酸氢根离子	HCO_3^-	CO_3^{2-}	碳酸根离子
磷酸氢根离子	HPO_4^{2-}	PO_4^{3-}	磷酸根离子
水	H_2O	OH^-	氢氧根离子
氨	NH_3	NH_2^-	氨基离子

酸碱反应总是由较强的酸和较强的碱作用，向着生成较弱的酸和较弱的碱的方向进行。

酸碱质子理论扩大了酸和碱的范围，也扩大了酸碱反应的范围，电离作用、中和反应、水解作用等，都可以看作是质子传递的酸碱反应。

1. 电离作用 根据酸碱质子理论，电离作用就是酸、碱与水的质子传递反应。

在水溶液中酸电离出质子给水，生成水合氢离子和相应的共轭碱。例如：

$$\overset{H^+}{\ } \quad \underset{强酸}{HCl} + \underset{强碱}{H_2O} \rightleftharpoons \underset{弱酸}{H_3O^+} + \underset{弱碱}{Cl^-}$$

$$\overset{H^+}{\ } \quad \underset{弱酸}{HAc} + \underset{弱碱}{H_2O} \rightleftharpoons \underset{强酸}{H_3O^+} + \underset{强碱}{Ac^-}$$

在上述两个反应中，HCl 和 HAc 两个不同强度的酸都能电离出质子给水，分别生成相应的

共轭碱 Cl^- 和 Ac^-；而水在上述反应中作为碱接受质子后成为相应的酸 H_3O^+。HCl 是强酸，给出质子的能力很强，生成的共轭碱 Cl^- 碱性很弱，几乎不能结合质子，因此反应进行得很完全（相当于电离理论的全部电离）。HAc 是弱酸，给出质子的能力较弱，其共轭碱 Ac^- 较强，可以再接受质子成为 HAc，因此，反应不能进行完全，为可逆反应（相当于电离理论的部分电离）。

当 NH_3 和 H_2O 反应时，H_2O 作为酸给出质子，NH_3 接受质子，由于 H_2O 是弱酸，NH_3 是弱碱，所以反应进行得很不完全，是可逆反应（相当于 NH_3 在水中的部分电离）：

$$\underset{\text{弱酸}}{H_2O} + \underset{\text{弱碱}}{NH_3} \xrightarrow{H^+} \rightleftharpoons \underset{\text{强酸}}{NH_4^+} + \underset{\text{强碱}}{OH^-}$$

在与质子酸或质子碱的反应中，H_2O 既可作为碱接受质子，又可作为酸给出质子，所以 H_2O 是两性物质。

酸碱质子理论把弱酸（如 HAc、NH_4^+）或弱碱（如 NH_3、Ac^-）与溶剂水分子间的质子转移平衡分别称为弱酸或弱碱的电离平衡。

2. 水解反应　在电离理论中，盐的水解过程是盐电离出的离子与水电离出的 H^+ 或 OH^- 结合生成弱电解质，从而使溶液的酸碱性发生改变的反应。因此，盐类水解反应和酸碱离解过程在本质上是相同的，也是离子酸碱的质子转移过程，所以在质子理论中就没有盐的概念。

例如：

$$\underset{\text{酸}_1}{H_2O} + \underset{\text{碱}_2}{Ac^-} \rightleftharpoons \underset{\text{酸}_2}{HAc} + \underset{\text{碱}_1}{OH^-} \quad (H^+ \text{ 由 } H_2O \text{ 转移给 } Ac^-)$$

$$\underset{\text{酸}_1}{NH_4^+} + \underset{\text{碱}_2}{H_2O} \rightleftharpoons \underset{\text{酸}_2}{H_3O^+} + \underset{\text{碱}_1}{NH_3} \quad (H^+ \text{ 由 } NH_4^+ \text{ 转移给 } H_2O)$$

在上面两个反应中，水作为酸提供质子与 Ac^- 之间发生了质子的转移反应；水作为碱接受质子与 NH_4^+ 之间发生了质子的转移反应。

因此某些盐类溶于水中，由于盐电离出的离子与水之间发生质子转移生成 H^+（H_3O^+）或 OH^-，故溶液会呈现出一定的酸碱性。几种类型的盐溶液 pH 值如表 7-2 所示。

表 7-2　几种类型盐溶液的 pH 值

盐的类型	实例（0.1mol/L）	pH 值
强酸强碱盐	NaCl	7.0
弱酸强碱盐	NaAc	8.9
弱碱强酸盐	$(NH_4)_2SO_4$	5.0
弱酸弱碱盐	NH_4Ac	7.0
	NH_4CN	9.3

3. 中和反应　质子理论认为，在电离理论中的酸碱中和反应，其实质也是质子的传递过程。例如：

$$\underset{\text{酸}_1}{H_3O^+} + \underset{\text{碱}_2}{OH^-} = \underset{\text{酸}_2}{H_2O} + \underset{\text{碱}_1}{H_2O} \quad (H^+ \text{ 由 } H_3O^+ \text{ 转移给 } OH^-)$$

$$\underset{\text{酸}_1}{HAc} + \underset{\text{碱}_2}{NH_3} \rightleftharpoons \underset{\text{酸}_2}{NH_4^+} + \underset{\text{碱}_1}{Ac^-} \quad (H^+ \text{ 由 } HAc \text{ 转移给 } NH_3)$$

从上面的分析看出，任何一个酸碱反应都是质子传递的过程。

酸碱质子理论关于酸碱反应的描述不仅适用于水溶液，对于非水溶液和非溶液的情况同样适用。总之，酸碱质子理论认为酸和碱是通过给出和接受质子的共轭关系相互依存和相互转化的，不管是在水溶剂体系还是在非水溶剂体系，在每个酸碱反应中都是两个共轭酸碱对之间的质子传递反应。

三、酸碱的强度

（一）酸碱的强度

酸碱的强度，是指酸给出质子的能力和碱接受质子的能力，这不仅取决于酸碱本身，同时还与反应对象和溶剂有关。在酸碱反应中，如果酸给出质子的能力强，与其作用的碱就更易结合质子，而显示出更强的碱性；同样如果碱结合质子的能力强，与其作用的酸就更易给出质子，而显示出更强的酸性。另外，由于不同溶剂接受质子和释放质子的能力不同，同一物质在不同溶剂中显示出的酸碱性强度也可能不同。例如 HAc 在水中是弱酸，而在乙二胺中就表现出较强的酸性，因为乙二胺比水接受质子的能力更强。NH_3 在水中为弱碱，在冰醋酸中就表现出强碱性。因此要比较各种酸碱的强度，必须要相同的溶剂。水是最常用的溶剂，一般以水做溶剂来比较各种酸碱释放和接受质子的能力。

（二）溶剂在酸碱平衡中的作用

溶剂作为基准物质，其本身亦是一种质子酸或质子碱，起到了质子酸或质子碱的作用，在酸碱的平衡中参与了质子平衡，即溶剂起了给予质子或接受质子的作用。因而，对于同一酸或碱，在不同溶剂中所表现出来的酸碱性是不一样的。

溶剂参与质子平衡的作用表现在如下两个方面：

1. 拉平效应 不同强度的质子酸或质子碱，被溶剂调整到同一酸强度或碱强度水平的作用，被称为溶剂对质子酸或质子碱的拉平效应。

在水溶液中，HCl 是强酸，HAc 是弱酸，但在液氨中均表现为强酸性，这是因为 NH_3 接受质子的能力比水强，促进下面两个反应向右进行得比较完全。

$$HAc + NH_3 \rightleftharpoons NH_4^+ + Ac^-$$

$$HCl + NH_3 \rightleftharpoons NH_4^+ + Cl^-$$

NH_3 接受 HCl 和 HAc 转移的质子，将它们的酸性都拉平到 NH_4^+ 的水平，使 HCl 和 HAc 在液氨中不存在强度上的差别。液氨对 HAc 和 HCl 具有拉平效应，因而液氨是 HAc 和 HCl 的拉平溶剂。又如 HCl、HNO_3、H_2SO_4、$HClO_4$ 等无机酸，在水溶液中都是强酸，这些酸溶于水后全部被拉平到水合质子 H_3O^+ 的水平，它们原有的强度差异就不能表现出来了，所以水是他们的拉平溶剂。

同理，醋酸给出质子的能力比水强，使 NaOH 和 NH_3 在醋酸中都具有较强的碱性，醋酸对 NaOH 和 NH_3 具有拉平效应，所以醋酸是 NaOH 和 NH_3 的拉平溶剂。

2. 区分效应 溶剂把质子酸碱强度区分开来的作用被称为区分效应。

上述 HCl、HNO_3、H_2SO_4、$HClO_4$ 这四种无机酸，在水溶液中都是强酸，这是因为水是它们的拉平溶剂。若以一种酸性强于 H_2O 的物质（如冰醋酸）为溶剂，则该溶剂接受质子的能力（碱性）比水较弱，就会使这四种酸的强度显示出较大的区别。如在冰醋酸中，其酸碱平衡如下：

$$HClO_4 + HAc \rightleftharpoons H_2Ac^+ + ClO_4^- \qquad K_a = 1.6 \times 10^{-6}$$

$$H_2SO_4 + HAc \rightleftharpoons H_2Ac^+ + HSO_4^- \qquad K_{a_1} = 6.3 \times 10^{-9}$$

$$HCl + HAc \rightleftharpoons H_2Ac^+ + Cl^- \qquad K_a = 1.6 \times 10^{-9}$$

$$HNO_3 + HAc \rightleftharpoons H_2Ac^+ + NO_3^- \qquad K_a = 4.2 \times 10^{-10}$$

从 K_a 的数值看，这四种酸的强度顺序为：

$HClO_4 > H_2SO_4 > HCl > HNO_3$，因此冰醋酸是它们的区分溶剂。

一般说来，酸性溶剂可以对酸产生区分效应，对碱产生拉平效应；碱性溶剂可以对碱产生区分效应，对酸产生拉平效应。

酸碱质子理论扩大了酸碱的含义和范围，摆脱了酸碱在水中发生反应的局限性，并把水溶液中进行的各种酸碱反应系统地归纳为质子传递的酸碱反应，都能从质子理论的角度进行说明，进一步加深了人们对于酸、碱和酸碱反应本质的认识，这是质子理论的进步。但是，质子理论不能解释不含氢的一类化合物的反应，因此质子理论仍有一定的局限性。

知识链接

酸碱理论的发展

很多科学发现都是长期研究与累积得到的结果，科学发现是一个不断地解决问题、总结经验和修正错误的过程，酸碱理论的发展与完善亦是如此。关于什么是酸、什么是碱，在化学史上已经探讨了三百年多年。酸碱概念的发展过程，反映了化学从性质到结构的转化。最初人们将有酸味的物质叫做酸，有涩味的物质叫做碱；18 世纪后期，当氧元素被发现以后，人们开始从组成上认识酸碱，认为酸中一定含有氧元素；到了 19 世纪初，随着盐酸等无氧酸的发现，英国的戴维提出了"氢才是组成酸所不可缺少的元素"的观点；再到 1887 年瑞典科学家阿伦尼乌斯提出了酸碱电离理论；为了克服电离理论的局限性，1923 年，丹麦的布朗斯台特和英国的劳瑞各自独立地提出了新的酸碱质子理论；由于质子理论不能解释无质子的溶剂中的酸碱反应，据此，美国物理化学家路易斯又发展起来适用范围最广的酸碱的电子理论，后来人们又在路易斯酸碱电子理论的基础上提出软硬酸碱理论。到目前为止，还没有一种在所有场合下都完全适用的酸碱理论，关于酸和碱的概念及其理论有待进一步完善，可以想象，这一过程亦将随着人类的求索而不断展开与延续下去。

第二节　电离平衡

一、强电解质和弱电解质

（一）电解质

电解质是指在水溶液中或熔融状态下能够导电的化合物。电解质导电，是在溶于水或熔融状态电离出自由移动的离子而导电的。按照电离程度的不同，可将电解质分为强电解质和弱电解质。

强电解质是指在水溶液中能完全电离成正负离子的电解质。强电解质包括强酸强碱和大部分盐类，如 NaCl、HCl、NaOH 等。由于强电解质在水溶液中是完全电离的，溶液中几乎不存在分子与离子间的相互转换，因此电离是不可逆的，并且溶液具有较强的导电性。例如：

$$NaCl = Na^+ + Cl^-$$

$$HCl = H^+ + Cl^-$$

$$NaOH = Na^+ + OH^-$$

弱电解质是指在水溶液中只有部分电离的电解质。弱电解质包括弱酸、弱碱及部分盐类，如 HAc、$NH_3 \cdot H_2O$、$Pb(Ac)_2$ 等。在弱电解质溶液中，由于只是部分电离，因此未电离的弱电解质分子与已电离生成的离子共存，离子之间又会相互吸引，一部分重新结合成分子，因而弱电解质的电离是可逆的。例如：

$$HAc \rightleftharpoons H^+ + Ac^-$$

$$NH_3 \cdot H_2O \rightleftharpoons NH_4^+ + OH^-$$

理解电解质的强弱时应注意，电解质的强弱与溶解性无关，如 $BaSO_4$ 是难溶物质，但是强电解质；HAc 是易溶物质，但是弱电解质。

（二）电离度

弱电解质在水溶液中的电离程度是不同的。弱电解质的电离程度大小可以用电离度（α）来表示。电离度是弱电解质达到电离平衡时，已电离的电解质分子数占电解质分子总数的百分比。

$$\alpha = \frac{\text{已电离的分子数}}{\text{电解质分子总数}} \times 100\% = \frac{\text{已电离的浓度}}{\text{电解质总浓度}} \times 100\% \qquad \text{（式 7-1）}$$

例如 0.1mol/L HAc 溶液中，HAc 的电离度 $\alpha = 1.33\%$，即每 10^4 个 HAc 分子中有 133 个 HAc 分子发生电离。从而可以计算出溶液中的 $[H^+]$ 为：

$$[H^+] = 0.1\text{mol/L} \times 1.33\% = 1.33 \times 10^{-3}\text{mol/L}$$

电离度是弱电解质电离程度的标志，电解质愈弱，其电离度就愈小。弱电解质电离度的大小，不仅与弱电解质的本性有关，还与溶液的浓度、温度等因素有关。弱电解质的电离度随溶液浓度的减小而增大。这是因为，溶液浓度越小，单位体积内离子数越少，离子间相互碰撞结合成分子的机会就减少，电离度就增大。弱电解质的电离度随温度的升高而增大，这是因为电离过程是吸热过程，升高温度有利于弱电解质的解离。所以表示弱电解质的电离度时要注明溶液的浓度和温度。表 7-3 是几种弱电解质的电离度。

表 7-3　几种弱电解质的电离度（298K，0.10mol/L）

电解质	化学式	电离度 α
草酸	H_2CO_4	31%
磷酸	H_3PO_4	26%
亚硫酸	H_2SO_3	20%
氢氟酸	HF	15%
醋酸	HAc	1.3%
氢硫酸	H_2S	0.07%
溴酸	$HBrO_3$	0.01%
氢氰酸	HCN	0.007%
氨水	$NH_3 \cdot H_2O$	1.3%

（三）活度和活度系数

在强电解质溶液中，由于离子的相互影响，使真正发挥作用的离子浓度比强电解质完全电离时应达到的离子浓度要小。1907 年美国化学家路易斯（Lewis）把强电解质溶液中实际上能起作用的离子浓度称为有效浓度，又称活度。活度通常用 a 表示，活度与溶液浓度 c 的关系为：

$$a_i = \gamma_i c_i \qquad \text{（式 7-2）}$$

γ 称为该离子的活度系数，它反映了电解质溶液中离子相互牵制作用的大小。通常情况下 $\gamma_i < 1$，离子的活度小于实际浓度。溶液越浓，离子间的牵制作用越大，γ 越小，反之亦然。

对于液态和固态的纯物质以及稀溶液中的溶剂（如水），其活度系数均视为 1；一般情况下，中性分子的活度系数也视为 1；对于弱电解质溶液，因其离子浓度很小，一般把活度系数也视为 1。

从理论上说，在强电解质溶液中进行有关计算时，都应用活度代替浓度才能得到准确结果。但如果对计算结果要求不高时，可用浓度进行计算，实际上通常平时都是用浓度进行计算。

ER-7-4
弱酸、弱碱的电离平衡视频

二、弱电解质的电离平衡

（一）一元弱酸、弱碱的电离平衡

强电解质在水溶液中是全部电离的，不存在电离平衡。弱电解质在溶液中只能部分电离，在未电离的弱电解质分子与已电离生成的离子之间存在着电离平衡。从酸碱质子理论来看，弱电解质的电离过程实质上是弱电解质分子与溶剂水分子间的质子传递过程。以 HA 代表一元弱酸，在水溶液中 HA 与水的质子传递平衡，可用下式表示：

$$HA + H_2O \rightleftharpoons A^- + H_3O^+$$

可简写为：

$$HA \rightleftharpoons A^- + H^+$$

根据化学平衡原理，其平衡常数可表示为

$$K_a = \frac{[H^+][A^-]}{[HA]} \qquad (式\ 7\text{-}3)$$

弱电解质的电离平衡常数简称为电离常数。通常，弱酸的电离常数用 K_a 表示，弱碱的电离常数用 K_b 表示。平衡时各组分的浓度用以 mol/L 为单位的物质的量浓度表示。

一元弱碱的电离情况也是这样。如 NH_3 的电离：

$$NH_3 + H_2O \rightleftharpoons NH_4^+ + OH^-$$

当达到电离平衡时

$$K_b = \frac{[NH_4^+][OH^-]}{[NH_3]} \qquad (式\ 7\text{-}4)$$

弱酸、弱碱的电离常数是化学平衡常数的一种形式，其意义如下：

（1）电离常数是表征弱酸、弱碱解离程度的特征常数，不同的弱酸或弱碱电离常数也不同，其值越小，弱酸、弱碱解离程度越小，酸性或碱性就越弱。一些弱酸弱碱的电离常数见附录四平衡常数中表附 4-1。

（2）电离常数与弱酸、弱碱的浓度无关。同一温度下，不论弱酸、弱碱的浓度如何变化，电离常数不会改变。例如 298K 时不同浓度 HAc 溶液的电离度和电离常数如表 7-4 所示。

表 7-4　不同浓度 HAc 溶液的电离度和电离常数（298K）

c/mol·L^{-1}	电离度 α/%	电离常数 K_a
0.2	0.934	1.76×10^{-5}
0.1	1.33	1.76×10^{-5}
0.02	2.96	1.76×10^{-5}
0.001	12.4	1.76×10^{-5}

（3）电离常数随温度变化而变化，但温度变化不大时对其影响较小，所以可忽略温度对 K_a、K_b 的影响。不同温度下 HAc 的电离常数如表 7-5 所示。

表 7-5　不同温度下 HAc 的电离常数

温度 /K	283	293	303	313	323	333
K_a	1.7×10^{-5}	1.7×10^{-5}	1.7×10^{-5}	1.7×10^{-5}	1.6×10^{-5}	1.5×10^{-5}

（二）电离常数与电离度的关系

电离常数与电离度都能反映弱电解质的电离程度，它们之间既有区别又有联系。电离常数表示的是解离平衡，与电解质的浓度无关。电离度表示的是弱电解质在一定条件下的解离程度，它随浓度的变化而变化(表 7-4)。因此,电离常数能更好地反映弱电解质的特征,应用范围比电离度更广。电离常数与电离度之间的关系以 HAc 的电离平衡为例来说明。

$$HAc \rightleftharpoons H^+ + Ac^-$$

	HAc	H^+	Ac^-
开始浓度	c	0	0
平衡浓度	$c-c\alpha$	$c\alpha$	$c\alpha$

$$K_a = \frac{c\alpha \times c\alpha}{c-c\alpha} = \frac{c\alpha^2}{1-\alpha}$$

当 α 很小时,$1-\alpha \approx 1$

$$K_a = c\alpha^2 \quad 或 \quad \alpha = \sqrt{\frac{K_a}{c}} \qquad (式 7-5)$$

该公式反映了弱电解质的电离度、电离常数和溶液浓度之间的关系,这种关系称为稀释定律。该定律表明:在一定温度下,同一弱电解质的电离度与其浓度的平方根成反比,即浓度越稀电离度越大;浓度相同时,不同弱电解质的电离度与电离常数的平方根成正比,即电离常数越大,电离度也越大。

课堂互动

弱酸越稀,其电离度就越大,是否就可以认为其酸性就越强?

(三)共轭酸碱的 K_a 与 K_b 的关系

共轭酸碱对的 K_a 与 K_b 的关系,可以根据酸碱质子理论推导出来。

某酸 HA 在水中的质子传递反应平衡式为

$$HA + H_2O \rightleftharpoons A^- + H_3O^+$$

$$K_a = \frac{[H^+][A^-]}{[HA]}$$

其共轭碱 A^- 在水中的质子传递反应平衡式为

$$A^- + H_2O \rightleftharpoons HA + OH^-$$

$$K_b = \frac{[HA][OH^-]}{[A^-]}$$

将平衡常数相乘

$$K_a \times K_b = \frac{[H^+][A^-]}{[HA]} \times \frac{[HA][OH^-]}{[A^-]}$$

$$= [H^+][OH^-] = K_W$$

即:

$$K_a \times K_b = K_W \qquad (式 7-6)$$

令 $pK = -\lg K$,则有

$$pK_a + pK_b = pK_W = 14 \qquad (式 7-7)$$

上式表明,共轭酸碱对的 K_a 与 K_b 成反比,知道酸的电离常数 K_a 就可计算出共轭碱的 K_b,反之亦然。另外也说明,酸愈弱,其共轭碱愈强;碱愈弱,其共轭酸愈强。

在化学文献或一些手册中,往往只给出酸的 K_a 或 pK_a 值,而共轭碱的电离常数可用 K_a 或 pK_a 计算出。

例 1 已知 25℃时,HAc 的 $K_a = 1.76 \times 10^{-5}$,计算 Ac^- 的 K_b 及 pK_b。

解: Ac^- 是 HAc 的共轭碱

根据公式 $K_a \times K_b = K_W$

$$K_b = \frac{K_W}{K_a} = \frac{1.0 \times 10^{-14}}{1.76 \times 10^{-5}} = 5.68 \times 10^{-10}。$$

$$pK_b = -\lg K_b = \lg 5.68\times10^{-10} = 9.25$$

例2 已知25℃时，NH_3 的 $K_b = 1.76\times10^{-5}$，求 NH_4^+ 的 K_a。

解：NH_4^+ 是 NH_3 的共轭酸

根据公式 $K_a \times K_b = K_W$

$$K_a = \frac{K_W}{K_b} = \frac{1.0\times10^{-14}}{1.76\times10^{-5}} = 5.68\times10^{-10}$$

多元弱酸和多元弱碱在水中的质子传递反应都是分步进行的，情况较一元弱酸和弱碱要复杂一些。

例如，二元弱酸 H_2CO_3，其质子传递分两步进行，每一步都有相应的质子传递平衡及平衡常数。

第一步：$H_2CO_3 + H_2O \rightleftharpoons HCO_3^- + H_3O^+ \quad K_{a_1} = 4.30\times10^{-7}$

第二步：$HCO_3^- + H_2O \rightleftharpoons CO_3^{2-} + H_3O^+ \quad K_{a_2} = 5.61\times10^{-11}$

二元弱碱 CO_3^{2-}，其质子传递也分两步进行。

第一步：$CO_3^{2-} + H_2O \rightleftharpoons HCO_3^- + OH^-$

由于 CO_3^{2-} 是 HCO_3^- 的共轭碱，所以：

$$K_{b_1} = \frac{K_W}{K_{a_2}} = \frac{1.0\times10^{-14}}{5.6\times10^{-11}} = 1.78\times10^{-4}$$

第二步：$HCO_3^- + H_2O \rightleftharpoons H_2CO_3 + OH^-$

由于 HCO_3^- 是 H_2CO_3 的共轭碱，所以：

$$K_{b_2} = \frac{K_W}{K_{a_1}} = \frac{1.0\times10^{-14}}{4.3\times10^{-7}} = 2.32\times10^{-8}$$

其他多元弱酸、弱碱 K_a 与 K_b 的关系与 H_2CO_3 与 CO_3^{2-} 类似。

三、同离子效应

在弱电解质溶液里，加入与弱电解质具有相同离子的强电解质，使弱电解质的电离度降低的现象称为同离子效应。例如，在 HAc 溶液中加入 NaAc，将使 HAc 的电离度降低。因为 HAc 在溶液中存在下列电离平衡

$$HAc \rightleftharpoons H^+ + Ac^-$$

当加入强电解质 NaAc 后，NaAc 全部电离为 Na^+ 和 Ac^-

$$NaAc = Na^+ + Ac^-$$

溶液中 Ac^- 浓度大大增加，根据平衡移动原理，使 HAc 的质子传递平衡向左移动，从而降低了 HAc 的电离度。

同理，在 $NH_3 \cdot H_2O$ 溶液中加入强电解质 NH_4Cl 时，由于 NH_4Cl 完全电离，溶液中 NH_4^+ 浓度大大增加，促使 $NH_3 \cdot H_2O$ 电离平衡向左移动，从而降低了 $NH_3 \cdot H_2O$ 的电离度。

$$NH_3 \cdot H_2O \rightleftharpoons NH_4^+ + OH^-$$

$$NH_4Cl = NH_4^+ + Cl^-$$

四、盐 效 应

如果在弱电解质的溶液中加入不含有相同离子的强电解质，这时由于强电解质电离出较多的阴离子和阳离子，这些离子聚集在弱电解质电离出的阳离子和阴离子周围，形成离子氛。由于

离子强度的增大，使离子间相互牵制作用增大，这就会使弱电解质电离出的离子重新结合成弱电解质分子的速度减小，因而使得弱电解质的电离度增大。这种在弱电解质的溶液中加入不含相同离子的强电解质使弱电解质的电离度略微增大的效应称为盐效应。如在 HAc 溶液中加入少量 NaCl，产生的盐效应会使得 HAc 电离度有所增大。

在有盐效应存在的情况下，因强电解质的加入，溶液离子强度增大，浓度与活度存在较大的偏差，这时应用活度代替浓度来进行有关计算。

事实上，在同离子效应发生的同时，也伴随着盐效应。一般温度下，两种效应都不会改变平衡常数，但两种效应的作用是相反的。通常情况下，盐效应比同离子效应弱得多，在讨论同离子效应时，往往忽略其伴随的盐效应。

知识链接

药物的解离度对药效的影响

多数药物为弱酸或弱碱，弱酸性药物在酸性环境中只是少数部分发生解离，弱碱性药物则相反。药物通常是以非解离的形式被吸收，而药物的解离形式和未解离形式比例与药物的解离常数和体液介质的 pH 值有关。酸性药物，如环境酸性越强，则未解离药物浓度就越大。碱性药物，如环境碱性越强，则未解离药物浓度就越大。

根据药物的解离常数可以计算出药物在胃液和肠液中离子型和分子型的比率，判断药物的吸收情况。弱酸性药物在胃液中的解离度小，容易被吸收，例如对乙酰基氨基酚、苯巴比妥、阿司匹林、维生素 C 等；弱碱性药物在胃中几乎全部呈解离形式，很难吸收，而在肠道中，由于 pH 值比较高，容易被吸收，例如奎宁、麻黄碱、氨苯砜、地西泮等；碱性极弱的药物如咖啡因、茶碱等，在酸性介质中解离也很少，在胃中易被吸收；强碱性药物如胍乙啶在整个胃肠道中多是离子化的，以及完全离子化的季铵盐类和磺酸类药物，消化道吸收很差。另外，药物的相互作用也影响药物的解离度，从而影响药物的吸收。

第三节　溶液的酸碱性

一、水的电离平衡

水是重要的溶剂，实验证明纯水有微弱的导电性，说明它是一种极弱的电解质，纯水中存在着下列电离平衡。

$$H_2O + H_2O \rightleftharpoons H_3O^+ + OH^-$$

简写为：

$$H_2O \rightleftharpoons H^+ + OH^-$$

在两个水分子中，一个水分子给出质子是酸，另一个水分子接受质子是碱，这种由于水分子与水分子之间发生的质子传递，称为水的质子自递反应。其平衡常数表示为

$$K_W = [H^+][OH^-] \qquad (式 7\text{-}8)$$

K_W 称为水的离子积常数，简称水的离子积。

水是极弱电解质，水的质子自递倾向非常弱。实验测得 298K 时，1 升纯水仅有 1.0×10^{-7}mol 的水分子发生电离，所以纯水中 $[H^+] = [OH^-] = 1.0 \times 10^{-7}$mol/L

则 $$K_W = [H^+][OH^-] = 1.0 \times 10^{-7} \times 1.0 \times 10^{-7} = 1.0 \times 10^{-14}$$

水的电离是吸热过程，温度升高，K_W 值增大，见表 7-6。

表 7-6　不同温度时水的离子积常数

温度/K	K_W	温度/K	K_W
273	1.139×10^{-15}	298	1.008×10^{-14}
283	2.290×10^{-15}	323	5.474×10^{-14}
293	6.809×10^{-15}	373	5.500×10^{-13}

可以看出，虽然水的离子积随温度的变化而改变，但变化不大。在室温时，通常采用 $K_W=1.0\times10^{-14}$ 进行计算。

二、溶液的酸碱性和 pH 值

水的离子积不仅适用于纯水，也适用于所有水溶液。向纯水中加入酸或碱，能使水的电离平衡发生移动，但是不论水溶液的酸碱性如何，溶液中都同时存在 H^+ 和 OH^-，只是它们浓度的相对大小不同。在室温下溶液的酸碱性与 $[H^+]$ 和 $[OH^-]$ 的关系为：

$$酸性水溶液\ [H^+]>1.0\times10^{-7}mol/L>[OH^-]$$

$$中性水溶液\ [H^+]=1.0\times10^{-7}mol/L=[OH^-]$$

$$碱性水溶液\ [H^+]<1.0\times10^{-7}mol/L<[OH^-]$$

并且在室温下始终有 $[H^+][OH^-]=1.0\times10^{-14}$。故已知 $[H^+]$ 可求 $[OH^-]$；反之，已知 $[OH^-]$ 可求 $[H^+]$。

实际应用中，为了使用方便，通常用 pH 值来表示溶液的酸碱性。pH 值的定义为

$$pH=-\lg[H^+] \qquad (式 7\text{-}9)$$

将 $[H^+]$ 代入式 7-9 可以求出 pH 值的大小。根据 pH 值的大小可以判断溶液的酸碱性：

$$酸性溶液\ pH<7$$

$$中性溶液\ pH=7$$

$$碱性溶液\ pH>7$$

$[OH^-]$ 和 K_W 也可以用它们的负对数来表示，即

$$pOH=-\lg[OH^-]$$

$$pK_W=-\lg K_W$$

室温下，应有：

$$pH+pOH=pK_W=14 \qquad (式 7\text{-}10)$$

pH 值的范围一般在 0～14 之间，相当于溶液中 $[H^+]$ 为 $1\sim10^{-14}$mol/L。当溶液中 $[H^+]$ 或 $[OH^-]$ 大于 1.0mol/L 时，用物质的量浓度表示溶液酸碱性更方便。

课堂互动

水溶液的 pH 值可以小于 0 或大于 14 吗？

三、弱酸和弱碱溶液 pH 值的计算

计算弱酸、弱碱溶液的 pH 值不仅要考虑弱酸、弱碱的电离平衡，还要考虑水的质子自递平衡，计算比较复杂。因此在一般的分析工作中，通常采用近似计算。根据弱酸弱碱的种类不同介绍如下：

（一）一元弱酸和一元弱碱溶液pH值近似计算

1. 一元弱酸溶液pH值近似计算 根据一元弱酸HA在水溶液中的电离，可推导出溶液中$[H^+]$的近似计算公式。

设一元弱酸HA溶液的总浓度为c，其质子传递平衡表达式为

$$HA + H_2O \rightleftharpoons H_3O^+ + A^-$$

公式可简化为

$$HA \rightleftharpoons H^+ + A^-$$

平衡浓度 $c-[H^+]$ $[H^+]$ $[A^-]$

平衡常数为 $K_a = \frac{[H^+][A^-]}{[HA]} = \frac{[H^+]^2}{c-[H^+]}$

由于弱酸的电离度很小，溶液中$[H^+]$远小于HA的总浓度c，则

$c-[H^+]\approx c$，上式可简化为：

$$K_a = \frac{[H^+]^2}{c}$$

$$[H^+] = \sqrt{K_a \times c} \qquad （式7-11）$$

本公式是计算一元弱酸溶液中H^+浓度的简化公式。一般来说，当$\frac{c}{K_a} \geqslant 500$时，可采用此简式计算，其误差小于5%。

例3 计算298K时，0.10mol/L HAc溶液的pH值。（$K_a = 1.76 \times 10^{-5}$）

解： 已知$c = 0.10$mol/L，$c/K_a > 500$，可用简式计算。

$$[H^+] = \sqrt{K_a \times c}$$

$$= \sqrt{0.10 \times 1.76 \times 10^{-5}}$$

$$= 1.33 \times 10^{-3}\text{mol/L}$$

$$pH = -\lg[H^+] = -\lg(1.33 \times 10^{-3}) = 2.88$$

课堂互动

"0.2mol/L CH_3COOH溶液中的$[H^+]$是0.1mol/L CH_3COOH溶液中的$[H^+]$的2倍"，这个说法是否正确？

2. 一元弱碱溶液pH值近似计算 对于一元弱碱溶液，与一元弱酸同样的推导方法，得到溶液中$[OH^-]$的近似计算公式为

$$[OH^-] = \sqrt{K_b \times c} \qquad （式7-12）$$

c为一元弱碱的总浓度。使用此公式的条件是$c/K_b \geqslant 500$。

例4 计算25℃时，0.2mol/L NH_3溶液的pH值。（NH_3的K_b为1.76×10^{-5}）

解： 因为 $c/K_b = \frac{0.2}{1.76 \times 10^{-5}} > 500$

所以 $[OH^-] = \sqrt{K_b \times c} = \sqrt{1.76 \times 10^{-5} \times 0.2}$

$$= 1.88 \times 10^{-3}\text{mol/L}$$

$$pOH = -\lg[OH^-] = -\lg 1.88 \times 10^{-3} = 2.73$$

$$pH = pK_W - pOH = 14 - 2.73 = 11.27$$

例5 计算25℃时，0.1mol/L NaAc溶液的pH值。（已知HAc的$K_a = 1.76 \times 10^{-5}$）

解： NaAc 在水溶液中全部电离为 Na^+ 和 Ac^-，Na^+ 不能提供或接受质子，不显酸碱性，Ac^- 能接受质子是离子碱，其共轭酸是 HAc，根据 K_a 和 K_b 的关系

则 Ac^- 的 $K_b=\dfrac{K_W}{K_a}=\dfrac{10^{-14}}{1.76\times10^{-5}}=5.68\times10^{-10}$

经判断可以使用近似公式

$$[OH^-]=\sqrt{K_b\times c}=\sqrt{5.68\times10^{-10}\times0.10}=7.54\times10^{-6}\text{mol/L}$$

$$pOH=-\lg[OH^-]=-\lg7.54\times10^{-6}=5.12$$

$$pH=14-5.12=8.88$$

（二）多元弱酸和多元弱碱溶液 pH 值近似计算

1. 多元弱酸溶液 pH 值近似计算　凡是能释放出两个或更多质子的弱酸称为多元弱酸。多元弱酸的质子传递反应是分步进行的。例如，H_2CO_3 是二元弱酸，其第一步质子传递平衡为：

$$H_2CO_3+H_2O\rightleftharpoons HCO_3^-+H_3O^+$$

$$K_{a_1}=\frac{[HCO_3^-][H^+]}{[H_2CO_3]}=4.3\times10^{-7}$$

第二步质子传递平衡：

$$HCO_3^-+H_2O\rightleftharpoons CO_3^{2-}+H_3O^+$$

$$K_{a_2}=\frac{[CO_3^{2-}][H^+]}{[HCO_3^-]}=5.61\times10^{-11}$$

碳酸水溶液中的 H^+ 除了由上述两步解离出的 H^+ 之外，还有来自质子自递平衡解离出的 H^+。H^+ 总浓度等于三个平衡所产生的 $[H^+]$ 之和。当 $cK_{a_2}\geqslant20K_W$ 时，可忽略水的质子自递平衡所产生的 $[H^+]$，又由于 K_{a_1} 远远大于 K_{a_2}，所以碳酸水溶液中的 $[H^+]$ 大小主要取决于第一步质子传递平衡，第二步质子传递所产生的 $[H^+]$ 可忽略不计。因此，碳酸溶液中的 $[H^+]$ 计算可按一元弱酸对待。

即当 $c/K_{a_1}\geqslant500$ 时

$$[H^+]=\sqrt{K_{a_1}\times c}\qquad\text{（式 7-13）}$$

溶液中其他离子浓度亦可相应得到：

$$[HCO_3^-]\approx[H^+]\qquad\text{（式 7-14）}$$

$$[CO_3^{2-}]\approx K_{a_2}\qquad\text{（式 7-15）}$$

通过上述二元弱酸溶液中 $[H^+]$ 的计算，可以看出，计算二元弱酸溶液的 $[H^+]$ 时应用的简化公式与一元弱酸的相同。三元弱酸溶液的 $[H^+]$ 的计算也可采用此近似方法。这是由于多元弱酸溶液的 $[H^+]$ 主要来源于第一步电离，所以计算多元弱酸溶液 $[H^+]$ 时，可以近似地把多元弱酸按一元弱酸处理。这一点从它们的电离常数也可看出，绝大多数多元弱酸的电离常数 $K_{a_1}\gg K_{a_2}\gg K_{a_3}$，$K_{a_1}$ 一般相差 10^4 倍以上，即第一步电离远大于第二步电离，第三步电离就更困难了。所以在比较多元弱酸的强弱时，通常只需比较它们的第一步电离常数就可以了。

例 6　计算 25℃时，0.05mol/L H_2CO_3 溶液中的 $[H^+]$、$[HCO_3^-]$、$[CO_3^{2-}]$ 各为多少？pH 值为多少？（已知 H_2CO_3 的 $K_{a_1}=4.30\times10^{-7}$，$K_{a_2}=5.61\times10^{-11}$）

解： $\because\ \dfrac{c}{K_{a_1}}=\dfrac{0.04}{4.30\times10^{-7}}>500$

$\therefore\ [H^+]=\sqrt{K_{a_1}\times c}=\sqrt{4.30\times10^{-7}\times0.05}=1.47\times10^{-4}\text{mol/L}$

$[HCO_3^-]\approx[H^+]=1.47\times10^{-4}\text{mol/L}$

$[CO_3^{2-}]\approx K_{a_2}=5.61\times10^{-11}\text{mol/L}$

$$pH=-\lg[H^+]=-\lg1.47\times10^{-4}=3.83$$

2. 多元弱碱溶液 pH 值近似计算 CO_3^{2-}、PO_4^{3-} 等为多元弱碱（离子碱）。多元弱碱在溶液中接受质子也是分步进行的，与多元弱酸相似。根据类似的条件，可按一元弱碱溶液计算其 $[OH^-]$。

例 7 计算 25℃时，0.10mol/L Na_2CO_3 溶液的 pH 值。（已知 CO_3^{2-} 的 $K_{b_1}=1.78\times10^{-4}$）

解：∵ $\dfrac{c}{K_{b_1}}=\dfrac{0.1}{1.78\times10^{-4}}>500$，可按一元弱碱的简式计算。

∴ $[OH^-]=\sqrt{K_{b_1}\times c}=\sqrt{1.78\times10^{-4}\times0.10}=4.2\times10^{-3}mol/L$

$pOH=-\lg[OH^-]=-\lg4.22\times10^{-3}=2.37$

$pH=14-2.37=11.63$

对于其他多元弱碱溶液 pH 值的计算，也可采用类似二元弱碱溶液的近似计算方法。

（三）两性物质溶液 pH 值近似计算

根据酸碱质子理论，在溶液中既能给出质子，又能接受质子的物质称为两性物质。较重要的两性物质有多元酸的酸式盐（如 $NaHCO_3$）、弱酸弱碱盐（如 NH_4Ac）和氨基酸等。这里仅简单介绍多元酸的酸式盐溶液 pH 值近似计算。当 $cK_{a_2}\geqslant20K_W$，$c/K_{a_1}>20K_W$ 时，$[H^+]$ 的近似计算公式为：

$$[H^+]=\sqrt{K_{a_1}\times K_{a_2}} \qquad \text{（式 7-16）}$$

例 8 计算 25℃时，0.10mol/L $NaHCO_3$ 溶液的 pH 值。（已知 H_2CO_3 的 $K_{a_1}=4.30\times10^{-7}$，$K_{a_2}=5.61\times10^{-11}$）

解：∵ $cK_{a_2}=0.1\times5.61\times10^{-11}=5.61\times10^{-12}\geqslant20K_W$，

$\dfrac{c}{K_{a_1}}=\dfrac{0.1}{4.30\times10^{-7}}=2.33\times10^6>500$，可按近似计算公式计算。

∴ $[H^+]=\sqrt{K_{a_1}\times K_{a_2}}=\sqrt{4.30\times10^{-7}\times5.61\times10^{-11}}=4.91\times10^{-9}mol/L$

$$pH=-\lg[H^+]=-\lg4.91\times10^{-9}=8.31$$

四、酸碱指示剂

借助其颜色变化来指示溶液 pH 值的物质叫做酸碱指示剂。酸碱指示剂通常是一些结构比较复杂的有机弱酸或有机弱碱，它们在溶液中能发生不同程度的电离，其电离前后的颜色不同。酸碱指示剂的电离与溶液酸碱性有关，当溶液 pH 值发生变化时，指示剂的颜色也跟着发生变化，从而指示溶液的酸碱性。现以弱酸型指示剂（HIn）为例来说明酸碱指示剂的变色原理。

弱酸型指示剂（HIn）在溶液中存在如下质子传递平衡：

$$\underset{\text{酸式色}}{HIn}+H_2O\rightleftharpoons H_3O^++\underset{\text{碱式色}}{In^-}$$

或

$$\underset{\text{酸式色}}{HIn}\rightleftharpoons H^++\underset{\text{碱式色}}{In^-}$$

当电离达到平衡时，

$$K_{HIn}=\frac{[H^+][In^-]}{[HIn]} \qquad [H^+]=K_{HIn}\frac{[HIn]}{[In^-]}$$

式中 K_{HIn} 是弱酸型指示剂的质子传递平衡常数。HIn-In^- 代表一对共轭酸碱对，分别呈现不同的颜色。上式两边各取负对数得：

$$pH=pK_{HIn}+\lg\frac{[In^-]}{[HIn]}$$

显然，溶液的颜色与指示剂的碱式色和酸式色浓度之比$[In^-]/[HIn]$有关，当$[HIn] \geqslant [In^-]$时，溶液显示酸式色；当$[In^-] \geqslant [HIn]$时溶液显示碱式色。从公式中可以看出pK_{HIn}是常数，pH值随溶液中$[In^-]/[HIn]$的变化而变化。因此可以通过指示剂在溶液中呈现的颜色来指示溶液的酸碱性。

指示剂在溶液中所呈现的颜色，实际上是指示剂的碱式色和酸式色的混合色。只有当$[In^-]/[HIn]$比值相差10倍以上时，才能观察到颜色的明显变化。也就是说，只有当溶液的$pH \leqslant pK_{HIn}-1$时看到的是酸式色；当溶液的$pH \geqslant pK_{HIn}+1$时看到的是碱式色。如果$[In^-]/[HIn]$的比值相差0.1～10倍时，溶液显示混合颜色。也就是溶液$pH = pK_{HIn} \pm 1$是混合色的范围，超出了这个范围，溶液就显示单一的颜色。这个指示剂发生颜色变化的范围，称为指示剂的变色范围。

从公式看出其理论变色范围是$pH = pK_{HIn} \pm 1$，变色范围是2个pH单位。如甲基橙的$pK_{HIn} = 3.7$，其理论变色范围为$pH = 3.7 \pm 1$。由于人的视觉对不同颜色的敏感程度不同，多数指示剂的实际变色范围不足2个pH单位。指示剂的实际变色范围是通过实验测定的（表7-7）。

表7-7　常用酸碱指示剂pK_{HIn}和变色范围

指示剂	pK_{HIn}	变色范围pH值	酸式色	过渡色	碱式色
百里酚蓝	1.7	1.2～2.8	红	橙	黄
甲基橙	3.7	3.1～4.4	红	橙	黄
溴酚蓝	4.1	3.1～4.6	黄	蓝紫	紫
甲基红	5.0	4.4～6.2	红	橙	黄
溴百里酚蓝	7.3	6.0～7.6	黄	绿	蓝
酚酞	9.1	8.0～9.6	无	粉红	红
百里酚酞	10.0	9.4～10.6	无	淡黄	蓝

利用酸碱指示剂的颜色变化，可以判断溶液pH值，有时还会用到混合指示剂；也可以使用pH试纸测定溶液的pH值；要比较精确地测定溶液的pH值，应该使用酸度计测量。

第四节　缓冲溶液

许多化学反应，特别是生物体内发生的化学反应，必须在适宜而稳定的pH值范围内才能进行；参与生化反应的许多酶需在某一特定pH值条件下，才能发挥其活性；生物体在代谢过程中不断地产生酸和碱，但是各种体液仍需维持自身的pH值在一定范围内，例如人体血液的pH值在7.35～7.45的范围内才能维持机体的酸碱平衡，否则将会引起机体功能失调而生病；许多药物的制备和分析测定等，都需要控制溶液的酸碱性；一些药物制剂需要保存在一定pH值的溶液中才不会失效等。因此，如何控制溶液的pH值是个很重要的问题。缓冲溶液能很好地使溶液的pH值保持稳定。

一、缓冲溶液的概念和组成

在室温条件下，纯水的pH值为7，如果在50ml纯水中加入0.05ml 1.0mol/L的HCl溶液，水的pH值将由7变为3；若在纯水中加入0.05ml 1.0mol/L的NaOH溶液，水的pH值将由7变为11，pH值都发生了显著变化。如果用50ml 0.10mol/L NaCl溶液代替纯水做上述实验，pH值仍会发生同样的变化。如果用50ml 0.10mol/L HAc与0.10mol/L NaAc的混合溶液代替纯水做上述实验，溶液的pH值变化很小。三种溶液的pH值变化见表7-8。

表 7-8 加酸或加碱后溶液 pH 值的变化

溶液	H_2O	0.1mol/L NaCl	0.1mol/L HAc 和 0.1mol/L NaAc
加酸（碱）前溶液的 pH 值	7.0	7.0	4.75
加酸后溶液的 pH 值	3.0	3.0	4.74
加碱后溶液的 pH 值	11.0	11.0	4.76

在三种溶液中加入等量的 HCl 或 NaOH 后，pH 值变化是不同的，在纯水中和 NaCl 溶液中加入少量 HCl 或 NaOH 后 pH 值均改变了 4 个单位；而 HAc 和 NaAc 混合溶液的 pH 值仅改变了 0.1 个单位。这说明 HAc 和 NaAc 混合溶液具有抵御外来酸或碱的影响而保持溶液 pH 值相对稳定的能力。我们把这种能够抵抗外加少量酸、碱或适当稀释而保持溶液 pH 值基本不变的作用称为缓冲作用。具有缓冲作用的溶液称为缓冲溶液。

缓冲溶液具有缓冲作用，是因为缓冲溶液中有抗酸成分和抗碱成分，通常把这两种成分称为缓冲对或缓冲系，它们之间是互为共轭酸碱的关系。

根据组成，缓冲对可分为以下三种类型：

1. **弱酸及其对应的盐** 如 HAc-NaAc、H_2CO_3-$NaHCO_3$ 等。

2. **弱碱及其对应的盐** 如 $NH_3 \cdot H_2O$-NH_4Cl 等。

3. **多元弱酸的酸式盐及其对应的次级盐** 如 $NaHCO_3$-Na_2CO_3、NaH_2PO_4-Na_2HPO_4、Na_2HPO_4-Na_3PO_4 等。

课堂互动

下列哪种溶液具有缓冲作用？

（1）1L 0.1mol/L NaOH 溶液中加入 0.5L 0.1mol/L HAc 溶液。

（2）1L 0.1mol/L HAc 溶液中加入 0.5L 0.1mol/L NaOH 溶液。

二、缓冲溶液作用原理

ER-7-5

缓冲溶液的作用原理与 pH 的计算视频

缓冲溶液为什么具有抗酸、抗碱、抗稀释的作用？现以 HAc-NaAc 缓冲溶液为例来进行讨论。按照酸碱质子理论，在水溶液中，共轭酸碱对存在着如下质子传递平衡：

$$HAc \rightleftharpoons H^+ + Ac^-$$

$$NaAc \longrightarrow Na^+ + Ac^-$$

在缓冲溶液中，由于 NaAc 完全电离，溶液中 Ac^- 的浓度较高，同时由于同离子效应的影响，HAc 的电离度减小，HAc 的浓度接近未电离时的浓度。因此缓冲溶液中 HAc 和 Ac^- 的浓度都比较大，即弱酸和弱酸根离子的浓度都较大。

当向 HAc-NaAc 缓冲溶液中加入少量强酸时，强酸电离出的 H^+ 就与溶液中的 Ac^- 离子结合生成难电离的 HAc：

$$H^+ + Ac^- \rightleftharpoons HAc$$

促使 HAc 的电离平衡向左移动。由于溶液中 Ac^- 浓度较大，加入的少量酸电离出的 H^+ 几乎全部转变为 HAc。当达到新的平衡时，H^+ 浓度没有明显增加，溶液的 pH 值几乎不变。此时 Ac^- 起到了抵抗酸的作用，称之为抗酸成分。

若加入少量强碱时，由于强碱的电离，溶液中 OH^- 增加，OH^- 就会与 HAc 结合生成难电离的 H_2O 和 Ac^-：

$$HAc + OH^- \rightleftharpoons H_2O + Ac^-$$

促使 HAc 的电离平衡向右移动。由于溶液中 HAc 浓度较大，加入的少量碱电离出的 OH^- 几乎全部转变为 H_2O 。当达到新的平衡时，OH^- 浓度没有明显增加，溶液的 pH 值几乎不变。此时 HAc 起到了抵抗碱的作用，称之为抗碱成分。

若向 HAc-NaAc 缓冲溶液中加水稀释时，溶液中 HAc 和 Ac^- 的浓度同时减少，HAc 的电离平衡几乎不移动，H^+ 浓度没有明显改变，溶液的 pH 值同样几乎保持不变。

其他缓冲溶液的缓冲作用原理，都与此相似。

需要注意，如果向缓冲溶液中加入大量的强酸、强碱或显著稀释，溶液中足够浓度的共轭酸、共轭碱将被消耗尽，缓冲溶液就不再具有缓冲能力了。所以缓冲溶液的缓冲能力是有一定限度的。

三、缓冲溶液 pH 值的计算

缓冲溶液的 pH 值可依据质子传递平衡进行计算。我们以弱酸及其共轭碱（$HA\text{-}A^-$）组成的缓冲溶液为例，在该缓冲溶液中存在如下质子传递平衡：

$$HA \rightleftharpoons H^+ + A^-$$

$$K_a = \frac{[H^+][A^-]}{[HAc]} \qquad [H^+] = K_a \times \frac{[HA]}{[A^-]}$$

上式两边各取负对数得：

$$pH = pK_a + \lg\frac{[A^-]}{[HA]} \qquad （式 7-17）$$

此式为缓冲溶液 pH 值计算公式，也称为亨德森 - 哈塞尔巴赫方程式。

由于弱酸 HA 的解离度较小，再由于存在同离子效应，使 HA 的解离度更小。弱酸及其共轭碱的初始浓度分别为 c_{HA} 和 c_{A^-}，平衡时有：

$$[HA] \approx c_{HA}，[A^-] \approx c_{A^-}$$

因此，缓冲溶液 pH 值计算公式可写作：

$$pH = pK_a + \lg\frac{c_{A^-}}{c_{HA}} \qquad （式 7-18）$$

在一定体积的缓冲溶液中，由于$\frac{c_{A^-}}{c_{HA}} = \frac{n_{A^-}}{n_{HA}}$

缓冲溶液 pH 值计算公式还可写作：

$$pH = pK_a + \lg\frac{n_{A^-}}{n_{HA}} \qquad （式 7-19）$$

例 9　0.2mol/L 的 HAc 溶液和 0.2mol/L 的 NaAc 溶液等体积混合配成 100ml 缓冲溶液，已知 HAc 的 $pK_a = 4.75$，求：

（1）此缓冲溶液的 pH 值。

（2）在此溶液中加入 1ml 1.0mol/L HCl 后溶液的 pH 值。

（3）在此溶液中加入 1ml 1.0mol/L NaOH 后溶液的 pH 值。

（4）若在此溶液中加入 10ml 水稀释，溶液的 pH 值。

解：（1）∵　$pH = pK_a + \lg\frac{c_{共轭碱}}{c_{酸}}$

∴　$pH = 4.75 + \lg\frac{0.2\times\frac{1}{2}}{0.2\times\frac{1}{2}} = 4.75$

(2) 加入 1ml 1mol/L HCl 后 HCl 电离出的 H^+ 便会结合 Ac^- 生成 HAc。则

$$c_{HAc}=\frac{0.2}{2}+\frac{1\times10^{-3}\times1.0}{(100+1.0)\times10^{-3}}=0.101\text{mol/L}$$

$$c_{Ac^-}=\frac{0.2}{2}-\frac{1\times10^{-3}\times1.0}{(100+1.0)\times10^{-3}}=0.099\text{mol/L}$$

$$\therefore\qquad pH=4.75+\lg\frac{0.099}{0.101}=4.74$$

溶液的 pH 值比原来降低了约 0.01 个单位，几乎未改变。

(3) 加入 1ml 1.0mol/L NaOH 溶液，增加的 OH^- 便与 HAc 电离的 H^+ 结合生成 H_2O。则

$$c_{HAc}=\frac{0.2}{2}-\frac{1\times10^{-3}\times1.0}{(100+1.0)\times10^{-3}}=0.099\text{mol/L}$$

$$c_{Ac^-}=\frac{0.2}{2}+\frac{1\times10^{-3}\times1.0}{(100+1.0)\times10^{-3}}=0.101\text{mol/L}$$

$$\therefore\qquad pH=4.75+\lg\frac{0.101}{0.099}=4.76$$

溶液的 pH 值比原来升高了约 0.01 个单位，也几乎未改变。

(4) 加入 10ml 水稀释后，溶液中 HAc 和 NaAc 的浓度均以相同倍数减小，$\frac{c_{共轭碱}}{c_{酸}}$值不变，所以 pH 值几乎不变。

通过以上计算可以清楚地看出，缓冲溶液的缓冲作用是十分明显的。但是一切缓冲溶液的缓冲能力都是有一定限度的，超过这个限度，缓冲溶液就会失去缓冲作用。缓冲溶液的缓冲能力大小，常用缓冲容量来表示，所谓缓冲容量就是：单位体积缓冲溶液的 pH 值改变一个单位所需加入强酸(H^+)或强碱(OH^-)的物质的量。

缓冲溶液的缓冲容量越大，说明缓冲溶液的缓冲能力越强。

缓冲溶液的缓冲容量大小，与缓冲溶液的总浓度($c_{弱酸}+c_{共轭碱}$)有关，总浓度越大，缓冲容量越大；反之，缓冲容量就小。缓冲容量的大小还与组成缓冲溶液的两种组分的浓度比值($c_{弱酸}/c_{共轭碱}$，也称为缓冲比)有关，一般来说缓冲溶液的缓冲比($c_{弱酸}/c_{共轭碱}$)为 1∶1 时，缓冲溶液的缓冲能力最大；当缓冲溶液的缓冲比在 1∶10～10∶1 之间，缓冲溶液具有较大的缓冲能力。否则，缓冲能力太小起不到缓冲作用。

四、缓冲溶液的配制

在实际工作中，有时需要配制一定 pH 值的缓冲溶液，首先要选择好缓冲对，还要使所配缓冲溶液具有较大的缓冲能力，一般的原则和步骤是：

1. 选择合适的缓冲对 使其中弱酸的 pK_a 尽可能与所配缓冲溶液的 pH 值相等或接近，以保证缓冲对在总浓度一定时，具有较大的缓冲能力。如配制 pH＝4.8 的缓冲溶液可选择 $HAc\text{-}Ac^-$ 缓冲对，因 HAc 的 $pK_a=4.75$；又如配制 pH＝7 的缓冲溶液可选择 $NaH_2PO_4\text{-}Na_2HPO_4$ 缓冲对，因为 H_3PO_4 的 $pK_2=7.21$。

组成缓冲对的物质应稳定、无毒、不能与反应物和生成物发生化学反应。在选择药用缓冲对时，还要考虑是否与主药发生配伍禁忌等。例如，硼酸及其共轭碱(硼酸盐)缓冲对有毒，不能用于培养细菌或用作注射液及口服液的缓冲液。在需加热灭菌和储存期内为保持稳定，不能用易分解的 $H_2CO_3\text{-}HCO_3^-$ 缓冲对。

2. 选择适当的浓度 为使缓冲溶液具有较大的缓冲能力，除注意所配制的缓冲溶液要有一定的总浓度外，还应注意浓度过高会引起渗透浓度过大或试剂的浪费。一般情况下，缓冲溶液的

总浓度范围在 0.05～0.5mol/L 之间比较合适。

3. 如果弱酸的 pK_a 与要配制的缓冲溶液 pH 值不相等　可按照所需配制缓冲溶液的 pH 值，利用缓冲溶液 pH 值计算公式计算出弱酸及其共轭碱的浓度比。

实际配制缓冲溶液时，弱酸与其共轭碱常选择相等的使用浓度，这时缓冲溶液 pH 值计算公式又可以写作：

$$pH = pK_a + \lg\frac{V_{A^-}}{V_{HA}} \qquad \text{（式 7-20）}$$

式中的V_{A^-}和 V_{HA} 分别表示缓冲溶液中弱酸与其共轭碱的体积，也就是配制时它们的取用体积。

4. 缓冲溶液配好后，再用 pH 值酸度计对所配制缓冲溶液进行校正。

例 10　如何配制 1 000ml pH＝5.0 的缓冲溶液？

解：(1) 选择合适的缓冲对：由于 HAc 的 pK_a=4.75，接近于 5.0，所以可选用 HAc-NaAc 缓冲对。

(2) 选择合适的浓度：根据要求具有中等缓冲能力，并且为了计算方便，选用 0.1mol/L 的 HAc 和 0.1mol/L 的 NaAc 来配制。

(3) 计算所需弱酸与其共轭碱的体积比：由于选择了相同使用浓度的弱酸与其共轭碱，根据公式

$$pH = pK_a + \lg\frac{V_{A^-}}{V_{HA}}$$

得：

$$5.0 = 4.75 + \lg\frac{V_{A^-}}{V_{HA}}$$

$$\lg\frac{V_{A^-}}{V_{HA}} = 0.25$$

$$\frac{V_{A^-}}{V_{HA}} = 1.78$$

(4) 计算所需弱酸与其共轭碱的体积：因为总体积为 1 000ml，故：

$$V_{共轭碱} + V_{酸} = 1\,000\text{ml}$$

$$1.78\,V_{酸} + V_{酸} = 1\,000\text{ml}$$

$$V_{酸} = 359\text{ml}$$

$$V_{共轭碱} = 641\text{ml}$$

量取 641ml 0.10mol/L 的 NaAc 溶液和 359ml 0.1mol/L 的 HAc 溶液混合，即可配制成 1 000ml pH＝5.0 的缓冲溶液（混合后体积变化忽略不计）。

缓冲溶液的配制，除直接选用组成缓冲对的物质的溶液进行配制外，也常在一定量的弱酸（或弱碱）溶液中，加入少量强碱（或强酸）进行配制。

在实际应用中，常常不用计算，可以从有关手册中查到缓冲溶液的配制方法，依照这些现成的配方进行配制，就可以得到所需准确 pH 值的缓冲溶液，见表 7-9。

表 7-9　几种简易缓冲溶液的配制

pH 值	配制方法
4.0	$NaAc \cdot 3H_2O$ 20g 溶于适量水中，加入 6mol/L HAc 134ml，稀释至 500ml
5.0	$NaAc \cdot 3H_2O$ 50g 溶于适量水中，加入 6mol/L HAc 134ml，稀释至 500ml
7.0	NH_4Ac 77g 溶于适量水中，稀释至 500ml
8.0	NH_4Cl 50g 溶于适量水中，加入 15mol/L 氨水 3.5ml，稀释至 500ml
9.0	NH_4Cl 35g 溶于适量水中，加入 15mol/L 氨水 24ml，稀释至 500ml
10.0	NH_4Cl 27g 溶于适量水中，加入 15mol/L 氨水 197ml，稀释至 500ml
11.0	NH_4Cl 3g 溶于适量水中，加入 15mol/L 氨水 207ml，稀释至 500ml

五、缓冲溶液在医药学上的意义

人体内各种体液的 pH 值具有十分重要的意义，人体内的各种酶只有在一定 pH 值范围的体液中才具有活性，超出范围就会引起酸中毒或碱中毒，导致代谢障碍等问题。人体中各种体液的 pH 值见表 7-10。在医学上，在体外细胞的培养、组织切片和细菌的染色、血库中血液的冷藏，都需要在一定的 pH 值条件下进行。一些药剂的生产、固体制剂的稀释，pH 值也要保持恒定。

表 7-10 人体中各种体液的 pH 值

体液	pH 值	体液	pH 值
血清	7.35～7.45	泪液	7.3～7.4
唾液	6.35～6.85	脑脊液	7.35～7.45
胰液	7.5～8.0	成人胃液	0.9～1.5
小肠液	7.5～7.6	婴儿胃液	2.5～3.5
大肠液	8.3～8.4	尿液	4.8～7.5
乳液	6.0～6.9		

（一）血液中的缓冲对

人体内血液的组成成分之一血浆的正常 pH 值为 7.35～7.45。如果血浆 pH 值低于 7.35，就会出现酸中毒，高于 7.45，就会出现碱中毒。人体在新陈代谢过程中，会产生许多酸性物质，另外食物中也常含有一些碱性物质等。这些酸性和碱性的物质进入血液却没有引起血液 pH 值发生较大的变化，这是因为血液中的缓冲体系起了重要作用。

血液中有很多缓冲体系，但起缓冲作用的主要有 4 个：①碳酸氢盐缓冲体系（H_2CO_3-$NaHCO_3$，H_2CO_3-$KHCO_3$）；②血红蛋白缓冲体系（HHb-KHb，$HHbO_2$-$KHbO_2$）；③血浆蛋白缓冲体系（HPr-NaPr）；④磷酸氢盐缓冲体系（NaH_2PO_4-Na_2HPO_4，KH_2PO_4-K_2HPO_4）。

在血液中的各种缓冲体系中，以碳酸缓冲体系（H_2CO_3-HCO_3^-）最为重要。H_2CO_3 在血液中主要以溶解的 CO_2 形式存在，因而可以把 H_2CO_3-HCO_3^- 缓冲系写成 CO_2-HCO_3^-，存在的平衡如下：

$$CO_2(溶解) + H_2O \rightleftharpoons H_2CO_3 \rightleftharpoons H^+ + HCO_3^-$$

人体内各组织和细胞在代谢中产生的酸进入血液引起$[H^+]$增加时，抗酸成分 HCO_3^- 与 H^+ 结合使上述平衡向左移动，形成更多的碳酸，分解成 CO_2，通过血液由肺部呼出，使$[H^+]$不发生明显的变化，即缓冲体系阻止了 pH 值的变化。如果代谢产生的碱进入血液，则上述血液中的离解平衡向右移动，从而抑制 pH 值的升高。而血液中升高的$[HCO_3^-]$可通过肾脏功能的调节使其浓度降低。HCO_3^- 是血浆中浓度最大的抗酸成分，在一定程度上可以代表血浆对体内所产生的酸性物质的缓冲能力。在临床上将血浆中的 HCO_3^- 浓度称为“碱储量”，作为一种常规检查。

正常人血浆中 H_2CO_3-HCO_3^- 缓冲体系的 HCO_3^- 和 CO_2 比值，即缓冲比为 20，已超出体外缓冲溶液有效缓冲比（0.1～10）的范围，该缓冲体系的缓冲能力应很小，但事实上，血液中碳酸缓冲体系的缓冲能力却是很强的。因为体内碳酸缓冲体系在发生缓冲作用后，所引起的抗酸成分 HCO_3^- 和抗碱成分 H_2CO_3（或 CO_2）的浓度的改变可以及时由肺的呼吸作用和肾的生理功能获得补充和调节，使得血液中的 HCO_3^- 和 CO_2 的浓度保持相对稳定。因此，血浆中的碳酸缓冲体系总能保持相当强的缓冲能力，特别是抗酸的能力。血浆中碳酸缓冲体系的缓冲作用与肺、肾的调节作用的关系为：

$$H_2CO_3 \underset{H^+}{\overset{OH^-}{\rightleftharpoons}} HCO_3^-$$

$$肺 \rightleftharpoons CO_2 + H_2O \quad 肾$$

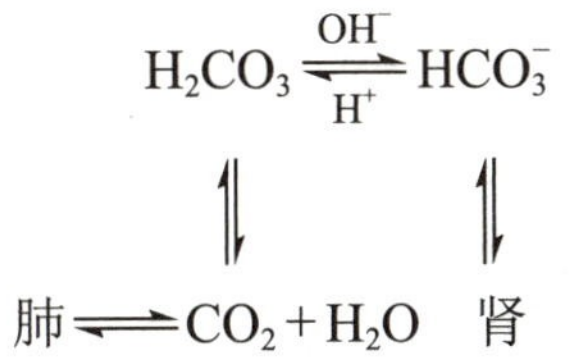

当体内的酸性物质增多时，$[H^+]$ 增加，上述平衡向左移动，$[H_2CO_3]$ 增大，$[HCO_3^-]$ 减小，缓冲比小于 20，这时体内的补偿机制一方面使肺加快呼吸速度排除多余的 CO_2，另一方面加速 H^+ 的排泄和延长肾里 HCO_3^- 的停留时间，使缓冲比恢复到 20，pH 值恢复到正常水平。当体内的碱性物质增多时，上述平衡向右移动，$[H_2CO_3]$ 减小，$[HCO_3^-]$ 增大，缓冲比大于 20，体内补偿机制由肺控制 CO_2 的排出量和通过肾增加 HCO_3^- 的排泄，使血浆的 pH 值恢复到正常水平。

血液中其他缓冲系的抗酸抗碱作用和 CO_2-HCO_3^- 缓冲作用的原理相似。

（二）缓冲溶液在药品制剂中的应用

在药剂生产上，要根据人的生理状况及药物的稳定性和溶解度等情况，选择适当的缓冲系来维持稳定的 pH 值。如在配制抗生素的注射剂时，常加入适量的维生素 C 与甘氨酸钠作为缓冲系，以减少对机体的刺激，而且有利于机体对药物的吸收。又如维生素 C 水溶液（5mg/ml）的 pH 值为 3.0，若直接用于局部注射会导致疼痛，常用 $NaHCO_3$ 调节其 pH 值在 5.5～6.0，这样既可以减轻注射时的疼痛，又能增加其稳定性。另外，在生物制药过程中微生物的培养，以及研究、生产酶制剂时，都需用一定 pH 值的缓冲溶液。

（张宝成）

？　复习思考题

一、填空题

1. 根据酸碱质子理论，凡是能给出质子的物质都是_____，凡是能接受质子的物质都是_____。

2. 人们把相差一个_____的一对共轭酸碱对称为共轭酸碱对。

3. 在温度不变的条件下，弱电解质溶液浓度减小，其电离度_____，电离平衡常数_____。

4. 共轭酸碱对的 K_a 与 K_b 的关系是_____。

5. 能抵抗外加的少量强酸、强碱或适当稀释，而保持溶液_____的作用称为缓冲作用。

6. 借助于颜色改变来指示溶液 pH 值的物质叫_____。

二、简答题

1. 酸碱的强弱由哪些因素决定？

2. 以 HAc-NaAc 缓冲对为例说明缓冲溶液的作用原理。

3. 在水溶液中 HAc 是一种弱酸，为什么在液氨溶液中是一种强酸？

三、计算题

1. 计算下列各溶液的 pH 值

（1）0.1mol/L HAc 溶液。

（2）0.1mol/L $NH_3 \cdot H_2O$ 溶液。

（3）0.1mol/L NH_4Cl 溶液。

（4）0.1mol/L H_2CO_3 溶液。

（5）0.1mol/L $NaHCO_3$ 溶液。

（6）0.1mol/L HAc 与 0.1mol/L NaOH 等体积混合所得的溶液。

(7) 0.2mol/L HAc 与 0.1mol/L NaOH 等体积混合所得的溶液。

(8) 0.1mol/L HAc 与 0.2mol/L NaOH 等体积混合所得的溶液。

2. 配制 1L pH = 5.0 的缓冲溶液，应取用 0.5mol/L HAc 溶液和 0.5mol/L NaAc 溶液各多少体积（已知 HAc 的 $pK_a = 4.75$）？

四、思考题

ER-7-6

扫一扫，测一测

在过去一段时间里，“酸碱体质”对很多人养生观产生了较深的影响，甚至有一些人至今仍执迷不悟。2018 年 11 月初，“酸碱体质”理论创始人罗伯特•欧•扬在美国被法庭判决赔偿患者 1.05 亿美元，酸碱体质的理论就此破灭。这个创始人亲自承认，“酸碱体质”不过是一场商业骗局。请同学们思考为什么“酸碱体质”是彻头彻尾的伪科学。

第八章　难溶电解质的沉淀－溶解平衡

PPT课件

学习目标

【知识目标】

1. 了解难溶物在水中的溶解情况，认识沉淀溶解平衡的建立过程。
2. 熟悉沉淀、分步沉淀、沉淀溶解、沉淀转化的原理和方法。
3. 了解沉淀溶解平衡在生产、生活中的应用。

【能力目标】

1. 能进行溶解度与溶度积的有关计算。
2. 能利用溶度积规则判断沉淀的产生、溶解、转化。
3. 能较熟练地进行溶度积测定的实验操作。

【素质目标】

培养学生利用溶度积原理分析问题和生产及应用过程中解决问题的能力；提高学生自主学习意识。

知识导览

不同电解质在水中的溶解度是不同的，绝对不溶解的物质是不存在的。难溶电解质是指在298K时，溶解度小于0.01g水的电解质。在含有难溶电解质的饱和溶液中，存在着未溶解的固体电解质与溶解产生的离子之间的平衡，即沉淀溶解平衡，这是一种常见的化学平衡。由于在反应过程中伴随着一种物相的生成或消失，因此该平衡属于多相平衡。实际工作中，经常利用沉淀－溶解平衡理论来指导药物的生产、制备、分离、净化及定性、定量分析。本章重点讨论难溶强电解质的沉淀－溶解平衡理论及沉淀的生成、溶解、分步沉淀、沉淀的转化等内容。

第一节　溶　度　积

一、沉淀－溶解平衡与溶度积常数

（一）沉淀－溶解平衡

难溶电解质在水中的溶解是一个复杂的过程。例如 $AgCl_{(s)}$ 是由 Ag^+ 和 Cl^- 组成的晶体，在一定温度下，把难溶的 AgCl 固体放入水中，一方面，由于水分子的作用，不断地有 Ag^+ 和 Cl^- 脱离 AgCl 固体表面而进入溶液，成为无规则运动的水合离子，这个过程称为**溶解**；另一方面，已经溶解在溶液中的 Ag^+ 和 Cl^- 也在不停地运动并相互碰撞，离子在运动过程中碰到 AgCl 固体的表面，又会重新回到固体表面上去，这个过程称为**沉淀**。

任何难溶电解质的溶解和沉淀都是可逆的两个过程。如果溶液是不饱和的，那么溶液中溶解过程是主要的，即溶解速率大于沉淀速率，固体继续溶解；相反在过饱和溶液中，沉淀过程是主要的，即沉淀速率大于溶解速率，会有一些沉淀生成；如果溶液中沉淀和溶解两个相反过程的速率相等，溶液就达到饱和状态。在饱和溶液中各种离子的浓度不再改变，但沉淀和溶解这两个相反过程并没有停止，此时固体和溶液中的离子之间处于一种动态的平衡状态。这种难溶强电解质在饱和溶液中溶解与沉淀的平衡，称为**沉淀-溶解平衡**。例如 AgCl 的沉淀-溶解平衡可表示为：

$$AgCl_{(s)} \rightleftharpoons Ag^{+} + Cl^{-}$$

未溶解的固体　溶液中的离子

（二）溶度积常数

在难溶电解质 AgCl 的饱和溶液中，存在沉淀-溶解平衡，根据化学平衡定律，其平衡常数表达式为：

$$K = K[AgCl_{(s)}] = [Ag^{+}][Cl^{-}]$$

式中 $K[AgCl_{(s)}]$ 是一个常数，用 K_{sp} 表示。

$$K_{sp} = K[AgCl_{(s)}] = [Ag^{+}][Cl^{-}]$$

K_{sp} 表示在难溶强电解质的饱和溶液中，当温度一定时，其离子浓度幂的乘积是一个常数，称为溶度积常数，简称为溶度积。它反映了难溶强电解质在水中的溶解能力，同时也反映了生成该难溶电解质沉淀的难易。任何难溶电解质，无论它多么难溶，其饱和溶液中总有与其形成平衡的离子，其离子浓度幂的乘积必定是一个常数。

对于电离出两个以上相同离子的难溶强电解质，其 K_{sp} 公式中各离子的浓度项，应取其沉淀-溶解平衡方程式中该离子的系数为指数，例如

$$Ag_2CrO_{4(s)} \rightleftharpoons 2Ag^{+} + CrO_4^{2-}$$

$$K_{sp} = [Ag^{+}]^2[CrO_4^{2-}]$$

又如

$$Fe(OH)_3 \rightleftharpoons Fe^{3+} + 3OH^{-}$$

$$K_{sp} = [Fe^{3+}][OH^{-}]^3$$

难溶强电解质有不同类型，如 AB 型（AgCl）、A_2B 型（Ag_2CrO_4）、AB_2 型（PbI_2）等。对于一般难溶电解质用符号 A_mB_n 表示，其溶度积通式可表示为：

$$A_mB_n \rightleftharpoons mA^{n+} + nB^{m-}$$

$$K_{sp} = [A^{n+}]^m[B^{m-}]^n$$

课堂互动

写出难溶电解质 AgCl、$PbCl_2$、$Cr(OH)_3$、$Ba_3(PO_4)_2$ 的溶度积表达式。

不同难溶强电解质的溶度积常数是不同的，表 8-1 给出了几种难溶强电解质的溶度积常数。

表 8-1 一些常见难溶电解质的溶度积常数（298K）

名称	化学式	溶度积（K_{sp}）
氯化银	AgCl	1.77×10^{-10}
溴化银	AgBr	5.35×10^{-13}
碘化银	AgI	8.52×10^{-17}
氰化银	AgCN	5.97×10^{-17}
铬酸银	Ag_2CrO_4	1.12×10^{-12}
碳酸钡	$BaCO_3$	2.58×10^{-9}
硫酸钡	$BaSO_4$	1.08×10^{-10}
铬酸钡	$BaCrO_4$	1.17×10^{-10}

续表

名称	化学式	溶度积(K_{sp})
碳酸钙	$CaCO_3$	3.36×10^{-9}
草酸钙	CaC_2O_4	1.46×10^{-10}
硫酸钙	$CaSO_4$	4.93×10^{-5}
硫化铜	CuS	1.27×10^{-36}
氢氧化亚铁	$Fe(OH)_2$	4.87×10^{-17}
氢氧化铁	$Fe(OH)_3$	2.79×10^{-39}
氯化亚汞	Hg_2Cl_2	1.43×10^{-18}
碘化亚汞	Hg_2I_2	5.2×10^{-29}
氢氧化镁	$Mg(OH)_2$	5.61×10^{-12}
铬酸铅	$PbCrO_4$	2.8×10^{-13}
碘化铅	PbI_2	9.8×10^{-9}
硫化锌	ZnS	2.93×10^{-25}

与其他平衡常数一样，K_{sp} 与溶液浓度无关，只取决于难溶电解质的本质和温度。同一电解质不同温度时 K_{sp} 也不同，通常情况下，温度升高时，K_{sp} 增大。在实际工作中常用室温下的常数。表 8-2 给出了 $BaSO_4$ 的溶度积和溶解度随温度的变化结果。

表 8-2　$BaSO_4$ 溶度积和溶解度随温度的变化

温度 /K	273	283	298	323	373
溶解度 /mg·L^{-1}	1.9	2.2	2.8	3.4	3.9
溶度积(K_{sp})	6.7×10^{-11}	8.9×10^{-11}	1.1×10^{-10}	2.1×10^{-10}	2.8×10^{-10}

二、溶度积和溶解度

(一) 溶度积与溶解度的关系

虽然溶度积和溶解度都可以表示物质的溶解能力，但它们是两个既有联系又有区别的不同概念，它们之间可以相互换算。溶度积反映了难溶强电解质在水中的溶解能力，只与温度有关；溶解度除了与温度有关，还与系统的组成、pH 值的改变等因素有关。溶解度是指在一定温度下，一定量饱和溶液中溶解溶质的含量，一般常用摩尔溶解度表示，摩尔溶解度是指 1L 饱和溶液中所含溶解的溶质的物质的量，单位是 mol/L；也可以用 1L 饱和溶液中所溶解溶质的克数来表示，单位是 g/L。溶解度大的电解质，溶液中离子的浓度就大；溶解度小的电解质，溶液中离子的浓度就小。

要强调说明的是，虽然溶度积的大小与溶液中离子浓度的大小有关，但不能认为溶解度大的难溶强电解质，其溶度积(K_{sp})就大，溶解度小的难溶强电解质，其溶度积(K_{sp})就小，这要根据难溶电解质的类型来比较，因为不同类型的难溶电解质的 K_{sp} 表达式不相同。对于相同类型的难溶电解质，同温下可以用溶度积的大小来比较其溶解度的大小。如 AB 型的 AgCl、AgBr、AgI 等，有关数据见表 8-3。

表 8-3　AgCl、AgBr、AgI 的溶度积及溶解度(298K)

难溶电解质	溶度积(K_{sp})	溶解度 /mol·L^{-1}
AgCl	1.77×10^{-10}	1.33×10^{-5}
AgBr	5.35×10^{-13}	7.31×10^{-7}
AgI	8.52×10^{-17}	9.23×10^{-9}

从上表可以看出，对于相同类型的难溶电解质，在相同温度下，K_{sp} 大的，溶解度就大；K_{sp} 小的，溶解度也小。因此可以根据溶度积的大小直接比较溶解度的大小。

对于不同类型的难溶电解质就不能用 K_{sp} 的大小来比较其溶解度的大小，而必须通过计算说明。例如 AgCl 和 Ag_2CrO_4 是不同类型的难溶电解质，其溶度积和溶解度的有关数据见表 8-4。同温度下，Ag_2CrO_4 的 K_{sp} 比 AgCl 小，但 Ag_2CrO_4 的溶解度比 AgCl 要大。

表 8-4　AgCl、Ag_2CrO_4 的溶度积及溶解度（298K）

难溶电解质	溶度积（K_{sp}）	溶解度 /mol·L^{-1}
AgCl	1.77×10^{-10}	1.33×10^{-5}
Ag_2CrO_4	1.12×10^{-12}	6.54×10^{-5}

（二）溶度积和溶解度的换算

由于难溶电解质的溶度积和溶解度之间有内在的联系，它们之间可以进行相互换算，即利用难溶电解质的溶解度求算溶度积，或者利用难溶电解质的溶度积求算溶解度。计算时必须注意，溶解度和溶度积的换算是有条件的，具体如下：

1. 仅适用于离子强度较小，浓度可代替活度的难溶电解质饱和溶液。
2. 难溶电解质溶于水的部分完全电离。
3. 离子的浓度单位是 mol/L。

例 1　AgCl 在 298K 时溶解度为 1.33×10^{-5}mol/L，计算 AgCl 的溶度积。

解：已知 AgCl 的溶解度为 1.33×10^{-5}mol/L

根据　$$AgCl_{(s)} \rightleftharpoons Ag^+ + Cl^-$$

平衡时有 $[Ag^+]=[Cl^-]=1.33\times10^{-5}$mol/L

$$K_{sp}(AgCl)=[Ag^+][Cl^-]$$
$$=(1.33\times10^{-5})^2=1.77\times10^{-10}$$

故 AgCl 的溶度积为 1.77×10^{-10}。

例 2　Ag_2CrO_4 在 298K 时溶度积为 1.12×10^{-12}，计算 Ag_2CrO_4 的溶解度是多少？

解：设 Ag_2CrO_4 的溶解度为 $x$mol/L

根据　$$Ag_2CrO_{4(s)} \rightleftharpoons 2Ag^+ + CrO_4^{2-}$$

平衡时各离子浓度为（mol/L）：　$2x$　　x

所以　$$K_{sp}(Ag_2CrO_4)=[Ag^+]^2[CrO_4^{2-}]$$
$$=(2x)^2x=4x^3$$

$$x^3=\frac{K_{sp}(Ag_2CrO_4)}{4}$$

$$x=\sqrt[3]{\frac{K_{sp}(Ag_2CrO_4)}{4}}$$

$$x=\sqrt[3]{\frac{1.12\times10^{-12}}{4}}$$

$$x=6.54\times10^{-5}$$

故 Ag_2CrO_4 的溶解度为 6.54×10^{-5}mol/L。

例 3　已知在 298K 时每升溶液中溶解了 0.002 4g $BaSO_4$，计算 $BaSO_4$ 的溶度积。

解：首先将溶解度单位进行换算：

$$M(BaSO_4)=233.4\text{g/mol}$$

$$BaSO_4\text{溶解度}=\frac{0.002\ 4}{233.4}=1.03\times10^{-5}\text{mol/L}$$

根据　$BaSO_4 \rightleftharpoons Ba^{2+} + SO_4^{2-}$

平衡时　$[Ba^{2+}]=[SO_4^{2-}]=1.03\times10^{-5}mol/L$

所以　$K_{sp}(BaSO_4)=[Ba^{2+}][SO_4^{2-}]$

$$=(1.03\times10^{-5})^2=1.06\times10^{-10}$$

故 $BaSO_4$ 溶度积为 1.06×10^{-10}。

例 4　已知 298K 时 Ag_2CrO_4 的 $K_{sp}=1.12\times10^{-12}$，AgCl 的 $K_{sp}=1.77\times10^{-10}$。试比较两物质溶解度的大小。

解：设 Ag_2CrO_4 的溶解度为 x mol/L

因为　$Ag_2CrO_{4(s)} \rightleftharpoons 2Ag^+ + CrO_4^{2-}$

则 Ag_2CrO_4 饱和溶液中：$[Ag^+]=2x$，$[CrO_4^{2-}]=x$ mol/L

所以　$K_{sp}(Ag_2CrO_4)=[Ag^+]^2[CrO_4^{2-}]$

$$=(2x)^2x$$

$$x^3=\frac{K_{sp}(Ag_2CrO_4)}{4}$$

$$x=\sqrt[3]{\frac{1.12\times10^{-12}}{4}}$$

$$x=6.54\times10^{-5}mol/L$$

设 AgCl 的溶解度为 x'mol/L

因为　$AgCl_{(s)} \rightleftharpoons Ag^+ + Cl^-$

则 AgCl 的饱和溶液中 $[Ag^+]=[Cl^-]=x'$mol/L

所以　$K_{sp}=[Ag^+][Cl^-]=x'^2$

$$x'=\sqrt{K_{sp}}=\sqrt{1.77\times10^{-10}}=1.33\times10^{-5}mol/L$$

Ag_2CrO_4 的溶度积比 AgCl 的小，但溶解度却比 AgCl 的大，其原因是 Ag_2CrO_4 属 A_2B 型，而 AgCl 属 AB 型。因此，对不同类型的化合物，不能由 K_{sp} 的大小直接比较溶解能力的大小，必须计算出溶解度后进行比较。对相同类型的难溶化合物，同温度下可由 K_{sp} 的大小直接比较溶解能力的大小。但应指出，通过计算所得到的结果数值与实验数据可能有所不同，因为某些阴、阳离子会水解。

三、溶度积原理

根据难溶强电解质的溶度积，可以判断难溶强电解质的溶液在一定条件下是否有沉淀生成或溶解。

先引入离子积概念，任意条件下难溶电解质溶液中离子浓度幂的乘积称为离子积（ionic product），用符号 Q_c 表示。Q_c 的表达式和 K_{sp} 表达式相似。例如在 Ag_2CrO_4 溶液中

$$Ag_2CrO_{4(s)} \rightleftharpoons 2Ag^+ + CrO_4^{2-}$$

$$Q_c=c(Ag^+)^2c(CrO_4^{2-})$$

$$K_{sp}(Ag_2CrO_4)=[Ag^+]^2[CrO_4^{2-}]$$

在 AgCl 溶液中

$$AgCl_{(s)} \rightleftharpoons Ag^+ + Cl^-$$

$$Q_c=c(Ag^+)c(Cl^-)$$

$$K_{sp}(AgCl)=[Ag^+][Cl^-]$$

要特别注意：虽然 Q_c 和 K_{sp} 两者的表达式相似，但两者的含义是不同的。K_{sp} 是难溶电解质

在沉淀和溶解达到平衡时，也就是在它的饱和溶液中离子浓度幂次方的乘积，在一定温度下，K_{sp} 是一个常数。而 Q_c 表示在任何情况下离子浓度幂次方的乘积，其数值不是固定的，随着离子浓度的变化而变化，只有当溶液处于饱和状态时 K_{sp} 和 Q_c 才相同。在任意条件下，Q_c 与 K_{sp} 间的关系有以下三种情况：

1. $Q_c=K_{sp}$ 表示溶液为饱和溶液，沉淀和溶解达到动态平衡。

2. $Q_c<K_{sp}$ 表示溶液为不饱和溶液，体系处于不平衡状态，若溶液中有难溶电解质固体存在，则平衡向沉淀溶解方向移动，直至达到平衡，形成饱和溶液。

3. $Q_c>K_{sp}$ 表示溶液为过饱和溶液，体系处于不平衡状态，平衡向沉淀生成方向移动，直至达到平衡，形成饱和溶液。

上述 Q_c 与 K_{sp} 的关系及用来判断沉淀的生成或溶解的规则称为**溶度积规则**，也叫溶度积原理。它是难溶电解质与其离子间两相平衡移动的总结，可以看出，沉淀的生成或溶解这两个方向相反的过程，是可以相互转化的，转化的条件就是离子的浓度。因此通过控制离子的浓度，可以生成沉淀或使沉淀溶解。

第二节　沉淀的生成和溶解

一、沉淀的生成

根据溶度积原理，在难溶电解质的溶液中，当 $Q_c>K_{sp}$ 时，有沉淀生成。因此，要生成沉淀就要增加有关离子的浓度，只要难溶电解质的离子积大于溶度积，一般会产生沉淀。故通过调节溶液中不同离子的浓度，可使反应向生成沉淀的方向转化。

判断两种溶液混合后能否生成沉淀时，可以先计算出混合后与沉淀有关的离子浓度，再求出离子积，最后将离子积与溶度积进行比较即可。

例 5 将等体积的浓度为 2×10^{-4}mol/L 的 $AgNO_3$ 溶液和浓度为 2×10^{-4}mol/L 的 NaCl 溶液混合，是否有 AgCl 沉淀析出？

解：两溶液混合后体积增大一倍，两物质浓度各减少一半，则：

$$c(Ag^+)=1\times10^{-4}\text{mol/L}$$

$$c(Cl^-)=1\times10^{-4}\text{mol/L}$$

$$Q_c=c(Ag^+)c(Cl^-)=(1\times10^{-4})^2=1\times10^{-8}$$

$$K_{sp}(AgCl)=1.77\times10^{-10}$$

因为 $Q_c>K_{sp}$，所以有 AgCl 沉淀析出。

例 6 若将上例中 $AgNO_3$ 和 NaCl 溶液各稀释 100 倍后再混合，问有没有 AgCl 沉淀生成？

解：稀释 100 倍后各物质的浓度为：

$$c(AgNO_3)=2\times10^{-6}\text{mol/L}$$

$$c(NaCl)=2\times10^{-6}\text{mol/L}$$

混合后：

$$c(Ag^+)=1\times10^{-6}\text{mol/L}$$

$$c(Cl^-)=1\times10^{-6}\text{mol/L}$$

则：

$$Q_c=c(Ag^+)c(Cl^-)=(1\times10^{-6})^2=1\times10^{-12}$$

$$K_{sp}=1.77\times10^{-10}$$

因为 $Q_c<K_{sp}$，所以没有 AgCl 沉淀生成。

课堂互动

将 10ml 0.01mol/L 氯化锌溶液和 10ml 0.01mol/L 的硫化钠溶液在 298K 时混合，是否有 ZnS 沉淀生成？

例 7　若向例 6 中的混合液加入 $AgNO_3$，当 Ag^+ 浓度超过什么数值时便有 AgCl 沉淀析出？

解：根据　$AgCl_{(s)} \rightleftharpoons Ag^+ + Cl^-$

平衡时　$K_{sp} = [Ag^+][Cl^-] = 1.77 \times 10^{-10}$

上例中　$[Cl^-] = 1 \times 10^{-6} mol/L$

代入表达式中

$$[Ag^+] = \frac{K_{sp}(AgCl)}{[Cl^-]} = \frac{1.77 \times 10^{-10}}{1 \times 10^{-6}}$$
$$= 1.77 \times 10^{-4} mol/L$$

所以当$[Ag^+]$超过 1.77×10^{-4}mol/L 时，就有 AgCl 沉淀析出。

在上例中，若不加入 $AgNO_3$ 而加入 NaCl，同样能产生 AgCl 沉淀。因此，可以利用沉淀反应来分离某些离子。

知识链接

药用 $BaSO_4$

$BaSO_4$ 是唯一可供内服的钡盐药物。由于钡的原子量大，X 射线不能透过钡原子，硫酸钡又不溶于水和酸（可溶性钡盐对人体有害），因此可以用作造影剂，诊断胃肠疾病。中国药典法定药物硫酸钡的制备是以氯化钡和硫酸钠为原料，或向可溶性钡盐溶液中加入硫酸，反应式如下：

$$BaCl_2 + Na_2SO_4 = BaSO_4\downarrow + 2NaCl$$

反应所得沉淀经过滤、洗涤、干燥后，并经检查其杂质，测定其含量，符合《中华人民共和国药典》的质量标准才可供药用。

生产硫酸钡最适宜的条件是：在适当稀的热 $BaCl_2$ 溶液中，缓慢地加入沉淀剂（Na_2SO_4 或 H_2SO_4），不断搅拌溶液，待硫酸钡沉淀析出后，让沉淀与溶液在一起放置一段时间，使小晶体溶解，大晶体长大，小晶体表面和内部的杂质在溶解过程中进入溶液，最后所得硫酸钡沉淀不仅颗粒粗大，而且更加纯净。

二、分步沉淀

前面讨论的都是加一种沉淀剂只能使一种离子生成沉淀的情况。然而在实际应用中，溶液中往往同时含有几种不同离子，当加入某一种沉淀剂时，可以和多种离子发生沉淀反应，生成几种不同的沉淀。在这种情况下，几种不同的沉淀可按先后顺序分别沉淀。这种在混合溶液中，逐渐加入某种试剂，使不同离子按先后顺序析出沉淀的现象叫做分步沉淀。

例如，在含有 0.1mol/L 的 NaCl 和 0.1mol/L KI 溶液中，逐滴加入 0.1mol/L 的 $AgNO_3$ 溶液，仔细观察溶液中沉淀的颜色变化。会发现首先析出的是黄色 AgI 沉淀，然后析出的是 AgCl 白色沉淀。

反应如下：

$$Ag^+ + Cl^- \rightleftharpoons AgCl\downarrow$$

$$Ag^+ + I^- \rightleftharpoons AgI\downarrow$$

此时两种沉淀为什么按先黄后白的次序分步析出？

先看两种沉淀的 K_{sp}：

$$K_{sp}(AgCl) = 1.77 \times 10^{-10}$$
$$K_{sp}(AgI) = 8.52 \times 10^{-17}$$

根据溶度积原理，首先析出的是最先达到溶度积的化合物，也就是溶度积小的沉淀首先析出。由于 $K_{sp}(AgI) < K_{sp}(AgCl)$，且$[I^-]$和$[Cl^-]$相同，当逐滴加入 $AgNO_3$ 时，首先生成的是 AgI 沉淀。

在 AgI 沉淀析出时，溶液中的 Cl^- 和 Ag^+ 浓度的乘积小于 AgCl 的溶度积，因此不会产生 AgCl 沉淀，只有当 I^- 沉淀完全后，继续加入 $AgNO_3$ 溶液至溶液中的$[Ag^+][Cl^-] > K_{sp}(AgCl)$时，才会产生 AgCl 沉淀。

利用溶度积原理，可以计算出分步沉淀时，各种沉淀析出所需有关离子的浓度。

例 8 在含有 Cl^- 和 I^- 均为 0.01mol/L 的混合液中，逐滴加入 $AgNO_3$ 溶液，分别生成 AgI 和 AgCl 沉淀，计算 AgI 和 AgCl 沉淀生成时，所需 Ag^+ 浓度各为多少？

解：已知$[Cl^-] = [I^-] = 0.01mol/L$

因为 $K_{sp}(AgI) = 8.52 \times 10^{-17}$

所以生成 AgI 沉淀时：

$$[Ag^+] = \frac{8.52 \times 10^{-17}}{0.01}$$
$$= 8.52 \times 10^{-15} mol/L$$

又因为 $K_{sp}(AgCl) = 1.77 \times 10^{-10}$

所以生成 AgCl 沉淀时：

$$[Ag^+] = \frac{K_{sp}(AgCl)}{[Cl^-]} = \frac{1.77 \times 10^{-10}}{0.01}$$
$$= 1.77 \times 10^{-8} mol/L$$

可见，沉淀 I^- 所需$[Ag^+]$比沉淀 Cl^- 所需$[Ag^+]$要小近 10^7 倍，所以，当逐滴加入 $AgNO_3$ 溶液时 AgI 首先沉淀析出，而此时$[Ag^+][Cl^-] < K_{sp}(AgCl)$，不会生成 AgCl 沉淀。只有当 AgI 沉淀完全时，再加入 $AgNO_3$，当溶液中$[Ag^+][Cl^-] > K_{sp}(AgCl)$才会形成 AgCl 沉淀。

例 9 在例 8 中当 AgCl 开始沉淀时溶液中$[I^-]$的浓度是多少？

解：从上面的计算可以知道 AgCl 开始沉淀时所需$[Ag^+]$为：

$$[Ag^+] = 1.77 \times 10^{-8} mol/L$$

而此时溶液中$[I^-]$为：

$$[I^-] = \frac{K_{sp}(AgI)}{[Ag^+]} = \frac{8.52 \times 10^{-17}}{1.77 \times 10^{-8}}$$
$$= 4.81 \times 10^{-9} mol/L$$

所以 AgCl 开始沉淀时溶液中$[I^-]$是 $4.81 \times 10^{-9} mol/L$。

此时，溶液中剩余的$[I^-]$已很小，远小于 $1 \times 10^{-5} mol/L$，可以认为溶液中的 I^- 已沉淀完全。

利用分步沉淀，可以把混合溶液中不同的离子分离开，两种沉淀的溶度积相差越大，分离越完全，效果越好。

利用 K_{sp} 大小来判断沉淀次序时，必须注意沉淀的类型是否相同。只有同种类型的沉淀才可以通过比较 K_{sp} 大小，来判断沉淀的次序，对于不同类型的沉淀，就不能直接根据 K_{sp} 大小来判断沉淀的先后次序，而必须通过计算来说明。例如 $K_{sp}(AgCl) > K_{sp}(Ag_2CrO_4)$，如果在含有相同浓

度 Cl^- 和 CrO_4^{2-} 的混合溶液中加入 Ag^+，首先产生的沉淀是 AgCl 而不是 Ag_2CrO_4，这是因为这两种沉淀不是同一类型的缘故。

在分析化学中，应用分步沉淀的原理，可以测定样品中某种离子的含量。如测定样品中 Cl^- 的含量，加入铬酸钾作为指示剂，此时溶液中有 Cl^- 和 CrO_4^{2-} 两种离子，当我们用 $AgNO_3$ 溶液来慢慢滴定时，AgCl 先沉淀出来。当 Cl^- 沉淀完全时，再加入 $AgNO_3$ 溶液就生成砖红色的 Ag_2CrO_4 沉淀，立即停止滴定，然后根据所消耗的 $AgNO_3$ 溶液的浓度和体积就可以计算出样品中 Cl^- 的含量。

三、沉淀的溶解

在实际工作中，常会遇到使难溶电解质沉淀溶解的问题。根据溶度积原理，要使处于沉淀平衡状态的难溶电解质溶解，就必须降低该难溶电解质溶液中某一离子的浓度，以使其 $Q_c<K_{sp}$，这样难溶电解质就会溶解。使离子浓度降低的方法很多，在化学中主要是利用化学反应使某一离子生成弱酸、弱碱、水等弱电解质；或者是利用反应使某一离子生成配合物；也可以利用氧化还原反应使离子浓度降低。

（一）生成弱电解质使沉淀溶解

在实际应用中，加入适当的试剂与溶液中的某种离子结合生成水、弱酸、弱碱或者气体等弱电解质，使溶液中相关离子的浓度降低，从而使得 $Q_c<K_{sp}$，达到沉淀溶解的目的。

1. 生成水　$Mg(OH)_2$ 能溶于盐酸，其溶解过程为：

$$Mg(OH)_{2(s)} \rightleftharpoons Mg^{2+} + 2OH^-$$

$$+$$

$$2HCl = 2Cl^- + 2H^+ \rightleftharpoons 2H_2O$$

因为 $Mg(OH)_2$ 固体溶解电离出的 OH^- 与 HCl 电离的 H^+ 结合生成弱电解质 H_2O，使溶液中 OH^- 浓度降低，因而使得 $Mg(OH)_2$ 的 $Q_c<K_{sp}[Mg(OH)_2]$，于是平衡向 $Mg(OH)_2$ 沉淀溶解的方向移动。如果加入的 HCl 足够多，可使 $Mg(OH)_2$ 沉淀不断溶解，直到全部溶解。

2. 生成弱碱　某些难溶的氢氧化物还可以溶解于铵盐。例如 $Mg(OH)_2$ 还可以溶解于 NH_4Cl，溶解过程为：

$$Mg(OH)_2 \rightleftharpoons Mg^{2+} + 2OH^-$$

$$+$$

$$2NH_4Cl = 2Cl^- + 2NH_4^+$$

$$\rightleftharpoons$$

$$2NH_3 \cdot H_2O$$

$$\downarrow$$

$$2H_2O + 2NH_3\uparrow$$

生成的 NH_3 和 H_2O 都是弱电解质，同时 NH_3 还有挥发性，使溶液中 OH^- 浓度降低，导致 $Q_c<K_{sp}[Mg(OH)_2]$，从而使平衡向 $Mg(OH)_2$ 沉淀溶解的方向移动，直到沉淀全部溶解。

3. 生成弱酸　对于一些由弱酸所生成的难溶电解质，它们能溶于强酸或者较强的酸。因为这些弱酸盐的酸根离子，与强酸或者较强的酸电离出的 H^+ 结合，生成弱酸或者是气体，从而使溶液中酸根离子的浓度降低，使得 $Q_c<K_{sp}$，平衡即可向沉淀溶解方向移动。

例如难溶解于水的碳酸盐，由于分子中的 CO_3^{2-} 能与强酸作用生成难电离的 H_2CO_3，继而转化为 CO_2 气体，使沉淀溶解。例如 $CaCO_3$ 可溶于 HCl，溶解过程如下：

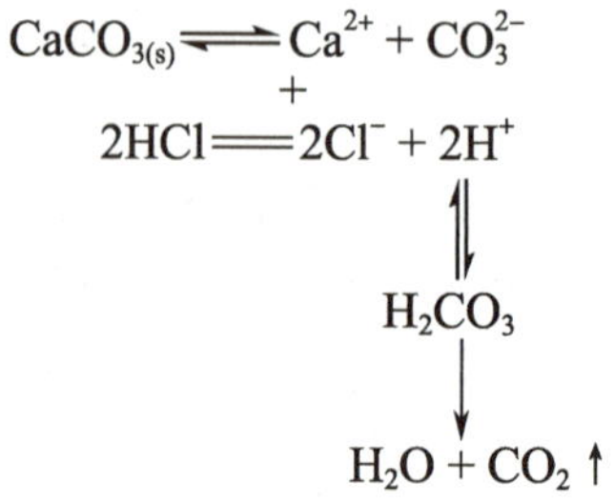

$$CaCO_{3(s)} \rightleftharpoons Ca^{2+} + CO_3^{2-}$$
$$+$$
$$2HCl \rightleftharpoons 2Cl^- + 2H^+$$
$$\Updownarrow$$
$$H_2CO_3$$
$$\downarrow$$
$$H_2O + CO_2\uparrow$$

若加入足够量的 HCl，CaCO₃ 可以全部溶解。

部分金属硫化物能溶于稀酸中。例如 ZnS 可溶于盐酸，反应如下：

$$ZnS_{(s)} \rightleftharpoons Zn^{2+} + S^{2-}$$
$$+$$
$$2HCl \rightleftharpoons 2Cl^- + 2H^+$$
$$\Updownarrow$$
$$H_2S\uparrow$$

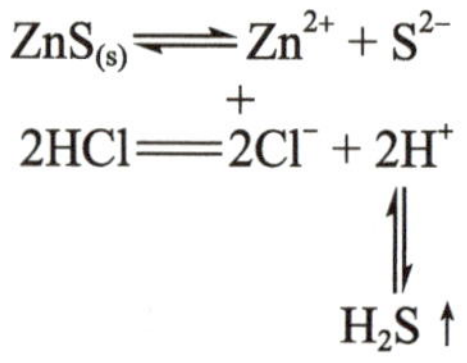

因此利用化学反应使难溶电解质中的离子生成弱电解质，是沉淀溶解的常用方法。

（二）利用氧化还原反应使沉淀溶解

有些 K_{sp} 很小的化合物（如 HgS、CuS 等），即使在浓盐酸中也不能有效地溶解，因此它们不溶于非氧化性强酸，可以通过加入氧化剂使某一离子发生氧化还原反应降低其浓度，达到沉淀溶解的目的。如 CuS 不溶于浓盐酸，但可溶于 HNO₃ 中，反应式为：

$$3CuS_{(s)} + 8HNO_3 \rightleftharpoons 3Cu(NO_3)_2 + 3S\downarrow + 2NO\uparrow + 4H_2O$$

由于 S^{2-} 被氧化成 S 沉淀出来，使溶液中 S^{2-} 浓度降低，$[Cu^{2+}][S^{2-}] < K_{sp}(CuS)$，沉淀就会慢慢溶解。有关氧化还原反应的内容详见第九章第一节氧化还原反应的基本概念。

（三）利用生成配合物使沉淀溶解

当难溶电解质中的金属离子与某些试剂形成配位化合物时，也会使沉淀溶解。如 AgCl 沉淀可溶于氨水，反应式为：

$$AgCl_{(s)} + 2NH_3 \rightleftharpoons [Ag(NH_3)_2]Cl$$

由于生成了更难离解而且易溶于水的配离子 $[Ag(NH_3)_2]^+$，使溶液中 $[Ag^+]$ 降低，从而使 AgCl 沉淀逐步溶解。有关配位化合物的内容详见第十章配位化合物。

四、沉淀的转化

在含有沉淀的溶液中，加入某种试剂，使这种沉淀转化为另一种更难溶的沉淀的过程称为沉淀的转化。

例如向含有白色的 AgCl 沉淀的溶液中滴加 KI 溶液数滴并振摇，可以观察到随着 KI 的加入，白色的 AgCl 沉淀逐渐转化成黄色的 AgI 沉淀。转化过程为：

$$AgCl_{(s)} \rightleftharpoons Ag^+ + Cl^-$$
$$+$$
$$KI \rightleftharpoons I^- + K^+$$
$$\Updownarrow$$
$$AgI\downarrow$$

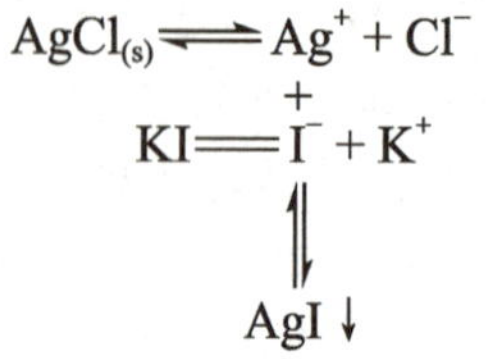

如果在上述含有 AgI 沉淀的溶液中加入 0.1mol/L 的 Na₂S 溶液数滴就会发现黄色的 AgI 沉淀逐渐转化成黑色的 Ag₂S。转化过程为：

$$
\begin{array}{c}
2AgI_{(s)} \rightleftharpoons 2Ag^{+} + I^{-} \\
+ \\
Na_2S = S^{2+} + 2Na^{+} \\
\Big\updownarrow \\
Ag_2S\downarrow
\end{array}
$$

沉淀的转化是有条件的，一般来说，新生成的沉淀必须是更难溶解的，对于同类型的难溶电解质来说，也就是溶度积大的沉淀，可以转化为溶度积小的沉淀。类型不同时，溶解度大的沉淀可以转化为溶解度小的沉淀。

课堂互动

判断沉淀转化的依据是什么？能否根据溶度积的大小来判断沉淀的转化？

沉淀的转化在实际生产中有着重要的意义。例如在烧水锅炉中容易产生水垢，水垢的主要成分是 $CaSO_4$，水垢会给生产带来很大的危害，而 $CaSO_4$ 又不溶于酸，很难清除。实际工作中人们先用 Na_2CO_3 溶液处理，Na_2CO_3 可将 $CaSO_4$ 转化为疏松的，并且可溶于酸的 $CaCO_3$，再用盐酸就很容易除去 $CaCO_3$。转化反应为：

$$
\begin{array}{c}
CaSO_4 \rightleftharpoons Ca^{2+} + SO_4^{2-} \\
+ \\
Na_2CO_3 = CO_3^{2-} + 2Na^{+} \\
\Big\updownarrow \\
CaCO_3\downarrow
\end{array}
$$

$$CaCO_3 + 2HCl = CaCl_2 + H_2O + CO_2\uparrow$$

如果是溶解度较小的沉淀转化为溶解度较大的沉淀，这种转化比较困难，但如果两者的溶解度相差不大，在一定条件下仍然可以转化；两者溶解度相差越大，这种转化也越困难。

五、溶度积原理的应用

溶度积原理在物质分离和药物分析中应用较多。

（一）药物分析中的应用

在分析药物含量时，常用沉淀滴定分析法。即把要测定的药物制成溶液，再加入试剂和被测药物中的某种离子进行反应，使之生成沉淀，然后根据所消耗试剂的体积和浓度，计算被测药物的含量。其操作原理和注意事项都与溶度积有关。

1. 药用氢氧化铝　氢氧化铝作为药用常制成干燥氢氧化铝和氢氧化铝片，用于治疗胃酸过多，胃及十二指肠溃疡等疾病。它的优点是本身不被吸收，具有两性，其碱性很弱，作口服药物时无碱中毒的危险，与胃酸中和后生成的 $AlCl_3$ 具有收敛性和局部止血作用，是一种常用抗酸药。

生产氢氧化铝是用矾土（主成分为 Al_2O_3）作原料，使之溶于硫酸中，生产的硫酸铝再与碳酸钠溶液作用，得到氢氧化铝胶状沉淀。反应式为：

$$Al_2O_3 + 3H_2SO_4 = Al_2(SO_4)_3 + 3H_2O$$

$$Al_2(SO_4)_3 + 3Na_2CO_3 + 3H_2O = 2Al(OH)_3\downarrow + 3Na_2SO_4 + 3CO_2\uparrow$$

氢氧化铝是胶体沉淀，具有含水量高，体积庞大的特点。最适宜的生产条件是在较浓的热溶液中进行沉淀，加入沉淀剂的速度可以快一些，溶液的 pH 值保持在 8～8.5 之间，然后可以立即过滤，经过洗涤、干燥，检查杂质（主要杂质是 SiO_2、Fe_2O_3 和 Na_2O，另外还可能有很多微量的

CaO、TiO_2、P_2O_5、V_2O_5 和 ZnO 等杂质），测定其含量，符合中国药典质量标准便可供药用。

2. 注射用水 医药上注射用水中 Cl^- 的检查，就是应用沉淀生成的原理进行的。检查时取水样 50ml，加 2mol/L 稀硝酸 5 滴，0.1mol/L 硝酸银 1ml，放置半分钟，不发生浑浊就是合格。如果发生浑浊说明有 AgCl 沉淀产生，就不合格。反应方程式：

$$Ag^+ + Cl^- \rightleftharpoons AgCl\downarrow$$

操作中加入 HNO_3 是为了防止 CO_3^{2-} 和 OH^- 的干扰，如果溶液中有 CO_3^{2-} 或 OH^- 就会发生下面的干扰反应：

$$2Ag^+ + CO_3^{2-} \rightleftharpoons Ag_2CO_3\downarrow$$

$$2Ag^+ + 2OH^- \rightleftharpoons Ag_2O\downarrow + H_2O$$

Ag_2O 和 Ag_2CO_3 都是难溶电解质，但是它们在酸性溶液中不能存在，因此加入稀硝酸就避免了 Ag_2O 和 Ag_2CO_3 沉淀的生成，防止了 CO_3^{2-} 和 OH^- 的干扰。

如果有 AgCl 沉淀生成，溶液中 Cl^- 的浓度可以根据水样的体积，以及所用试剂的体积与浓度计算：

因为：$V_{水} = 50ml$，$V_{AgNO_3} = 1ml$，$[AgNO_3] = 0.1mol/L$。

所以 $[Ag^+] = \dfrac{0.1 \times 1}{50 + 1} = 2.0 \times 10^{-3} mol/L$

根据 $K_{sp}(AgCl) = 1.77 \times 10^{-10}$

若生成 AgCl 沉淀，溶液中$[Cl^-]$为：

$$[Cl^-] = \frac{K_{sp}(AgCl)}{[Ag^+]} = \frac{1.77 \times 10^{-10}}{2 \times 10^{-3}} = 8.85 \times 10^{-8} mol/L$$

若生成 AgCl 沉淀，说明溶液中$[Cl^-]$超过 $8.85 \times 10^{-8}mol/L$，水样就不合格（合格的注射用水中$[Cl^-] < 8.85 \times 10^{-8}mol/L$）。

（二）生产生活中的应用

1. 蛀牙防护 在医学中，蛀牙是一种常见的口腔疾病，在防治方面就利用了沉淀反应。牙齿表面有一薄层釉质层（又称珐琅质）起保护作用，釉质是由难溶的羟基磷酸钙$[Ca_5(PO_4)_3OH]$组成。当它溶解时，相关离子进入唾液。

$$Ca_5(PO_4)_3OH_{(S)} \rightleftharpoons 5Ca^{2+} + 3PO_4^{3-} + OH^-$$

在正常的情况下，此反应向右进行的程度是很小的。该反应的逆过程叫再矿化作用，这是人体自身的防蛀过程。

当人进餐后，口腔中的细菌会分解食物产生有机酸，如醋酸。特别是糖果、冰淇淋等含糖高的物质，产生的酸很多，从而导致 pH 值减小，促进牙齿脱矿化作用。当保护性的釉质层被削弱时，就开始蛀牙了。防止蛀牙的最好方法是养成良好的习惯，多吃低糖食物和坚持饭后立即刷牙，在多数牙膏中含有氟化物（如 NaF 或 SnF_2），这些氟化物能够帮助减少蛀牙。因为在再矿化过程中 F^- 取代了 OH^-

$$5Ca^{2+} + 3PO_4^{3-} + F^- = Ca_5(PO_4)_3F_{(S)}$$

牙齿的釉质层组成发生变化。氟磷灰石 $Ca_5(PO_4)_3F$ 是更难溶的化合物。其 K_{sp} 为 1.0×10^{-60}，又因为 F^- 是比 OH^- 更弱的碱，不易与酸反应。

2. 环境保护 在环境保护中，废水的处理也要用到沉淀生成的原理。水中的污染物如有毒的重金属离子 Hg^{2+}、Cd^{2+}、Cr^{3+} 等，还有某些非金属离子如 F^- 等，都可以用沉淀法除去。常用试剂有 Na_2S、$(NH_4)_2S$、$Ca(OH)_2$ 等，有关反应式为：

$$Hg^{2+} + Na_2S \rightleftharpoons HgS\downarrow + 2Na^+$$
$$Cd^{2+} + Ca(OH)_2 \rightleftharpoons Cd(OH)_2\downarrow + Ca^{2+}$$
$$2Cr^{3+} + 3Ca(OH)_2 \rightleftharpoons 2Cr(OH)_3\downarrow + 3Ca^{2+}$$

可以看出沉淀生成的理论应用是很广的。

（汤胤旻）

复习思考题

一、填空题

1. 对于同类型的电解质，若 K_{sp} 大的溶解度________ K_{sp} 小的溶解度________。
2. 在难溶电解质的饱和溶液中 K_{sp}________ Q_c，在不饱和溶液中 K_{sp}________ Q_c，过饱和溶液中 K_{sp}________ Q_c。
3. 沉淀生成的条件是离子积________溶度积，沉淀溶解的条件是离子积________溶度积。
4. 要使处于沉淀平衡状态的难溶电解质溶解，就要________该难溶电解质在溶液中的离子浓度。
5. 判断难溶电解质离子分步沉淀的先后顺序是 K_{sp}________先沉淀，K_{sp}________后沉淀。

二、简答题

1. 什么是难溶电解质的离子积、溶度积？两者有什么区别和联系？
2. Ag_2CO_3 的 $K_{sp} = 8.46 \times 10^{-12}$，AgCl 的 $K_{sp} = 1.77 \times 10^{-10}$，是否可以说 AgCl 的溶解度大于 Ag_2CO_3 的溶解度。
3. 牙釉质主要由无机物质构成，其中包括氟磷灰石，牙釉质对牙的功能具有重要意义。细菌把食物残渣尤其是含糖的成分分解后会产生酸性物质，酸会使牙釉质脱钙，失去光泽，变成白垩色，继而出现小洞，即龋齿。利用本章所学内容解释为什么使用含氟牙膏刷牙可以有效防止龋齿的发生。

ER-8-3

扫一扫，测一测

ER-9-1

PPT课件

第九章　氧化还原反应与氧化还原平衡

ER-9-2

知识导览

学习目标

【知识目标】

1. 掌握氧化还原及电极电势的基本概念。

2. 熟悉原电池的组成、电极方程式的书写，氧化还原平衡的概念，电极电势的应用。

3. 了解原电池的表示方法。

【能力目标】

1. 能利用能斯特方程进行电极电势的计算，并能据此进行氧化剂、还原剂强弱及氧化还原反应进行程度的判断。

2. 能熟练地进行氧化还原与电化学的实验操作。

【素质目标】

培养学生理论指导实践的知识运用能力和实事求是的科学探究精神。

氧化还原反应是自然界存在的一大类极为重要的化学反应，“燃烧”可能是最早被应用的氧化还原反应，在远古时代它曾促进了人类的进化。此类反应的典型特征是反应过程中发生电子的得失或偏移，同时伴随能量的转化。氧化还原反应与医药卫生也密切相关，药品生产、药品质量控制及药物的作用原理等都离不开氧化还原反应。

第一节　氧化还原反应

一、氧　化　数

为了准确地描述和研究氧化还原反应中元素原子带电状态的变化，科学地定义氧化还原反应，国际纯粹与应用化学联合会（IUPAC）在1970年提出氧化数的概念：氧化数是指某元素一个原子的表观荷电数，这种表观荷电数是假设把每个化学键中的电子指定给电负性较大的原子而求得的。并规定得电子的原子氧化数为负值，在数字前加“－”号；失电子的原子氧化数为正值，在数字前加“+”号。

例如在NaCl中，Cl的电负性大，Na的电负性小，所以将两原子间形成离子键的电子指定给Cl，即Cl的氧化数为－1，Na的氧化数为+1。又如CO_2分子中，C与O以共价双键结合，由于O的电负性比C大，双键中的两对电子均指定给O，故O的氧化数为－2，C的4个电子分别指定给两个O之后，氧化数为+4。

根据氧化数的定义，可总结出确定氧化数的一般原则：

1. 在所有单质分子中，元素的氧化数为0。因为在同种元素的原子组成的单质分子中，原子的电负性相同，原子间成键电子无偏离。例如，O_2、H_2、Cl_2、N_2等分子中，O、H、Cl、N的氧化数都是0。

2．对单原子离子，元素的氧化数等于离子的电荷数。例如 Ca^{2+}，钙的氧化数为 +2；S^{2-} 中硫的氧化数为 −2。

3．氧在化合物中，一般氧化数为 −2；但在过氧化物中（如 H_2O_2），氧的氧化数为 −1；在超氧化物中（如 KO_2），氧的氧化数为 −1/2；氟的氧化物 OF_2 中，氧的氧化数为 +2。

4．氢在化合物中，一般氧化数为 +1；只有在金属氢化物如 CaH_2 中，氢的氧化数为 −1。

5．在化合物分子中，各元素氧化数的代数和等于 0；在多原子离子中，各元素氧化数的代数和等于离子所带电荷数。例如，NaF 中 Na 的氧化数为 +1，F 的氧化数为 −1，MnO_4^- 中 Mn 的氧化数为 +7，O 的氧化数为 −2。

运用上述原则可以计算各物质中任一元素的氧化数。例如：

H_2O 中 O 的氧化数为 x：$x+2\times1=0$　　得 $x=-2$

MnO_4^{2-} 中 Mn 的氧化数为 y：$y+4\times(-2)=-2$　　得 $y=+6$

$S_2O_3^{2-}$ 中 S 的氧化数为 z：$2z+3\times(-2)=-2$　　得 $z=+2$

同一元素在不同的化合物中可能具有不同的氧化数，如 H_2S 中 S 的氧化数为 −2，$Na_2S_2O_3$ 中 S 的氧化数为 +2，SO_2 中 S 的氧化数为 +4，H_2SO_4 中 S 的氧化数为 +6。

书写氧化数时，单独书写一般用数学中的正负数书写方法表示，但正号不省去。在化学式或化合物命名中需注明元素的氧化数时，一般在相应元素符号或名称后用罗马数字以括号形式标明（也有用指数形式标明的），正号可以省去，负号则不能省去。

必须注意的是，氧化数并不是一个元素原子所带的真实电荷，与化合价的概念也是不同的。氧化数是对元素原子外层电子偏离原子状态的人为规定值，是一种形式电荷数，可以是整数、分数，也可以是小数，可以是对单个原子而言，也可以是多个相同原子的平均值 。例如连四硫酸根离子（$S_4O_6^{2-}$）的结构为：

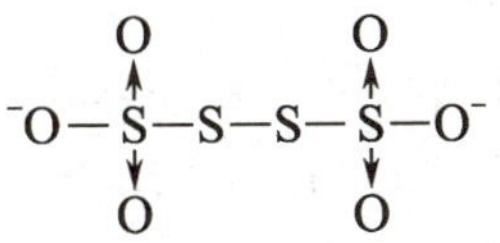

两个 S 的氧化数则都为 +5，可表示为 $[S_2^{0}S_2^{V}O_6^{II}]^{2-}$，而在整个离子中，S 的氧化数平均值为 +2.5。

化合价反映的是原子间形成化学键的能力，只可以是整数。在许多情况下，化合物中元素的氧化数与化合价具有相同的值，但不能因此而误认为它们是同一概念。

二、氧化还原反应的基本概念

（一）氧化反应和还原反应

氧化还原反应的本质是反应中有电子得失（或偏移）。氧化还原反应的定义为：反应物质间有电子得失（或偏移）的反应称为氧化还原反应。在氧化还原反应中，由于电子得失（或偏移），引起某些元素原子的价电子层构型发生变化，改变了这些原子的带电状态，因此改变了这些元素的氧化数。失去电子，氧化数升高的过程称为氧化；得到电子，氧化数降低的过程称为还原。

在氧化还原反应中，一种物质失去电子，氧化数升高，发生氧化反应，必定同时有另一种物质得到电子，氧化数降低，发生还原反应，而且得失电子数目相等。氧化还原反应是氧化反应和还原反应的总和。

（二）氧化剂和还原剂

在氧化还原反应中，凡能得到电子，氧化数降低的物质，称为氧化剂。氧化剂能使其他物质被氧化，而本身被还原，其反应产物叫做还原产物。凡能失去电子，氧化数升高的物质，称为还原剂。还原剂能使其他物质被还原，而本身被氧化，其反应产物叫做氧化产物。在氧化还原反应中，有氧化剂必定有还原剂，电子从还原剂转移（或偏移）到氧化剂，在还原剂被氧化的同时，氧化剂被还原。

如：高锰酸钾与过氧化氢在酸性条件下的反应：

$$2KMnO_4+5H_2O_2+3H_2SO_4 = 2MnSO_4+K_2SO_4+5O_2\uparrow+8H_2O$$

氧化剂　还原剂

被还原　被氧化

关于氧化剂和还原剂，需要说明以下几点：

1. 同一种物质在不同反应中，有时作为氧化剂，有时作为还原剂。例如 SO_2，与氧气反应时它是还原剂；若与强还原剂如 H_2S 反应时，它也可以作为氧化剂。

$$2SO_2+O_2 = 2SO_3$$

$$SO_2+2H_2S = 2S\downarrow+2H_2O$$

有多种氧化数的元素，当处于中间氧化数时，一般常具有这种性质。由此可见，氧化剂和还原剂是相对的，在一定条件下它们可以相互转化。

2. 有些物质在同一反应中，既是氧化剂又是还原剂。例如：

$$2Pb(NO_3)_2 \xlongequal{\triangle} 2PbO+4NO_2\uparrow+O_2\uparrow$$

N 的氧化数下降（从 +5 到 +4），被还原；O 的氧化数升高（从 −2 到 0）被氧化。这种氧化与还原过程发生在同一种物质中的反应称为自身氧化还原反应。还有一些氧化还原反应，氧化与还原过程发生在同一种物质中的同一种元素上，这类特殊的自身氧化还原反应叫歧化反应。如：

$$Cl_2+H_2O = HClO+HCl$$

在此反应中，氯分子的一个氯原子的氧化数从 0 升为 +1，另一个氯原子的氧化数从 0 降为 −1，氯气既是氧化剂也是还原剂。

3. 氧化剂、还原剂的氧化还原产物与反应条件有关，反应条件不同，氧化还原的产物也不同。例如，氧化剂高锰酸钾与亚硫酸钾在酸性、中性或碱性溶液中发生反应时，其还原产物分别是 Mn^{2+}、MnO_2、MnO_4^{2-}。反应式如下：

在酸性溶液中：

$$2KMnO_4+5K_2SO_3+3H_2SO_4 = 2MnSO_4+6K_2SO_4+3H_2O$$

在中性或弱碱性溶液中：

$$2KMnO_4+3K_2SO_3+H_2O = 2MnO_2\downarrow+3K_2SO_4+2KOH$$

在强碱性溶液中：

$$2KMnO_4+K_2SO_3+2KOH = 2K_2MnO_4+K_2SO_4+H_2O$$

4. 由于得失电子的能力不同，氧化剂和还原剂也有强弱之分。易得电子的氧化剂，为强氧化剂；易失电子的还原剂，为强还原剂。

课堂互动

1. 氧化数与化合价的区别是什么？
2. 氧化还原反应的实质是什么？

（三）氧化还原电对

所有的氧化还原反应都由两个半反应构成，一个是氧化反应，一个是还原反应。如：

$$Na+\frac{1}{2}Cl_2 = NaCl$$

$$Na-e = Na^+ \qquad \text{氧化反应}$$

$$\frac{1}{2}Cl_2 + e = Cl^-\quad 还原反应$$

为更确切地表示氧化还原反应中有关元素电子的得失状况，我们将半反应中元素获得电子后的存在形式称为还原型，失去电子后的存在形式称为氧化型，两种存在形式彼此称为氧化还原电对。其关系可表示为：

$$氧化型 + ne \rightleftharpoons 还原型$$

或

$$Ox + ne \rightleftharpoons Red$$

为书写方便，氧化还原电对常用简写方式Ox/Red来表示，如Na^+/ Na、Cl_2/ Cl^-、I_2/I^-、Cu^{2+}/Cu等。

三、氧化还原反应方程式的配平

配平氧化还原反应方程式的方法有很多。下面介绍两种方法：氧化数法和离子-电子法。

(一) 氧化数法

氧化数又叫氧化态，是人为规定的某元素的一个原子在化合状态时的形式电荷数。氧化数法的配平原则：

一是反应中氧化剂和还原剂的氧化数降低或升高的总数必须相等，即反应中氧化剂所得到的电子数必须等于还原剂所失去的电子数。

二是反应前后每一元素的原子个数必须相等。

例1　高锰酸钾和硫酸亚铁在硫酸酸性溶液中的反应

配平步骤如下：

1. 根据反应事实，写出反应物和生成物的化学式，中间用短线连接。

$$KMnO_4 + FeSO_4 + H_2SO_4 - MnSO_4 + Fe_2(SO_4)_3 + K_2SO_4 + H_2O$$

2. 将氧化数有变化的元素的氧化数标示出来，根据元素的氧化数升高和降低的总数必须相等的原则，按最小公倍数确定氧化剂和还原剂化学式前面的系数。氧化数升高，在其数值前面加"+"，氧化数降低，在其数值前面加"-"。

上述反应中，硫酸亚铁中的Fe(Ⅱ)被氧化为硫酸铁中的Fe(Ⅲ)，Fe的氧化数升高值用(+1)表示。因为硫酸铁化学式中有2个Fe原子，故总升高值为(+1)×2，而高锰酸钾中的Mn(Ⅶ)被还原为硫酸锰中的Mn(Ⅱ)，Mn的氧化数降低值用(-5)×1表示。两者的最小公倍数为10，所以氧化数的总降低值和总升高值分别为(-5)×1×2和(+1)×2×5。据此可确定氧化剂$KMnO_4$前的系数为2，还原剂$FeSO_4$化学式前的系数为10。

3. 根据反应物和生成物中同种元素的原子总数必须相等的原则，用观察法确定其他物质的系数。先配平氧化数没有变化的其他原子，如反应中的钾和硫，再配平氧和氢。配平好的方程式为

$$2KMnO_4 + 10FeSO_4 + 8H_2SO_4 = 2MnSO_4 + 5Fe_2(SO_4)_3 + K_2SO_4 + 8H_2O$$

例2　铜和稀硝酸反应

配平步骤如下：

1. 根据反应事实，正确写出反应物和生成物的化学式，中间用短线连接

$$Cu + HNO_3(稀) - Cu(NO_3)_2 + NO\uparrow + H_2O$$

2. 氧化数有变化的元素是Cu和N，Cu的氧化数从0到+2(升高2)，N的氧化数从+5到+2(下降3)，两者的最小公倍数为6，所以还原剂Cu前系数为3，还原产物NO前的系数为2。

3. 由此，$Cu(NO_3)_2$前的系数为3，生成物中N的总数目为6+2，所以HNO_3前的系数为8，生成物H_2O前的系数为4。配平好的反应式为：

$$3Cu + 8HNO_3(稀) = 3Cu(NO_3)_2 + 2NO\uparrow + 4H_2O$$

(二)离子-电子法

离子-电子法是一种依据氧化还原反应中得失(转移)电子数相同进行配平的方法。离子-电子法的配平原则:

一是反应中氧化剂所得到的电子数必须等于还原剂所失去的电子数。

二是反应前后每一元素的原子个数必须相等,各物质的电荷数的代数和必须相等。

例3 重铬酸钾和碘化钾在盐酸酸性溶液中反应

配平步骤如下:

1. 根据反应事实,用离子形式表示参加反应的氧化剂、还原剂及介质,反应物和生成物之间用"—"连接。

$$Cr_2O_7^{2-}+I^-+H^+—Cr^{3+}+I_2+H_2O$$

2. 将反应式分成两个未配平的半反应式,一个表示氧化剂的还原反应,另一个表示还原剂的氧化反应。

$$Cr_2O_7^{2-}+H^++3e—Cr^{3+}+H_2O \qquad (还原反应)$$

$$I^-—I_2+e \qquad (氧化反应)$$

3. 配平两个半反应式,使原子个数和电子转移数前后相等。

$$Cr_2O_7^{2-}+14H^++6e=\!=\!=2Cr^{3+}+7H_2O \qquad (1)$$

$$2I^-=\!=\!=I_2+2e \qquad (2)$$

4. 根据氧化剂和还原剂得失电子总数相等的原则,求出得失电子的最小公倍数,两个半反应分别乘以相应的系数,然后两式相加,得出配平好的离子方程式。

$$(1)\times1+(2)\times3$$

$$Cr_2O_7^{2-}+14H^++6e=\!=\!=2Cr^{3+}+7H_2O$$

$$+\qquad 6I^-=\!=\!=3I_2+6e$$

$$Cr_2O_7^{2-}+6I^-+14H^+=\!=\!=2Cr^{3+}+3I_2+7H_2O$$

5. 将没有参加反应的离子写上并配平系数,完成氧化还原反应方程式的配平。

$$K_2Cr_2O_7+6KI+14HCl=\!=\!=2CrCl_3+3I_2+8KCl+7H_2O$$

注意:配平过程中,如果反应式前后O原子个数不等,可以根据反应的介质(酸性、碱性或中性),用H^+、OH^-、H_2O来平衡。

例4 氯气和氢氧化钙溶液反应生成次氯酸钙、氯化钙和水

配平步骤如下:

1. 根据反应事实,用离子反应式表示这一反应。

$$Cl_2+OH^-—ClO^-+Cl^-+H_2O$$

2. 用两个未配平的半反应式表示氧化反应和还原反应。

$$Cl_2+OH^-—ClO^-+H_2O+e$$

$$Cl_2+2e—2Cl^-$$

3. 配平两个半反应式

$$Cl_2+4OH^-=\!=\!=2ClO^-+2H_2O+2e \qquad (1)$$

$$Cl_2+2e=\!=\!=2Cl^- \qquad (2)$$

4. 根据氧化剂和还原剂得失电子总数相等的原则,求出最小公倍数并调整系数,将两式相加,得到配平好的离子方程式。

$$2Cl_2+4OH^-=\!=\!=2ClO^-+2Cl^-+2H_2O$$

5. 将未参加反应的其他离子写入反应式,完成氧化还原反应式配平。

$$2Cl_2+2Ca(OH)_2=\!=\!=Ca(ClO)_2+CaCl_2+2H_2O$$

比较两种配平方法,氧化数法不仅适用于溶液,还适用于其他状态如高温或熔融状态下的氧化

还原反应，特别是电子得失不明显的一些氧化还原反应；离子-电子法只适用于溶液中的氧化还原反应式的配平。但是离子-电子法配平对有酸性或碱性介质参加的较复杂的氧化还原反应比较方便。

第二节　电极电势

原电池 微课视频

一、原　电　池

氧化还原反应的两个重要特征是反应过程中有电子的转移和热效应。若将一块锌片放入硫酸铜溶液中，过一段时间会发现锌片变小，同时上面还沉积了棕红色的铜，这是因为发生了氧化还原反应：$Zn + Cu^{2+} = Zn^{2+} + Cu$。这个反应中有电子的转移，但未形成电流；有能量释放，以热能形式消耗了。

现在，若将一块锌片插入硫酸锌溶液中，而将一块铜片插入硫酸铜溶液中，两种溶液用一个装满饱和氯化钾溶液和琼脂的倒置U形管（称为盐桥）连接起来，再用导线连接锌片和铜片，并在导线中间串联一个电流计，使电流计的正极和铜片相连，负极和锌片相连（图9-1）。

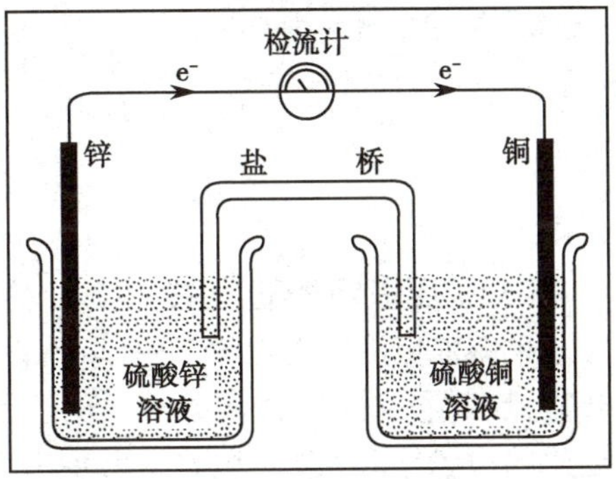

图9-1　铜锌原电池

接通电路后，可以观察到：

1. 电流计指针发生偏转，表明金属导线上有电流通过。因为电子流动的方向是从负极到正极，电流的方向是从正极到负极，所以根据电流计指针偏转方向可以判断锌片为负极，铜片为正极。

2. 锌片溶解而铜片上有铜沉积。

3. 取出盐桥，电流计指针回至零点；放入盐桥，指针又发生偏转。

对上述现象可做如下分析：

在图9-1所示的装置里，氧化还原反应 $Zn + Cu^{2+} = Zn^{2+} + Cu$ 的两个半反应分别在两处进行。一个半反应为：锌片上的锌原子失去电子变成锌离子，进入到溶液中，使锌片上有了过剩电子而成为负极，在负极上发生氧化反应：

$$\text{负极}\qquad Zn - 2e \rightarrow Zn^{2+}\qquad\qquad (\text{氧化})$$

另一个半反应为：溶液中的铜离子得到电子变成铜原子，沉积在铜片上，使铜片上有了多余的正电荷成为正极，在正极上发生还原反应：

$$\text{正极}\qquad Cu^{2+} + 2e \rightarrow Cu\qquad\qquad (\text{还原})$$

电子沿导线由锌片定向地转移到铜片，产生了电流。我们把这种将化学能转变为电能的装置称为原电池。每个金属片可以与含有其离子的溶液组成一个半电池，亦称为一个电极。如铜锌原电池即由一个铜电极和一个锌电极组成。Zn和$ZnSO_4$溶液（Zn^{2+}/Zn电对）组成锌电极；Cu和$CuSO_4$溶液（Cu^{2+}/Cu电对）组成铜电极。每个电极上发生的氧化或还原反应，称为半电池反应，两个半电池反应构成电池反应。

当Zn原子失去电子变成Zn^{2+}进入溶液时，溶液中的Zn^{2+}增多而带正电，同时，Cu^{2+}在铜片上获得电子变成Cu原子，$CuSO_4$溶液中的Cu^{2+}浓度减少而带负电。这种情况会阻碍电子由锌片向铜片流动。盐桥可以消除这种影响，盐桥中的负离子如Cl^-向$ZnSO_4$溶液中扩散，正离子如K^+向$CuSO_4$溶液中扩散，以保持溶液的电中性，使氧化还原反应继续进行。

原电池常用符号表示，如铜锌原电池可表示为

$$(-)Zn \mid Zn^{2+}(c_1) \| Cu^{2+}(c_2) \mid Cu(+)$$

习惯上把负极写在左边，正极写在右边，“||”表示盐桥，“|”表示电极和溶液接触界面，c_1、c_2表示溶液的浓度。

知识链接

锂离子电池

锂离子电池是一种二次电池，它主要依靠锂离子在正极和负极之间移动来工作。在充放电过程中，Li^+在两个电极之间往返嵌入和脱嵌：充电时，Li^+从正极脱嵌，经过电解质嵌入负极，负极处于富锂状态；放电时则相反。电池一般采用含有锂元素的材料作为电极，是现代高性能电池的代表，它是把锂离子嵌入碳（石油焦炭和石墨）中形成负极（传统锂电池用锂或锂合金作负极）。正极材料常用$LixCoO_2$，也用$LixNiO_2$和$LixMnO_4$，电解液用$LiPF^{6+}$二乙烯碳酸酯（EC）+二甲基碳酸酯（DMC）。石油焦炭和石墨作负极材料无毒，且资源充足，锂离子嵌入碳中，克服了锂的高活性，解决了传统锂电池存在的安全问题，正极$LixCoO_2$在充、放电性能和寿命上均能达到较高水平，使成本降低，总之锂离子电池的综合性能较锂电池提高了。

二、电极电势

（一）电极电势的产生

铜锌原电池中有电流产生，表明两个电极之间有电势差存在，这说明构成原电池的两个电极各自具有不同的电极电势。用$\varphi_{(+)}$表示正极的电极电势，用$\varphi_{(-)}$表示负极的电极电势，两个电极之间的电势差，称为原电池的电动势，用E表示，则$E=\varphi_{(+)}-\varphi_{(-)}$。

铜锌原电池中，电子从锌极流向铜极，说明锌极的电极电势比较低，而铜极的电极电势比较高。电极电势是如何产生的呢？

当把金属（如锌片或铜片）插入其对应的离子溶液时，构成了相应的电极。一方面金属表面的金属原子因热运动和受溶液中极性水分子的作用形成水合离子进入溶液中，使溶液带正电荷，金属带负电荷；这一过程是金属的溶解过程，也是金属的氧化过程

$$M(s)-ne \rightarrow M^{n+}(aq)$$

金属越活泼、离子浓度越小，这一溶解的趋势就越大。另一方面溶液中的金属离子也有可能碰撞金属表面，接受其表面的电子而沉积在金属表面上，这一过程是金属离子沉积的过程，也是金属离子的还原过程

$$M^{n+}(aq)+ne \rightarrow M(s)$$

随金属离子的浓度增加和金属表面电子的增加，沉积的速率加快，直到溶解和沉积达到平衡

$$M(s) \rightleftharpoons M^{n+}(aq)+ne$$

金属越活泼（或溶液中金属离子浓度越小），越有利于正反应进行，金属离子进入溶液的速率大于沉积速率直至平衡，从而使金属表面带负电荷，溶液则带正电荷，溶液与金属的界面处形成了双电层（图 9-2），产生了电势。反之，如果金属越不活泼，则离子沉积的速率大于溶解的速率，金属表面带正电而溶液带负电，也形成了双电层，产生了电势。

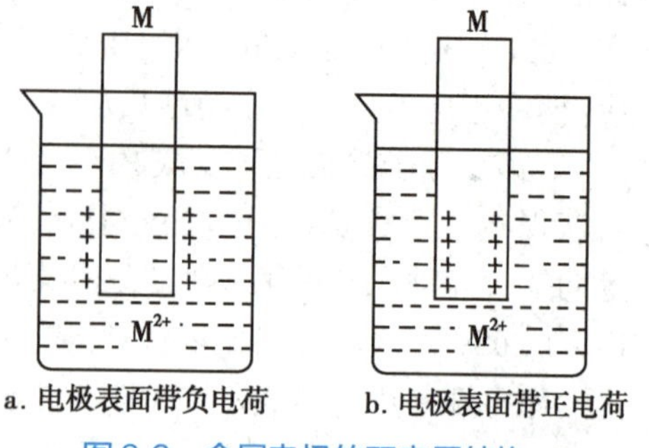

图 9-2 金属电极的双电层结构

这种金属与溶液之间因形成双电层而产生的稳定电势称为电极电势，以符号$\varphi_{M^{n+}/M}$表示。如在铜锌

原电池中 Zn 片和 Zn^{2+} 溶液构成一个电极，电极电势用$\varphi_{Zn^{2+}/Zn}$表示；Cu 片和 Cu^{2+} 溶液构成一个电极，电极电势用$\varphi_{Cu^{2+}/Cu}$表示。

电极电势的大小主要取决于电极的本性，例如金属电极：金属越活泼，越容易失去电子，溶解成离子的倾向越大，离子沉积的倾向越小，达到平衡时，电极电势越低；金属越不活泼，则电极电势越高。另外，温度、介质和离子浓度等外界因素也对电极电势有影响。

铜锌原电池中，锌比较活泼，Zn 失电子的倾向大，Zn^{2+} 得到电子的倾向小，所以锌极的电极电势低；而铜比较不活泼，Cu^{2+} 得到电子的倾向大，Cu 失去电子的倾向小，所以铜极的电极电势高。两电极一旦相连，电子就由锌极流向铜极，氧化还原反应即可发生。

（二）标准电极电势

1. 标准氢电极　单个电极的电极电势的绝对值是无法测定的。为比较各种电极的电极电势必须选一个电极作为比较标准，以求得各个电极的相对电极电势。如同以海平面作标准，用海拔高度比较各山峰的高度一样。按照 IUPAC 的建议，国际上统一用标准氢电极作为测量各电极电势的标准，称其为参比电极。如果将某种电极作正极，标准氢电极作负极组成电池，测定出来的电池电动势即是该电极的电极电势。

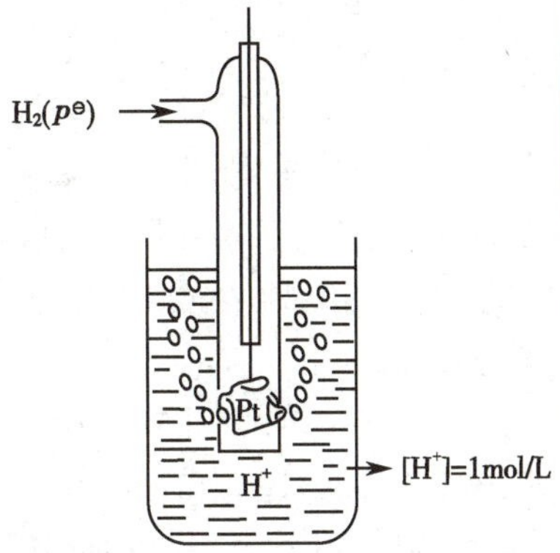

图 9-3　标准氢电极

标准氢电极的构造如图 9-3 所示。

由于氢气是气体，不能直接制成电极，因此选用化学性质极不活泼而又能导电的铂片来制备电极。通常铂片上镀一层疏松而多孔的铂黑，以提高氢气的吸附量。将这种铂片插入含有氢离子浓度（严格地说应为活度）为 1mol/L 的溶液中，通入标准压力为 100kPa（用符号 $p^\ominus$ 表示）的高纯氢气，不断地冲击铂片，使铂黑吸附的氢气达到饱和状态，这样就构成了标准氢电极。电极反应为：

$$2H^+(aq)+2e \rightleftharpoons H_2(g)$$

规定在 298.15K 时，标准氢电极的电极电势为零，即$\varphi^\ominus_{H^+/H_2}=0.000V$。

2. 标准电极电势　在标准状态下，将各种电极和标准氢电极连接组成原电池，测定其电动势并确定其正极和负极，从而得出各种电极的标准电极电势。所谓标准状态是指：温度恒定为 298.15K，组成电极的相关离子的浓度均为 1mol/L（严格讲为活度），气体的分压为 100kPa（用符号 $p^\ominus$ 表示），固体和液体都是纯净物质。标准电极电势用符号 $\varphi^\ominus$ 表示。

例如要测定锌电极的标准电极电势，可将标准状态下的锌电极与标准氢电极组成原电池，测定其电动势并由电流方向确定其正极和负极。锌电极为负极，氢电极为正极。这个原电池可用符号表示如下：

$$(-)Zn\,|\,ZnSO_4(1mol/L)\,||\,H^+(1mol/L)\,|\,H_2(100kPa)\,|\,Pt(+)$$

如测得此电池的电动势 E 为 0.763V。由于原电池的电动势是正极的电极电势 $\varphi_{(+)}$与负极的电极电势 $\varphi_{(-)}$之差，故上述电池电动势为：

$$E=\varphi^\ominus_{H^+/H_2}-\varphi^\ominus_{Zn^{2+}/Zn}$$

$$0.763=0-\varphi^\ominus_{Zn^{2+}/Zn}$$

$$\varphi^\ominus_{Zn^{2+}/Zn}=-0.763V$$

同样，如要测定铜电极的标准电极电势，可将标准铜电极与标准氢电极组成电池。氢电极为负极，铜电极为正极。此原电池用符号表示如下：

$$(-)Pt|H_2(100kPa)|H^+(1mol/L)||Cu^{2+}(1mol/L)|Cu(+)$$

如测得原电池的电动势为 0.337V，则：

$$E = \varphi^{\ominus}_{Cu^{2+}/Cu} - \varphi^{\ominus}_{H^+/H_2}$$

$$0.337 = \varphi^{\ominus}_{Cu^{2+}/Cu} - \varphi^{\ominus}_{H^+/H_2}$$

$$\varphi^{\ominus}_{Cu^{2+}/Cu} = +0.337V$$

各电极（电对）的标准电极电势可查阅化学手册，本书附录中列出了一些常见电对在水溶液中的标准电极电势。

应用电极电势表时要注意以下几方面：

1. 表中的电极反应都是以还原反应式表示

$$M^{n+} + ne \rightleftharpoons M$$

其中 M^{n+} 为物质的氧化型，M 为物质的还原型，标准电极电势写作 $\varphi^{\ominus}_{M^{n+}/M}$，书写时下标中氧化型和还原型的前后位置不能颠倒。

2. 标准电极电势的数值只与电对的种类有关，而与半反应中的系数无关。例如：半反应 $Cl_2 + 2e \rightarrow 2Cl^-$ 与半反应 $Cl + e \rightarrow Cl^-$ 的 $\varphi^{\ominus}$ 值都等于 1.358V。

3. 溶液的酸碱度对许多电极的标准电极电势都有影响，在不同酸碱度的溶液中，电极的标准电极电势不同，甚至电极反应亦不同，因此标准电极电势表分酸表和碱表两种。酸表是在 $[H^+] = 1mol/L$（严格讲是 H^+ 活度为 1mol/L）的介质中的测定值，碱表是在 $[OH^-] = 1mol/L$（严格讲是 OH^- 活度为 1mol/L）的介质中的测定值，使用时要根据电极反应介质的酸碱度确定查酸表还是碱表。

4. 附录中的酸、碱表中的标准电极电势都只适合于水溶液中的氧化还原反应，不适合于非水溶液和熔融系统中的氧化还原反应。

5. 在标准状态下，电对的标准电极电势值愈大，表明其氧化型得电子能力越强，是强的氧化剂，而对应的还原型失电子能力越弱，是弱的还原剂。

课堂互动

1. 原电池由哪些部分组成？
2. 原电池符号的书写有哪些注意点？

三、能斯特方程

标准电极电势（$\varphi^{\ominus}$）是在标准状态下测定的，如果条件（主要是离子浓度和温度）改变时，电极电势就会发生明显变化。这种离子浓度和温度对电极电势的影响可用能斯特方程式（Nernst equation）计算。

对于电极反应 $Ox + ne \rightleftharpoons Red$，有

$$\varphi = \varphi^{\ominus} + \frac{RT}{nF}\ln\frac{[Ox]}{[Red]} \quad （式 9-1）$$

式中 φ 为电极电势，$\varphi^{\ominus}$ 为标准电极电势，R 为气体常数[8.314J/(K·mol)]，T 为绝对温度（t+273.15K），n 为电极反应中得失电子数，F 为法拉第常数（96 500C/mol），[Ox]为氧化型浓度，[Red]为还原型浓度。[Ox]/[Red]表示电极反应中氧化型一方各物质浓度幂的乘积与还原型一方各物质浓度幂的乘积之比。浓度的幂指数为它们各自在电极反应中的化学计量数。凡固体物质、纯液体和溶剂在计算时其浓度规定为 1。对于气体物质，以气体分压与标准压力 $p^{\ominus}$（100kPa）的比值代入相应的浓度项进行计算。

当温度为 298.15K 时，将各常数代入上式，把自然对数换成常用对数，可简化为：

$$\varphi=\varphi^{\ominus}+\frac{0.059}{n}\lg\frac{[\mathrm{Ox}]}{[\mathrm{Red}]}\qquad\text{（式 9-2）}$$

下面根据能斯特方程讨论在 298.15K 时影响氧化剂或还原剂电极电势大小的因素：

1. 氧化还原电对的本性决定 $\varphi^{\ominus}$ 值的大小。发生氧化还原反应时，还原剂的还原能力越强越易给出电子，标准电极电势越低；氧化剂的氧化能力越强越易接受电子，标准电极电势越高。氧化还原电对的本性是决定电极电势高低的主要因素。

2. 氧化型和还原型及有关离子（包括 H^+）浓度的大小和其比值会影响电极电势。当[Ox]/[Red]比值不等于 1 时，电对的电极电势则不等于标准电极电势。

应用能斯特方程可以计算非标准状态下的电极电势。

例 5　298.15K 时，已知$\varphi^{\ominus}_{Zn^{2+}/Zn}=-0.76V$，计算$[Zn^{2+}]=0.000\,1mol/L$ 时锌电极的电极电势。

解：

$$Zn^{2+}+2e\rightleftharpoons Zn$$

根据能斯特方程

$$\varphi=\varphi^{\ominus}+\frac{0.059}{n}\lg\frac{[\mathrm{Ox}]}{[\mathrm{Red}]}$$

$$\varphi_{Zn^{2+}/Zn}=\varphi^{\ominus}_{Zn^{2+}/Zn}+\frac{0.059}{2}\lg[Zn^{2+}]$$

$$=-0.76+\frac{0.059}{2}\lg 1.0\times10^{-4}=-0.88V$$

例 6　298.15K 时，已知 $\varphi^{\ominus}_{Fe^{3+}/Fe^{2+}}=0.77V$，计算$[Fe^{3+}]=0.1mol/L$，$[Fe^{2+}]=0.01mol/L$ 时，Fe^{3+}/Fe^{2+} 电极的电极电势。

$$Fe^{3+}+e\rightleftharpoons Fe^{2+}$$

$$\varphi_{Fe^{3+}/Fe^{2+}}=\varphi^{\ominus}_{Fe^{3+}/Fe^{2+}}+0.059\ \lg\frac{[Fe^{3+}]}{[Fe^{2+}]}$$

$$=0.77+0.059=0.83\text{（V）}$$

例 7　MnO_4^- 在酸性溶液中的反应为

$$MnO_4^-+8H^++5e\rightleftharpoons Mn^{2+}+4H_2O\qquad 298.15K\text{ 时，}\varphi^{\ominus}_{MnO_4^-/Mn^{2+}}=+1.51V,$$

计算$[MnO_4^-]=0.1mol/L$，$[Mn^{2+}]=0.000\,1mol/L$，$[H^+]=1mol/L$ 时电极的电极电势。

解：根据能斯特方程

$$\varphi_{MnO_4^-/Mn^{2+}}=\varphi^{\ominus}_{MnO_4^-/Mn^{2+}}+\frac{0.059}{5}\lg\frac{[MnO_4^-]\cdot[H^+]^8}{[Mn^{2+}]}$$

$$=1.51+\frac{0.059}{5}\lg\frac{0.1\times1^8}{0.000\,1}$$

$$=+1.55V$$

例 8　在上题中若其他条件不变，$[H^+]=0.01mol/L$，计算此时电极的电极电势。

解：根据能斯特方程

$$\varphi_{MnO_4^-/Mn^{2+}}=\varphi^{\ominus}_{MnO_4^-/Mn^{2+}}+\frac{0.059}{5}\lg\frac{[MnO_4^-]\cdot[H^+]^8}{[Mn^{2+}]}$$

$$=1.51+\frac{0.059}{5}\lg\frac{0.1\times(0.01)^8}{0.000\,1}$$

$$=1.36V$$

由上例计算可以看出氢离子浓度减少，$\varphi_{MnO_4^-/Mn^{2+}}$值明显降低，即 $KMnO_4$ 的氧化性减弱。这说明，在有氢离子或氢氧根离子参加的电极反应中，氧化还原电对的电极电势与溶液的 pH 值关系密切。

第三节 氧化还原平衡

根据氧化还原电对及氧化还原反应的本质属性，氧化还原反应物中的氧化剂被还原剂还原后转化成还原态，即生成物中的还原剂；反应物中的还原剂被氧化剂氧化后转化成氧化态，即生成物中的氧化剂。生成物中的氧化剂和还原剂也可以发生氧化还原反应，即构成了氧化还原反应的可逆反应，通过反应能建立氧化还原反应的平衡状态。根据氧化剂、还原剂所对应的电极电势的大小，可以判断氧化还原可逆反应进行的方向和进行的程度。

在可逆电对中，参与反应的各物质浓度不断改变，其相应的电极电位也在不断变化，电极电位高的电对的电极电位逐渐降低，电极电位低的电对的电极电位逐渐升高，最后达到两电极电位相等，即原电池的电动势为零，此时反应达到了平衡，即达到了反应进行的限度。氧化还原反应进行的程度用氧化还原平衡常数来表示，平衡常数越大，表示反应进行得越完全。

一、氧化剂和还原剂的强弱

电极电势的大小，反映了氧化还原电对中氧化型和还原型物质氧化还原能力的强弱。电对中的 $\varphi^{\ominus}$ 值越大，表示其氧化型获得电子倾向越大，是越强的氧化剂，而其还原型则是越弱的还原剂。如 $\varphi^{\ominus}_{MnO_4^-/Mn^{2+}}=1.51V$，说明 MnO_4^- 是强氧化剂，而 Mn^{2+} 是弱还原剂。电对的 $\varphi^{\ominus}$ 值越负（代数值越小）的，表示其还原型给出电子的倾向越大，是越强的还原剂，而其氧化型则是越弱的氧化剂。如 $\varphi^{\ominus}_{Na^+/Na}=-2.71V$，说明金属 Na 是强还原剂，而 Na^+ 是弱氧化剂。

应该注意，用 $\varphi^{\ominus}$ 判断氧化还原能力的强弱是在标准状态下进行的。如果在非标准状态下比较氧化剂和还原剂的强弱，必须用能斯特方程进行计算，求出在某条件下的 $\varphi^{\ominus}$ 值，然后才能进行比较。

二、氧化还原反应进行的方向

能够自发进行的氧化还原反应总是在得电子能力强的氧化剂和失电子能力强的还原剂之间发生，生成弱的还原剂和弱的氧化剂，即 $E=\varphi_{(+)}-\varphi_{(-)}>0$，反应正向进行。具体判断方法为：

对于氧化还原反应 $Ox_1+Red_2 \rightleftharpoons Ox_2+Red_1$

1. 在标准状态下，查标准电极电势（$\varphi^{\ominus}$）表，若 $\varphi^{\ominus}_{Ox_1/Red_1}>\varphi^{\ominus}_{Ox_2/Red_2}$，则反应正向进行，即标准电极电势大的电对中的氧化型物质（氧化剂）可自发地氧化标准电极电势小的电对中的还原型物质（还原剂）；反之，若 $\varphi^{\ominus}_{Ox_1/Red_1}<\varphi^{\ominus}_{Ox_2/Red_2}$，则反应逆向进行。

例如：
$$Zn^{2+}+2e \rightleftharpoons Zn \qquad \varphi^{\ominus}_{Zn^{2+}/Zn}=-0.762V$$
$$Cu^{2+}+2e \rightleftharpoons Cu \qquad \varphi^{\ominus}_{Cu^{2+}/Cu}=+0.342V$$

所以，Cu^{2+} 可氧化 Zn。

例 9 判断在标准状态下，温度为 298.15K 时，下列氧化还原反应自发进行的方向：

$$Hg^{2+}(aq)+Cu(s) \rightleftharpoons Hg(l)+Cu^{2+}(aq)$$
$$Hg_2Cl_2(s)+Cu(s) \rightleftharpoons Hg(l)+Cu^{2+}(aq)+2Cl^-(aq)$$

解：查标准电极电势表：

$$Hg^{2+}+2e \rightleftharpoons Hg \qquad \varphi^{\ominus}=+0.851V$$

$$Cu^{2+} + 2e \rightleftharpoons Cu \qquad \varphi^{\ominus} = +0.342V$$

$$Hg_2Cl_2(s) + 2e \rightleftharpoons 2Hg + 2Cl^- \qquad \varphi^{\ominus} = +0.268V$$

比较第一个反应中两电对的标准电极电势，有：

$\varphi^{\ominus}_{Hg^{2+}/Hg} > \varphi^{\ominus}_{Cu^{2+}/Cu}$故反应在标准状态能正向自发进行。

对于第二个反应：$\varphi^{\ominus}_{Hg_2Cl_2/Hg} < \varphi^{\ominus}_{Cu^{2+}/Cu}$

因此，反应逆向自发进行。

2．在非标准状态下，先利用能斯特方程计算出电极电势（φ）值，再根据 φ 值的大小进行判断。若$\varphi_{Ox_1/Red_1} > \varphi_{Ox_2/Red_2}$，反应正向进行；若$\varphi_{Ox_1/Red_1} < \varphi_{Ox_2/Red_2}$，反应逆向进行。

例 10　反应 $I_2 + H_3AsO_3 + H_2O \rightleftharpoons H_3AsO_4 + 2I^- + 2H^+$ 在标准状态下能否自发进行？在中性溶液中又如何？

解：先查表得知：

$$I_2 + 2e \rightleftharpoons 2I^- \qquad \varphi^{\ominus} = +0.535V$$

$$H_3AsO_4 + 2H^+ + 2e \rightleftharpoons H_3AsO_3 + H_2O \qquad \varphi^{\ominus} = +0.559V$$

在标准状态下，由 $\varphi^{\ominus}$ 值可知，H_3AsO_4 的氧化能力比 I_2 强，故反应自发逆向进行。

在中性溶液中，$[H^+] = 10^{-7}mol/L$，I_2/I^- 电对的电极电势不受溶液酸碱性影响，仍为 +0.535V，而 H_3AsO_4/H_3AsO_3 电对的电极电势受到影响，例如：

$$\varphi_{H_3AsO_4/H_3AsO_3} = \varphi^{\ominus}_{H_3AsO_4/H_3AsO_3} + \frac{0.059}{2}\lg\frac{[H_3AsO_4]\cdot[H^+]^2}{[H_3AsO_3]}$$

$[H_3AsO_4]$和$[H_3AsO_3]$按 1mol/L 计算，则

$$\begin{aligned}\varphi_{H_3AsO_4/H_3AsO_3} &= 0.559 + \frac{0.059}{2}\lg(10^{-7})^2 \\ &= 0.559 + 0.029\,5 \times (-14) \\ &= +0.146V\end{aligned}$$

比较可知，在中性溶液中，H_3AsO_3 的还原能力增强了很多，可被 I_2/I^- 电对中的 I_2 氧化，反应可正向进行。

在氧化还原反应中，若两电对的标准电极电势 $\varphi^{\ominus}$ 值相差不大（一般<0.2V）时，可以通过改变氧化型或还原型物质的浓度，或者改变 H^+ 的浓度（有 H^+ 或 OH^- 参加反应时）来控制反应的方向。

三、氧化还原反应进行的限度

化学反应进行的程度可用平衡常数来衡量。

氧化还原反应 $OX_1 + Red_2 \rightleftharpoons OX_2 + Red_1$ 达到平衡时，$E = \varphi_{(+)} - \varphi_{(-)} = 0$，即两个半反应的电极电势相等，此时，$\varphi_{Ox_1/Red_1} = \varphi_{Ox_2/Red_2}$。

例如反应：$Sn + Pb^{2+} \rightleftharpoons Pb + Sn^{2+}$

达到平衡时，$K = \dfrac{[Sn^{2+}]}{[Pb^{2+}]}$

$$\because \quad \varphi_{Sn^{2+}/Sn} = \varphi_{Pb^{2+}/Pb}$$

$$\varphi_{Sn^{2+}/Sn} = \varphi^{\ominus}_{Sn^{2+}/Sn} + \frac{0.059}{2}\lg[Sn^{2+}]$$

$$\varphi_{Pb^{2+}/Pb} = \varphi^{\ominus}_{Pb^{2+}/Pb} + \frac{0.059}{2}\lg[Pb^{2+}]$$

由附录得 $\varphi^{\ominus}_{Sn^{2+}/Sn} = -0.136V$，$\varphi^{\ominus}_{Pb^{2+}/Pb} = -0.126V$

$$\therefore\quad \varphi^{\ominus}_{Sn^{2+}/Sn}+\frac{0.059}{2}\lg[Sn^{2+}]=\varphi^{\ominus}_{Pb^{2+}/Pb}+\frac{0.059}{2}\lg[Pb^{2+}]$$

整理得：$$\frac{0.059}{2}\lg\frac{[Sn^{2+}]}{[Pb^{2+}]}=\varphi^{\ominus}_{Pb^{2+}/Pb}-\varphi^{\ominus}_{Sn^{2+}/Sn}$$

$$\lg\frac{[Sn^{2+}]}{[Pb^{2+}]}=2\frac{\varphi^{\ominus}_{Pb^{2+}/Pb}-\varphi^{\ominus}_{Sn^{2+}/Sn}}{0.059}$$

$$=2\frac{-0.126-(-0.136)}{0.059}$$

$$=\lg K$$

$\therefore\quad \lg K=0.339$

由此可以推出，在298.15K时，对于任意一个氧化还原反应

$Ox_1+Red_2 \rightleftharpoons Ox_2+Red_1$，计算其氧化还原反应平衡常数$K$的通式为：

$$\lg K=\frac{n(\varphi^{\ominus}_{氧}-\varphi^{\ominus}_{还})}{0.059}$$

式中$\varphi^{\ominus}_{氧}$为氧化剂电对的标准电极电势

$\varphi^{\ominus}_{还}$为还原剂电对的标准电极电势

n为氧化还原反应中得或失电子的总数

由平衡常数表达式可以看出：对氧化还原反应$Ox_1+Red_2 \rightleftharpoons Ox_2+Red_1$，其氧化剂与还原剂电极电势差值（$\varphi^{\ominus}_{氧}-\varphi^{\ominus}_{还}$或$\varphi^{\ominus}_{Ox_1/Red_1}-\varphi^{\ominus}_{Ox_2/Red_2}$）越大，平衡常数$K$值也就越大，氧化还原反应进行得越完全。

例11　在酸性溶液中，$KMnO_4$和$FeSO_4$生成$MnSO_4$和$Fe_2(SO_4)_3$的反应能否进行完全？

解：半反应：　$MnO_4^-+8H^++5e \rightleftharpoons Mn^{2+}+4H_2O$

$$Fe^{2+} \rightleftharpoons Fe^{3+}+e$$

反应式　$MnO_4^-+5Fe^{2+}+8H^+ \rightleftharpoons Mn^{2+}+5Fe^{3+}+4H_2O$

查表得：　$\varphi^{\ominus}_{MnO_4^-/Mn^{2+}}=+1.51V$，$\varphi^{\ominus}_{Fe^{3+}/Fe^{2+}}=+0.77V$

$$\lg K=\frac{5\times(1.51-0.77)}{0.059}$$

$$=62.7$$

$$\therefore\quad K=5.01\times10^{62}$$

K值很大，说明此反应进行的程度很完全。在分析化学中，利用高锰酸钾标准溶液可以定量地测定硫酸亚铁的含量。

应该注意的是，平衡常数K值的大小，只能表示反应正向进行的趋势的大小及反应达到平衡时反应完成的程度，并不能说明反应进行的速率以及某一时刻反应是否达到平衡和此时反应进行的程度。

（狄庆锋）

复习思考题

一、填空题

1. Fe_3O_4中Fe的氧化数是________，$Na_2S_2O_8$中S的氧化数是________，$K_2Cr_2O_7$中Cr的氧化数是________，$Na_2S_2O_3$中S的氧化数是________，$H_2C_2O_4$中C的氧化数是________，NH_2OH中N的氧化数是________。

2. 指出以下化学反应方程式中，氧化剂是________，还原剂为________。

$2KMnO_4+5H_2O_2+6HNO_3=2Mn(NO_3)_2+2KNO_3+8H_2O+5O_2\uparrow$

3. 在原电池中，φ 值大的电对是________极，发生的是________反应；φ 值小的电对是________极，发生的是________反应。φ 值越大的电对的氧化型得电子能力________，其________越________；φ 值越小的电对的还原型失电子能力________，其________越________。

二、简答题

1. 原电池装置中盐桥的作用是什么？
2. 什么是电池电动势、电极电势、标准电极电势？
3. 试解释在标准状态下，三氯化铁溶液为什么可以溶解铜板？

已知：$\varphi^{\ominus}_{Fe^{3+}/Fe^{2+}}=0.77V$，$\varphi^{\ominus}_{Cu^{2+}/Cu}=0.337V$

4. 新能源汽车是实现汽车产业转型升级和绿色发展的关键引擎，是我国从汽车大国迈向汽车强国的必由之路。近年来，我国新能源汽车产业迅猛发展，已成为带动全球汽车产业电动化转型的领导者。目前作为电动汽车关键技术的锂离子电池技术，我国已站在了世界的前列。请简述锂离子电池的工作原理。

三、计算题

1. 将 Cu 片插于盛有 0.1mol/L 的 $CuSO_4$ 溶液的烧杯中，Ag 片插于盛有 0.1mol/L 的 $AgNO_3$ 溶液的烧杯中，用盐桥连接，构成电池。

(1) 写出原电池的符号。

(2) 写出电极反应式和电池反应式。

(3) 求该电池的电动势。

2. 已知银锌原电池，各半电池反应的标准电极电势为：

$Zn^{2+}+2e=Zn\quad \varphi=-0.76V$，$Ag^{+}+e=Ag\quad \varphi=+0.80V$

(1) 求算 $Zn+2Ag^{+}(1mol/L)=Zn^{2+}(1mol/L)+2Ag$ 电池的标准电动势。

(2) 写出上述反应的原电池符号。

ER-9-4

扫一扫，测一测

第十章　配位化合物和配位平衡

PPT课件

学习目标

【知识目标】

1. 掌握配合物的概念、组成及其命名。
2. 熟悉配合物的类型、配位平衡常数、配位平衡的移动。
3. 了解配位平衡在生命及医药中的应用。

【能力目标】

1. 能较熟练地进行配合物的制备和性质的实验。
2. 具有利用化学平衡的知识分析理解配位平衡和应用配位平衡的能力。

【素质目标】

培养对事物之间相互联系、相互影响的普遍性的认识；学习科学家爱国、敬业、奉献的情怀和求真、务实的科学精神。

知识导览

配位化合物简称**配合物**，旧称**络合物**，原指复杂的化合物。研究配合物的结构、性质、制备及变化规律的化学称为**配位化学**。1893 年瑞士科学家维尔纳（Werner）首先提出了配位理论，奠定了现代配位化学的基础，并荣获 1913 年诺贝尔化学奖。从此，对配位化学的研究得到了迅速发展，至今，配位化学已成为联结无机化学与其他化学分支学科和应用学科的纽带。配合物的应用十分广泛，与医药关系密切，在医学上常用配位化学的原理，引入金属元素以补充体内的不足；利用配合物可排出体内过量或有害金属元素，以及治疗各种金属代谢障碍性疾病；一系列金属配合物还具有杀菌、抗病毒和抗癌的生理作用。因此，研究配合物的结构及其性质是医药类专业化学学习中一个非常重要的内容。

第一节　配位化合物的基本概念

一、配合物及其组成

配合物概念的引入视频

（一）配合物的概念

在 $CuSO_4$ 溶液中滴加氨水时，开始有浅蓝色沉淀生成，继续滴加氨水，沉淀逐渐消失，最终生成深蓝色溶液。向该溶液中加入乙醇，析出深蓝色的结晶。将该晶体溶入水中，加入少量 NaOH 溶液，既无浅蓝色的 $Cu(OH)_2$ 沉淀生成，也无明显的氨生成，说明此溶液中游离的 Cu^{2+} 和 NH_3 的量很少；但加入 $BaCl_2$ 溶液却立即生成白色的 $BaSO_4$ 沉淀。以上事实说明，该溶液中有大量的 SO_4^{2-} 存在，而游离的 Cu^{2+} 和 NH_3 的浓度较低，我们推测该溶液由 $[Cu(NH_3)_4]^{2+}$ 与 SO_4^{2-} 两种离子组成。科学家对晶体进行 X 射线衍射分析，也证实了晶体中这两种离子的存在。反应方程式为：

$$CuSO_4 + 4NH_3 \rightleftharpoons [Cu(NH_3)_4]SO_4$$

离子反应方程式为：

$$Cu^{2+}+4NH_3 \rightleftharpoons [Cu(NH_3)_4]^{2+}$$

分析$[Cu(NH_3)_4]^{2+}$的结构可知，每个NH_3分子中的N原子均提供一对孤对电子，进入Cu^{2+}外层的空轨道，形成4个配位键，故称配位离子。像$[Cu(NH_3)_4]^{2+}$这样，由一个具有空轨道的金属阳离子（或原子）和一定数目的具有孤对电子的中性分子或阴离子以配位键结合而成的复杂离子称为配位离子，简称**配离子**，如$[HgI_4]^{2-}$、$[Ag(NH_3)_2]^+$等。若形成的是复杂分子，则称为**配位分子**，如$[Pt(NH_3)_2Cl_2]$、$[Ni(CO)_4]$等。含有配离子的化合物或配位分子统称为**配位化合物**，简称**配合物**，如$[Ag(NH_3)_2]Cl$、$K_3[Fe(CN)_6]$、$[Co(NH_3)_2Cl_3]$等。

应该指出的是，有些化合物，例如明矾$KAl(SO_4)_2 \cdot 12H_2O$，铁铵矾$NH_4Fe(SO_4)_2 \cdot 12H_2O$，光卤石$KCl \cdot MgC1_2 \cdot 6H_2O$等，这些看似复杂的化合物，是由两种或两种以上的简单盐类组成的同晶型化合物，在水溶液中，只含K^+，Mg^{2+}，$A1^{3+}$，NH_4^+，Fe^{3+}，Cl^-，SO_4^{2-}等简单离子，而无复杂的配离子存在，它们不是配合物，这类化合物称为复盐。

（二）配合物的组成

配合物一般由内界和外界两部分组成，内界和外界之间以离子键结合。内界又称配离子，由中心原子与一定数目的中性分子或阴离子以配位键相结合。外界是与配离子带相反电荷的其他离子，又称外界离子。有些配合物只有内界，而没有外界，如配位分子$[Pt(NH_3)_2Cl_2]$、$[Fe(CO)_5]$等。

现以$[Cu(NH_3)_4]SO_4$为例说明配合物的组成，其组成可表示为：

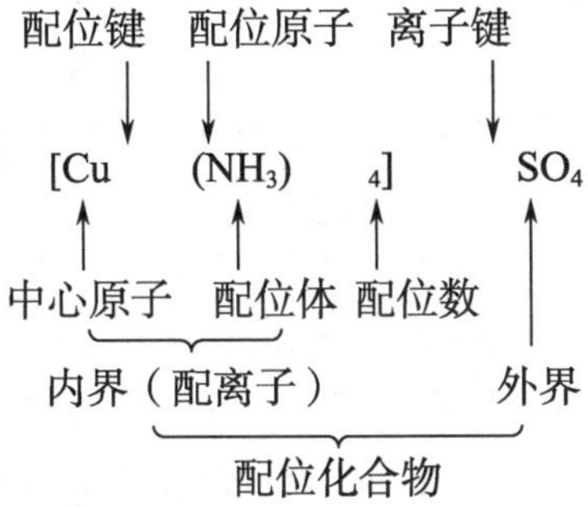

1. 中心原子　在配离子或配位分子中，接受孤对电子的阳离子或原子统称为**中心原子**（中心离子或配合物的形成体）。中心原子位于配合物内界的中心，原子核外有能成键的空轨道，是电子对的接受体。常见的中心原子多为过渡金属阳离子，如Cu^{2+}、Zn^{2+}、Ni^{2+}、Co^{3+}、Fe^{3+}、Fe^{2+}、Cr^{3+}等，也可以是中性原子和高氧化态的非金属元素。如$[Fe(CO)_5]$中的Fe原子，$[SiF_6]^{2-}$中的Si(Ⅳ)，$[BF_4]^-$中的B(Ⅲ)，$[PF_6]^-$中的P(Ⅴ)等。

2. 配位体和配位原子　配合物中以配位键与中心原子相结合的阴离子或中性分子称为**配位体**，简称**配体**，如无机配体NH_3、H_2O、CN^-、Cl^-等，有机配体醇、酚、醚、醛、酮、羧酸、胺、氨基酸等。提供配体的物质称为配位剂，如KCN、NaOH等，有些配位剂本身就是配体，如NH_3、H_2O等。

配体中能提供孤对电子并与中心原子形成配位键的原子称为**配位原子**，如H_2O中的O原子、NH_3中的N原子、Cl^-中的C原子。配位原子通常是电负性较大的非金属元素的原子，如F、Cl、Br、I、N、O、S、C等。

根据配体中配位原子的数目，可将配体分为单齿配体（亦叫单基配体）和多齿配体（亦叫多基配体）两类。只含有一个配位原子与中心原子以配位键相结合的配体称为**单齿配体**，如X^-、CN^-、SCN^-、NH_3、H_2O等，其配位原子分别是X、C、S、N、O；一个配体中含有两个或两个以上的配位原子同时与中心原子以配位键结合的配体称为**多齿配体**。如乙二胺（$H_2N-CH_2-CH_2-NH_2$，简写为en）、乙二酸（HOOC－COOH，简写为ox）、氨基乙酸（H_2N-CH_2-COOH，简写为gly）这三个配体中都含有两个配位原子，为二齿配体；乙二胺四乙酸（简称EDTA，简写为H_4Y）中含六个配位原子，为六齿配体。乙二胺四乙酸的结构式如下：

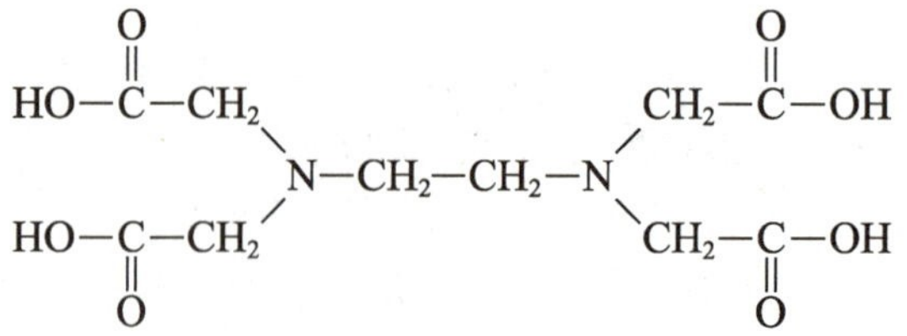

乙二胺四乙酸结构式

3. 配位数 在配合物中，与中心原子结合成键的配位原子的数目（即配位键的数目）称为中心原子的**配位数**。如果配体都是单齿配体，则配位数与配体数目相等，如在$[Cu(NH_3)_4]SO_4$中Cu^{2+}的配位数为4；若配体中有多齿配体，则配位数是其结合的配位原子的总数，如在$[Cu(en)_2]^{2+}$中，因乙二胺是二齿配体，所以Cu^{2+}的配位数是4而不是2。若配体有两种或两种以上，则配位数是配位原子数之和，如$[Pt(NO_2)_2(NH_3)_4]Cl_2$中Pt^{4+}的配位数是6。

中心原子的常见配位数为2（如Ag^+、Cu^+、Au^+等）、4（如Cu^{2+}、Zn^{2+}、Hg^{2+}、Ni^{2+}、Co^{2+}等）、6（如Fe^{3+}、Fe^{2+}、Co^{2+}、Co^{3+}、Cr^{3+}等）。中心原子的配位数与中心原子的半径和电荷数有关，还与配体的半径、电荷数及形成条件（如温度和浓度）有关。

4. 内界（配离子或配位分子） 中心原子与配体以配位键相结合形成配离子或配位分子，称为配合物的内界。书写内界时，用方括号[ ]括起来。配离子的电荷数等于中心原子与所有配体电荷数的代数和。例如，$[Fe(CN)_6]^{3-}$配离子的电荷数为$+3+(-1)\times 6=-3$，$[Cu(NH_3)_4]^{2+}$配离子的电荷数为$+2+0\times 4=+2$。因此，若已知中心原子的氧化数和配体的电荷数，则能推算出配离子的电荷数。反之，若已知配离子和配体的电荷数，也可推算出中心原子的氧化数。

由于配合物是电中性的，也可根据外界离子的电荷数来确定配离子的电荷数，如$K_3[Fe(CN)_6]$和$K_4[Fe(CN)_6]$中，配离子的电荷数分别为-3和-4。

5. 外界 在配合物中，内界以外的带相反电荷的离子称为配合物的外界。外界离子通常是带正、负电荷的简单离子或原子团，如K^+、Na^+、Cl^-、SO_4^{2-}等。$[Cu(NH_3)_4]SO_4$的外界是SO_4^{2-}。

在配合物中，内界与外界之间以离子键相结合，大多数配合物在水中易解离出配离子和外界离子。内界（配离子或配位分子）中的中心原子与配体之间以配位键相结合，在水中较稳定，很难解离出中心原子和配体。配离子与外界离子所带的电荷数相等而电性相反，配合物呈电中性。

课堂互动

以下说法是否正确？简述理由。

1. 配合物中配体的数目称为配位数。
2. 配位化合物的中心原子的氧化态不可能等于零，更不可能为负值。
3. 羰基化合物中的配体CO是用氧原子和中心原子结合的，因为氧的电负性大于碳。

二、配合物的类型

配合物在自然界中广泛存在，范围很广，种类很多，主要可分为以下两大类：

（一）简单配合物

简单配合物是由一个中心原子与若干个单齿配体所形成的配合物。其配体大多数是简单的无机分子或离子（如NH_3、H_2O、X^-等）。简单配合物中无环状结构，由于这类配合物配体数量较多，在溶液中通常是逐级形成和逐级解离。根据配体种类的多少，又可分为单纯配体配合物如

$[Cu(NH_3)_4]SO_4$、$K_2[HgI_4]$ 等,混合配体配合物如 $[Pt(OH)_2(NH_3)_2]$、$[Co(NH_3)_3(H_2O)Cl_2]Cl$ 等。

(二)螯合物

螯合物是由一个中心原子与多齿配体成键形成环状结构的配合物。在生物体内存在的配合物,其配体大多数是有机化合物。这些有机配体通常含有 2 个或 2 个以上的配位原子,它们属于多齿配体,可与中心原子形成具有特殊稳定性的配合物。

能与中心原子形成螯合物的多齿配体称为**螯合剂**。如螯合剂乙二胺(en)就是一种双齿配体,当乙二胺分子和铜离子配合时,乙二胺中两个氨基上的氮原子,可各提供一对孤电子对与中心原子配合,形成两个配位键。在乙二胺分子中两个氨基被两个碳原子隔开,乙二胺分子和铜离子形成一个由五个原子组成的环状结构,称五元环。铜离子的配位数为 4,可与两个乙二胺分子配合形成具有两个五元环的稳定配离子。它像螃蟹的两个螯钳紧紧地把金属离子钳在中间,因此稳定性大大增加,在水中更难解离。例如 $[Cu(en)_2]^{2+}$ 配离子的稳定常数 $K_稳$ 为 1.0×10^{20},而 $[Cu(NH_3)_4]^{2+}$ 配离子的稳定常数 $K_稳$ 为 2.1×10^{12},同一中心离子形成的螯合物的稳定性强于简单配合物。如由乙二胺与 Cu^{2+} 生成的二(乙二胺)合铜(Ⅱ)配离子 $[Cu(en)_2]^{2+}$ 的反应为:

$$Cu^{2+} + 2H_2N-CH_2-CH_2-NH_2 \rightleftharpoons$$

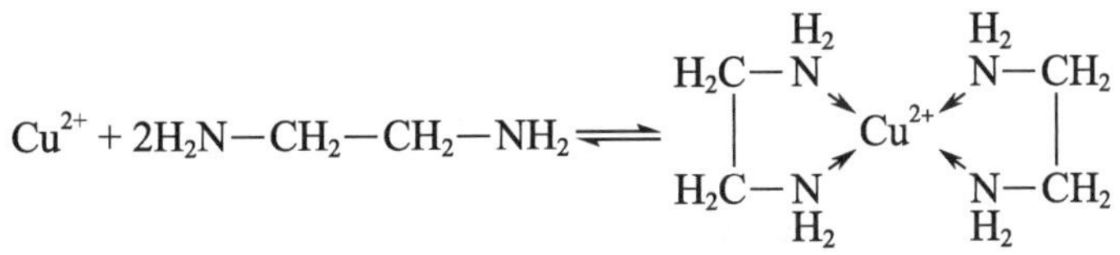

目前,应用最广泛的螯合剂是 EDTA,即乙二胺四乙酸(H_4Y)及其二钠盐(Na_2H_2Y),螯合剂 EDTA 是一个具有 6 齿的配体,能与 Cu^{2+} 形成 5 个五元环,在这里 Cu^{2+} 的配位数是 6,这种结构具有极高的稳定性。EDTA 与 Cu^{2+} 形成的螯合物 CuY^{2-} 的空间结构为:

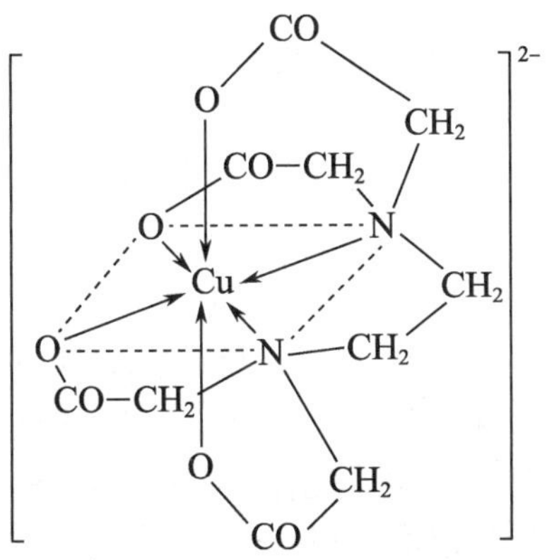

EDTA 不仅可以与过渡金属元素形成螯合物,还可与主族金属元素钠、钾、钙、镁等形成螯合物。因此在分析化学定量分析配位滴定法中常用 EDTA 作标准溶液,测定水的总硬度;在采用螯合疗法排除体内有害金属时,可用 $Na_2[CaY]$ 顺利排除体内的铅而使血钙不受影响。

螯合物与普通配合物的不同之处是配体不相同,形成螯合物的螯合剂必须具备以下两个条件:

1. 必须至少含有两个配位原子(主要是 N、O、S 等原子)。
2. 相邻的两个配位原子之间应间隔 2 个或 3 个其他原子,以便形成稳定的五元环或六元环。

螯合物因为其环状结构的生成而具有特殊稳定性的作用称为**螯合效应**(chelating effect)。金属螯合物与具有相同配位原子的非螯合物相比,具有特殊的稳定性。这种特殊的稳定性是由于螯合物具有环状结构而产生的,螯合物中的多原子环称为**螯合环**,多数螯合物具有五元环或六元环,因为形成五元环或六元环的张力比较小,较为稳定。螯合物中螯合环的数目越多,形成的配位键越多,螯合物越难解离,其螯合效应越大,螯合物的稳定性也越强。

知识链接

药物的螯合作用

动物体内大多数的金属离子是可以同蛋白质结合的，当然也可以同氨基酸、肽、核酸、及外加的药物配体结合，每个金属离子可以受到许多配体的竞争。药物分子作为金属离子的竞争配体，首先是同金属离子作用形成配合物，例如，抗结核菌的药物异烟肼可与几十种金属离子形成稳定的配合物，抗病毒药物吗啉胍在溶液中也能同许多金属离子形成稳定的配合物。许多药物分子与金属离子形成配合物之后能使它的许多性质发生变化并有可能提高药效，如异烟肼与金属离子形成配合物后改变了其溶解性，导致其抗菌活性提高。药物分子也可以与金属离子或其他配体（蛋白质、核酸等）一起形成混配的多元配合物，金属离子作为桥梁作用，促进了药物分子当作底物的作用，从而可以更好地发挥其药效。

三、配合物的命名

由于配合物比较复杂，命名也比较困难，至今仍有一些配合物还沿用习惯名称，例如把$K_4[Fe(CN)_6]$称为亚铁氰化钾（或黄血盐），$K_3[Fe(CN)_6]$称为铁氰化钾（或赤血盐），$[Ag(NH_3)_2]^+$称为银氨配离子等。由于大量复杂配合物的不断涌现，有必要进行系统命名。下面仅对比较简单的配合物命名原则予以介绍。

（一）配离子的命名

1. 配离子（配合物内界）的命名顺序　配体数（汉字小写数字如：二、三、四……表示）- 配体名称 - 合 - 中心原子名称 - 中心原子氧化数（罗马数字如：Ⅰ，Ⅱ，Ⅲ，Ⅳ，Ⅴ……加圆括号）。例如：

$[FeF_6]^{3-}$	六氟合铁（Ⅲ）配离子
$[Cu(NH_3)_4]^{2+}$	四氨合铜（Ⅱ）配离子
$[Fe(CN)_6]^{4-}$	六氰合铁（Ⅱ）配离子
$[Fe(CN)_6]^{3-}$	六氰合铁（Ⅲ）配离子
$[Ag(NH_3)_2]^+$	二氨合银（Ⅰ）配离子
$[Ag(S_2O_3)_2]^{3-}$	二硫代硫酸根合银（Ⅰ）配离子

2. 在配合物中若有多种配体，不同的配体之间以小圆点“•”分开。命名时遵循以下原则：

(1) 一般先无机配体，后有机配体（复杂配体写在圆括号内，以免混淆）。

(2) 先阴离子配体，后中性分子配体。

(3) 若为同类配体，即均为阴离子或均为中性分子，则按配位原子元素符号的英文字母顺序由A到Z排列。例如：

$[Pt(en)_2Cl_2]^{2+}$	二氯•二（乙二胺）合铂（Ⅳ）配离子
$[PtCl_3(NH_3)]^-$	三氯•一氨合铂（Ⅱ）配离子
$[Co(NH_3)_5(H_2O)]^{3+}$	五氨•一水合钴（Ⅲ）配离子
$[Co(H_2O)(NH_3)_4Cl]^{2+}$	一氯•四氨•一水合钴（Ⅲ）配离子
$[Fe(CN)_4(NO_2)_2]^{3-}$	四氰•二硝基合铁（Ⅲ）配离子

（二）配合物的命名

配合物的命名遵循一般无机化合物命名原则，即阴离子名称在前，阳离子名称在后。

1. 若内界是阴离子作为酸根时，称为“**某酸**”或“**某酸某**”。例如：

$H_2[PtCl_6]$	六氯合铂（Ⅳ）酸
$K_3[Fe(CN)_6]$	六氰合铁（Ⅲ）酸钾

$(NH_4)_2[Hg(SCN)_4]$ 四硫氰酸根合汞(Ⅱ)酸铵

2. 若内界是阳离子时，相当于盐(或碱)中的金属阳离子，称**“某化某”“某酸某”**或**“氢氧化某”**等。例如：

$[Co(H_2O)(NH_3)_4Cl]Cl_2$ 二氯化一氯·四氨·一水合钴(Ⅲ)

$[Fe(NH_3)_2(en)_2](NO_3)_3$ 硝酸二氨·二(乙二胺)合铁(Ⅲ)

$[Co(NH_3)_5(ONO)]SO_4$ 硫酸亚硝酸根·五氨合钴(Ⅲ)

$[Ag(NH_3)_2]OH$ 氢氧化二氨合银(Ⅰ)

课堂互动

判断下列命名是否正确？不正确的请改正。

1. $K_2[HgI_4]$ 四碘汞化钾
2. $[Mn(H_2O)_6]Cl_2$ 二氯化六水锰
3. $[Cu(en)_2]Cl$ 氯化二乙二胺合铜(Ⅱ)
4. $[Cr(NH_3)_3Cl_3]$ 三氯化三氨合铬
5. $[Fe(CO)_5]$ 五羟基合铁
6. $[Co(NO_2)_3(NH_3)_3]$ 三硝基三氨合钴(Ⅲ)

思政元素

爱国化学家——徐光宪

徐光宪院士是我国著名的化学家和教育家。1920年11月出生于浙江绍兴，1944年毕业于上海交通大学化学系。1947年底赴美留学并获得哥伦比亚大学物理化学博士学位。1951年回国任教于北京大学化学系，荣获“2008年度国家最高科学技术奖”。

徐光宪是国内较早一批研究配位化学的学者，早在20世纪50年代就开始了这方面的研究，并于1987年7月在南京大学申请承办了第25届国际配位化学会议。在会议上徐光宪院士做了题为“某些新颖的镧系多核配合物的簇合物的合成、结构和成键”的报告，与国际同行交流了他在镧系元素f轨道INDO计算程序方面取得的进展。这次会议的成功举办，扩大了中国配位化学研究的国际影响，会后国际刊物 *Coordination Chemistry Reviews* 主编还建议出版一期中国专刊。

徐光宪院士始终坚持“立足基础研究，面向国家目标”的研究理念，将国家重大需求和学科发展前沿紧密结合，长期从事物理化学和无机化学的教学和研究，涉及量子化学、化学键理论、配位化学、萃取化学、核燃料化学和稀土科学等领域。他基于对稀土化学键、配位化学和物质结构等基本规律的深刻认识，发现了稀土溶剂萃取体系具有“恒定混合萃取比”基本规律，在20世纪70年代建立了具有普适性的串级萃取理论，该理论已广泛应用于我国稀土分离工业。

第二节 配位平衡

一、配位平衡常数

如前所述，在配合物$[Cu(NH_3)_4]SO_4$溶液中加入稀NaOH，无$Cu(OH)_2$沉淀生成，但加入

Na_2S 溶液时，则有黑色的 CuS 沉淀生成，说明$[Cu(NH_3)_4]SO_4$溶液中存在少量游离的Cu^{2+}。也说明$[Cu(NH_3)_4]^{2+}$配离子在水溶液中可以发生解离，溶液中不仅有Cu^{2+}和NH_3的配合反应，同时还存在着$[Cu(NH_3)_4]^{2+}$配离子的解离反应，配合反应和解离反应最后达到动态平衡，这种平衡称为**配位平衡**。因此$[Cu(NH_3)_4]^{2+}$在溶液中的配位平衡如下：

$$Cu^{2+} + 4NH_3 \underset{\text{解离}}{\overset{\text{配合}}{\rightleftharpoons}} [Cu(NH_3)_4]^{2+}$$

配位平衡的平衡常数称为**配位平衡常数**，也常称为配离子的**稳定常数**，用$K_{稳}$（或K_s）表示。即

$$K_{稳} = \frac{[[Cu(NH_3)_4]^{2+}]}{[Cu^{2+}][NH_3]^4}$$

$K_{稳}$值的大小反映了配离子的稳定性。对于配位比相同的配合物，$K_{稳}$越大，说明生成配离子的倾向越大，配离子就越稳定，越不易解离。例如$[Zn(NH_3)_4]^{2+}$和$[Cu(NH_3)_4]^{2+}$为同种类型的配离子，其配位比均为 4∶1，它们的$K_{稳}$分别为2.9×10^9和2.1×10^{12}，故$[Cu(NH_3)_4]^{2+}$比$[Zn(NH_3)_4]^{2+}$更稳定。但是，对于不同配位比的配合物，需要通过计算方可比较它们的稳定性。

通常配离子的稳定常数$K_{稳}$都比较大，为了书写方便常用其对数值$\lg K_{稳}$来表示其稳定性。下面列举一些常见配离子的$\lg K_{稳}$及$K_{稳}$值（表 10-1）。

表 10-1 常见配离子的稳定常数

配离子	$\lg K_{稳}$	$K_{稳}$	配离子	$\lg K_{稳}$	$K_{稳}$
$[Ag(NH_3)_2]^+$	7.04	1.1×10^7	$[Au(CN)_2]^-$	38.30	2.0×10^{38}
$[Cu(NH_3)_4]^{2+}$	13.32	2.1×10^{13}	$[Fe(CN)_6]^{4-}$	35.00	1.0×10^{35}
$[Zn(NH_3)_4]^{2+}$	9.46	2.9×10^9	$[Fe(CN)_6]^{3-}$	42.00	1.0×10^{42}
$[Ni(NH_3)_4]^{2+}$	8.74	5.5×10^8	$[Ni(CN)_4]^{2-}$	31.30	2.0×10^{31}
$[Co(NH_3)_6]^{2+}$	5.11	1.3×10^5	$[AlF_6]^{3-}$	19.84	6.9×10^{19}
$[Co(NH_3)_6]^{3+}$	35.20	1.6×10^{35}	$[Ag(S_2O_3)_2]^{3-}$	13.46	2.9×10^{13}
$[Ag(CN)_2]^-$	21.11	1.3×10^{21}	$[Cu(en)_2]^{2+}$	20.00	1.0×10^{20}

配离子的$\lg K_{稳}$值的大小与中心原子的氧化态和中心原子的半径有关。中心原子的氧化态越高，配离子的$\lg K_{稳}$值越大；中心原子的半径越小，配离子的$\lg K_{稳}$值越大。螯合物与具有类似组成和结构的单齿配体所形成的配合物相比，其稳定性要大得多，例如$[Cu(NH_3)_4]^{2+}$的$\lg K_{稳}$为 13.32，而$[Cu(en)_2]^{2+}$的$\lg K_{稳}$为 20.00。

利用稳定常数，可以计算配合物溶液中的离子浓度。

例 1 已知$[Cu(NH_3)_4]^{2+}$的$K_{稳} = 2.1 \times 10^{13}$，请计算含有 0.010mol/L $CuSO_4$和 0.540mol/L NH_3的水溶液中Cu^{2+}离子浓度为多少？

解：设配位平衡时Cu^{2+}离子浓度为 x mol/L。

由于$K_{稳}$值很大，平衡时Cu^{2+}离子浓度值 x 一定很小，因此：

$[Cu(NH_3)_4]^{2+}$配离子浓度为：$0.010 - x \approx 0.010$mol/L，

NH_3的浓度为$0.540 - 4(0.010 - x) \approx 0.500$mol/L。

	Cu^{2+}	$+ 4NH_3$	$\rightleftharpoons [Cu(NH_3)_4]^{2+}$
初始态（mol/L）	0.010	0.540	0
平衡态（mol/L）	x	$0.540 - 4(0.010 - x)$	$0.010 - x$
		≈ 0.500	≈ 0.010

$$K_{稳} = \frac{[[Cu(NH_3)_4]^{2+}]}{[Cu^{2+}][NH_3]^4}$$

即：

$$2.1 \times 10^{13} = \frac{0.010}{x(0.500)^4}$$

所以：

$$x = [Cu^{2+}] \approx 7.62 \times 10^{-15} (mol/L)$$

答：含有 0.010mol/L $CuSO_4$ 和 0.540mol/L NH_3 的水溶液中，Cu^{2+} 离子的平衡浓度为 7.62×10^{-15} mol/L。

该结果表明，$x \ll 0.010$，将 $0.010 - x$ 近似为 0.010，所引起的误差非常小。

二、配位平衡的移动

配位平衡和其他化学平衡一样，是一种动态平衡。如果改变平衡体系的条件，平衡就会移动。下面简要讨论酸碱平衡、沉淀 - 溶解平衡、氧化还原平衡以及配位平衡之间的相互影响等对配位平衡移动的影响。

（一）酸碱平衡的影响

1. 酸效应　配体都具有孤对电子，当溶液的 H^+ 浓度增大，pH 值降低时，配体与 H^+ 结合生成弱酸，使配位平衡向着解离的方向移动，降低了配离子的稳定性。我们把由于溶液的 H^+ 浓度增大，pH 值降低，配体与 H^+ 结合，而使配离子稳定性减小，解离度增大的现象称为**酸效应**。

例如：$[Ag(CN)_2]^-$ 配离子在强酸性溶液中，由于下列反应而增大了 $[Ag(CN)_2]^-$ 的解离度，降低了其稳定性：

$$[Ag(CN)_2]^- \rightleftharpoons Ag^+ + 2CN^-$$
$$+$$
平衡移动方向　$2H^+$
$$\downarrow\uparrow$$
$$2HCN$$

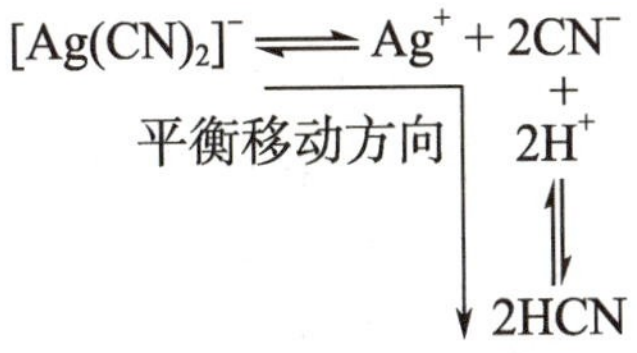

显然，酸效应与溶液的 pH 值以及生成弱酸的 K_a 有关。溶液的 pH 值越小，酸效应越强；弱酸的 K_a 越小，酸效应越强。

2. 水解效应　配离子中的中心原子多数是过渡金属离子，在溶液中存在不同程度的水解。当溶液的酸度太低，pH 值较大时，溶液中的 OH^- 可与配离子解离出的金属离子生成难溶的氢氧化物沉淀，而使配位平衡发生移动。例如，在 $[FeF_6]^{3-}$ 的溶液中：

$$[FeF_6]^{3-} \rightleftharpoons Fe^{3+} + 6F^-$$
$$+$$
平衡移动方向　$3OH^-$
$$\downarrow\uparrow$$
$$Fe(OH)_3 \downarrow$$

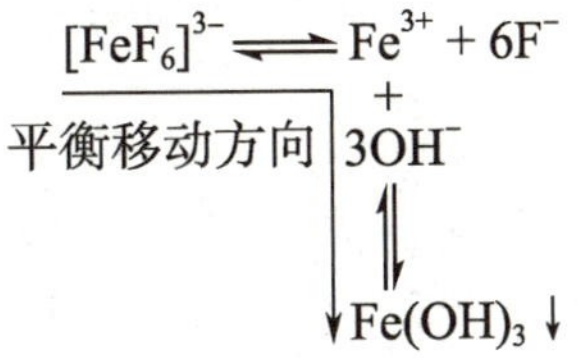

这种由于溶液酸度减小导致金属离子与溶液中的 OH^- 结合，而使配离子稳定性降低的现象称为金属离子的**水解效应**。

配体的酸效应和金属离子的水解效应同时存在，且都影响配位平衡移动和配离子的稳定性。溶液的酸度对配位平衡的影响表现在：pH 值过低即酸度过高，酸效应明显；pH 值过高即酸度过低，水解效应为主。因此，为使配离子稳定存在，必须将溶液的酸度控制在适当的范围内，通常在保证金属离子不水解的前提下，尽可能降低溶液的酸度。

（二）沉淀 - 溶解平衡的影响

当配离子解离出的金属离子可与某种试剂（沉淀剂）生成沉淀时，加入该试剂可使配位平衡发生移动。例如，在 $[Ag(NH_3)_2]^+$ 溶液中加入 NaBr 试剂，有 AgBr 沉淀生成，配位平衡向 $[Ag(NH_3)_2]^+$ 解离的方向移动。

$$[Ag(NH_3)_2]^+ \rightleftharpoons Ag^+ + 2NH_3$$

平衡移动方向 ↓ $+$ Br^- ↕

$$AgBr \downarrow$$

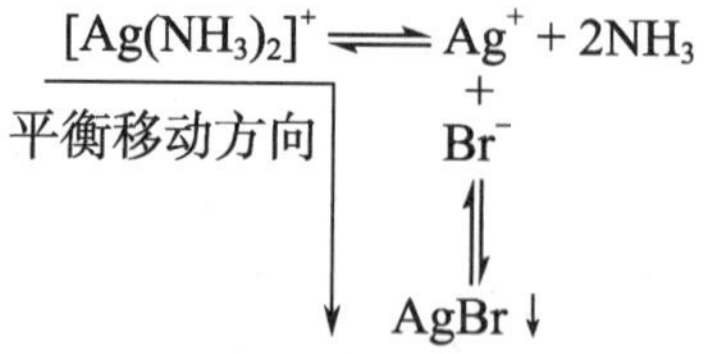

相反,若在沉淀中加入合适的配位剂,可使沉淀溶解,生成更稳定的配离子。例如,在 AgBr 沉淀中加入 $Na_2S_2O_3$ 试剂,会有 $[Ag(S_2O_3)_2]^{3-}$ 生成,而 AgBr 沉淀溶解。

$$AgBr \rightleftharpoons Ag^+ + Br^-$$

平衡移动方向 ↓ $+$ $2S_2O_3^{2-}$ ↕

$$[Ag(S_2O_3)_2]^{3-}$$

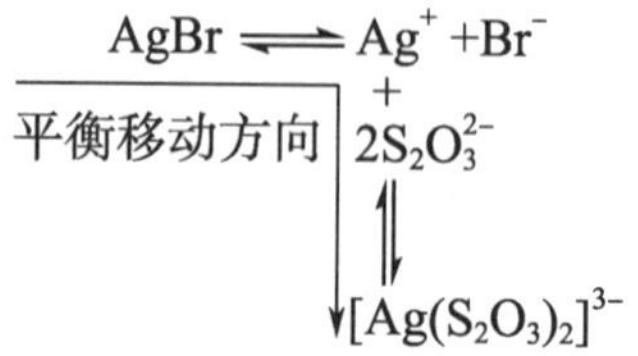

可见配位平衡与沉淀 - 溶解平衡之间可以相互转化。若配离子的稳定性差($K_稳$小),生成沉淀的溶解度小(沉淀难溶解),则配离子转化为沉淀。反之,若配离子稳定性高($K_稳$大),生成沉淀的溶解度大(沉淀易溶解),则沉淀转化为配离子。总之反应向生成稳定性更大的物质方向移动。

实际上沉淀 - 溶解平衡和配位平衡的相互转化,就是沉淀剂与配位剂之间争夺金属离子的过程。这类反应属于多重平衡。根据多重平衡的原理,可根据这些反应的平衡常数,判断反应进行的程度,并计算出有关成分的浓度。

例 2 欲使 0.10mol 的 AgCl 溶于 1L 氨水中,所需氨水的最低浓度是多少?已知:AgCl 的 $K_{sp} = 1.77 \times 10^{-10}$,$[Ag(NH_3)_2]^+$ 的 $K_稳 = 1.1 \times 10^7$。

解: 设 0.10mol 的 AgCl 溶解达到平衡时氨水的浓度为 x mol/L。

$$AgCl + 2NH_3 \rightleftharpoons [Ag(NH_3)_2]^+ + Cl^-$$

平衡浓度(mol/L) $\qquad x \qquad 0.10 \qquad 0.10$

由于该反应的平衡常数 $K = \dfrac{[Ag(NH_3)_2^+][Cl^-]}{[NH_3]^2}$

$$= \dfrac{[Ag(NH_3)_2^+][Cl^-]}{[NH_3]^2} \dfrac{[Ag^+]}{[Ag^+]} = K_{sp} K_稳$$

$$= 1.77 \times 10^{-10} \times 1.1 \times 10^7 = 1.9 \times 10^{-3}$$

所以 $\qquad \dfrac{0.10 \times 0.10}{x^2} = 1.9 \times 10^{-3}$

解得 $\qquad x = [NH_3] = 2.3 (mol/L)$

由反应式可知,溶解 0.10mol 的 AgCl,必定消耗 0.20mol 氨水,故所需氨水的最低浓度为:

$$c_{NH_3} = 2.3 + 0.2 = 2.5 (mol/L)$$

答:欲使 0.10mol 的 AgCl 溶于 1L 氨水中,所需氨水的最低浓度为 2.5mol/L。

(三)氧化还原平衡的影响

1. 氧化还原平衡对配位平衡的影响 当向配离子溶液中加入能与中心原子或配体发生氧化还原反应的物质时,中心原子或配体浓度将降低,导致配位平衡向配离子解离方向移动。例如在血红色的 $[Fe(SCN)]^{2+}$ 配离子溶液中加入 $SnCl_2$ 溶液,因为 Sn^{2+} 与 Fe^{3+} 发生氧化还原反应,则血红色褪去,反应式如下:

$$2[Fe(SCN)]^{2+} + Sn^{2+} \rightleftharpoons 2Fe^{2+} + Sn^{4+} + 2SCN^-$$

2. 配位平衡对氧化还原平衡的影响 金属离子形成配离子后,金属离子浓度降低,从而使金属的电极电势降低;形成的配离子越稳定,溶液中金属离子的浓度就越低,相应的电极电势越小,则金属离子的氧化性越弱,金属单质的还原性越强。

(四)配位平衡之间的相互影响

向一种配离子溶液中，加入另一种能与该中心原子形成更稳定配离子的配位剂时，原来的配位平衡将发生转化。例如：

$$[Ag(NH_3)_2]^+ + 2CN^- \rightleftharpoons [Ag(CN)_2]^- + 2NH_3$$

由于$K_{s[Ag(NH_3)_2]^+}=1.1\times10^7$小于$K_{s[Ag(CN)_2]^-}=1.3\times10^{21}$，故正反应趋势很大。所以在$[Ag(NH_3)_2]^+$溶液中，加入足量的$CN^-$，$[Ag(NH_3)_2]^+$配离子将被破坏而转化为$[Ag(CN)_2]^-$配离子。

课堂互动

请同学们根据所学内容思考：酸碱平衡、沉淀-溶解平衡、氧化还原平衡对配位平衡移动有哪些影响呢？

三、配合物在生命中的作用及在医药中的应用

由于自然界中大多数化合物以配合物的形式存在，配合物的形成能够明显地表现出各元素的化学个性，因此配位化学所涉及的范围及应用非常广泛。例如，离子在生成配合物时，常显示某种特征颜色，故可用于离子的定性与定量检验。如检验人体是否是有机汞中毒，取检液酸化后，加入二苯胺基脲醇溶液，若出现紫色或蓝紫色，即说明有Hg^{2+}存在。再如检验血清中铜的含量，可于血清中加入三氯乙酸除去蛋白质后，滤液中加入二乙胺基二硫代甲酸钠生成黄色配合物，就可用比色法测其含量。再如一些配合物药物的研制等许多方面都与配位化学密切相关。

(一)配合物在生命中的作用

生物体中必需微量元素如Mn、Fe、Co、Cu、Mo、I、Zn等往往都以配合物的形式存在于生物体内，其中金属离子为中心原子，生物大分子(蛋白质、多聚核苷酸、卟啉类化合物等)为配体(称为生物配体)，如维生素B_{12}、血红素、叶绿素等在体内主要以生物配合物的形式存在，同时发挥着重要的生理功能。

有些微量元素是酶的关键成分，大约三分之一的酶是金属生物配合物，如催化二氧化碳可逆水合作用的碳酸酐酶(CA，主要包括碳酸酐酶B和碳酸酐酶C等)是含Zn的酶；清除体内自由基的超氧化物歧化酶(SOD)是含Zn、Cu的酶；清除体内H_2O_2以及类脂过氧化物的谷胱甘肽过氧化物酶(GSH—px)是含Se的酶。有些微量元素参与激素的作用；有些则影响核苷酸和核酸的生物功能等。

(二)配合物在医药中的应用

无机药物可依其来源分为天然无机药物和合成无机药物。天然无机药物主要是矿物药(如雄黄)等；合成无机药物中，最主要的是近几十年来开发出的配合物药物(如顺铂、卡铂)。目前在医药领域中，一些解毒、杀菌、抗病毒、抗癌、抗风湿、治疗心血管病等配合物药物的研制近年来得到了重大发展，下面简要介绍配合物药物的一些作用。

1. 解毒作用 对于体内的有毒或过量的金属离子，可用配合物药物排除体内有毒或过量元素，一般可选择合适的配位剂(如二巯基丙醇、EDTA三钠等)与其结合形成螯合物而排出体外。这种方法称为螯合疗法，所用的螯合剂称为促排剂(或解毒剂)。例如二巯基丁二酸钠可以和进入人体的Hg、As及某些金属离子形成螯合物而解毒。近年来，医学上用Ca-EDTA(即EDTA二钠与钙形成的螯合物又称依地酸钙钠)治疗职业性铅中毒，得到非常良好的效果。Ca-EDTA在组织中与Pb^{2+}作用，成为无毒的可溶性配合物，经肾排出体外；EDTA的钙盐也是排除人体内U、

Th、Pu 等放射性元素的高效解毒剂。

有些药物如柠檬酸铁铵和酒石酸锑钾本身就是配合物。某些配合剂能与重金属离子形成配离子，在医药上可作为解毒剂使用。如柠檬酸钠是一种防治职业性铅中毒的有效药物，有迅速减轻症状和促进体内铅排出的作用。铅被人体吸收后，经过体内循环，积存于肝、肾而达于骨，在骨内以不溶性的磷酸铅存在，柠檬酸钠溶液能溶解磷酸铅，使铅成为难解离的柠檬酸铅配离子，从肾脏排出。

2. 杀菌、抗病毒作用 一些金属配合物还具有杀菌、抗病毒的生理作用。例如多数抗微生物的药物属配体，与金属配位后往往能增加其活性。某些配合物有抗病毒的活性，病毒的核酸和蛋白体均为配体，能和金属阳离子作用，生成生物金属配合物。配离子或与细胞外病毒作用，或占据细胞表面防止病毒的吸附，或防止病毒在细胞内的再生，从而阻止病毒的增生。抗病毒的配合物一般是以二价的ⅦB、Ⅷ族金属做中心原子，以 1，10- 菲绕啉或其他乙酰丙酮为配体的配合物。

3. 新药研制中的作用 在药物分析、新药的研制和开发等方面，配合物的应用也十分广泛。如治疗血吸虫病的酒石酸锑钾配合物药物、治疗糖尿病的胰岛素（锌的配合物）、对人体有重要作用的维生素 B_{12}（钴的配合物）等。1969 年首次报道顺式 $[Pt(NH_3)_2Cl_2]$ 具有抗动物肿瘤活性的能力。特别值得提出的是，我国采用口服剂量的亚硒酸钠对地方性心肌病（克山病）的防治取得了显著的成效，有关的研究单位荣获了国际生物无机化学协会授予的“施瓦茨奖”。该奖是以发现硒元素在机体生命活动中有重要作用的已故美国科学家的姓氏命名的。

（石宝珏）

? 复习思考题

一、填空题

1. 配合物一般由________和________组成。
2. 配合物的稳定程度通常用________或________表示。
3. 配合物中与中心原子以________键结合的________或________离子称为配体；配体分为________配体和________配体两类。
4. 含有________离子的化合物或________分子称为配位化合物，简称________；由中心原子与________配体形成的具有环状结构的配合物称为螯合物。
5. 影响配位平衡移动的因素有________、________平衡、________平衡以及________平衡之间的相互影响等。

二、简答题

1. 命名下列配离子或配合物。

(1) $[Ag(NH_3)_2]OH$　　(2) $[Cu(en)_2]^{2+}$

(3) $[Fe(CN)_6]^{4-}$　　(4) $[Co(NH_3)_4Cl_2]Cl$

2. 写出下列配离子或配合物的化学式。

(1) 四氨合铜(Ⅱ)配离子　　(2) 六氰合铁(Ⅲ)配离子

(3) 五羰基合铁　　(4) 二氯·二氨合铂(Ⅱ)

三、问答题

1. 为何配合物和复盐结构相似但性质不相同？
2. 配位化合物已广泛应用于日常生活、工业生产及生命科学中，请自行查阅资料，试举 2 例说明配合物在现代医药领域的重要应用。

四、计算题

试计算在含有 0.10mol/L 的 $[Cu(NH_3)_4]^{2+}$ 溶液中，当 NH_3 浓度分别为 1.0mol/L、2.0mol/L 和 4.0mol/L 时，溶液中 Cu^{2+} 浓度分别为多少？上述计算结果表明了什么？已知 $[Cu(NH_3)_4]^{2+}$ 的 $K_{稳} = 2.1 \times 10^{13}$。

ER-10-4

扫一扫，测一测

PPT课件

第十一章　s区主要元素及其化合物

学习目标

【知识目标】

1. 掌握s区元素原子的价电子层结构特点，单质的主要性质。
2. 熟悉s区元素的重要氧化物、重要氢氧化物、重要盐类的主要性质。
3. 了解s区元素氢氧化物溶解性和碱性；了解s区元素化合物在医药中的应用；了解硬水的概念及硬水软化的原理。

【能力目标】

1. 能理解s区元素原子的价电子层结构对s区元素性质的决定作用。
2. 能独立完成Na^+、K^+、Ca^{2+}的鉴定反应操作。

【素质目标】

通过对s区元素原子结构决定元素性质的学习，增强对内因决定事物本质的认识，牢固树立元素性质周期性变化的观念。

知识导览

s区元素包括周期表中ⅠA和ⅡA族元素，除H外都是最活泼的金属元素，ⅠA族是由锂(Li)、钠(Na)、钾(K)、铷(Rb)、铯(Cs)、钫(Fr)六种金属元素组成，由于它们氧化物的水溶液显碱性，所以称为碱金属。ⅡA族元素是由铍(Be)、镁(Mg)、钙(Ca)、锶(Sr)、钡(Ba)、镭(Ra)六种元素组成，由于钙、锶、钡的氧化物既难溶解也难熔融(类似于土)，且呈碱性而得名碱土金属。由于碱金属和碱土金属都是非常活泼的金属元素，在自然界中均以化合物形式存在，其中钠、钾、镁和钙在自然界中含量较多，应用也最广泛，在生命体的代谢过程中，起着重要的作用，也是学习中需要重点关注的元素。锂、铷、铯和铍在自然界中丰度较小，属于稀有金属；钫和镭是放射性元素。

第一节　碱　金　属

一、概　　述

(一)碱金属的原子结构

碱金属原子的价电子层构型为ns^1，它们的原子半径在同周期元素中(稀有气体除外)是最大的，而核电荷在同周期元素中是最小的。此外，次外层为8电子结构(锂除外)，对核电荷的屏蔽作用较大，因此，这些元素最容易失去最外层唯一的价电子，呈+1氧化态，显示出强金属性，碱金属元素是同一周期中金属性最强的元素。在同族中，自上而下半径逐渐增大，金属性也逐渐增强。碱金属元素的基本结构参数见表11-1。

表 11-1 碱金属元素的基本结构参数

结构	锂	钠	钾	铷	铯
元素符号	Li	Na	K	Rb	Cs
价电子层构型	$2s^1$	$3s^1$	$4s^1$	$5s^1$	$6s^1$
主要氧化数	+1	+1	+1	+1	+1
原子半径(10^{-10}m)	1.52	1.86	2.27	2.48	2.65
离子半径(10^{-10}m)	0.59	0.99	1.38	1.49	1.70

（二）碱金属单质的物理性质

碱金属是轻金属，具有良好的导电性和延展性。单质具有银白色的金属光泽。硬度小，可用小刀切割。碱金属的密度较小，其中，锂、钠、钾能浮在水面上，且锂能浮在煤油上。碱金属的熔点、沸点都较低，且对光非常敏感，其中铯对光最敏感，是制造光电池的良好材料；铷和铯能制造出最准确的原子钟，国际时间单位秒就是以铯原子钟为标准制定的。碱金属单质的物理性质见表 11-2。

表 11-2 碱金属单质的物理性质

性质	锂	钠	钾	铷	铯
原子序数	3	11	19	37	55
电负性	0.98	0.93	0.82	0.82	0.79
熔点(℃)	181	98	64	39	28
沸点(℃)	1 347	883	774	688	678
密度(g/cm^3)	0.543	0.97	0.86	1.532	1.873
硬度(金刚石=10)	0.6	0.4	0.5	0.3	0.2

知识链接

铯原子钟

铯原子钟是标准原子钟，是利用铯原子的光谱中有一个特征对应的辐射具有高度准确的频率——9192631770HZ。现在的一秒就定义为铯光谱中与这个特征对应的辐射振动这么多次所需要的时间，这类原子钟也叫铯钟，这种钟的稳定程度很高。2007 年，中国计量科学研究院成功研制“铯原子喷泉钟”，精度达到了连续走时 600 万年，累积误差小于 1 秒，达到世界先进水平。中国成为继法、美、德之后，第四个自主研制成功铯原子喷泉钟的国家，成为国际上少数具有独立完整的时间频率计量体系的国家之一。现在国际上普遍采用铯原子钟的跃迁频率作为时间频率的标准，广泛使用在天文、大地测量和国防建设等各个领域中。

（三）碱金属单质的化学性质

碱金属单质是化学性质最活泼的金属，具有很强的还原性，能与水、非金属和许多化合物直接反应。

1. 与非金属反应 碱金属元素能与氧气反应生成氧化物、过氧化物和超氧化物。还能与某些非金属如卤素、氮气、氢气等发生反应。例如锂与氮气反应：

$$6Li + N_2 = 2Li_3N \text{(燃烧)}$$

2. 与水反应 碱金属单质都能与水反应，生成相应的氢氧化物并放出氢气，同时产生大量的热。如

$$2Na+2H_2O = 2NaOH+H_2\uparrow$$

锂与水反应较慢，钠、钾、铷、铯与水剧烈反应甚至燃烧爆炸，反应的剧烈程度依次增强。

在实验室中，将钠、钾保存于煤油中（钾还需先用石蜡包裹），防止与空气和水分反应。

（四）碱金属单质的应用

碱金属有许多优异的性能，广泛应用于工业生产中。例如金属钠可用于生产作为汽油防爆添加剂的四乙基铅，还可以用于生产钠的化合物，如氢化钠、过氧化钠等。由于钠蒸气在高压电作用下会发射出穿透云雾能力很强的黄色光，因此可以用于制造公路照明灯。碱金属（特别是钾、铷、铯）在光照之下，能放出电子，是制造光电管的良好材料。铷、铯可用于制造最准确的计时仪器——铷、铯原子钟。

二、碱金属的氧化物和氢氧化物

（一）氧化物

碱金属的氧化物可分为三类：

1. 普通氧化物 碱金属中，锂的金属性最弱，在空气中燃烧时，能生成普通氧化物 Li_2O。而钠、钾、铷、铯只能在缺氧条件下才能生成普通氧化物，但这种条件难以控制，在空气中反应则生成过氧化物。一般用金属还原其过氧化物或硝酸盐来制备氧化物。如

$$Na_2O_2+2Na = 2Na_2O$$

$$2KNO_3+10K = 6K_2O+N_2\uparrow$$

碱金属氧化物的颜色依次加深，它们分别为

Li_2O	Na_2O	K_2O	Rb_2O	Cs_2O
白色	白色	淡黄色	亮黄色	橙红色

碱金属的氧化物遇水能发生剧烈反应，生成相应的碱。

$$Na_2O+H_2O = 2NaOH$$

2. 过氧化物 碱金属元素都能形成过氧化物。过氧化物中含有过氧键—O—O—，也称过氧离子（O_2^{2-}）。其中最常见的是过氧化钠。

过氧化钠与水或稀酸反应能生成过氧化氢，过氧化氢不稳定，易分解放出氧气。

$$Na_2O_2+2H_2O = H_2O_2+2NaOH$$

$$Na_2O_2+H_2SO_4(稀) = H_2O_2+Na_2SO_4$$

$$2H_2O_2 = 2H_2O+O_2\uparrow$$

过氧化钠和过氧化氢都可用于消毒、漂白。过氧化钠还可用来制取氧气。过氧化钠是强氧化剂，熔化时如遇炭粉、棉花、铝粉等易发生爆炸，使用时必须注意安全。过氧化钠与二氧化碳反应能生成氧气

$$2Na_2O_2+2CO_2 = 2Na_2CO_3+O_2\uparrow$$

可用作潜水员、飞行员或航天员的供氧剂和 CO_2 的吸收剂。

3. 超氧化物 碱金属中除锂外，其他元素都能形成超氧化物，其中钾、铷、铯在空气中燃烧都生成超氧化物。超氧化物中含有超氧离子 O_2^-。

$$K+O_2 = KO_2$$

超氧化物是强氧化剂，与水剧烈反应、与二氧化碳反应都有氧气放出

$$2KO_2+2H_2O = 2KOH+H_2O_2+O_2\uparrow$$

$$4KO_2+2CO_2 = 2K_2CO_3+3O_2\uparrow$$

因此超氧化物也能用作潜水、飞行、登山、急救的供氧剂。

课堂互动

说说锂、钠、钾在空气中燃烧时，生成的氧化物各是什么？

（二）氢氧化物

碱金属及其氧化物都能与水反应生成氢氧化物。

$$M_2O+H_2O = 2MOH \quad (M代表碱金属)$$

碱金属氢氧化物是强碱，又称为苛性碱，在同族中自上而下碱性逐渐增强。

	LiOH		NaOH		KOH		RbOH		CsOH
碱性：	中强	<	强	<	强	<	强	<	强

苛性碱对皮肤和纤维有强烈的腐蚀作用，使用时要特别小心。

苛性碱易溶于水，并放出大量热，在空气中易潮解，与空气中的二氧化碳反应生成碳酸盐，所以苛性碱固体应密闭保存。若需配制不含碳酸盐的 NaOH 溶液，应先配成 NaOH 的饱和溶液，密闭静置，因为 Na_2CO_3 不溶于饱和的 NaOH 溶液而沉淀析出，然后再取上层清液，用煮沸冷却后的新鲜蒸馏水稀释到所需浓度。

苛性碱的水溶液或熔融状态下能溶解许多金属、非金属及其氧化物，如

$$2Al+2NaOH+2H_2O = 2NaAlO_2+3H_2\uparrow$$

$$SiO_2+2NaOH = Na_2SiO_3+H_2O$$

氢氧化钠能与玻璃中的 SiO_2 反应，因此盛放 NaOH 溶液的试剂瓶如用玻璃塞，则易生成带有黏性的 Na_2SiO_3，致使瓶塞粘连无法打开，故要用橡皮塞。长期存放最好用耐腐蚀的塑料试剂瓶盛放。

氢氧化钠俗称烧碱，是现代工业生产、生物医药制造、科学研究所需的重要原料，也是实验室里常用的试剂。氢氧化钠碱性强、腐蚀性大，实际生产中常用纯碱 Na_2CO_3 代替 NaOH 进行某些反应，因为纯碱价格比较低廉，并且对反应器皿的腐蚀性也小得多。

三、碱金属的盐类

碱金属的盐有卤化物、硝酸盐、硫酸盐、碳酸盐等。很多盐类都是常用药品，如抗躁狂药 Li_2CO_3 可治疗躁狂症，NaCl 为电解质补充药，生理盐水可用于脱水等症状。

（一）晶体类型

碱金属的盐大多数是离子型晶体，它们具有较高的熔点和沸点。由于 Li^+ 半径很小，极化力较强，它在某些盐（如卤化物）中表现出不同程度的共价性。碱金属离子是无色的，所以它们的盐类的颜色一般取决于阴离子的颜色。无色阴离子（如 X^-、NO_3^-、SO_4^{2-}、CO_3^{2-} 等）与之形成的盐一般是无色或白色的，而有色阴离子（如 MnO_4^-、$Cr_2O_7^{2-}$ 等）与之形成的盐则具有阴离子的颜色，例如 $KMnO_4$ 呈紫色、$K_2Cr_2O_7$ 呈橙色。

（二）溶解性

几乎所有常见的碱金属盐类都易溶于水。仅有少数碱金属盐是难溶的，其中半径小的 Li^+ 所形成的盐类是难溶盐；K^+ 和 Na^+ 同某些较大阴离子所形成的盐也是难溶或微溶的，如 $Na[Sb(OH)_6]$、$KHC_4H_4O_6$（酒石酸氢钾）、$KClO_4$。这些难溶盐通常用于鉴定 K^+ 和 Na^+。

（三）热稳定性

碱金属盐的热稳定性较高。碱金属的卤化物在高温时只挥发而不易分解，由 Li 到 Cs，碱金属氟化物的热稳定性依次降低，而碘化物的热稳定性反而依次增强；硫酸盐在高温下既不挥发又难分解；碳酸盐中除 Li_2CO_3 在 1 000℃以上部分地分解为 Li_2O 和 CO_2 以外，其余均不分解。只

有硝酸盐热稳定性差，加热时易分解，这一性质也使 KNO_3 成为火药的一种成分。

$$4LiNO_3 \xlongequal{\triangle} 2Li_2O + 4NO_2 + O_2\uparrow$$

$$2KNO_3 \xlongequal{\triangle} 2KNO_2 + O_2\uparrow$$

$$2NaNO_3 \xlongequal{\triangle} 2NaNO_2 + O_2\uparrow$$

（四）钠盐和钾盐的主要区别

钠盐和钾盐使用最多，它们的性质很相似，其主要差别为下列三点：

1. 钠盐的溶解度大于钾盐　但 Na_2CO_3 溶解度较小，NaCl 溶解度几乎不受温度影响。因此精制药用 NaCl 时，可利用它的溶解度特性，趁热过滤 NaCl 晶体，而将热水中溶解度较大的钾盐留在母液中。

2. 钠盐的吸湿性通常大于钾盐　因此分析化学实验选用的标准试剂多为钾盐。

3. 含结晶水的钠盐多于钾盐。

Na^+ 和 K^+ 是体内最主要的电解质阳离子。细胞外液的阳离子以 Na^+ 为主，细胞内液阳离子以 K^+ 为主，它们特异地分布在细胞内外，分别是维持细胞外液和内液的容量与渗透压的主要离子。由 Na^+ 和 K^+ 产生的晶体渗透压对维持细胞内外水、盐平衡起着十分重要的作用。由 Na^+ 和 K^+ 参与的各种缓冲体系，如血浆中的 $NaHCO_3$-H_2CO_3，是维持机体酸碱平衡的最主要的缓冲对；另外血钾过低会引起碱中毒，而血钾过高引起酸中毒。因此 Na^+ 和 K^+ 对体液酸碱的相对恒定，对保证正常的物质代谢和生理功能有着十分重要的意义。

（五）焰色反应

碱金属和碱土金属钙、锶、钡挥发性的盐在无色火焰中灼烧时，会使火焰呈现特殊颜色，这一性质称为焰色反应。用铂丝蘸取少量盐或盐溶液，在无色火焰上灼烧，根据火焰的颜色可以进行离子的定性鉴别。

碱金属离子的焰色见表 11-3。

表 11-3　碱金属离子的焰色反应的特征颜色

离子	Li^+	Na^+	K^+	Rb^+	Cs^+
焰色	红	黄	紫	紫红	紫红

焰火就是根据焰色反应原理配制而成的。

例如：

(1) 红色焰火的常见配方

质量百分比　$KClO_3$ 34%、$Sr(NO_3)_2$ 45%、炭粉 10%、镁粉 4%、松香 7%

(2) 绿色焰火的常见配方

质量百分比　$Ba(ClO_3)_2$ 38%、$Ba(NO_3)_2$ 40%、S 22%

（六）重要的碱金属盐及其在医药中的应用

1. 氯化钠（NaCl）　俗称食盐，氯化钠是常用的调味剂和营养剂。临床上用来配制生理盐水（浓度为 9g/L），生理盐水主要用于人体失血过多时的体液补充、配制输液药水或补充因腹泻引起的缺水症，还可以洗涤伤口。

2. 氯化钾（KCl）　氯化钾是一种利尿药物，多用于心脏性或肾脏性水肿。氯化钾还用于治疗各种原因引起的缺钾症和洋地黄中毒引起的心律不齐。

3. 碘化钠和碘化钾（NaI 和 KI）　碘化钾可用于配制碘酊，能增大碘的溶解度。碘化钠可用于配制造影剂。

4. 硫代硫酸钠（$Na_2S_2O_3$）　市售的硫代硫酸钠俗称海波或大苏打，含有 5 分子结晶水，是氧化还原滴定中常用的还原剂。临床上硫代硫酸钠制剂外用可治疗慢性皮炎等皮肤病，注射剂可用于氰化物、砷、汞、铅、铋、碘中毒的治疗。

5. 碳酸锂(Li_2CO_3) 是一种抗狂躁药，主要用于治疗狂郁型精神病。

6. 碳酸氢钠($NaHCO_3$) 俗称小苏打，它的水溶液呈弱碱性，常用于治疗胃酸过多和酸中毒。它在空气中会慢慢分解生成碳酸钠，应密闭保存于干燥处。它与酒石酸氢钾在溶液中反应生成CO_2，所以它们的混合物是发酵粉的主要成分。

四、离子鉴定

(一) Na^+的鉴定

1. 焰色反应 用铂丝环蘸取少量钠盐或Na^+溶液，在无色火焰上灼烧，火焰呈持久的黄色。焰色反应只能用作辅助试验。

2. 醋酸铀酰锌法 在中性或醋酸酸性溶液中，Na^+与醋酸铀酰锌[$Zn(Ac)_2 \cdot UO(Ac)_2$]生成柠檬黄色结晶形沉淀。操作步骤：在含有Na^+溶液的试管里，加入醋酸酸化，再加入过量醋酸铀酰锌溶液，用玻璃棒摩擦试管内壁，溶液中有柠檬黄色沉淀生成，说明有Na^+存在。

(二) K^+的鉴定

1. 焰色反应 用铂丝环蘸取少量钾盐或K^+溶液，在无色火焰上灼烧，火焰呈紫色。焰色反应只能用作辅助试验。当钾盐中含有少量钠盐时，最好用蓝色玻璃片隔火观察，因紫色火焰会被钠强烈的黄色焰色所掩盖。

2. 亚硝酸钴钠法 在中性或醋酸酸性溶液中，K^+能与亚硝酸钴钠($Na_3[Co(NO_2)_6]$)生成橙黄色结晶形沉淀。操作步骤：在含有K^+溶液的离心试管中，加入亚硝酸钴钠试液，观察有无橙黄色沉淀生成。必要时可离心分离，但必须在中性或弱酸性溶液中反应。

第二节 碱土金属

一、概 述

(一) 碱土金属元素的原子结构

碱土金属元素原子的价电子层构型为ns^2，与同周期的碱金属相比，碱土金属原子半径小。在化学反应中，碱土金属元素的氧化数为+2。从整个周期系来看，碱土金属的金属性比碱金属略差，但仍是活泼性较强的金属元素。碱土金属的基本性质见表11-4。

表11-4 碱土金属元素的基本性质

性质	铍	镁	钙	锶	钡
元素符号	Be	Mg	Ca	Sr	Ba
原子序数	4	12	20	38	56
价电子层构型	$2s^2$	$3s^2$	$4s^2$	$5s^2$	$6s^2$
主要氧化数	+2	+2	+2	+2	+2
原子半径(10^{-10}m)	1.11	1.60	1.97	2.15	2.17
离子半径(10^{-10}m)	0.27	0.72	1.00	1.13	1.36

(二) 碱土金属元素的物理性质

碱土金属在自然界中只能以化合态存在。它们的单质都是轻金属，银白色金属光泽(只有铍为钢灰色)，具有良好的导电性和延展性。硬度和密度都较小，除铍和镁以外，其他单质都可用小刀切割。与同周期的碱金属相比，因为原子半径小，所形成的金属键比碱金属强，因而熔点和沸点要高于碱金属。

碱土金属单质的物理性质见表11-5。

表11-5 碱土金属元素的物理性质

性质	铍	镁	钙	锶	钡
电负性	1.57	1.31	1.00	0.98	0.89
熔点/℃	1 278	649	839	769	725
沸点/℃	2 970	1 090	1 484	1 384	1 640
密度/$kg \cdot L^{-1}$	1.85	1.74	1.54	2.54	3.51

（三）碱土金属单质的化学性质

碱土金属因易失去电子而显示出较强还原性。它们的化学性质与碱金属相似，但比碱金属弱。

1. 与非金属反应 碱土金属可与氧气反应生成氧化物、过氧化物和超氧化物，还能与某些非金属如卤素、氮气、氢气等发生反应。例如镁能与氮气反应，钙、锶、钡能与氢气化合。

$$2Mg + O_2 \xlongequal{\triangle} 2MgO$$

$$3Mg + N_2 \xlongequal{} Mg_3N_2$$

$$Ba + H_2 \xlongequal{} BaH_2$$

碱土金属与空气中的氧缓慢反应，生成氧化膜，加热时才显著发生反应。

2. 与水反应 除铍外都能与水直接反应，生成相应的氢氧化物并放出氢气，同时产生热量，反应的剧烈程度比碱金属弱。例如

$$Ca + 2H_2O \xlongequal{} Ca(OH)_2 + H_2\uparrow$$

$$Mg + 2H_2O \xlongequal{\triangle} Mg(OH)_2 + H_2\uparrow$$

二、碱土金属的氧化物和氢氧化物

（一）氧化物

碱土金属的氧化物也分为三类。

1. 普通氧化物 碱土金属在空气中燃烧时，都能生成普通氧化物。如

$$2Mg + O_2 \xlongequal{} 2MgO$$

但实际上，碱土金属的氧化物都是由碳酸盐或硝酸盐加热分解而制得的。例如

$$MgCO_3 \xlongequal{\triangle} MgO + CO_2\uparrow$$

碱土金属的氧化物都具有较高的熔点：BeO，2 530℃；MgO，2 800℃，故BeO和MgO常用于制造耐火材料和陶瓷。MgO俗称苦土，几乎不溶于水，能与酸作用，医药上用作抗酸药、解酸中毒的药。

碱土金属的氧化物（除BeO和MgO外）与水直接反应生成氢氧化物。

$$BaO + H_2O \xlongequal{} Ba(OH)_2$$

2. 过氧化物 碱土金属中，除铍外都能形成过氧化物。如过氧化钡是由BaO与O_2加热到400℃以上反应制得，但温度不能超过800℃，否则生成的BaO_2又会分解。

$$2BaO + O_2 \xlongequal{400℃} 2BaO_2$$

过氧化钡也可用作潜水员、飞行员的供氧剂，还可用于实验室里制取过氧化氢

$$BaO_2 + H_2SO_4(稀) \xlongequal{} H_2O_2 + BaSO_4\downarrow$$

3. 超氧化物　碱土金属中，除铍、镁外，其余碱土金属都能形成超氧化物。碱土金属的超氧化物是有一定颜色的固体物质，是强氧化剂。

（二）氢氧化物

碱土金属的氢氧化物碱性比相应的碱金属氢氧化物弱，溶解度也较小。

$$MO + H_2O = M(OH)_2 \quad (\text{M代表碱土金属})$$

	$Be(OH)_2$		$Mg(OH)_2$		$Ca(OH)_2$		$Sr(OH)_2$		$Ba(OH)_2$
碱性：	两性	<	中强	<	强	<	强	<	强

氢氧化铍为两性，氢氧化镁为中强碱，其余都是强碱，以氢氧化钡碱性最强。$Be(OH)_2$ 是两性氢氧化物

$$Be(OH)_2 + H_2SO_4 = BeSO_4 + 2H_2O$$

$$Be(OH)_2 + 2NaOH = Na_2BeO_2 + 2H_2O$$

碱金属氢氧化物与碱土金属氢氧化物比较：

1. 碱土金属氢氧化物受热时就分解成氧化物和水，而碱金属除氢氧化锂外都很稳定。
2. 碱金属氢氧化物的碱性>同周期碱土金属氢氧化物的碱性。
3. 碱金属氢氧化物易溶解于水，而碱土金属氢氧化物微溶或难溶于水。
4. 它们都是白色固体。

氢氧化钙俗称熟石灰，是重要的建筑材料，也用于制取漂白粉。将二氧化碳气体通入饱和氢氧化钙溶液，会使澄清的溶液变浑浊，实验室内常用这一方法鉴别二氧化碳气体。

$$Ca(OH)_2 + CO_2 = CaCO_3\downarrow + H_2O$$

三、碱土金属的盐类

（一）共性

碱土金属盐的共性有：微溶或难溶于水。除氯化物、硝酸盐、硫酸镁、铬酸镁易溶于水外，其余的碳酸盐、硫酸盐、草酸盐、铬酸盐皆难溶。

碱土金属盐大多是离子型晶体，熔点都比较高，只有铍、镁的盐有部分共价性。热稳定性较大，难以分解。但硝酸盐、碳酸盐在高温下可以分解。

$$CaCO_3 \xlongequal{\triangle} CaO + CO_2\uparrow$$

碳酸盐的热稳定性依次是 $BeCO_3<MgCO_3<CaCO_3<SrCO_3<BaCO_3$。

课堂互动

比较下列钠盐和钙盐的水溶性。

硝酸盐、盐酸盐、碳酸盐、硫酸盐和草酸盐

铍盐和可溶解的钡盐都是有毒的。

碱土金属钙、锶、钡的挥发性盐能产生焰色反应，见表11-6。

表11-6　碱土金属离子焰色反应的特征颜色

离子	Ca^{2+}	Sr^{2+}	Ba^{2+}
焰色	砖红色	洋红色	黄绿色

（二）重要的碱土金属盐及其在医药中的应用

1. 硫酸镁（$MgSO_4 \cdot 7H_2O$）　硫酸镁晶体易溶于水，溶液带有苦味，在临床上用作轻泻剂。

硫酸镁与甘油调和是外用消炎药。

2. 硫酸钡（$BaSO_4$） 硫酸钡不溶于水和酸，能阻止X射线通过，且不被肠胃吸收，故可内服硫酸钡作为胃肠透视的造影剂，用于检查胃肠疾病。服用硫酸钡时应特别小心，不能混有可溶性钡盐，否则可能会引起生命危险。

3. 氯化钙（$CaCl_2$） 氯化钙有多种水合物，其中二水合物（$CaCl_2·2H_2O$）是治疗钙缺乏症的药物，也可用作抗过敏药和消炎药。无水$CaCl_2$有很强的吸水性，是实验室常用的干燥剂，但因能与氨和乙醇生成加合物，不能干燥乙醇和氨气。

4. 碳酸钙（$CaCO_3$） 它是石灰石和大理石的主要成分。中药的珍珠、钟乳石、海蛤壳等的主要成分也是碳酸钙。

5. 其他钙盐 常用的钙盐药物主要有葡萄糖酸钙、乳酸钙、磷酸氢钙等，临床上用于治疗急性钙缺乏症、抗过敏症，也可用来治疗镁中毒。

钙是构成人体的骨骼与牙齿的主要成分。大部分以羟磷灰石[$3Ca_3(PO_4)_2·Ca(OH)_2$]的形式构成骨盐，存在于骨骼和牙齿中，少部分以流动的Ca^{2+}形式存在，但它却与体内多种生理机制和代谢过程密切相关，并且起着极为重要的作用。Ca^{2+}能降低毛细血管及细胞壁的通透性，减少渗出；Ca^{2+}能降低神经肌肉的兴奋性，如血液中Ca^{2+}的浓度降低，便使神经肌肉兴奋性增强，可引起肌肉自发收缩，甚至出现手足抽搐现象；Ca^{2+}也是一种凝血因子，是人体血液凝固的重要参与物质；Ca^{2+}还是许多酶的激活剂或抑制剂，因此Ca^{2+}是人体正常的新陈代谢活动中非常重要的必需元素。

现代分子生物学研究发现，细胞内许多生物大分子，如酶、蛋白因子、结构蛋白等对Ca^{2+}有依赖性，胞质[Ca^{2+}]的改变将会引起细胞若干生理功能的变化，因此确认Ca^{2+}是细胞内一种重要的信号传导物质。

镁在生物体除了以$Mg_3(PO_4)_2$的形式参与骨盐组成外，Mg^{2+}是300多种酶的辅助因子或激活剂，广泛参与体内各种物质代谢及生命活动；对中枢神经系统和神经-肌肉组织起到镇静和抑制作用；可作用于外周血管系统，引起血管扩张，因而有降低血压的作用，此种降压作用对正常人更明显。

思政元素

石灰石——要留清白在人间

在过去没有水泥的时代，人们主要用熟石灰砌墙和粉墙。明代杰出的政治家和军事家于谦写了一首《石灰吟》：千锤万凿出深山，烈火焚烧若等闲。粉身碎骨浑不怕，要留清白在人间。这首诗描述了从石灰石到石灰的变化，并借用这个变化过程歌颂重名节、轻名利，重成仁、轻杀身的高尚人格。

石灰一般由石灰石、白云石等石头（主要成分是碳酸钙）经过加工而成，这些石头非常坚硬，古时没有现代化的工具与机器，纯粹靠人力开凿，必须日复一日，千锤万凿，经过许多磨砺才能开采。千锤万凿出深山，石灰石从山体上被打碎开采出来，第一次经历了“粉身碎骨”。

开采出来的石灰石经过高温煅烧才能变成生石灰。碳酸钙在高温下分解成生石灰（主要成分是氧化钙），越烧越白，这样烧出来的生石灰是一种酥脆的块状白色固体。从坚硬的石灰石经过火浴变为酥脆的白色生石灰，石灰石第二次经历了“粉身碎骨”。主要化学反应是：

$$CaCO_3 = CaO + CO_2\uparrow \text{（在高温的条件下）}$$

生石灰与过量的水反应后得到的白色灰浆，形成熟石灰（主要成分是氢氧化钙），从块状的生石灰经过水浴变为熟石灰，石灰石第三次经历了"粉身碎骨"，变成熟石灰后通身洁白。主要化学反应是：

$$CaO + H_2O = Ca(OH)_2$$

熟石灰中的氢氧化钙容易吸收空气中的二氧化碳变成碳酸钙。碳酸钙是不溶于水的白色固体。人们利用熟石灰中氢氧化钙的这一性质，将灰浆抹在砖块之间和墙面上，灰浆吸收二氧化碳，生成碳酸钙，使墙砖胶结在一起，在墙面则形成洁白坚固的外壳。主要化学反应是：

$$Ca(OH)_2 + CO_2 = CaCO_3\downarrow + H_2O$$

石灰石经历"千锤万凿""火烧水浸"，多次"粉身碎骨"的磨砺，变成熟石灰；熟石灰用于建筑，最终变成洁白坚固的碳酸钙，使众多分立的砖块紧密胶结在一起，还以其脱胎出的洁白面容扮靓着人们居住的建筑，正是体现了"要留清白在人间"的高尚境界。《石灰吟》这首诗表现了作者不避千难万险、勇于自我牺牲以保持忠诚清白品格的可贵精神。

四、离子鉴定

（一）Mg^{2+} 的鉴定

镁试剂法　在盛有 Mg^{2+} 溶液的试管中加入 NaOH 试液，生成白色沉淀，再加入镁试剂（对硝基苯偶氮间苯二酚），沉淀变为蓝色（镁试剂在碱性溶液中显紫红色，在酸性溶液中显黄色）。

（二）Ca^{2+} 的鉴定

1. 焰色反应　用铂丝环蘸取 Ca^{2+} 溶液，在无色火焰上灼烧，火焰呈砖红色。

2. 在盛有 Ca^{2+} 溶液的试管中，加入草酸铵试液，生成白色草酸钙沉淀，沉淀不溶于醋酸，但溶于盐酸和硝酸。

$$Ca^{2+} + C_2O_4^{2-} = CaC_2O_4\downarrow \quad (白色)$$

$$CaC_2O_4 + H^+ = Ca^{2+} + HC_2O_4^-$$

（三）Ba^{2+} 的鉴定

1. 焰色反应　用铂丝环蘸取 Ba^{2+} 溶液，在无色火焰上灼烧，火焰呈黄绿色。

2. 在盛有 Ba^{2+} 溶液的试管中，加入铬酸钾 K_2CrO_4 试液，生成黄色的铬酸钡沉淀。沉淀不溶于醋酸，溶于盐酸和硝酸，生成橙色 $Cr_2O_7^{2-}$ 溶液。

$$Ba^{2+} + CrO_4^{2-} = BaCrO_4\downarrow \quad (黄色)$$

$$2BaCrO_4 + 2H^+ = 2Ba^{2+} + Cr_2O_7^{2-} + H_2O \quad (橙色)$$

第三节　水的净化、软化和纯化

一、水的净化

自然界有各种水源，如江河、湖泊、海洋、雨雪、泉水等。由于水能溶解许多物质，因此水都是不纯的，特别是现代社会生产对水的污染更严重，在使用水时就要根据不同的水源、水质和不同用途，采取各种方法进行净水处理。

我们把除去水中部分或全部杂质的过程叫做水的净化。

饮用水必须澄清和无毒，故饮用水的净化主要包括除去悬浮杂质和消毒灭菌两步。

除悬浮杂质：须经过凝聚、沉淀、澄清、过滤等处理。凝聚沉淀常用明矾[$KAl(SO_4)_2 \cdot 12H_2O$]作凝聚沉淀剂。现在新发展起来的无机高分子混凝剂和有机高分子絮凝剂，如聚氯化铝[$Al_2(OH)_nCl_{(6-n)}xH_2O$]$_m$，聚丙烯酸钠[$-CH(COONa)-CH_2-$]$_n$等效果更好。它们能吸附水中的天然胶体及悬浮物颗粒形成絮状物，大大地加快了凝聚、澄清的速度，澄清后过滤以除去水中的细粒悬浮物。经澄清、过滤处理的水，就可以得到澄清的水。

消毒处理：通常用漂白粉或氯气，也有用臭氧来杀死水中的细菌和微生物。

二、水的软化

工业上把溶有较多钙、镁盐类的水称硬水，而将含有少量或不含钙、镁盐的水称软水。天然水中除雨雪外，地面水特别是地下水一般都含有钙盐和镁盐等杂质。水中钙盐、镁盐的含量常以硬度来表示，硬水分为暂时硬水和永久硬水。暂时硬水主要是含有钙、镁的碳酸氢盐，能用加热煮沸的方法，使其生成钙、镁的碳酸盐沉淀而除去。

$$Ca(HCO_3)_2 \xlongequal{\triangle} CaCO_3\downarrow + H_2O + CO_2\uparrow$$

$$Mg(HCO_3)_2 \xlongequal{\triangle} MgCO_3\downarrow + H_2O + CO_2\uparrow$$

永久硬水主要是含钙、镁的硫酸盐或氯化物，它们加热煮沸也不会生成沉淀，故称为永久硬水。

采取一定的方法减少硬水中钙盐和镁盐的过程，称硬水的软化。

硬水对工业生产的危害很大。如果以硬水作为锅炉用水，则水中碳酸氢钙、碳酸氢镁在受热时转变成碳酸钙和碳酸镁沉淀。

碳酸镁在加热时能生成溶解度更小的氢氧化镁：

$$MgCO_3 + H_2O \xlongequal{\triangle} Mg(OH)_2\downarrow + CO_2\uparrow$$

另外微溶于水的硫酸钙在温度升高时，溶解度更小。因此在热锅炉中会析出质地坚硬、黏结性强的硫酸钙，附在锅炉内壁上，形成坚固的水垢。水垢阻止传热，多耗燃料，还会造成锅炉受热不均匀，出现局部过热损坏，甚至发生爆炸。硬水对制药工业、纺织印染工业、造纸工业等生产都有影响，日常生活也不宜用硬水洗涤衣物，因为肥皂中的可溶性脂肪酸钠遇 Ca^{2+}、Mg^{2+} 转变成不溶性沉淀，不仅浪费肥皂，而且污染衣物，因此应该使用软化过的水。

硬水软化的方法有离子交换法和化学沉淀法。

1. 离子交换法 它是用离子交换树脂软化硬水。离子交换树脂有阳离子交换树脂和阴离子交换树脂，阳离子交换树脂中的 H^+ 可与硬水中的 Ca^{2+}、Mg^{2+} 等进行交换，除去水中的 Ca^{2+}、Mg^{2+}，从而使硬水软化，因此硬水软化主要是用阳离子交换树脂。离子交换法操作方便，软化效果好，交换能力大。

2. 石灰纯碱法（化学沉淀法） 此方法是加化学沉淀剂[$Ca(OH)_2$ 和 Na_2CO_3]，使水中的 Ca^{2+}、Mg^{2+} 转化为不溶性的沉淀[主要是 $CaCO_3$ 和 $Mg(OH)_2$]而除去。此方法操作比较复杂，软化效果较差，但成本低，适于用作初步处理大量硬度较大的水。

三、水的纯化

水的纯化即得到纯度很高的水，主要就是去掉了水中的全部电解质与非电解质，也可以说是去掉了水中的全部非水物质。

水的纯化方法：常用的有蒸馏法和离子交换法两种。

蒸馏法，通过蒸馏方法制得的水称蒸馏水。如果需要高纯水，可用二次蒸馏或多次蒸馏。蒸馏可去除电解质及与水沸点相差较大的非电解质，但无法去除与水沸点相当的非电解质。

离子交换法，是将水通过阳离子交换树脂和阴离子交换树脂使水中电解质除去而纯化的过程。阳离子交换树脂中的 H^+ 与水中的 Ca^{2+}、Mg^{2+} 进行交换，阴离子交换树脂中的 OH^- 可与水中的 Cl^-、HCO_3^- 等进行交换，水中的杂质离子被树脂吸附，得到纯水。如果要高纯水，可选用多组交换树脂处理或选用新的反渗透方法制取。

纯化水主要是用于科学研究、生物医药制造以及高科技方面如光电子制造的需要。

（梁晓峰）

复习思考题

一、填空题

1. 碱金属和碱土金属的价层电子结构分别为________和________。在化学反应中分别易失去________和________电子而显示出较强的________性和________性。
2. Na_2O_2 是________色________状物质，它与 CO_2 反应生成________和________。
3. 实验室中，金属钠、钾应保存在________中。
4. 碱土金属的氢氧化物 $Ca(OH)_2$、$Sr(OH)_2$、$Ba(OH)_2$ 在水中的溶解度由大到小的顺序为________，碱性最强的是________。
5. 在碱金属和碱土金属化合物中，用作抗酸药的有________，用作泻药的有________，用作抗狂躁药的有________，用于补充体内缺水的有________。

二、回答下列应用所依据的性质，可能情况下写出相关的反应式

1. 铯用于制造光电池。
2. 钠用于钛和其他一些难熔金属的高温冶炼。
3. Na_2O_2 用作高空飞行、潜水作业和地下采掘人员的供氧剂。
4. 过氧化钠分别与水和稀硫酸反应制过氧化氢。
5. 暂时硬水用加热煮沸的方法软化。
6. 鉴别 Ca^{2+}、K^+ 的方法。

三、问答题

我国过去不能生产纯碱，全靠从国外进口，被外国公司所垄断。侯德榜先生潜心研究，揭开了索尔维法的秘密，创立了中国人自己的制碱工艺——侯氏制碱法，把世界制碱技术推向了一个新高度，赢得了国际化工界赞誉。请问侯氏制碱法的主要产物是什么？并请查阅资料，简述侯氏制碱法的主要技术原理及路径。

ER-11-3

扫一扫，测一测

PPT 课件

第十二章　p 区主要元素及其化合物

知识导览

学习目标

【知识目标】

1. 掌握 p 区元素原子的价电子层结构特点、单质的主要化学性质及变化规律。
2. 熟悉 p 区元素主要化合物的主要性质、在医药中的应用。
3. 了解 X^-、S^{2-}、NH_4^+、NO_3^-、NO_2^-、SO_3^{2-} 等离子的鉴别。

【能力目标】

1. 能理解 p 区元素原子价电子层结构特点对元素性质的决定作用。
2. 能独立完成 p 区元素及其化合物的重要化学性质及离子鉴定的实验。

【素质目标】

认识绿色、低碳对人类生存的重要意义，培养环保意识和资源节约意识；培养科学探究精神。

p 区元素（除 He 外）原子结构的特征是最后一个电子填充在 np 轨道上，最外层电子结构为 $ns^2np^{1\sim6}$。本章主要介绍 p 区主要元素（ⅢA～ⅦA）的单质和主要化合物的组成、结构、性质、用途以及性质与结构的关系和变化规律等问题。

第一节　卤　　素

一、概　　述

周期表第ⅦA 族元素包括氟（F）、氯（Cl）、溴（Br）、碘（I）和砹（At）五种元素，统称为卤素。卤素希腊原文为成盐元素的意思，因为这些元素是典型的非金属，它们皆能与典型的金属——碱金属化合生成典型的盐。

卤素原子具有相同的价电子构型 ns^2np^5，它们是各周期中电负性最大，而原子半径最小的元素，因此是各周期中最活泼的非金属，在性质上极其相似。但随着原子序数的增加，外层电子离核越来越远，核对价电子的引力也逐渐减小，因而卤素性质又表现出差异性。其基本性质见表 12-1。

表 12-1　卤素的基本性质

性质	氟(F)	氯(Cl)	溴(Br)	碘(I)
原子序数	9	17	35	53
原子量	18.99	35.45	79.90	126.905
价电子层构型	$2s^22p^5$	$3s^23p^5$	$4s^24p^5$	$5s^25p^5$
主要氧化数	−1, 0	−1, 0, +1, +3, +5, +7	−1, 0, +1, +3, +5, +7	−1, 0, +1, +3, +5, +7

续表

性质	氟(F)	氯(Cl)	溴(Br)	碘(I)
原子半径 /pm	64	99	114	133
离子半径 /pm	135	181	195	216
电负性	3.98	3.16	2.96	2.66

与相应的稀有气体八电子稳定结构相比较，卤素原子只缺少一个电子，因此它们极易取得一个电子形成氧化数为 -1 的稳定离子。

$$\frac{1}{2}X_2 + e = X^-（X 代表卤素）$$

故卤素单质都是强氧化剂。除氟外，其他卤族元素还能形成氧化态为 $+1$，$+3$，$+5$ 和 $+7$ 的共价化合物。由于它们能显示多种不同的氧化态，故氧化还原性质是本族的主要特征。

二、卤素单质

（一）物理性质

卤素单质 X_2 为同核双原子分子。分子内原子间以共价单键相互结合，分子间仅以微弱的分子间力相互作用。从 $F_2 \rightarrow Cl_2 \rightarrow Br_2 \rightarrow I_2$，随着 X_2 分子量增大，分子间作用力依次增强，它们的密度、熔点、沸点等物理性质有规律地变化着。表 12-2 列出了卤素单质的一些物理性质。

表 12-2　卤素单质的物理性质

性质	氟(F)	氯(Cl)	溴(Br)	碘(I)
物态	气	气	液	固
颜色	浅黄	黄绿	棕红	紫黑
密度 /kg/L	1.108(l)	1.57(l)	3.21(l)	4.93(s)
熔点 /K	53.38	172.02	265.92	386.5
沸点 /K	84.86	238.95	331.76	457.35
溶解度(g/100g 水)	分解水	0.732(反应)	3.58	0.029

（二）化学性质

化学活泼性是卤素单质的重要特性。卤素的化学反应类型基本相同，都是氧化剂，但从氟到碘其活泼性逐渐减弱，反应的激烈程度很不相同。

1. 与金属和非金属元素作用

$$H_2 + X_2 = 2HX$$

$$2M + nX_2 = 2MX_n$$

$$2P（过量）+ 3X_2 = 2PX_3(l)$$

$$2P + 5X_2（过量）= 2PX_5(s)$$

式中 X_2 代表卤素单质分子，M 代表金属。

2. 与水的作用

(1) 对水的氧化作用：　$X_2 + H_2O = 2H^+ + 2X^- + \frac{1}{2}O_2$

(2) 对水的歧化反应：　$X_2 + H_2O = H^+ + X^- + HXO$

F_2 氧化水剧烈地放出 O_2；Cl_2 和 Br_2 次之，且主要是进行歧化反应；而 I_2 则不能氧化水，只能进行歧化反应。

3. 卤素间的置换反应　X_2 与 X^- 离子间的氧化还原反应称为卤素间的置换反应。例如

$$Cl_2+2Br^-=\!=\!=2Cl^-+Br_2$$

$$Br_2+2I^-=\!=\!=2Br^-+I_2$$

X_2 具有强烈的刺激性，吸入较多卤素蒸气时引起严重的毒性反应。氯中毒时，应立即吸入少量乙醚和乙醇的混合蒸气解毒。液溴能严重地灼伤皮肤，并造成难以治愈的创伤。溴蚀致伤时，应立即用苯或甘油洗濯，再用水洗，必要时去医院治疗。用碘可配制碘酊，外用作消毒剂。

三、卤化氢、氢卤酸和卤化物

(一) 卤化氢和氢卤酸

仅包含氢和卤素的二元化合物叫卤化氢。它的通式是 HX，X 代表卤素原子。

1. 卤化氢的制备

(1) 直接合成法：卤素和氢可直接化合生成卤化氢。工业生产盐酸就是由氯和氢直接合成氯化氢，经冷却后以水吸收而制得。

氟和氢的反应异常剧烈，在暗处即可爆炸以致无法控制；溴和碘在加热催化下也能与氢化合，但产率不高且反应速率慢。故氟化氢、溴化氢、碘化氢的制备不用此法。

(2) 复分解法：用卤化物和高沸点的酸如硫酸、磷酸等作用来制取卤化氢。

实验室中少量的氯化氢可用食盐和浓 H_2SO_4 反应制得。此法不适于制取 HBr 和 HI，因为浓 H_2SO_4 能使所生成的 HBr 和 HI 进一步氧化，得不到纯的卤化氢，应改用非氧化性酸（如浓磷酸）制取 HBr 和 HI。

$$NaBr+H_3PO_4(浓)=\!=\!=NaH_2PO_4+HBr\uparrow$$

$$NaI+H_3PO_4(浓)=\!=\!=NaH_2PO_4+HI\uparrow$$

2. 卤化氢的性质 卤化氢皆为无色、有刺鼻臭味的气体，在空气中会“冒烟”，这是因为卤化氢与空气中的水蒸气结合形成了酸雾。卤化氢的一些物理性质列在表 12-3 中。

表 12-3 卤化氢的物理性质

性质	HF	HCl	HBr	HI
熔点 /K	189.9	158.9	186.3	222.4
沸点 /K	292.7	188.1	206.4	237.8
溶解度(1 大气压，20℃，%)	35.3	42	49	57
键能 /$kJ\cdot mol^{-1}$	565	431	362	299

卤化氢都是极性分子，故它们都易溶于水，其水溶液称为氢卤酸。氢卤酸的酸性从 HF→HCl→HBr→HI 依次增强。后三者都是强酸，而氢氟酸的酸性较弱（$K_a=3.53\times10^{-4}$）。但在浓的氢氟酸溶液中，氢氟酸变成了一种强酸，因为一部分 F^- 通过氢键与 HF 形成 HF_2^- 缔合离子，有利于 HF 的离解，使其酸性增强而成为强酸。

$$F^-+HF\rightleftharpoons HF_2^-$$

氢氟酸最特殊的性质是对玻璃的作用。二氧化硅或硅酸钙（玻璃主要成分）都能与氢氟酸发生反应：

$$SiO_2+4HF=\!=\!=SiF_4\uparrow+2H_2O$$

$$CaSiO_3+6HF=\!=\!=CaF_2+SiF_4\uparrow+3H_2O$$

可见，氢氟酸对玻璃有强腐蚀作用，只能用塑料器皿贮存。

应指出：卤化氢气体、氢卤酸都是有毒的，强烈刺激呼吸系统。氢氟酸在使用时更要特别注意，因它接触皮肤会引起剧烈疼痛和难以治愈的烧伤。

（二）卤化物、多卤化物

卤素和电负性较小的元素生成的化合物叫做卤化物。其分类如下：

（1）金属卤化物和非金属卤化物：所有非金属卤化物都有一定的共价性，其分子间作用力为范德瓦耳斯力，易挥发，溶点、沸点都较低。金属卤化物有共价型、过渡型和离子型等种类。金属离子的极化能力越强、卤离子的变形性越大，相应的卤化物的共价性越强，反之亦然。

（2）多卤化物：金属卤化物与卤素单质发生加合作用，生成含有多个卤原子的化合物称为多卤化物。例如：KI_3、CsI_5 等不太稳定，易分解。

$$KI + I_2 \rightleftharpoons KI_3$$

或表示为 $I^- + I_2 \rightleftharpoons I_3^-$

多卤化物可以只含有一种卤素，也可以含有二种或三种卤素。如 $CsIBr_2$、$KICl_2$ 等。

（三）相关药物

1. 盐酸　药用盐酸含量为 95～105g/L 内服补充胃酸不足，治疗胃酸缺乏症。

2. 氯化铵　主要用作祛痰剂和用于治疗重度代谢性碱血症。

3. 溴化钠、溴化钾和溴化铵　三者的混合溶液称为三溴合剂，对中枢神经有抑制作用，用作镇静剂。

4. 碘　配制碘酊，外用作消毒剂，内服复方碘溶液治疗甲状腺肿大等。

5. 有机碘　甲状腺素，有机碘造影剂。

四、氯的含氧酸及其盐

除氟外，所有的卤素都可以生成含氧酸。氯可以生成氧化数为 +1，+3，+5 和 +7 的四种含氧酸；分别为 HClO（次氯酸）、$HClO_2$（亚氯酸）、$HClO_3$（氯酸）和 $HClO_4$（高氯酸）。

（一）次氯酸及其盐

1. 次氯酸　常温下次氯酸 HClO 具有刺鼻气味，其稀溶液无色，浓溶液呈浅黄色。HClO 的主要化学性质是弱酸性和氧化性。

HClO 是弱酸，291K 时，$K_a = 2.95 \times 10^{-8}$。

次氯酸盐为离子型化合物，其可溶性盐溶于水时，因 ClO^- 离子水解使溶液呈碱性

$$ClO^- + H_2O \rightleftharpoons HClO + OH^-$$

次氯酸很不稳定，只存在于稀溶液中，常以两种方式分解

$$2HClO = 2HCl + O_2\uparrow$$

$$3HClO = 2HCl + HClO_3$$

把氯气通入冷碱溶液，可生成次氯酸盐，反应如下

$$Cl_2 + 2NaOH(冷) = NaClO + NaCl + H_2O$$

$$2Cl_2 + 3Ca(OH)_2(冷) = Ca(ClO)_2 + CaCl_2 \cdot Ca(OH)_2 \cdot H_2O + H_2O$$

2. 漂白粉　漂白粉是次氯酸钙和碱式氯化钙的混合物，其有效成分是混合物中的次氯酸钙 $Ca(ClO)_2$。

市售新鲜漂白粉含有效氯 25%～35%，具有较强的杀菌作用。漂白粉的漂白作用主要是基于次氯酸的氧化性。在使用时，水可使 $Ca(ClO)_2$ 转变成 HClO 发挥其漂白、消毒作用。

（二）氯酸及其盐

氯酸 $HClO_3$ 是强酸，其稀溶液在室温时较稳定，当遇热或溶液浓度超过 40% 时，即迅速分解并发生爆炸。

$$3HClO_3 = 2O_2\uparrow + Cl_2\uparrow + HClO_4 + H_2O$$

氯酸盐为离子型化合物，常用的可溶性氯酸盐有 $KClO_3$ 和 $NaClO_3$。在催化剂存在时，$KClO_3$ 受热，即可分解为氯化钾和氧气。

$$2KClO_3 \xrightarrow[\triangle]{MnO_2} 2KCl + 3O_2\uparrow$$

如果没有催化剂，加热 $KClO_3$ 至 668K 时，即发生歧化反应。

$$4KClO_3 \xlongequal{\triangle} 3KClO_4 + KCl$$

氯酸及其固体盐和盐的酸性溶液都是强氧化剂。例如，在酸性介质中，氯酸盐能将 Cl^- 离子氧化为 Cl_2。

$$ClO_3^- + 5Cl^- + 6H^+ = 3Cl_2\uparrow + 3H_2O$$

$KClO_3$ 与易燃物（如硫、磷、碳等）或有机物混合时，受撞击即发生爆炸。因此 $KClO_3$ 常用于制造火柴、焰火及炸药等。

（三）高氯酸及其盐

高氯酸 $HClO_4$ 是已知无机酸中最强的酸，又是一种强氧化剂。而且高氯酸盐多是易溶的（钾盐溶解度很小）。

常温下，无水高氯酸是无色黏稠状液体，不稳定，受热分解。

$$4HClO_4 \xlongequal{\triangle} 2Cl_2 + 7O_2 + 2H_2O$$

浓 $HClO_4$（>60%）与易燃物相遇会发生猛烈爆炸。但是冷的稀酸没有明显的氧化性。高氯酸盐较稳定，有些高氯酸盐有较显著的水合作用。例如高氯酸镁〔$Mg(ClO_4)_2$〕可作优良的干燥剂，吸湿后的 $Mg(ClO_4)_2$ 经加热脱水，又能重复使用。

综上所述，氯的含氧酸及其盐的主要化学性质可归纳为

酸性增强 →

HClO	$HClO_2$	$HClO_3$	$HClO_4$	热稳定性增强 ↓
MClO	$MClO_2$	$MClO_3$	$MClO_4$	氧化性减弱 ↓

热稳定性增强，氧化性减弱 →

五、拟 卤 素

拟卤素也称类卤素或类卤化合物，是指那些由两个或两个以上电负性较大的元素原子组成的与卤素性质相似的原子团。重要的拟卤素有氰 $(CN)_2$、硫氰 $(SCN)_2$ 和氧氰 $(OCN)_2$；对应的阴离子是氰根离子 CN^-、硫氰根离子 SCN^- 和氰酸根离子 OCN^-。它们的性质在以下几个方面与卤素相似：

1. 游离态时都是二聚体，具有挥发性和特殊的刺激性气味。
2. 与金属元素化合生成 -1 氧化态的盐，其中 Ag（Ⅰ）、Hg（Ⅰ）、Pb（Ⅱ）的盐皆难溶于水。
3. 与氢化合形成氢酸，除氢氰酸为弱酸外，其余多数酸性较强，但酸性较氢卤酸弱。
4. 与水或碱溶液发生歧化反应。如

$$(CN)_2 + H_2O = HCN + HOCN$$

$$(CN)_2 + 2OH^-(冷) = CN^- + OCN^- + H_2O$$

5. 拟卤素离子具有还原性，能被氧化剂氧化。
6. 与许多中心离子（原子）形成配位化合物。如 $K_2[Hg(SCN)_4]$。

（一）氰、氢氰酸和氰化物

氰 $(CN)_2$ 是无色、有苦杏仁味的可燃性气体，剧毒。

氰与氢化合生成氰化氢 HCN。氰化氢是无色挥发性气体，极毒，易溶于水，其水溶液为氢氰酸，稀溶液有苦杏仁味。氢氰酸是弱酸，298K 时，$K_a=4.93\times10^{-10}$。

氢氰酸的盐称为氰化物。可溶性氰化物溶于水时，因 CN^- 离子水解而使溶液呈强碱性。

$$CN^- + H_2O \rightleftharpoons HCN + OH^-$$

重金属的氰化物除 $Hg(CN)_2$ 外，多数不溶于水，但由于 CN^- 离子具有极强的配位作用，能与绝大多数重金属形成稳定的可溶性配合物。如

$$Ag^+ + CN^- = AgCN\downarrow（白）$$

$$AgCN + CN^- = [Ag(CN)_2]^-$$

所有氰化物及其衍生物都是剧毒品，毫克数量级即可使人致死，且中毒作用非常迅速，氰化物溶液必须保持强碱性，氰化物固体必须密封保存，因空气中的 H_2O、CO_2 能置换出 HCN。含 CN^- 的废液，应先加入次氯酸钠或双氧水（H_2O_2）将其氧化为无毒的 KCNO，再埋掉或排出；或加入 $FeSO_4$，使其生成无毒的 $K_4[Fe(CN)_6]$。

（二）硫氰和硫氰化物

硫氰 $(SCN)_2$ 常温下为黄色油状液体，不稳定，其氧化能力与溴相似。

硫氰化氢 HSCN 为挥发性液体，易溶于水形成硫氰酸，硫氰酸是强酸。

硫氰酸盐即硫氰化物。大多数硫氰化物易溶于水，一些重金属硫氰化物[如 AgSCN、$Hg(SCN)_2$、CuSCN 等]难溶于水。

六、离子鉴定

对混合离子（Cl^-、Br^-、I^-）进行分离、鉴定，完全是根据离子的性质采用不同方法进行的。

1. Cl^-　氯、溴、碘离子都可与银离子反应生成沉淀，可以排除其他阴离子的干扰。将银离子加入到含有卤离子的溶液中，有

$$Ag^+ + X^- = AgX\downarrow$$

根据生成沉淀的颜色 AgCl（白）、AgBr（淡黄）、AgI（黄）判断卤离子种类。如果不能区别，可通过控制氨水的浓度（用碳酸铵水解产生氨代替氨水）使氯化银溶解，而溴化银不溶解（AgCl 形成银氨配离子而溶解，AgBr 微溶于氨水，AgI 几乎不溶于氨水）。

$$AgCl + 2NH_3 = [Ag(NH_3)_2]^+ + Cl^-$$

氯化银沉淀用氨水溶解后，加入稀硝酸后沉淀再出现，表明有 Cl^- 的存在。

$$[Ag(NH_3)_2]^+ + Cl^- + 2H^+ = AgCl + 2NH_4^+$$

2. Br^-、I^-　在酸性或中性介质中，将 AgBr、AgI 沉淀用 Zn 单质还原后，使 Br^-、I^- 重新进入溶液。卤素离子还原性按照 Cl^-、Br^-、I^- 依次递增，氯水可以将溴、碘离子氧化，利用它们之间的还原性差异可鉴别它们。搅拌下向含有少量 CCl_4 的溴、碘离子的混合溶液中滴加氯水，CCl_4 层显紫色说明有碘，随后变为无色，又变为黄色说明有溴存在。

$$2AgBr + Zn = 2Ag\downarrow + Zn^{2+} + 2Br^-$$

$$Cl_2 + 2I^- = 2Cl^- + I_2 \quad（紫色）$$

$$5Cl_2 + I_2 + 6H_2O = 10HCl + 2HIO_3 \quad（无色）$$

$$Cl_2 + 2Br^- = 2Cl^- + Br_2 \quad（黄色）$$

3. CN^-　氰离子易与 Fe^{2+} 形成配合物，再加上 $FeCl_3$ 即可生成普鲁士蓝沉淀，此法用来检验药品中的 CN^-。

$$Fe^{2+} + 6CN^- = [Fe(CN)_6]^{4-}$$

$$K^+ + [Fe(CN)_6]^{4-} + Fe^{3+} = KFe[Fe(CN)_6]\downarrow（蓝色沉淀）$$

课堂互动

1. 配制碘酊时，为什么要加入适量KI晶体？
2. 84消毒液的主要成分是什么？作用原理是什么？

第二节 氧 族 元 素

一、概　述

周期表第ⅥA族元素称为氧族元素，包括氧（O）、硫（S）、硒（Se）、碲（Te）和钋（Po）五种元素，希腊原文的意思是成矿元素，是因自然界中有用的矿物多为氧化物矿和硫化物矿。其中硒和碲是稀有元素、钋是放射性元素，本族最重要的是氧和硫两种元素。

氧族元素原子的价电子层构型为 ns^2np^4，它们的原子都能结合两个电子形成氧化数为 -2 的阴离子，但和卤素原子相比，它们结合两个电子当然不像卤原子结合一个电子那么容易，因而本族元素的非金属活泼性弱于同周期卤素。从氧到硫，电负性和电离能显著降低，硫、硒、碲的最高氧化数是 $+6$。在这一族中随着原子半径的增大，元素的非金属性逐渐减弱，而金属性逐渐增强，硒和碲属于半金属元素，而钋为金属元素。本族元素的一些基本性质见表12-4。

表 12-4　氧族元素的基本性质

性质	氧（O）	硫（S）	硒（Se）	碲（Te）	钋（Po）
原子序数	8	16	34	52	84
原子量	16.00	32.06	78.96	127.6	(209)
价电子层构型	$2s^2 2p^4$	$3s^2 2p^4$	$4s^2 2p^4$	$5s^2 2p^4$	$6s^2 2p^4$
主要氧化数	$-2, -1, 0$	$-2, 0, +2, +4, +6$	$-2, 0, +2, +4, +6$	$-2, 0, +2, +4, +6$	—
共价半径/pm	73	104	117	137	167
离子半径/pm	140	184	198	221	—
电负性	3.44	2.58	2.55	2.10	2.00

二、氧、臭氧和过氧化氢

（一）氧

氧是自然界最重要的元素，也是分布最广和含量最多的元素，存在形式包括单质氧（约占大气21%）、化合物（在岩石中，约占地壳总质量的46%）和水。自然界中的氧有三种稳定的同位素，即 ^{16}O、^{17}O 和 ^{18}O。氧单质有两种同素异形体，即 O_2 和 O_3（臭氧）。

氧是无色、无臭的气体。在标准状况下，密度为1.429kg/L；熔点（54.21K）和沸点（90.02K）都较低；液态氧和固态氧都显淡蓝色；氧在水中的溶解度很小，通常1ml水仅能溶解0.030 8ml O_2。

氧最主要的化学性质是氧化性。除稀有气体和少数金属外，氧几乎能与所有元素直接或间接地化合，生成类型不同、数量众多的氧化物。但多数反应在室温下进行得很慢，常需要在高温条件下进行。

（二）臭氧

臭氧（O_3）在地面附近的大气层中含量极少，仅占 0.001ppm，因有特殊的气味而得名，其结构如图 12-1 所示。键角为 116.8°，“V”字形几何构型，是单质中唯一的极性分子。

常温下，O_3 是淡蓝色的气体，沸点 160.6K、熔点 21.6K，O_3 比 O_2 易溶于水（通常 1ml 水中能溶解 0.49mlO_3）。在高空中臭氧可达 0.2ppm。臭氧，可以吸收太阳辐射的大部分紫外线（波长 250～350nm），使地球避免了紫外线的照射，保护了地球上的生物。但随着大气污染物中还原性工业废气的增加，臭氧层正在不断遭到破坏，导致臭氧量减少。

O_3 的氧化性大于 O_2。常温下，O_3 能与许多还原剂直接作用。例如

$$PbS + 2O_3 = PbSO_4 + O_2\uparrow$$

$$2Ag + 2O_3 = 2O_2\uparrow + Ag_2O_2\text{（过氧化银）}$$

$$2KI + O_3 + H_2O = 2KOH + I_2 + O_2\uparrow$$

用 O_3 作氧化剂、漂白剂和消毒剂时，不仅作用强，速度快，而且不会造成二次污染。

知识链接

臭氧

臭氧由太阳辐射使氧分子分解后，一个氧原子和另一个氧分子结合而成，通常生成于日照强烈的赤道上空。大气层中的臭氧总量计约 33 亿吨，但在整个大气层中所占比重极小，如果将之平铺在地表，将不过 3mm 的厚度——约相当于一粒绿豆的高度。

臭氧有吸收太阳紫外辐射的特性，臭氧层会保护我们不受到阳光紫外线的伤害，所以对地球生物来说是很重要的保护层。不过，随着人类活动，特别是氟氯烃化物（CFCs）和含溴化合物（Halons）等人造化学物质的大量使用，使大气中的臭氧遭到了破坏，总量明显减少，在南北两极上空下降幅度最大，南极上空已出现了“臭氧空洞”。臭氧水平的持续降低，将会使人类受到过量的太阳紫外辐射，导致皮肤癌等疾病的发病率显著增加。

联合国为了避免工业产品中的氟氯碳化物对地球臭氧层继续造成损害，于 1987 年 9 月 16 日邀请所属 26 个会员国在加拿大蒙特利尔签署环境保护公约，即《蒙特利尔公约》，要求逐步停止使用危害臭氧层的化学物质。

（三）过氧化氢

过氧化氢（H_2O_2）的水溶液俗称双氧水，纯过氧化氢是淡蓝色的黏稠液体，熔点 272.5K、沸点 423K。H_2O_2 的分子结构如图 12-2 所示：分子中 O—O 键与 O-H 键间的夹角为 97°，两个 H 原子向空间伸展所形成的两个平面间夹角为 94°，是非线型结构的极性分子。

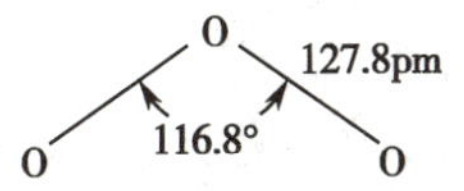

图 12-1　O_3 的分子结构

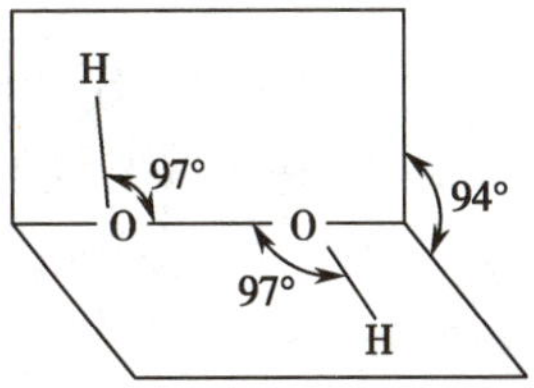

图 12-2　H_2O_2 的分子结构

H_2O_2 的化学性质主要为：不稳定性、弱酸性和氧化还原性。

1. 不稳定性　常温下即能分解放出 O_2。

$$2H_2O_2 = O_2\uparrow + 2H_2O$$

遇热、遇光、遇酸碱或遇某些具有催化作用的重金属离子（如 Mn^{2+}、Cu^{2+}、Cr^{3+}、Fe^{2+} 等）时，

分解反应加速。因此保存 H_2O_2 时应注意避光，低温和密闭。

2. 弱酸性 H_2O_2 是一种极弱的酸，在 25℃时，它的 $K_1 = 2.4 \times 10^{-12}$。

$$H_2O_2 \rightleftharpoons H^+ + HO_2^-$$

H_2O_2 与碱作用生成过氧化物。例如

$$H_2O_2 + Ba(OH)_2 = BaO_2 + 2H_2O$$

3. 氧化还原性 H_2O_2 中氧处于中间氧化态，因此它既具有氧化性，又具有还原性，氧化还原能力与介质的酸碱性有关。在酸性介质中它是一种强氧化剂，在碱性介质中具有中等强度的还原性，因此 H_2O_2 主要用作氧化剂。用 H_2O_2 作氧化剂或还原剂的优点是不引入其他杂质，例如

$$Cl_2 + H_2O_2 = 2HCl + O_2\uparrow$$

$$H_2O_2 + 2I^- + 2H^+ = I_2 + 2H_2O$$

$$PbS + 4H_2O_2 = PbSO_4\downarrow + 4H_2O$$

含 3% 的 H_2O_2 水溶液称为双氧水，常作为消毒防腐药，用于清洗疮口。五官科用它含漱或洗涤有炎症的部位。H_2O_2 还可用作漂白剂、消毒剂、防毒面具中的氧源、燃料电池中的燃料和火箭推进剂等。

课堂互动

1. 和医用 $KMnO_4$ 溶液相比，医用双氧水的独特优点是什么？
2. 使用医用双氧水时，为什么不能振摇？

三、硫、硫化氢和金属硫化物

（一）硫

单质硫有多种同素异性体，在一定条件下它们可相互转化。常见的晶体硫是淡黄色有微臭味的正交硫 S_8，不溶于水，易溶于二硫化碳（CS_2）和四氯化碳（CCl_4）等非极性溶剂中。

硫的化学性质比较活泼。

1. 与金属、氢、碳等还原性较强的物质作用时，呈现氧化性。

$$H_2 + S \xlongequal{\triangle} H_2S$$

$$C + 2S \xlongequal{\triangle} CS_2$$

$$Hg + S = HgS$$

2. 与具有氧化性的酸反应，呈现还原性。

$$S + 2HNO_3 \xlongequal{\triangle} H_2SO_4 + 2NO\uparrow$$

$$S + 2H_2SO_4(浓) \xlongequal{\triangle} 3SO_2\uparrow + 2H_2O$$

3. 在碱性条件下，硫容易发生歧化反应。

$$3S + 6NaOH = 2Na_2S + Na_2SO_3 + 3H_2O$$

药用硫主要有升华硫、沉降硫和洗涤硫。升华硫用于配制 10% 的硫黄软膏，外用治疗疥疮、真菌感染及牛皮癣等。洗涤硫和沉降硫既可外用也可内服，内服有轻泻作用。硫还是重要的化工原料，用于制造焰火、橡胶、硫酸等。在农业上硫用于杀灭害虫。

（二）硫化氢

硫化氢（H_2S）是无色、有臭鸡蛋气味的毒性气体。当空气中 H_2S 含量达 0.1% 时，就能引起头疼、晕眩等中毒症状，故制备或使用 H_2S 时必须在通风橱中进行。

H_2S 能溶于水，水溶液称氢硫酸。氢硫酸的主要化学性质有

1. 弱酸性 H_2S 为二元弱酸，在溶液中有如下电离平衡

$$H_2S \rightleftharpoons HS^- + H^+ \quad K_{a_1} = 9.1 \times 10^{-8}$$

$$HS^- \rightleftharpoons S^{2-} + H^+ \quad K_{a_2} = 1.1 \times 10^{-12}$$

2. 还原性 在酸性溶液中，氢硫酸是中强还原剂，空气中氧可将其氧化为硫单质。

$$2H_2S + O_2 = 2S\downarrow + 2H_2O$$

（三）金属硫化物

金属硫化物可由硫与金属化合生成，也可由 H_2S 与金属氧化物或氢氧化物作用生成。易水解性和难溶性是硫化物的主要性质，本节主要讨论金属硫化物的溶解性。

碱金属硫化物和硫化铵 $(NH_4)_2S$ 易溶于水。碱土金属硫化物的溶解度较小。可溶性硫化物溶于水时，因 S^{2-} 离子水解使溶液呈碱性。

$$S^{2-} + H_2O \rightleftharpoons HS^- + OH^-$$

可溶性硫化物的固体或溶液均易被空气中的 O_2 所氧化，并生成多硫化物。例如

$$2Na_2S + O_2 + 2H_2O = 2S\downarrow + 4NaOH$$

$$Na_2S + S = Na_2S_2\text{（多硫化钠）}$$

因此可溶性硫化物不宜长期存放。

难溶性金属硫化物在水中溶解度相差较大并具有特征的颜色，它们在不同酸、碱等试剂中的溶解性也不相同，这种特性在分析化学上用来鉴别和分离不同金属。表 12-5 列出了某些难溶性金属硫化物的颜色、K_{sp} 及溶解性特征。

表 12-5 某些难溶性金属硫化物的性质

名称	化学式	颜色	K_{sp}	溶解性特征
硫化锰	MnS	肉红色	4.65×10^{-14}	溶于醋酸和稀盐酸
硫化亚铁	FeS	黑色	1.59×10^{-19}	溶于稀盐酸
硫化锌	ZnS	白色	2.93×10^{-25}	溶于稀盐酸
硫化镉	CdS	黄色	1.40×10^{-29}	溶于浓盐酸和硝酸
硫化亚锡	SnS	褐色	1.0×10^{-25}	溶于盐酸和多硫化铵
硫化铅	PbS	黑色	9.04×10^{-29}	溶于浓盐酸和硝酸
硫化锑	Sb_2S_3	橘红色	1.5×10^{-93}	溶于浓盐酸、氢氧化钠及硫化钠
硫化铜	CuS	黑色	1.27×10^{-36}	溶于热硝酸
硫化银	Ag_2S（β）	黑色	1.09×10^{-49}	溶于热硝酸
硫化汞	HgS	黑色	6.44×10^{-53}	溶于王水和硫化钠

四、硫的重要含氧酸及其盐

硫能形成多种含氧酸，大致可分为亚硫酸（如亚硫酸、连二亚硫酸）、硫酸（如硫酸、硫代硫酸、焦硫酸）、连硫酸（如连四硫酸，连多硫酸）、过硫酸（如过一硫酸、过二硫酸）四个系列，大多数不存在相应的自由酸。下面仅介绍亚硫酸、硫酸、硫代硫酸及其盐。

（一）亚硫酸及其盐

SO_2 溶于水，其水溶液就是亚硫酸溶液，H_2SO_3 是二元弱酸。

$$H_2SO_3 \rightleftharpoons HSO_3^- + H^+ \quad K_{a_1} = 1.3 \times 10^{-2}$$

$$HSO_3^- \rightleftharpoons SO_3^{2-} + H^+ \quad K_{a_2} = 1.02 \times 10^{-7}$$

亚硫酸及其盐的主要化学性质如下：

1. 不稳定性 亚硫酸及其盐不稳定，遇强酸即分解放出 SO_2。

$$SO_3^{2-}+2H^+ = SO_2\uparrow + H_2O$$

亚硫酸盐遇热易发生歧化反应，生成硫化物和硫酸盐。

$$4Na_2SO_3 \xlongequal{\triangle} 3Na_2SO_4 + Na_2S$$

2. 氧化还原性 亚硫酸及其盐中硫原子的氧化数为+4，处于中间氧化态。因此它们既有氧化性又有还原性，但主要显还原性。

$$2Na_2SO_3 + O_2 = 2Na_2SO_4$$

与强还原剂作用时，能显示出氧化性。

$$SO_3^{2-} + 2H_2S + 2H^+ = 3S\downarrow + 3H_2O$$

（二）硫酸及其盐

纯硫酸 H_2SO_4 是无色油状液体，凝固点为 283.4K，沸点为 603.2K。硫酸为二元强酸，是最常用的三大无机强酸之一。

硫酸及其盐的主要化学性质如下：

1. 吸水性和脱水性 浓硫酸具有强烈的吸水性，吸水时形成一系列 SO_3 的水合物（$SO_3 \cdot xH_2O$），溶液被稀释。因此，贮有浓硫酸的容器必须密闭。浓 H_2SO_4 可作为干燥剂，用于干燥 Cl_2、CO_2 和 H_2 等气体。

浓硫酸具有强烈的脱水性，能将某些有机物分子中的氢和氧按水的组成脱去，使有机物炭化。例如，蔗糖与浓硫酸作用时可被脱水炭化。

$$C_{12}H_{22}O_{11}(\text{蔗糖}) \xlongequal{\text{浓}H_2SO_4} 12C + 11H_2O$$

因此浓硫酸能严重破坏植物组织，如损坏衣物、烧伤皮肤等，使用时应注意安全。

2. 强酸性和强氧化性 H_2SO_4 是二元强酸，一级电离完全，二级电离常数为 $K_2 = 1.2 \times 10^{-2}$。H_2SO_4 的沸点高且较稳定，是重要的化学化工原料，大量地用于冶金、炼油、化肥、制药、染料等工业。硫酸也是实验室的常用试剂，用于制备挥发性酸或置换弱酸等，稀 H_2SO_4 还常作为化学反应的酸性介质。

浓 H_2SO_4 具有强氧化性，加热时氧化性增强，它能氧化许多金属和非金属。

例如

$$Zn + 2H_2SO_4(\text{浓}) = ZnSO_4 + SO_2\uparrow + 2H_2O$$

$$3Zn + 4H_2SO_4(\text{浓}) = 3ZnSO_4 + S\downarrow + 4H_2O$$

$$2H_2SO_4(\text{浓}) + S = 3SO_2\uparrow + 2H_2O$$

但金和铂甚至在加热时也不与浓硫酸作用。此外冷浓硫酸（93% 以上）不和铁、铝等金属作用，因为铁、铝在冷浓硫酸中被钝化，故可将浓硫酸装在钢罐中运输或贮存。

稀 H_2SO_4 具备一般酸类的通性。即稀 H_2SO_4 能与金属活动顺序表中位于氢以前的金属发生置换反应，放出 H_2 气。

3. 硫酸盐的溶解性 硫酸能形成两类盐，即酸式盐和正盐。酸式盐均易溶于水。正盐大部分易溶于水，仅 Ag_2SO_4、$HgSO_4$、$CaSO_4$ 微溶，$SrSO_4$、$BaSO_4$ 和 $pbSO_4$ 难溶。

多数硫酸盐能形成复盐，当形成复盐的两种硫酸盐的晶体相同时，又称为矾。例如明矾 $K_2SO_4 \cdot Al_2(SO_4)_3 \cdot 6H_2O$，镁钾矾 $K_2SO_4 \cdot MgSO_4 \cdot 6H_2O$ 等。

（三）硫代硫酸及其盐

硫代硫酸 $H_2S_2O_3$ 非常不稳定，只能存在于 175K 以下。常用的是其盐 $Na_2S_2O_3 \cdot 5H_2O$，俗称海波或大苏打，为无色透明柱状晶体，易溶于水，溶液因 $S_2O_3^{2-}$ 离子与水分子间发生质子转移而呈弱碱性。

$$S_2O_3^{2-} + H_2O \rightleftharpoons HS_2O_3^- + OH^-$$

$S_2O_3^{2-}$ 二级水解程度很弱。

$Na_2S_2O_3$ 的主要化学性质如下：

1. 遇强酸分解　$Na_2S_2O_3$ 遇强酸迅速分解，析出单质 S，并放出 SO_2 气体。

$$S_2O_3^{2-}+2H^+ = S\downarrow+SO_2\uparrow+H_2O$$

2. 还原性　$Na_2S_2O_3$ 是中等强度的还原剂。

$$S_2O_3^{2-}+4Cl_2+5H_2O = 2SO_4^{2-}+8Cl^-+10H^+$$

$$2S_2O_3^{2-}+I_2 = S_4O_6^{2-}+2I^-$$

3. 配位性　$S_2O_3^{2-}$ 有很强的配位能力，能与许多金属形成稳定的配合物。因此 $Na_2S_2O_3$ 是常用的配合剂，在医药上可作重金属中毒时的解毒剂。如

$$2S_2O_3^{2-}+AgBr = [Ag(S_2O_3)_2]^{3-}+Br^-$$

照相术中用 $Na_2S_2O_3\cdot5H_2O$ 作定影液，除去未被感光的 AgBr，就是利用这个反应。

（四）相关药物

1. 硫酸钠　$Na_2SO_4\cdot10H_2O$ 在中药中称芒硝或朴硝。$Na_2SO_4\cdot10H_2O$ 露置在空气中易风化失去结晶水。中药称无水硫酸钠为玄明粉或元明粉，有吸湿性。它们都可用作缓泻剂。

2. 硫代硫酸钠　20% 硫代硫酸钠普通制剂内服用于治疗重金属中毒，外用可治疗疥癣和慢性皮炎等皮肤病；10% 硫代硫酸钠注射剂主要用于治疗氰化物、砷、汞、铅、铋和碘中毒。

五、离子鉴定

1. S^{2-}　利用醋酸铅试纸鉴定，此法用于 S^{2-} 浓度较大时 S^{2-} 的鉴定。

$$S^{2-}+Pb^{2+} = PbS\downarrow$$

具体做法是向试液中滴加酸，并用润湿的醋酸铅试纸接近管口，如试纸变黑，证明原试液中有 S^{2-} 存在。S^{2-} 的量较少时，可利用亚硝酰五氰合铁酸钾检验，溶液显紫红色。

$$S^{2-}+[Fe(CN)_5NO]^{2-} = [Fe(CN)_5(NOS)]^{4-}\quad（紫红色）$$

2. SO_3^{2-}　亚硫酸盐遇强酸就放出 SO_2 气体，SO_2 具有还原性，能使硝酸亚汞试纸变黑（Hg_2^{2+} 还原为金属汞）。

$$SO_3^{2-}+2H^+ = 2SO_2\uparrow+H_2O$$

$$SO_2+Hg_2^{2+}+2H_2O = 2Hg+SO_4^{2-}+4H^+$$

3. $S_2O_3^{2-}$

（1）利用 $S_2O_3^{2-}$ 在酸性介质中的不稳定性来检测。

$$S_2O_3^{2-}+2H^+ = S\downarrow+SO_2\uparrow+H_2O$$

SO_2 的检验同上，与 SO_3^{2-} 的最重要的区别在于溶液出现浑浊。

（2）用 $AgNO_3$ 检验：过量的 Ag^+ 和 $S_2O_3^{2-}$ 作用，先生成白色的 $Ag_2S_2O_3$ 沉淀，此沉淀不稳定很快分解为 Ag_2S，沉淀的颜色由白变黄、变棕、最后变为黑色。

4. SO_4^{2-}　在无 F^-、SiF_6^{2-} 存在时，用钡离子检验，生成不溶于盐酸的白色沉淀。

$$SO_4^{2-}+Ba^{2+} = BaSO_4\downarrow$$

第三节　氮族元素

一、概　述

周期表 VA 族包括氮（N）、磷（P）、砷（As）、锑（Sb）、铋（Bi）五种元素，称为氮族元素。绝大

部分的氮以单质状态存在于空气中，磷则以化合状态存在于自然界中。氮族元素的基本性质列于表 12-6 中。随着原子序数的增加，本族元素的非金属性减弱和金属性增强的性质最为突出，氮、磷为非金属元素，铋为金属元素，砷和锑具有半金属性质。

表 12-6 氮族元素的基本性质

性质	氮(N)	磷(P)	砷(As)	锑(Sb)	铋(Bi)
原子序数	7	15	33	51	83
原子量	14.01	30.97	74.92	121.75	208.98
价电子层构型	$2s^22p^3$	$3s^23p^3$	$4s^24p^3$	$5s^25p^3$	$6s^26p^3$
共价半径 /pm	70	110	121	141	152
电负性	3.04	2.19	2.18	2.05	2.02
主要氧化数	±1, ±2, ±3 +4, +5	−3, +3 +5	−3, +3 +5	−3, +3 +5	−3, +3 +5

氮族元素原子的价电子层构型为 ns^2np^3，价层 p 轨道处于较为稳定的半充满状态。与卤素和氧族元素比较，形成正氧化数的化合物的趋势较明显。正氧化数主要为 +3 和 +5，从氮到铋氧化数为 +3 的物质的稳定性增加，而氧化数为 +5 的物质的稳定性降低。本节重点讨论氮和磷的化合物。

二、氨和铵盐

(一) 氨

氨 NH_3 是氮的氢化物，常温下为无色有刺激性气味的气体，极易溶于水。293K 时 1L 水能溶解 700L 的氨，氨的水溶液称为氨水。

氨的主要化学性质如下：

1. 弱碱性 NH_3 分子具有碱性，从氨的结构来看，氨有孤对电子，可以结合质子，显示碱性。即

$$:NH_3 + H^+ \rightleftharpoons NH_4^+$$

氨溶于水时形成水合物 $NH_3 \cdot H_2O$，其中少数 $NH_3 \cdot H_2O$ 发生电离，使氨溶液显碱性

$$NH_3 \cdot H_2O \rightleftharpoons NH_4^+ + OH^- \qquad K_b = 1.76 \times 10^{-5}$$

2. 取代反应 NH_3 分子中 H 原子可被其他原子或原子团取代，如 $NaNH_2$（氨基化钠），CaNH（亚氨基化钙），当三个 H 原子都被取代，则生成氮化物，如 Li_3N。

3. 还原性 NH_3 分子中的 N 处于最低氧化态（−3）。在一定条件下，氨具有还原性。例如氨在纯氧中燃烧，火焰显黄色。

$$4NH_3 + 3O_2 = 2N_2 + 6H_2O$$

药用稀氨水的浓度为 95～105g/L，为刺激性药。给昏厥病人吸入氨气，可反射性引起中枢兴奋。外用可治疗某些昆虫叮咬伤和化学试剂（如氢氟酸）造成的皮肤沾染伤。

(二) 铵盐

氨与酸反应得到相应的铵盐。常见的铵盐通常为无色晶体，易溶于水。由于 NH_4^+ 的离子半径与 K^+ 的离子半径相近，许多铵盐和钾盐的晶体结构及溶解度相似，因此铵盐的性质与碱金属盐类似，不同之处有以下几点：

1. 遇强碱分解放出氨气 在加热的条件下，任何铵盐固体或铵盐溶液与强碱作用都将分解放出 NH_3，这是鉴定铵盐的特效反应。

$$NH_4^+ + OH^- \xrightarrow{\triangle} NH_3\uparrow + H_2O$$

2. 强酸类铵盐水溶液显弱酸性 因铵离子水解溶液显弱酸性。

$$NH_4^+ + H_2O \rightleftharpoons NH_3 \cdot H_2O + H^+$$

3. 固态铵盐受热时易发生分解反应 铵盐的热稳定性差，受热时极易分解，分解产物通常与组成酸有关。例如

$$NH_4Cl \xrightarrow{\triangle} NH_3\uparrow + HCl\uparrow$$

$$(NH_4)_2SO_4 \xrightarrow{\triangle} NH_3\uparrow + NH_4HSO_4$$

$$(NH_4)_2Cr_2O_7 \xrightarrow{\triangle} N_2\uparrow + Cr_2O_3 + 4H_2O$$

$$2NH_4NO_3 \xrightarrow{\triangle} 2N_2\uparrow + O_2\uparrow + 4H_2O$$

三、氮的含氧酸及其盐

(一) 亚硝酸及其盐

亚硝酸的主要化学性质如下：

1. 弱酸性 亚硝酸 HNO_2 是一元弱酸，286K 时，$K_a = 4.6 \times 10^{-4}$，酸性比醋酸略强。

2. 不稳定性 HNO_2 很不稳定，仅能存在于冷的稀溶液中，受热即发生分解反应。

$$3HNO_2 \xrightarrow{\triangle} HNO_3 + H_2O + 2NO\uparrow$$

3. 氧化还原性 HNO_2 分子中 N 的氧化数为 +3，属于中间氧化态，既有氧化性又有还原性。在酸性介质中，HNO_2 及其盐主要显氧化性。如：

$$2NO_2^- + 2I^- + 4H^+ = I_2 + 2NO + 2H_2O$$

当 HNO_2 与强氧化剂作用时，NO_2^- 为还原剂，被氧化为 NO_3^-。如

$$5NO_2^- + 2MnO_4^- + 6H^+ = 5NO_3^- + 2Mn^{2+} + 3H_2O$$

亚硝酸盐要比亚硝酸稳定得多，均易溶于水，仅 $AgNO_2$ 微溶。亚硝酸盐固体对热稳定，尤其是碱金属和碱土金属的亚硝酸盐热稳定性很大。

亚硝酸盐有毒，误食会引起严重的中毒反应。亚硝酸盐也是明确的致癌物质。10g/L $NaNO_2$ 注射液主要用于治疗氰化物中毒。

(二) 硝酸及其盐

硝酸 HNO_3 是三大无机强酸之一，是极其重要的化工原料和化学试剂。纯 HNO_3 为无色液体，能与水按任意比例混合。市售浓硝酸密度为 1.42kg/L，质量分数为 68%～70%，约 16mol/L。

硝酸的主要化学性质如下：

1. 不稳定性 浓硝酸受热或见光会发生分解反应，分解产生的 NO_2 溶于浓硝酸而使溶液逐渐变黄，故硝酸应储存于棕色试剂瓶中。

$$4HNO_3 = 4NO_2\uparrow + O_2\uparrow + 2H_2O$$

2. 强氧化性 HNO_3 分子中的 N 具有最高氧化态 (+5)，具有强氧化性，可以氧化金属和非金属。

(1) 氧化非金属：硝酸可以将除氯、氧以外的非金属氧化，得到相应的酸，本身被还原为 NO。如

$$2HNO_3 + S = H_2SO_4 + 2NO\uparrow$$

$$5HNO_3 + 3P + 2H_2O = 3H_3PO_4 + 5NO\uparrow$$

(2) 氧化金属：硝酸可与除了金、铂等一些稀有金属外的所有金属反应，生成相应的化合物。铝、铬、铁、钙等金属可溶于稀硝酸，但在冷的浓硝酸中由于钝化作用而不溶。一般来说，浓硝酸的氧化性强于稀硝酸，且还原产物也与硝酸的浓度有关。如：

$$4HNO_3(浓) + Cu = Cu(NO_3)_2 + 2NO_2\uparrow + 2H_2O$$
$$8HNO_3(稀) + 3Cu = 3Cu(NO_3)_2 + 2NO\uparrow + 4H_2O$$
$$10HNO_3(较稀) + 4Zn = 4Zn(NO_3)_2 + N_2O\uparrow + 5H_2O$$
$$10HNO_3(极稀) + 4Zn = 4Zn(NO_3)_2 + NH_4NO_3 + 3H_2O$$

当硝酸浓度较稀时，主要产物是 NH_3，随着硝酸浓度的增加，NH_3 量不断减少，而 NO 的量逐渐增加，当硝酸密度增大到 1.25kg/L 时，产物主要是 NO，其次为 NO_2 和少量的 N_2O，当硝酸密度增大到 1.35kg/L 时，产物主要是 NO_2。

由 3 份浓盐酸和 1 份浓硝酸（体积比）所组成的混合溶液称为王水，具有比硝酸更强的氧化性，可溶解包括金、铂等在内的许多金属。

$$Au + HNO_3 + 4HCl = H[AuCl_4] + NO\uparrow + 2H_2O$$

硝酸盐的主要性质：几乎所有的硝酸盐都溶于水，水溶液不显氧化性。固体硝酸盐低温时较稳定，高温显氧化性，受热易分解，分解产物与硝酸盐中相应的金属阳离子的性质有关

$$2NaNO_3 \xlongequal{加热} 2NaNO_2 + O_2\uparrow$$ 碱金属、碱土金属硝酸盐

$$2Pb(NO_3)_2 \xlongequal{加热} 4NO_2\uparrow + O_2\uparrow + 2PbO$$

金属活动顺序表中位于 Mg～Cu 之间的金属硝酸盐

$$2AgNO_3 \xlongequal{加热} 2NO_2\uparrow + O_2\uparrow + 2Ag$$

金属活动顺序表中位于 Cu 以后的金属硝酸盐

课堂互动

1. 硝酸应如何应储存？
2. 铝比铜活泼得多，但为什么冷的浓 HNO_3 能溶解铜而不能溶解铝？

四、磷的含氧酸及其盐

磷的含氧酸主要有磷酸 H_3PO_4、亚磷酸 H_3PO_3 和次磷酸 H_3PO_2。

（一）磷酸及其盐

常温下纯磷酸为无色晶体，熔点 315.3K，能与水按任何比例混溶。市售磷酸溶液为黏稠状液体，无挥发性，密度 1.7kg/L，浓度为 85%。磷酸为三元中强酸，298K 时，其逐级电离常数为：$K_1 = 7.52\times10^{-3}$，$K_2 = 6.23\times10^{-8}$，$K_3 = 2.2\times10^{-13}$。

磷酸的标准电极电势很小（$\varphi^{\ominus}_{H_3PO_4/H_3PO_3} = -0.276V$），通常不具氧化性。

H_3PO_4 可形成三种类型的盐，即磷酸盐（如 Na_3PO_4）、磷酸一氢盐（如 Na_2HPO_4）和磷酸二氢盐（如 NaH_2PO_4）。这三类盐在水中的溶解性是磷酸二氢盐均溶于水，其他两类盐除 K^+、Na^+、NH_4^+ 外，一般都不溶于水。可溶性磷酸盐在水溶液中都能发生不同程度的水解，使溶液呈现不同的酸碱性。以钠盐为例，Na_3PO_4 溶液呈较强的碱性，Na_2HPO_4 水溶液呈弱碱性，而 NaH_2PO_4 的水溶液呈弱酸性。

（二）次磷酸及其盐

纯净的次磷酸（H_3PO_2）是无色晶体，熔点 299.5K，易潮解。H_3PO_2 是一元酸，$K_a = 1.0\times10^{-2}$，其分子中有两个与磷原子直接结合的氢原子。次磷酸及其盐都是强还原剂，可将 Ag^+、Hg^{2+}、Cu^{2+} 等还原。如

$$4Ag^+ + H_3PO_2 + 2H_2O = 4Ag\downarrow + H_3PO_4 + 4H^+$$

（三）多磷酸、偏磷酸及其盐

磷酸经强热时就会发生脱水作用，生成多聚磷酸或偏磷酸。n 个磷酸分子中脱去 $n-1$ 个水分子所得的酸称为多（聚）磷酸，化学通式为 $H_{n+2}P_nO_{3n+1}$（$n\geqslant2$）。$n=2$ 为焦磷酸，是二分子磷酸加热脱水产物；$n=3$ 为三磷酸，依此类推。高聚磷酸的 n 可达 90 左右。焦磷酸和三磷酸对生物体至关重要，三磷酸腺苷（ATP）是生化反应中的高能分子。

n 个磷酸分子中脱去 n 个水分子所得的酸称为偏磷酸，化学通式为 $(HPO_3)_n$（$n\geqslant3$）。$n=3$ 为三偏磷酸。多酸的酸性强于单酸。偏磷酸根的化学通式为 $P_nO_{3n}^{\ n-}$，具有环状结构。$(NaPO_3)_n$（$n=30\sim90$）可与 Ca^{2+}、Mg^{2+} 形成可溶性磷酸盐，故可用作为软水剂。

五、砷、锑、铋的重要化合物

本族元素的砷、锑、铋又称为砷分族，由于它们的次外层电子构型（18 电子构型）不同于氮和磷（8 电子构型），因此它们的单质及其化合物在性质上有更多的相似之处而不同于氮和磷。

（一）氢化物

砷、锑、铋的氢化物（AsH_3、SbH_3、BiH_3）都是恶臭、无色、剧毒的气体。它们的分子结构与 NH_3 相似，但在水中溶解度却不大。这些氢化物都不稳定，容易分解。它们的稳定性，按 $AsH_3\rightarrow SbH_3\rightarrow BiH_3$ 的顺序依次降低。它们能够还原重金属的盐使金属沉积出来。例如 AsH_3 能将硝酸银中的银还原

$$2AsH_3+12AgNO_3+3H_2O=\!=\!=As_2O_3+12Ag\downarrow+12HNO_3$$

借此可检验砷的存在（古氏验砷法）。

利用强还原剂将 As_2O_3 转变为 AsH_3，在加热情况下，AsH_3 分解成砷积聚在玻璃表面上，形成砷镜（马氏验砷法）。

$$As_2O_3+6Zn+6H_2SO_4=\!=\!=2AsH_3\uparrow+6ZnSO_4+2H_2O$$

$$2AsH_3\xlongequal{\triangle}2As+3H_2\uparrow$$

（二）氧化物及其水化物

砷、锑、铋 +3 氧化态的氧化物的酸性依次递减，碱性依次递增。As_2O_3（俗名砒霜）为白色粉末，致死量约为 0.1g，主要用于制造杀虫剂、除草剂以及含砷药物，略溶于水，生成亚砷酸。

$$As_2O_3+3H_2O=\!=\!=2H_3AsO_3$$

As_2O_3 的酸性显著，易溶于碱性溶液形成亚砷酸盐。

$$As_2O_3+6NaOH=\!=\!=2Na_3AsO_3+3H_2O$$

Sb_2O_3 为白色固体，不溶于水，能溶于酸和强碱，呈两性。Bi_2O_3 为黄色固体，不溶于水，不溶于碱，而能溶于酸。

砷、锑、铋 +3 氧化态的氢氧化物都呈两性。H_3AsO_3 仅在溶液中存在，$Sb(OH)_3$ 和 $Bi(OH)_3$ 都是不溶于水的白色沉淀物，易部分脱水形成 $SbO(OH)$ 和 $BiO(OH)$。按 H_3AsO_3、$Sb(OH)_3$、$Bi(OH)_3$ 的顺序，酸性依次迅速减弱，$Bi(OH)_3$ 的酸性很弱，碱性更为明显，它只能微溶于浓的强碱液中。

砷、锑、铋的 +5 氧化态的氧化物的酸碱性变化规律类似于 +3 氧化态的氧化物，酸性依 $As\rightarrow Sb\rightarrow Bi$ 顺序减弱，铋（Ⅴ）难以成酸。它们的酸性都较相应的 +3 氧化态的酸强。砷酸易溶于水，酸性近似磷酸。锑酸是白色无定形的沉淀，酸性很弱。砷酸和锑酸在酸性溶液中表现出氧化性。锑酸的氧化能力大于砷酸，而铋酸盐在酸性溶液中氧化能力最强，它可以把 Mn（Ⅱ）氧化成 Mn（Ⅶ）。如

$$10NaBiO_3+4MnSO_4+14H_2SO_4=\!=\!=4NaMnO_4+5Bi_2(SO_4)_3+3Na_2SO_4+14H_2O$$

（三）常见的盐

砷、锑、铋常见的盐主要有氯化物、硝酸盐以及亚砷酸钠和砷酸钠。它们最主要的化学性质是水解性、氧化还原性和生成配位化合物。本节主要讨论它们的水解性。

砷分族元素的可溶性盐溶于水时均发生水解反应，水解性从As到Bi递减，水解产物也不相同。例如，$AsCl_3$水解生成H_3AsO_3，$SbCl_3$和$BiCl_3$水解则生成难溶于水的碱式氯化物沉淀。

$$AsCl_3+3H_2O \rightleftharpoons H_3AsO_3+3HCl$$

$$SbCl_3+H_2O \rightleftharpoons SbOCl\downarrow \text{（氯化氧锑）}+2HCl$$

$$BiCl_3+H_2O \rightleftharpoons BiOCl\downarrow \text{（氯化氧铋）}+2HCl$$

Na_3AsO_3和Na_3AsO_4溶液因酸根离子水解而呈碱性。

$$AsO_3^{3-}+H_2O \rightleftharpoons HAsO_3^{2-}+OH^-$$

$$AsO_4^{3-}+H_2O \rightleftharpoons HAsO_4^{2-}+OH^-$$

（四）相关药物

1. 三氧化二砷 As_2O_3俗称砒霜，有剧毒，致死量为0.1g。外用治疗慢性皮炎、牛皮癣等。也可配成亚砷酸钾溶液内服，用于治疗慢性白血病。

2. 雄黄 雄黄为中药矿物药，主要成分是硫化砷As_4S_4。外用治疗疮疖疔毒、疥癣及虫蛇咬伤等。也可内服，许多治疗上述病症的内服药中均含有雄黄。雄黄还可用于治疗肠道寄生虫感染和疟疾等。

3. 酒石酸锑钾（钠） 酒石酸锑钾$KSbC_4H_2O_6\cdot\frac{1}{2}H_2O$为抗血吸虫病药，常用1%的注射液静脉给药。

4. 次水杨酸铋（碱式水杨酸铋、次柳酸铋） 次水杨酸铋$BiO\cdot C_7H_5O_3$为抗梅毒药，配制成油悬浊液供肌内注射。也可用于治疗扁平疣。

知识链接

酸雨

酸雨是指pH值小于5.6的雨水、冻雨、雪、雹、露等大气降水。现已确认，大气中的SO_2和NO_2是形成酸雨的主要物质。经测定，酸雨成分中硫酸约占60%、硝酸约占32%、盐酸约占6%，其余是碳酸和少量有机酸。大气中SO_2和NO_2主要来源于煤和石油的燃烧，它们在空气中氧化剂的作用下形成溶解于雨水的几种酸。酸雨对土壤、水体、森林、建筑、名胜古迹等人文景观均带来严重危害，不仅造成重大经济损失，更危及人类生存和发展。大气无国界，防治酸雨是一个国际性的环境问题，不能依靠一个国家单独解决，必须共同采取对策，减少硫氧化物和氮氧化物的排放量。

六、离子鉴定

1. NH^+ 铵盐溶液中加入过量的NaOH试液，加热后有氨气放出，使湿润红色石蕊试纸变蓝（或使湿润pH试纸变碱色）。

$$NH_4^++OH^- = NH_3\uparrow+H_2O$$

本法用于NH_4^+浓度较大时，氰根离子（CN^-）有一定的干扰，可加入汞盐（Hg^{2+}）消除干扰。NH_4^+浓度较小时，可取试液少许，加入奈氏试剂（碱性K_2HgI_4溶液），若有黄色沉淀生成，表示有NH_4^+存在。

$$2K_2HgI_4+NH_3+3KOH = Hg_2ONH_2I\downarrow+7KI+2H_2O$$

2. NO_3^-　取试样数滴于试管中，加入 0.1mol/L $FeSO_4$ 试液，沿管壁缓慢加入浓 H_2SO_4，使成两液层，界面显棕色为阳性反应。

$$NO_3^- + 3Fe^{2+} + 4H^+ = 3Fe^{3+} + NO\uparrow + 2H_2O$$

$$Fe^{2+} + NO + SO_4^{2-} = Fe(NO)SO_4$$

NO_2^- 存在干扰反应，应先加尿素除去 NO_2^- 后再鉴定。

$$2NO_2^- + 2H^+ + CO(NH_2)_2 = 2N_2\uparrow + CO_2\uparrow + 3H_2O$$

3. NO_2^-　试管中加入几滴试液、H_2SO_4 和淀粉 KI 试液，振荡试管，若显蓝色，表明有 NO_2^- 存在。

$$2NO_2^- + 4H^+ + 2I^- = 2NO\uparrow + I_2 + 2H_2O$$

4. PO_4^{3-}　取磷酸盐溶液，加硝酸和钼酸铵试液，在 70℃左右温热数分钟，即析出黄色沉淀。

$$PO_4^{3-} + 12MoO_4^{2-} + 3NH_4^+ + 24H^+ = (NH_4)_3PO_4\cdot 12MoO_3\cdot 12H_2O\downarrow\text{（黄色）}$$

如有 AsO_4^{3-} 离子存在时，则出现砷钼酸铵黄色沉淀，发生干扰。为此，在检验磷酸根之前需加 Na_2SO_3，使 AsO_4^{3-} 还原成 AsO_3^{3-} 并通入 H_2S，使之沉淀为 As_2S_3 除去。

第四节　碳族和硼族元素

一、概　　述

周期表第ⅣA 族包括碳（C）、硅（Si）、锗（Ge）、锡（Sn）、铅（Pb）五种元素，称为碳族元素；周期表第ⅢA 族包括硼（B）、铝（Al）、镓（Ga）、铟（In）、铊（Tl）五种元素，称为硼族元素。有关碳族和硼族元素的一些基本性质分别列于表 12-7 和表 12-8 中。

表 12-7　碳族元素的基本性质

性质	碳(C)	硅(Si)	锗(Ge)	锡(Sn)	铅(Pb)
原子序数	6	14	32	50	82
原子量	12.01	28.09	72.59	118.0	207.2
价电子层构型	$2s^22p^2$	$3s^23p^2$	$4s^24p^2$	$5s^25p^2$	$6s^26p^2$
共价半径 /pm	77	117	122.5	140.5	175
电负性	2.55	1.90	2.01	1.96	1.9
主要氧化数	+4、+2 (−4、−2)	+4(+2)	+4、+2	+4、+2	+2、+4

表 12-8　硼族元素的基本性质

性质	硼(B)	铝(Al)	镓(Ga)	铟(In)	铊(Tl)
原子序数	5	13	31	49	81
原子量	10.81	26.98	69.72	114.8	204.4
价电子层构型	$2s^22p^1$	$3s^23p^1$	$4s^24p^1$	$5s^25p^1$	$6s^26p^1$
共价半径 /pm	88	143.1	122.1	162.6	170.4
电负性	2.04	1.61	1.81	1.78	162
主要氧化数	+3	+3	+1、+3	+1、+3	+1、(+3)

像周期表中所有的主族元素一样，从上而下，碳族元素和硼族元素的非金属性递减，金属性递增。碳是非金属，硅是准金属，锗、锡、铅是金属。硼族元素中除硼是非金属元素外，其他都是金属元素。

碳族元素原子的价电子层构型为 ns^2np^2，价电子数与价电子轨道数相等，因此称它们为等电子原子，能形成氧化数+2、+4 的化合物。硼族元素原子的价电子构型为 ns^2np^1，价电子数少于价电子轨道数，因此称它们为缺电子原子，它们的最高氧化数为+3。

二、活性炭的吸附作用

活性炭是具有高吸附能力的单质碳。这种单质碳通常是由木炭经特殊活化处理（除去孔隙间的杂质、增大表面积）而制得的。

吸附作用是指气体分子或溶液中的溶质附着在某物质表面上的现象。起吸附作用的物质称为**吸附剂**，被吸附的物质称**吸附质**。固体吸附剂吸附作用的大小通常用吸附量来衡量。吸附量是指 1 克吸附剂所吸附的吸附质的量（常用毫摩尔或毫克表示）。一般说来，一定质量的固体吸附剂其粒子越细，粒子的孔隙越多，总表面积就越大，吸附量越大。

影响活性炭吸附量的因素主要有：①内因——吸附质的性质。活性炭是非极性吸附剂，倾向于吸附非极性物质。吸附质的极性越小，被吸附的倾向越强。吸附质为气体时，气体的沸点越高越容易被吸附。②外因——吸附温度、吸附质浓度和气体吸附质的压力。通常低温有利于吸附；吸附质浓度越大或气体吸附质压力越大吸附量越大。

吸附分物理吸附和化学吸附。物理吸附是以分子间作用力相吸引的，吸附热少。如活性炭对许多气体的吸附属于这一类，被吸附的气体很容易解脱出来，而不发生性质上的变化。所以物理吸附是可逆过程。化学吸附则以类似于化学键的力相互吸引，其吸附热较大。例如许多催化剂对气体的吸附（如镍对 H_2 的吸附）属于这一类。被吸附的气体往往需要在很高的温度下才能解脱，而且在性状上有变化。所以化学吸附大都是不可逆过程。同一物质，可能在低温下进行物理吸附而在高温下为化学吸附，或者两者同时进行。

药用炭为植物活性炭，吸附药。内服用于治疗腹泻、胃肠胀气、生物碱中毒和食物中毒。

三、碳的氧化物、碳酸及碳酸盐

（一）碳的氧化物

碳的氧化物有多种，主要的氧化物包括 CO、CO_2 等。

1. 一氧化碳 CO 是无色、无臭的气体，沸点 181K，熔点 68K。CO 不助燃但可以自燃，在水中溶解度较小，易溶于乙醇等有机溶剂中。

CO 是电子对给予体（配合体），它能与某些具有空轨道的金属离子（或原子）形成配键而生成配合物，如 $Fe(CO)_5$、$Ni(CO)_4$ 和 $Cr(CO)_6$ 等。

CO 的毒性和它能与血液中携带 O_2 的血红蛋白生成稳定的配合物有关。CO 与血红蛋白的结合力约为 O_2 与血红蛋白的 230～270 倍。一旦 CO 与血红蛋白结合，血红蛋白就失去输送 O_2 的能力，致使人缺氧而死亡。当空气中的 CO 达 0.1% 体积时，就会引起中毒。一旦 CO 中毒可注射亚甲蓝（$C_{16}H_{18}N_3ClS$），它可从血红蛋白 -CO 的配合物中夺取 CO，使血红蛋白恢复功能。

2. 二氧化碳 CO_2 是一种无色、无臭、无毒、不能燃烧的气体，比重是空气的 1.53 倍，高压下（5.65MPa）液化，液态 CO_2 的气化热很高（217K 时为 25.1kJ/mol^{-1}），当部分液态 CO_2 气化的同时，另一部分 CO_2 被冷却而凝固为雪花状的固体，称为“干冰”。CO_2 被用作制冷剂、灭火剂。在空气中 CO_2 的平均含量约为 0.03%，近年来所谓的“温室效应”被认为是由于大气中 CO_2 含量增加所致。

CO_2 化学性质不活泼，但在高温下，能与碳或活泼金属镁、铝等作用。

$$CO_2+2Mg \xlongequal{点燃} 2MgO+C$$

思政元素

应对温室效应——环境保护中中国的责任与担当

“温室效应”又称“花房效应”，其主要元凶是大气中浓度日益增长的二氧化碳。二氧化碳浓度的增大导致地面温度逐年升高，在过去的 100 多年间，地球平均温度上升了 0.5℃。有科学家预测，大气中二氧化碳浓度每增加 1 倍，全球平均气温将上升 1.5～4.5℃。因“温室效应”导致的土地沙化、极端高温天气、冰川融化等后果对经济、环境及人类生命健康的负面影响越来越大。如何尽快遏制“温室效应”已逐渐成为全人类共识，联合国有关专门机构组织各国先后制定《京都议定书》和《巴黎协定》。2020 年 9 月 22 日，中国政府在第七十五届联合国大会上提出：“中国将提高国家自主贡献力度，采取更加有力的政策和措施，二氧化碳排放力争于 2030 年前达到峰值，努力争取 2060 年前实现碳中和。”2021 年 10 月 31 日在二十国集团（G20）领导人第十六次峰会会议上，习近平主席就世界气候问题指出：气候变化和能源问题是当前突出的全球性挑战，事关国际社会共同利益，也关系地球未来。国际社会合力应对挑战的意愿和动力不断上升，关键是要拿出实际行动。

当下，碳化石原料依然是世界绝大多数国家国民经济发展的主要依赖。如何在不影响经济发展、不牺牲国民福祉的前提下，尽快减少碳排放，保护我们的生存环境，这应该是国际社会的共同责任。开发廉价优质新能源、绿色利用碳化石原料是控制地球“温室效应”两条基本主线。各个国家尤其是发达国家在这方面应该加强合作，互通有无，才能解决“温室效应”这一全球性问题。

（二）碳酸及其盐

CO_2 溶于水中生成碳酸（H_2CO_3），一种在人体内广泛存在的二元弱酸，$K_1 = 4.3 \times 10^{-7}$，$K_2 = 5.6 \times 10^{-11}$。实际上 CO_2 溶于水只有一小部分转化成 H_2CO_3，大部分是以水合分子形式存在。碳酸仅存在于水溶液中，至今尚未制得纯净的碳酸。

碳酸盐有正盐和酸式盐，它们的一些性质如下：

（1）溶解性：除 NH_4^+、碱金属（除 Li^+）的碳酸盐易溶外其余均难溶；酸式碳酸盐都能溶于水。

（2）酸碱性：碳酸钠（Na_2CO_3）俗称纯碱，在水溶液中，因 CO_3^{2-} 的水解很明显，故其水溶液显强碱性。用 Na_2CO_3 溶液沉淀金属阳离子时，有些阳离子生成碳酸盐，如 Ca^{2+}、Sr^{2+}、Ba^{2+} 等；有些阳离子则生成碱式碳酸盐，如 Cu^{2+}、Mg^{2+}、Zn^{2+}、Co^{2+}、Ni^{2+} 等；还有些阳离子生成氢氧化物，如 Cr^{3+}、Al^{3+}、Fe^{3+}。这主要由阳离子碳酸盐和氢氧化物溶解度大小决定。

碳酸氢钠（$NaHCO_3$）又名小苏打或重碳酸钠，水溶液显碱性。为吸收性抗酸药，内服能中和胃酸及碱化尿液，5%$NaHCO_3$ 注射液用于治疗酸中毒。

四、硅的含氧化合物及其盐

（一）二氧化硅

天然的 SiO_2 有晶态和无定形两种类型，石英是晶态 SiO_2 的一种，硅藻土则属于无定形 SiO_2。晶态 SiO_2 是原子晶体，且 Si—O 的键能很高，所以石英的硬度大，熔点高。

SiO_2 是酸性氧化物，化学性质很不活泼，除 F_2、HF 和强碱外，常温下一般不能与其他物质发生反应。强碱或熔融态的碳酸钠与 SiO_2 的反应为

$$SiO_2 + 2NaOH = Na_2SiO_3 + H_2O$$

$$SiO_2 + Na_2CO_3 \xlongequal{\text{熔融}} Na_2SiO_3 + CO_2\uparrow$$

生成的 Na_2SiO_3 能溶于水。因此，含有 SiO_2 的玻璃能被强碱所腐蚀。

石英耐高温，能透过紫外光。石英常用于制造耐高温仪器和医学、光学仪器。

白石英又叫水晶，主要成分是二氧化硅。具有温肺肾、安心神、利小便的功效，用于治疗肺寒咳喘、阳痿、消渴等疾病。

课堂互动

盛装氢氧化钠溶液为什么不能用玻璃瓶塞？

（二）硅酸及其盐

硅酸是组成复杂的白色固体，可以以水合形式（$x\,SiO_2\cdot yH_2O$）表示，简单的硅酸是正硅酸（H_4SiO_4），习惯上用 H_2SiO_3 表示（后者应为偏硅酸）。虽然二氧化硅是硅酸的酸酐，但是由于其不溶于水，硅酸是由硅酸盐酸化得到的。

$$Na_2SiO_3 + 2HCl \Longrightarrow H_2SiO_3 + 2NaCl$$

硅酸是二元弱酸，$K_1 = 2.2 \times 10^{-10}$，$K_2 = 1 \times 10^{-12}$。硅酸在水中溶解度很小，但不是立即沉淀下来的，经相当长的时间后发生絮凝作用，生成胶体溶液。经干燥后得到硅酸干胶。硅胶具有多孔性，有较强的吸附作用，常用于气体回收、石油精炼和制备催化剂，实验室中常用作干燥剂。

自然界中硅酸盐种类很多，分布很广，除钾、钠的硅酸盐易溶外，其余均难溶。可溶性 Na_2SiO_3 俗称水玻璃（工业上称泡花碱）。

水玻璃是很好的黏合剂，肥皂、洗涤剂的填充剂，木材和织物浸过水玻璃，可以防腐、阻燃。

天然沸石是铝硅酸盐，是具有多孔结构的物质，其中有许多笼状空穴，加热真空脱水干燥，制成干燥剂，用于干燥气体及有机溶剂。

三硅酸镁 $Mg_2Si_3O_8$ 内服中和胃酸时能生成胶状的 SiO_2，对胃及十二指肠溃疡面有保护作用。

五、硼酸和硼砂

（一）硼酸

硼酸 H_3BO_3 为无色晶体，微溶于冷水，在热水中溶解度增大。

H_3BO_3 是一元弱酸，293K 时 $K_a = 7.3 \times 10^{-10}$。

要特别指出的是：硼酸的酸性并不是因为它在溶液中能电离出 H^+，而是由于硼原子的缺电子性所引起的。硼原子空轨道接受 OH^- 的孤对电子，使 $[H^+]$ 相对升高，溶液显酸性。

$$H_3BO_3 + H_2O \rightleftharpoons \left[HO-\underset{OH}{\overset{OH}{B}}{\leftarrow}OH \right]^- + H^+$$

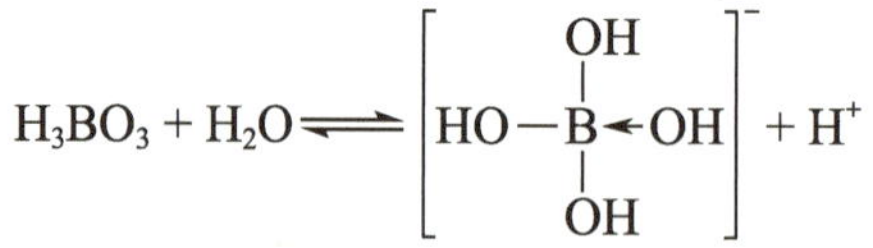

硼酸与甘油或其他多元醇反应时，能生成稳定的配合物，使 H_3BO_3 的酸性大大增强。

$$HO-\underset{O\,H}{\overset{O\,H}{B}} \quad + \quad \underset{HO-CH_2}{\overset{HO-CH_2}{CHOH}} \Longrightarrow \left[HOCH\underset{CH_2-O}{\overset{CH_2-O}{B-O}} \right]^- + H^+ + 2H_2O$$

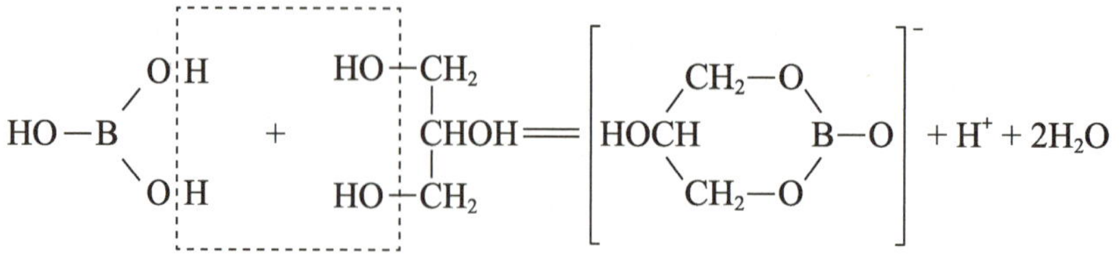

甘油　　　　　　　　　　　　硼酸甘油

在医药中硼酸用于杀菌，洗涤创口。2%～5% 的硼酸水溶液可用于洗眼、漱口等；10% 的硼酸软膏用于治疗皮肤溃疡等；用硼酸作原料与甘油制成的硼酸甘油酯是治疗中耳炎的滴耳剂。

（二）硼砂

硼砂（$Na_2B_4O_7 \cdot 10H_2O$）是最常用的硼酸盐，按硼砂的结构单元，应将分子式写成 $Na_2B_4O_5(OH)_4 \cdot 8H_2O$，它是无色或白色晶体，在冷水中溶解度较小，沸水中较易溶解，溶液因酸根离子水解而显碱性。

$$Na_2B_4O_7 + 3H_2O \rightleftharpoons 2NaBO_2 + 2H_3BO_3$$

$$2NaBO_2 + 4H_2O \rightleftharpoons 2NaOH + 2H_3BO_3$$

硼砂在干燥的空气中易风化。硼砂与金属氧化物或金属盐类一起灼烧，可生成偏硼酸复盐，这些复盐常具有特殊的颜色，可用于鉴别某些金属离子，在分析化学中称为硼砂珠试验。例如

$$Na_2B_4O_7 + CoO = 2NaBO_2 \cdot Co(BO_2)_2 \quad \text{（蓝色）}$$

$$Na_2B_4O_7 + NiO = 2NaBO_2 \cdot Ni(BO_2)_2 \quad \text{（热时紫色，冷后棕色）}$$

在医药方面硼砂外用时的作用与硼酸相似。内服能刺激胃液分泌；硼砂也是治疗咽喉炎及口腔炎的冰硼散和复方硼砂含漱剂的主要成分。

六、铝、锡、铅的重要化合物

（一）铝的重要化合物

1. 氧化铝

（1）氧化铝：Al_2O_3 为一种白色无定形粉末。Al_2O_3 有两种主要变体，α-Al_2O_3 和 γ-Al_2O_3。自然界以结晶状态存在的 α-Al_2O_3 称为刚玉，刚玉由于含有不同的杂质而有多种颜色。例如含微量铬的呈红色，称为红宝石；含有钛、铁的呈蓝色，称为蓝宝石。α-Al_2O_3 在硬度上仅次于金刚石，化学性质极不活泼，除溶于熔融碱外，与所有试剂都不反应。γ-Al_2O_3 可溶于稀酸，又称活性氧化铝，可用作吸附剂和催化剂。

（2）氢氧化铝：在铝盐溶液中加入氨水或碱液，可得到凝胶状的白色无定形氢氧化铝沉淀。

$$Al_2(SO_4)_3 + 6NH_3 \cdot H_2O = 2Al(OH)_3 \downarrow + 3(NH_4)_2SO_4$$

氢氧化铝是两性氢氧化物，其碱性略强于酸性，但仍属于弱碱，它在溶液中按下式做两种方式的电离

$$Al^{3+} + 3OH^- \rightleftharpoons Al(OH)_3 = H_3AlO_3 \rightleftharpoons H^+ + AlO_2^- + H_2O$$

$$Al(OH)_3 + 3HNO_3 = Al(NO_3)_3 + 3H_2O$$

$$Al(OH)_3 + KOH = KAlO_2 + 2H_2O$$

2. 铝盐

（1）铝的卤化物：铝能生成三卤化物（AlX_3），其中 AlF_3 为离子型化合物，$AlCl_3$、$AlBr_3$ 和 AlI_3 为共价型化合物。

铝的卤化物中以三氯化铝最重要。由于铝盐容易水解，所以在水溶液中不能制得无水 $AlCl_3$。

无水 $AlCl_3$ 常温下为无色晶体，加热到 180℃时升华，在 400℃时气态 $AlCl_3$ 具有双聚分子的缔合结构。无水 $AlCl_3$ 几乎能溶于所有有机溶剂，易形成配位化合物，它的最重要的工业用途是作为有机合成和石油工业的催化剂。

（2）硫酸铝和明矾：无水硫酸铝为白色粉末，在常温下自溶液中析出的无色针状晶体为 $Al_2(SO_4)_3 \cdot 18H_2O$。硫酸铝易溶于水，其水溶液由于 $Al_2(SO_4)_3$ 的水解而呈酸性。硫酸铝易与碱金属（除锂以外）或铵的硫酸盐结合而形成复盐（这类复盐又称为矾），例如，铝钾矾 $KAl(SO_4)_2 \cdot 12H_2O$，俗称明矾，它是无色晶体。

铝盐的主要用途是基于它的水解作用。硫酸铝与水作用所得的氢氧化铝具有很强的吸附性能，因此明矾在工业上常作为漆染剂、净水剂和泡沫灭火剂等。

（二）锡的重要化合物

1. 氧化锡 SnO_2 是白色固体，可由金属锡在空气中加热生成，不溶于水，也很难溶于酸和碱溶液中，但与 NaOH 共熔能使它转化为可溶性化合物。

$$SnO_2 + 2NaOH = Na_2SnO_3 + H_2O$$

从溶液中析出的锡酸钠晶体的组成其实是 $Na_2[Sn(OH)_6]$。

氨、烧碱或碳酸钠溶液作用于锡（Ⅳ）盐，可生成白色胶状的氢氧化锡 $Sn(OH)_4$ 沉淀。氢氧化锡实际上是 SnO_2 的水合物（$SnO_2 \cdot xH_2O$），通常叫 α- 锡酸，它既溶于碱也溶于酸。如将其久放或加热则转变为 β- 锡酸，β- 锡酸不溶于酸和碱。

2. 氢氧化亚锡 用碱金属的碳酸盐或氢氧化物处理锡（Ⅱ）盐，则有白色的氢氧化亚锡沉淀生成。

$$2Sn^{2+} + 2OH^- = Sn(OH)_2\downarrow \text{（白色）}$$

加热 $Sn(OH)_2$ 则分解为暗棕色的氧化亚锡（SnO）粉末。

氢氧化亚锡具有两性，既溶于酸，也溶于碱。

$$Sn(OH)_2 + 2HCl = SnCl_2 + 2H_2O$$

$$Sn(OH)_2 + 2NaOH = Na_2SnO_2 + 2H_2O$$

锡（Ⅱ）的化合物在碱性溶液中特别容易被氧化，$Sn(OH)_2$ 或 $[Sn(OH)_3]^-$ 都是强还原剂。

3. 氯化亚锡 $SnCl_2$ 具有强还原性。如

$$2FeCl_3 + SnCl_2 = 2FeCl_2 + SnCl_4$$

$SnCl_2$ 是实验室中常用的重要的亚锡盐和还原剂。

（三）铅的重要化合物

1. 铅的氧化物 铅除了有 PbO 和 PbO_2 以外，还有常见的混合氧化物 Pb_3O_4。PbO 呈黄色，加热至 488℃转变为红色 PbO，俗称“密陀僧”，是一种中药。PbO_2 呈棕色。Pb_3O_4（俗名红丹或铅丹），可看成是由简单氧化物 PbO 和 PbO_2 结合而成的，即 $2PbO \cdot PbO_2$。

PbO_2 在酸性介质中是强氧化剂。例如，PbO_2 与浓 H_2SO_4 作用放出 O_2；与 HCl 作用放出 Cl_2。

$$2PbO_2 + 2H_2SO_4 = 2PbSO_4 + O_2\uparrow + 2H_2O$$

$$PbO_2 + 4HCl = PbCl_2 + Cl_2\uparrow + 2H_2O$$

2. 铅盐 绝大多数铅的化合物难溶于水，有颜色或者有毒。卤化铅中以金黄色的 PbI_2 溶解度最小。$PbCl_2$ 也难溶，但在热水中易溶。$PbSO_4$ 难溶于水，但可溶于醋酸铵中，生成了难电离的 $Pb(Ac)_2$。

（四）相关药物

1. 氢氧化铝 氢氧化铝内服用于中和胃酸，常用于制成氢氧化铝凝胶剂或氢氧化铝片剂，作用缓慢而持久。$Al(OH)_3$ 凝胶本身就能保护溃疡面并具有吸附作用。

2. 明矾 明矾 $KAl(SO_4)_2 \cdot 12H_2O$ 具有收敛作用，0.5%～2% 的溶液可用于洗眼或含漱。外科用煅明矾作伤口的收敛性止血剂，也可用于治疗皮炎或湿疹。

3. 铅丹 铅丹又名黄丹，主要成分为 Pb_3O_4，具有直接杀灭细菌、寄生虫和抑制黏液分泌的作用。主要用于配制外用膏药，具有收敛、止痛、消炎和生肌的作用。

七、离子鉴定

1. CO_3^{2-} 在碳酸盐、碳酸氢盐和二氧化碳之间存在着平衡，加酸使平衡向生成 CO_2 的方向

移动，产生 CO_2 气体，将此气体通入澄清的氢氧化钙溶液中，会产生白色碳酸钙沉淀。

$$CO_2 + Ca(OH)_2 \xlongequal{} CaCO_3\downarrow + H_2O$$

碳酸根和碳酸氢根具有同样的反应，为区别它们可加入 Mg^{2+} 离子，如为碳酸根，即产生白色沉淀；而碳酸氢根则由于生成的碳酸氢镁溶解度较大而无沉淀生成，煮沸时，碳酸氢镁分解才有白色沉淀产生，并将分解产生的气体通入氢氧化钙溶液中，有白色沉淀产生，则证明为碳酸氢根。

$$Mg^{2+} + CO_3^{2-} \xlongequal{} MgCO_3\downarrow$$

$$Mg^{2+} + 2HCO_3^- \longrightarrow Mg(HCO_3)_2 \xrightarrow{\triangle} MgCO_3\downarrow + H_2O + CO_2\uparrow$$

微量时，可使用 $Ba(OH)_2$ 鉴定 CO_2。

$$Ba(OH)_2 + CO_2 \xlongequal{} BaCO_3\downarrow + H_2O$$

2. Al^{3+}　在含有 Al^{3+} 的溶液中，加入氨水，得到氢氧化铝的白色沉淀。

$$Al^{3+} + 3NH_3 \cdot H_2O \xlongequal{} Al(OH)_3\downarrow + 3NH_4^+$$

白色沉淀能溶于盐酸或醋酸，仅略溶于过量的氨水中，如先加铵盐，例如 NH_4Cl，使近饱和，再加稍许过量的氨水，并煮沸之，则氢氧化铝可达沉淀完全。

3. Sn^{2+}　Sn^{2+} 具有强还原性，它能将汞离子还原为亚汞离子。例如，在含 $SnCl_2$ 的溶液中加入 $HgCl_2$ 溶液，生成 Hg_2Cl_2 白色丝光状沉淀，表示有 Sn^{2+} 存在。

$$2HgCl_2 + SnCl_2 \xlongequal{} Hg_2Cl_2\downarrow + SnCl_4$$

生成的 Hg_2Cl_2 进一步被还原为 Hg 而使沉淀呈灰黑色。

$$Hg_2Cl_2 + SnCl_2 \xlongequal{} 2Hg\downarrow + SnCl_4$$

4. Pb^{2+}　Pb^{2+} 离子的鉴定一般采用铬酸钾法。在弱碱（如氨水）或弱酸（如稀 HAc）中，K_2CrO_4 与 Pb^{2+} 生成黄色的 $PbCrO_4$ 沉淀。

$$Pb^{2+} + CrO_4^{2-} \xlongequal{} PbCrO_4\downarrow$$

Ag^+、Ba^{2+} 存在时，因生成砖红色 Ag_2CrO_4 沉淀和黄色 $BaCrO_4$ 沉淀，对鉴定有干扰。这些离子存在时，应先用硫酸将 Pb^{2+} 沉淀析出（同时 Ag^+、Ba^{2+} 也沉淀析出），再用 NH_4Ac 将铅盐溶解分离，然后用 K_2CrO_4 鉴定 Pb^{2+}。

（李小林）

复习思考题

一、填空题

1. H_2O_2 水溶液俗称为________，它在医疗上用作________。
2. 下列物质的水溶液呈碱性的是________，呈中性的是________，呈酸性的是________。
   Na_2CO_3、$NaHCO_3$、$NaHSO_4$、$NaClO_3$、NaH_2PO_4、$Al_2(SO_4)_3$
3. H_3BO_3 是________元酸，它与水反应的方程式是________。
4. H_3BO_3、HNO_2、HNO_3、H_3AlO_3 的酸性由弱到强的顺序是________。
5. 原子序数为 35 的元素，其原子核外电子排布为________，最高氧化数是________。

二、简答题

1. Fe^{3+} 可以将 I^- 离子氧化为单质碘，为什么在含有 Fe^{3+} 的溶液中加入氟化钠后，再加入 I^-，就没有单质碘生成？
2. 在常温下，为什么能用铁、铝容器盛放浓硫酸，而不能盛放稀硫酸？
3. 为什么天然的磷酸钙必须转化为过磷酸钙才能作为肥料使用？

ER-12-3

扫一扫，测一测

三、思考题

我国国民在享受经济高速发展带来的福利时，也深受环境污染的困扰，因污染的环境对人体生命健康和财产带来的危害时有报道。加强污染治理和生态环境修复，促进绿色发展，处理好发展和减排的关系，实现人与自然和谐共生，是我们共同的责任。结合所学知识，从原料 Cu、H_2O_2、MnO_2、$KMnO_4$、H_2SO_4（浓）、H_2SO_4（稀）中选择合适的最佳环保路线合成 $CuSO_4$。

第十三章　d 区主要元素及其化合物

PPT 课件

知识导览

学习目标

【知识目标】

1. 掌握 d 区元素在周期表中的位置和价电子层结构特征、d 区元素的主要物理性质和化学性质。

2. 熟悉重要的过渡元素及其化合物的主要性质、在医药中的应用。

3. 了解重要过渡元素离子的鉴别。

【能力目标】

1. 能了解 d 区元素原子价电子层结构特点对元素性质的决定作用。

2. 能独立完成 d 区元素及其化合物的重要化学性质及离子鉴定的实验。

【素质目标】

认识重金属对环境污染的危害，培养绿色环保意识和爱护环境的强烈责任感。

d 区元素原子结构的特征是最后一个电子填充在 $(n-1)$d 轨道上，最外层只有 1～2 个 s 电子，原子次外层轨道中有 1～10 个电子，d 区元素原子的价电子层构型可用通式 $(n-1)d^{1\sim10}ns^{1\sim2}$（Pb 为 $4d^{10}5s^0$）表示。包括周期表中副族和Ⅷ族元素（不包括镧系元素和锕系元素），这些元素位于典型的金属元素和非金属元素之间，修改称为过渡元素；d 区元素都是金属元素，故又称为过渡金属元素。在同一周期中，从左到右电子逐渐填充到次外层的 d 轨道，最外层电子数几乎不变，这就决定了过渡元素具有一些共同的性质。本章主要介绍 d 区主要元素的单质和主要化合物的组成、结构、性质、用途，以及性质与结构的关系和变化规律等问题。

第一节　过渡元素的通性

一、过渡元素的基本性质变化特征

（一）原子半径

同一周期过渡元素，随着原子序数的增加，原子半径缓慢减小。这是因为同周期元素原子核外电子层数相同，增加的电子依次填充到次外层的 d 轨道。当 d 轨道的电子未充满时，电子的屏蔽效应较小，随着原子核电荷数的增加，原子核对外层电子的吸引力逐渐增大，所以原子半径依次减小，直到铜族元素附近，由于 d 轨道充满，使屏蔽效应增强，原子核对外层电子吸引力减弱，半径才开始略有增大。

同族过渡元素从上到下除钪族元素原子半径逐渐增大以外，其余各族元素的原子半径很接近，其中 Hf 的原子半径还小于 Zr。这就使得第ⅥB 族的 Mo 和 W 在性质上很相似，在自然界中共生在一起，较难分离。发生这种现象的原因是镧系收缩的结果。

（二）电负性

d区元素的电负性相差不是很大，同周期元素从左到右以及同族元素从上到下，其电负性变化均无规律，这些都与电子层结构有关。而且第6周期与同族的第5周期（除ⅠB族和ⅡB族元素外），元素的电负性非常接近，这仍然是由于镧系收缩的影响所致。

（三）电离能

d区元素的电离能变化不如主族元素规律，但总的规律是随原子序数的增大而逐渐增大。在同周期中，从左到右随着原子半径的减小，电离能总的变化趋势是逐渐增大；在同族中，电离能变化不是很规律，前几族从上到下电离能逐渐增大，后几族有交错的现象发生。

（四）金属性

d区元素的金属性变化也不够显著，同周期元素从左到右多数金属性依次减弱，这与它们的标准电极电势变化趋势一致。锰例外，由于锰失去2个电子形成$3d^54s^0$稳定电子构型离子，故其标准电极电势小于铬。同族元素从上到下，由于原子半径增大不多，而有效核电荷明显增大，核对外层电子的引力增强，故元素的金属性随之减弱。

二、过渡元素的物理性质

过渡元素都是金属，单质一般呈银白色或灰色（锇呈灰蓝色），有光泽。主要物理性质是高熔点、高沸点、密度大、导电性和导热性良好。在同周期中，从左到右，熔点一般是先逐步升高，然后又缓慢下降。原因是过渡元素的原子半径比较小，原子以最紧密的方式堆积成晶体，晶体的空隙很小，所以密度大。形成金属键时不仅有s电子也有d电子，由于自由电子多，在通电和受热时，自由电子运动加快，因而具有良好的导电性和导热性能。由于晶格中的金属键较强，在外力的作用下，金属键不易破坏，因此具有很好的延展性和金属加工性。由于金属键较强，要破坏金属键就需要较高的能量，所以过渡元素的熔点、沸点比较高，硬度大。其中铬是硬度最大的金属；钨是熔点最高的金属；银是导热及导电性能最好的金属；汞是常温下唯一的液体金属。

三、过渡元素的化学性质

（一）氧化态的多变性

过渡元素通常具有多种氧化态。如Mn有+2、+3、+4、+5、+6、+7六种不同的氧化态，这是由它们的价电子层构型所决定的。因为它们除最外层的s电子作为价电子外，次外层的d电子也可部分或全部作为价电子参加成键，因而形成多种氧化态。一般来讲，它们的高氧化态比低氧化态的氧化性强。它们与非金属形成二元化合物时，多数情况只有电负性较大、阴离子难被氧化的非金属元素（如O、F）才能与它们形成高氧化态的二元化合物，例如Mn_2O_7和CrF_6等。而那些电负性较小、阴离子易被氧化的非金属（如I、Br、S等），则很难与它们形成高氧化的二元化合物。它们的高氧化态化合物中，以其含氧酸盐较为稳定。这些元素在其含氧酸盐中，以含氧酸根存在（如MnO_4^-，CrO_4^{2-}等）。

同周期过渡元素的氧化态，从左到右，随d电子数的增多而依次升高，同时可变氧化态的数目也依次增多。当d电子数目达到或超过5时，能级处于半满状态，能级降低，稳定性增强，d电子参加成键的倾向减弱，氧化态逐渐降低，可变氧化态的数目随之减少。从上到下，同族过渡元素高氧化态趋于稳定，d电子数少于或等于5的元素的最高氧化态值等于族序数。

（二）氧化物及其水合物的酸碱性

过渡元素氧化物及其水合物酸碱性的递变规律如下：

1. 同一元素低氧化态氧化物及其水合物的碱性大于其高氧化态氧化物及其水合物的碱性。

2. 从上到下，同族元素相同氧化态氧化物及其水合物的碱性增强。

3. 从左到右，同周期元素（ⅢB～ⅦB 族）最高氧化态氧化物及其水合物的酸性增强。

第ⅢB～ⅦB 族过渡元素最高氧化态氧化物的水合物酸碱性如表 13-1。

表 13-1　ⅢB～ⅦB 族过渡元素最高氧化态氧化物的水合物酸碱性

	ⅢB	ⅣB	ⅤB	ⅥB	ⅦB	
碱性增强↓	$Sc(OH)_2$ 弱碱性	$Ti(OH)_4$ 两性	HVO_3 酸性	H_2CrO_4 酸性	$HMnO_4$ 强酸性	酸性增强↑
	$Y(OH)_3$ 中强碱	$Zr(OH)_4$ 两性，微碱性	$Nb(OH)_2$ 两性	H_2MoO_4 弱酸性	$HTcO_4$ 酸性	
	$La(OH)_3$ 弱碱性	$Hf(OH)_4$ 两性，弱碱性	$Ta(OH)_5$ 两性	H_2WO_4 弱酸性	$HReO_4$ 弱酸性	
	$Ac(OH)_3$ 弱碱性					
	酸性增强→					

（三）配合物的形成

过渡元素有很强的形成配合物的倾向，不仅能形成简单的配合物和螯合物，还可形成多核配合物、羰基配合物等，主要原因如下：

1. 过渡元素的电负性比 p 区元素小，半径比 s 区元素小，极化能力强，比主族元素能形成较强的正电场，有较强的吸引配体的能力，能将配位体吸引在中心离子（原子）的周围，所以有很强的形成配合物的倾向。

2. 过渡元素的离子（原子）有能级相近的 9 个价电子轨道，包括一个 ns 轨道，3 个 np 轨道，5 个 $(n-1)$d 轨道，这些能级相近的轨道易形成一组杂化轨道，来接受配位体提供的孤对电子，形成较稳定的配位键。

（四）水合离子的颜色

过渡元素的离子在水溶液中常显示出一定的颜色，如表 13-2。

表 13-2　某些过渡元素水合离子的颜色

水合离子	Sc^{3+}	Ti^{4+}	V^{4+}	Cr^{3+}	Mn^{2+}	Mn^{3+}	Fe^{2+}	Fe^{3+}	Co^{2+}	Ni^{2+}	Cu^{2+}	Zn^{2+}
价电子层构型	$3d^0$	$3d^0$	$3d^1$	$3d^3$	$3d^5$	$3d^4$	$3d^6$	$3d^5$	$3d^7$	$3d^8$	$3d^9$	$3d^{10}$
未成对电子数	0	0	1	3	5	4	4	5	3	2	1	0
颜色	无色	无色	蓝色	紫色	肉色	紫色	浅绿	黄色	红色	绿色	蓝色	无色

对于过渡元素的离子在溶液中常显示出一定颜色的原因比较复杂，常解释为：这些离子在水溶液中一般以 $[M(H_2O)_6]^{n+}$ 配离子的形式存在，水合离子的颜色与价电子层中未成对 d 电子的跃迁有关，当 d 电子由基态跃迁到能量较高的激发态能级所需的能量在可见光范围内时，就会吸收一定范围的可见光，从而呈现出互补可见光的颜色，而价电子层中没有未成对 d 电子的离子大多是无色的。

第二节　重要的过渡元素及其化合物

ER-13-3

铬及其重要化合物 微课视频

一、铬、锰及其重要化合物

铬（Cr）和锰（Mn）在元素周期表中属相邻元素，它们的性质有很多的相似性。在自然界铬和锰分布广泛，尤其是锰在地壳中含量居所有过渡元素的第三位。铬在自然界中的主要矿物是铬铁矿，锰在自然界中的主要矿物有软锰矿、黑锰矿等。

（一）铬及其重要化合物

铬的价电子层构型为 $3d^5 4s^1$。能形成从 +1 到 +6 各种氧化态的化合物，其中以 +3 氧化态最稳定，+6 氧化态次之。

铬在潮湿的空气中较稳定，常温下能被稀盐酸和稀硫酸慢慢溶解，不溶于硝酸。

由于铬的性质坚硬，抗腐蚀性强，并有良好的光泽及延展性，所以铬常被镀在金属表面。钢中加入铬后，能显著提高钢的硬度和抗腐蚀能力，含铬 10% 以上的钢材叫不锈钢，具有很强的抗腐蚀性和抗氧化性；铬和镍的合金用来制造电热丝和电热设备。

1. 铬（Ⅲ）的重要化合物 铬（Ⅲ）的重要化合物有氧化物 Cr_2O_3、氢氧化物 $Cr(OH)_3$ 和常见盐，如 $CrCl_3$、$Cr_2(SO_4)_3$、$KCr(SO_4)_2$（铬钾矾）等。

Cr_2O_3 是绿色难溶固体，常用作颜料。向 Cr（Ⅲ）盐溶液中加入适量碱，可析出灰绿色的胶状沉淀 $Cr_2O_3 \cdot nH_2O$，习惯写成 $Cr(OH)_3$。

Cr_2O_3 和 $Cr(OH)_3$ 具有明显的两性。

$Cr(OH)_3$ 不仅具有两性，还能溶解在过量的氨水中，生成铬氨配合物。

$$Cr(OH)_3 + 6NH_3 = [Cr(NH_3)_6](OH)_3$$

在碱性溶液中，Cr（Ⅲ）具有还原性，能被 H_2O_2、Cl_2、Br_2 等氧化剂氧化成 CrO_4^{2-} 离子。

在酸性介质中，Cr（Ⅲ）的还原性较弱，只有过硫酸铵或高锰酸钾等少数强氧化剂才能将 Cr（Ⅲ）氧化为 Cr（Ⅵ）。

2. 铬（Ⅵ）的重要化合物 Cr（Ⅵ）的化合物中最常见的是 K_2CrO_4 和 Na_2CrO_4，他们都是黄色晶体；$K_2Cr_2O_7$ 和 $Na_2Cr_2O_7$，都是红棕色晶体。

（1）氧化性：在酸性溶液中，重铬酸盐和铬酸盐是强氧化剂。它能把 H_2S、H_2SO_3、HI 等氧化，本身被还原成为 Cr^{3+}。例如

$$Cr_2O_7^{2-} + 3H_2S + 8H^+ = 2Cr^{3+} + 3S\downarrow + 7H_2O$$

实验室中用 $K_2Cr_2O_7$ 和 HCl 制备氯气就是利用此原理。

$$K_2Cr_2O_7 + 14HCl(浓) = 2CrCl_3 + 3Cl_2\uparrow + 2KCl + 7H_2O$$

将饱和 $K_2Cr_2O_7$ 溶液与浓硫酸混合制得铬酸洗液可用于洗涤玻璃器皿上的污物。当洗液的颜色由红棕色变为暗绿色时就失去了去污能力，因为 $Cr_2O_7^{2-}$ 变成了 Cr^{3+}。由于 Cr（Ⅵ）有明显的毒性，这种洗液已逐渐为洗涤剂所代替。

（2）沉淀反应：当向铬酸盐和重铬酸盐溶液中加入 Ba^{2+}、Ag^+、Pb^{2+} 等离子时，生成的都是难溶性的铬酸盐沉淀。例如

$$CrO_4^{2-} + 2Ag^+ = Ag_2CrO_4\downarrow（砖红色）$$

$$Cr_2O_7^{2-} + Pb^{2+} + H_2O = 2H^+ + 2PbCrO_4\downarrow（黄色）$$

所有的重铬酸盐都溶于水，铬酸盐沉淀难溶于水而易溶于强酸。

FR-13-4

锰及其重要化合物 微课视频

（二）锰及其重要化合物

锰的发现者是瑞典化学家甘思（Gahn J.G.，1745—1818 年），1774 年甘思发现了锰。当时甘思在一只坩埚里盛满了潮湿的木炭粉末，把用油调过的软锰矿粉放在木炭末正中，上面再覆盖一层木炭末，外面罩上一只坩埚，用泥密封；加热约 1 小时后，打开坩埚，埚内生成了纽扣般大小的一块金属锰。由于软锰矿产于小亚细亚的马格尼西亚城附近，于是人们以软锰矿的产地为名，将这种银灰色和铁十分相似的新金属元素叫做“Manganese”，中文按其译音定名为锰。

锰在地壳中的含量在过渡元素中占第三位，仅次于铁和钛。锰的价电子层构型为 $3d^5 4s^2$。常见氧化态为 +2、+4、+6 和 +7。锰的外形似铁，致密的块状金属锰是银白色的，质硬而脆；粉末

状的锰呈灰色。在金属活动顺序中，锰位于铝和锌之间，化学性质比较活泼，能被空气中的氧氧化形成一层致密的氧化物薄膜，能缓慢地溶于水，能置换稀酸中的氢，在高温下，锰能与卤素、碳、硫和磷等非金属发生反应。

1. 锰(Ⅱ)和锰(Ⅳ)的重要化合物 Mn(Ⅱ)的重要化合物有：$MnSO_4$、$MnCl_2$ 和 $Mn(NO_3)_2$。MnO_2 是 Mn(Ⅳ)的重要化合物，它是一种灰黑色的粉末状固体，不溶于水，且常温下稳定。MnO_2 是软锰矿的主要成分。

(1) 氧化还原性：Mn(Ⅱ)在碱性介质中还原性较强。例如，当 Mn^{2+} 与 OH^- 作用时，可生成 $Mn(OH)_2$ 白色沉淀，放置片刻即被空气中的 O_2 氧化，生成棕色的水合二氧化锰 $MnO(OH)_2$。

MnO_2 是性质特殊的氧化物。在酸性溶液中是强氧化剂。例如 MnO_2 氧化浓 HCl 生成 Cl_2，氧化浓 H_2SO_4 生成 O_2。

$$2MnO_2 + 2H_2SO_4(浓) \xlongequal{} 2MnSO_4 + O_2\uparrow + 2H_2O$$

实验室常用 MnO_2 与浓 HCl 反应的方法制备少量的氯气。

MnO_2 在强碱性溶液中可显示出还原性。例如 MnO_2 和 KOH 固体混合后加热熔融，空气中的 O_2(或加入 $KClO_3$、KNO_3 等氧化剂)能将 MnO_2 氧化成墨绿色的锰酸钾。

$$3MnO_2 + 6KOH + KClO_3 \xlongequal{} 3K_2MnO_4 + 3H_2O + KCl$$

(2) 锰(Ⅱ)盐的溶解性：Mn(Ⅱ)的强酸盐通常易溶于水，但 Mn(Ⅱ)的弱酸盐大多难溶于水，如 $MnCO_3$、MnS 等。$MnCO_3$ 为白色固体，俗称锰白，可作白色颜料；MnS 为肉红色沉淀，可溶于醋酸，故生成 MnS 沉淀的反应要在近中性或弱碱性溶液中进行。

2. 锰(Ⅶ)的重要化合物 Mn(Ⅶ)的化合物中最重要的是 $KMnO_4$(俗称灰锰氧)，它是一种深紫色的晶体，易溶于水，在常温下，每 100g 水溶解 6～7g，溶液呈紫红色。$KMnO_4$ 的主要性质如下：

(1) 分解反应：$KMnO_4$ 晶体在常温下稳定，但加热至 473K 以上时，即分解放出 O_2，这是实验室制备少量氧气的一种简便方法。

$$2KMnO_4 \xlongequal{} K_2MnO_4 + MnO_2 + O_2\uparrow$$

$KMnO_4$ 溶液也不十分稳定，常温下，在酸性溶液中会缓慢地分解放出 O_2，并生成棕色的 MnO_2 沉淀。

$KMnO_4$ 在中性或微碱性溶液中分解得非常慢，光线对 $KMnO_4$ 的分解反应有促进作用，因此 $KMnO_4$ 溶液应保存在棕色瓶中。

$KMnO_4$ 与浓 H_2SO_4 作用，生成棕色油状液体 Mn_2O_7(即高锰酸酐)，Mn_2O_7 不稳定，氧化性强，遇有机物剧烈燃烧，遇热分解并发生爆炸。

(2) 强氧化性：$KMnO_4$ 无论是在酸性、中性或碱性溶液中，都是很强的氧化剂，其还原产物与溶液的酸碱性有关。

1) 在酸性介质中，其还原产物是肉色的 Mn^{2+}。此反应开始进行较慢，当溶液中有 Mn^{2+} 生成时，可以作为自身催化剂，加快反应的速率。

$$2MnO_4^- + 5SO_3^{2-} + 6H^+ \xlongequal{} 2Mn^{2+} + 5SO_4^{2-} + 3H_2O$$

2) 在中性介质中，其还原产物是棕色的 MnO_2 沉淀。

$$2MnO_4^- + I^- + H_2O \xlongequal{} 2MnO_2\downarrow + IO_3^- + 2OH^-$$

3) 在强碱性介质中，其还原产物是绿色 MnO_4^{2-}。

$$2MnO_4^- + SO_3^{2-} + 2OH^- \xlongequal{} 2MnO_4^{2-} + SO_4^{2-} + H_2O$$

在酸性介质中 $KMnO_4$ 的氧化性最强，它是无机化学和分析化学中最常用的氧化剂。

(三) 常用药物

1. $CrCl_3 \cdot 6H_2O$ 六水合三氯化铬已应用于治疗糖尿病和动脉粥样硬化。

2. $KMnO_4$ 高锰酸钾是强氧化剂，临床上用作消毒防腐剂。0.05%～0.02% 的 $KMnO_4$ 溶液常用于冲洗黏膜、腔道和伤口；1∶1 000 的 $KMnO_4$ 溶液用于有机磷中毒时洗胃。$KMnO_4$ 稀溶液也可用于水果消毒等。

3. 锰福地吡三钠注射液诊断用磁共振（MRI）造影剂，用于疑有转移性或肝细胞癌等肝脏病变的检查。

（四）离子鉴定

1. Cr^{3+} 鉴定 在含有 Cr^{3+} 的溶液中加入过量的 NaOH 溶液后再加入 H_2O_2 溶液，溶液由绿色变为黄色。

$$Cr^{3+} + 4OH^- = CrO_2^- + 2H_2O$$

$$2CrO_2^- + 3H_2O_2 + 2OH^- = 2CrO_4^{2-}\text{（黄色）} + 4H_2O$$

再向此反应液中加入 Ba^{2+} 可生成黄色的 $BaCrO_4$ 沉淀。

$$CrO_4^{2-} + Ba^{2+} = BaCrO_4\downarrow\text{（黄色）}$$

2. CrO_4^{2-} 和 $Cr_2O_7^{2-}$ 鉴定

（1）当向含有 CrO_4^{2-} 或 $Cr_2O_7^{2-}$ 的溶液中加入 Ba^{2+}、Pb^{2+}、Ag^+ 等时，生成的都是铬酸盐沉淀。例如：

$$Pb^{2+} + CrO_4^{2-} = PbCrO_4\downarrow\text{（铬黄色）}$$

$$Ba^{2+} + CrO_4^{2-} = BaCrO_4\downarrow\text{（柠檬黄）}$$

$$2Ag^+ + CrO_4^{2-} = Ag_2CrO_4\downarrow\text{（砖红色）}$$

$$4Ag^+ + Cr_2O_7^{2-} + H_2O = 2H^+ + 2Ag_2CrO_4\downarrow\text{（砖红色）}$$

$$2Pb^{2+} + Cr_2O_7^{2-} + H_2O = 2H^+ + 2PbCrO_4\downarrow\text{（黄色）}$$

铬酸盐沉淀不溶于弱酸，但可溶于强酸。

（2）向含有 CrO_4^{2-} 或 $Cr_2O_7^{2-}$ 的溶液中加入稀 H_2SO_4、H_2O_2 和适量的乙醚，乙醚层显蓝色（过铬酸）。

$$2CrO_4^{2-} + 3H_2O_2 + 2H^+ = 2H_2CrO_6\text{（蓝色）} + 2H_2O$$

3. Mn^{2+} 鉴定 在含有 Mn^{2+} 的溶液中加入 $(NH_4)_2S$，有肉红色 MnS 沉淀生成。MnS 可溶于稀酸。

$$Mn^{2+} + S^{2-} = MnS\downarrow\text{（肉红色）}$$

$$MnS + 2H^+ = Mn^{2+} + H_2S\uparrow$$

4. MnO_4^- 鉴定

（1）在 MnO_4^- 的溶液中加入少量的稀 H_2SO_4 酸化，再加入 H_2O_2 溶液，MnO_4^- 的紫红色褪去，并有气体生成。

$$2MnO_4^- + 5H_2O_2 + 6H^+ = 5O_2\uparrow + 2Mn^{2+} + 8H_2O$$

（2）在 MnO_4^- 的溶液中加入稀 H_2SO_4，再加入草酸晶体，加热后 MnO_4^- 的紫红色褪去，并有气体生成。

$$2MnO_4^- + 5H_2C_2O_4 + 6H^+ = 10CO_2\uparrow + 2Mn^{2+} + 8H_2O$$

二、铁、钴、镍及其重要化合物

铁（Fe）、钴（Co）、镍（Ni）是周期表第Ⅷ族的元素，也称为铁系元素。铁、钴、镍的价电子层构型分别为：$3d^64s^2$、$3d^74s^2$、$3d^84s^2$。4s 轨道上都是 2 个电子，只是 3d 轨道上电子数不同。它们的原子半径十分接近，所以，化学性质很相似。

铁系元素中，以铁的分布最广，约占地壳总质量的 5.1%，在地壳中含量仅次于铝而居第四位，铁主要来源于赤铁矿（Fe_2O_3）、磁铁矿（Fe_3O_4）、硫铁矿（FeS_2）和菱铁矿（$FeCO_3$）。钴和镍在自然界中常与其他金属共存，主要矿物有硫化镍矿和氧化镍矿。

（一）铁系元素的一般性质

铁、钴、镍都是白色具有光泽的金属，表现出明显的磁性，可以用来做电磁铁。铁和镍具有很好的延展性，钴则硬而脆。它们都是中等活泼的金属，金属活动性顺序为 Fe>Co>Ni；都能溶于稀酸，其溶解程度也按 Fe→Co→Ni 的顺序降低；浓硝酸可使它们成为钝态；强碱对它们不起作用。

铁、钴、镍的常见氧化态均为+2 和+3。Fe（Ⅲ）的 3d 轨道处于半充满状态（$3d^54s^0$），能量较低，因此 Fe（Ⅲ）的化合物最稳定；而 Co（Ⅱ）和 Ni（Ⅱ）的化合物为最稳定，Co（Ⅲ）和 Ni（Ⅲ）的化合物是强氧化剂。

（二）铁系元素的重要化合物

1. 铁系的氧化物和氢氧化物：铁、钴、镍都能形成+2、+3 氧化态的氧化物和氢氧化物。铁的氧化物有黑色的 FeO、红棕色的 Fe_2O_3 和黑色的 Fe_3O_4；钴、镍的氧化物有灰绿色的 CoO、绿色的 NiO、灰黑色的 $Ni_2O_3·2H_2O$ 等。氢氧化物有白色的 $Fe(OH)_2$、粉红色 $Co(OH)_2$、苹果绿色 $Ni(OH)_2$、红棕色 $Fe(OH)_3$ 等。

（1）酸碱性：铁、钴、镍的氧化物和氢氧化物都难溶于水，易溶于酸。其中 $Fe(OH)_3$，$Co(OH)_2$ 显两性，但碱性强于酸性。溶液中刚生成的 $Fe(OH)_3$ 能溶于浓的强碱溶液中，生成铁酸盐。

$$Fe(OH)_3 + KOH = 2H_2O + KFeO_2\text{（铁酸钾）}$$

铁、钴、镍的+2 氧化态的氢氧化物可由它们的盐溶液与碱作用生成。

$$M^{2+} + 2OH^- = M(OH)_2\downarrow$$

+3 氧化态的氢氧化物通常可由溶液中生成的 $M(OH)_2$ 与氧化剂作用得到。例如

$$4Fe(OH)_2 + O_2 + 2H_2O = 4Fe(OH)_3$$

$$2Co(OH)_2 + Br_2 + 2NaOH = 2Co(OH)_3 + 2NaBr$$

$$2Ni(OH)_2 + Br_2 + 2NaOH = 2Ni(OH)_3 + 2NaBr$$

（2）氧化还原性：在碱性介质中，Fe、Co、Ni 氧化态为+2 的氢氧化物都具有还原性。$Fe(OH)_2$ 的还原性最强，空气中 O_2 就能氧化 $Fe(OH)_2$，故实验中往往得不到白色的 $Fe(OH)_2$ 沉淀，看到的是灰绿色的 Fe（Ⅱ）和 Fe（Ⅲ）氢氧化物的混合物，最后变为砖红色的水合氧化铁（通常称为氢氧化铁）沉淀。

$$4Fe(OH)_2 + O_2 = 2Fe_2O_3·4H_2O$$

$Co(OH)_2$ 在空气中也能慢慢地被 O_2 氧化成棕褐色的 $Co(OH)_3$，称氢氧化高钴。$Ni(OH)_2$ 则不能被空气中的氧所氧化，加入一些氧化剂如 Br_2、H_2O_2、NaClO 等，$Ni(OH)_2$ 能迅速被氧化成黑色的 $Ni(OH)_3$。

2. 铁系元素常见的盐　铁系元素最常见的盐是硫酸盐、硝酸盐和氯化物。它们的性质有许多相似之处。

（1）铁系元素水合 M^{2+} 具有一定的颜色。如 $FeSO_4·7H_2O$ 是绿色晶体（俗称绿矾）、$CoCl_2·6H_2O$ 为粉红色、$NiSO_4·7H_2O$ 为暗绿色、$NiCl_2·6H_2O$ 为草绿色。

(2) 铁系元素 M^{2+} 的弱酸盐大多难溶于水。例如 FeS、CoS 和 NiS 都是难溶于水的黑色沉淀。

(3) 铁系元素 M^{2+} 都能与 NH_3、CN^-、X^-、F^-、Cl^-、Br^-、I^- 及一些有机配体形成配位化合物。例如 $K_4[Fe(CN)_6]$、$[Co(NH_3)_6]Cl_2$、$[Ni(NH_3)_6]Cl_2$。

(4) 铁系元素氧化态为+3 的铁盐中最常见的是 $FeCl_3$，以 $FeCl_3·6H_2O$ 形式存在。亚铁盐易被氧化，空气中的氧也能把亚铁盐中的 Fe（Ⅱ）氧化为 Fe（Ⅲ）。

（三）常用药物

1. $FeSO_4$ 硫酸亚铁是最常用的补铁剂，主要用于治疗缺铁性贫血。临床上常制成片剂或糖浆，为防止被空气氧化，把片剂压膜以隔绝空气，而糖浆制剂则调为酸性。临床上常用的口服补铁药物还有琥珀酸亚铁、葡萄糖酸亚铁、乳酸亚铁等。可用于注射的补铁药物有山梨醇铁、右旋糖酐铁等。

2. $FeCl_3$ 三氯化铁是棕黑色晶体，易分解，易潮解，易溶于水。因为三氯化铁能引起蛋白质的迅速凝固，临床上用作伤口的止血药。

课堂互动

铁锅做饭是否可以预防缺铁性贫血？

（四）离子鉴定

1. Fe^{2+} 在含有Fe^{2+}的溶液中，加入铁氰化钾（$K_3[Fe(CN)_6]$）试液，生成深蓝色的沉淀，称为滕氏蓝。

$$3Fe^{2+}+2[Fe(CN)_6]^{3-} = Fe_3[Fe(CN)_6]_2\downarrow \text{（深蓝色）}$$

2. Fe^{3+} 在含有Fe^{3+}的溶液中，加入硫氰化钾（KSCN）试液，溶液显血红色。

$$Fe^{3+}+6SCN^- = [Fe(SCN)_6]^{3-} \text{（血红色）}$$

3. Co^{2+} 向含有Co^{2+}的溶液中加入KSCN试液，在有丙酮酸作稳定剂的情况下，生成蓝色的$[Co(SCN)_4]^{2-}$配离子。

$$Co^{2+}+4SCN^- = [Co(SCN)_4]^{2-}$$

4. Ni^{2+} 在含有Ni^{2+}的溶液中加入丁二酮肟，反应生成鲜红色的螯合物沉淀，这是鉴定Ni^{2+}的特征性反应。

三、铜、银及其重要化合物

铜（Cu）、银（Ag）属于铜族元素，位于周期表第ⅠB族，价电子层构型为$(n-1)d^{10}ns^1$，最外层只有1个s电子，次外层为18电子构型。在自然界铜以辉铜矿（Cu_2S）、孔雀石[$Cu_2(OH)_2CO_3$]形式存在，银以辉银矿（Ag_2S）形式存在。铜、银的熔点和沸点都不高，延展性、导热性和导电性好。它们的金属活泼性相对较差，其金属活动顺序都在H以后，不能从稀酸中置换出氢气。能溶于硝酸中，也能溶于热的浓硫酸中。

（一）铜及其重要化合物

铜是人类认识和使用很早的元素，在公元前7000—公元前6000年间，铜器开始取代石器，并由此结束了人类历史上的新石器时代。单质铜是紫红色的晶体；铜最突出的物理性质，是优良的导电性和导热性；铜的熔点、沸点较高，延展性和机械加工性很好。

铜的化学性质比较稳定，通常有+1和+2两种氧化态的化合物。以Cu（Ⅱ）化合物为常见，如CuO、$CuSO_4$等。Cu（Ⅰ）化合物一般是白色或无色的，常称为亚铜化合物（如Cu_2O、Cu_2S等），在溶液中不稳定。

一般说来，在固态时，Cu（Ⅰ）的化合物比Cu（Ⅱ）的化合物热稳定性高。但在水溶液中，Cu（Ⅰ）容易被氧化为Cu（Ⅱ），即水溶液中Cu（Ⅱ）的化合物是稳定的，Cu（Ⅱ）的化合物品种较多。

Cu（Ⅰ）的化合物大都难溶于水（配合物除外），而Cu（Ⅱ）的化合物则易溶于水。铜的重要化合物如下：

1. 硫酸铜 $CuSO_4\cdot 5H_2O$俗称胆矾，为蓝色结晶，它在空气中会慢慢风化，表面上形成白色粉状物。将 $CuSO_4·5H_2O$ 加热，随着温度升高，逐步脱去结晶水，而成为白色无水硫酸铜。白色粉末状的无水 $CuSO_4$ 极易吸水，吸水后又变成蓝色的水合物。故无水硫酸铜可用来检验有机物中的微量水分，也可作为干燥剂。

$CuSO_4$ 有较强的杀菌能力。可防止水中藻类生长；它和石灰乳混合制得的杀菌剂波尔多液，其有效成分是氢氧化铜和碱式硫酸铜，波尔多液可与农作物分泌出的酸性物质反应，转化成可溶性铜盐而发挥其杀菌防病的作用。在农业上，尤其在果园中波尔多液是最常用的杀虫剂。

2. 氯化铜　氧化铜或硫酸铜与盐酸反应可得到 $CuCl_2$，也可由单质直接合成。无水 $CuCl_2$ 是黄棕色的固体，易溶于水和乙醇、丙酮等有机溶剂。$CuCl_2$ 放置在空气中容易吸潮。

3. 硫化铜　在 $CuSO_4$ 溶液中通入 H_2S 气体，就可以得到黑色的 CuS 沉淀，该沉淀不溶于稀酸，但能溶于热 HNO_3 和 KCN 溶液中。

$$CuSO_4 + H_2S = CuS\downarrow + H_2SO_4$$

$$3CuS + 8HNO_3 = 3Cu(NO_3)_2 + 2NO\uparrow + 3S\downarrow + 4H_2O$$

$$2CuS + 10KCN = 2K_3[Cu(CN)_4] + (CN)_2\uparrow + 2K_2S$$

4. 铜的配合物　Cu^{2+} 能与许多配体如 OH^-、Cl^-、F^-、SCN^-、H_2O、NH_3 等以及一些有机配体形成配合物或螯合物。Cu(Ⅱ)的许多螯合物稳定性较高。Cu(Ⅱ)的配合物或螯合物大多是配位数为 4 的平面正方形构型。

5. 氢氧化铜　$Cu(OH)_2$ 为浅蓝色粉末，难溶于水，不稳定，加热至 353K 时，脱水生成黑褐色的 CuO。

$$Cu(OH)_2 = CuO + H_2O$$

$Cu(OH)_2$ 微显两性，易溶于酸，也能溶于过量的较浓的强碱溶液中。

$$Cu(OH)_2 + 2OH^- = [Cu(OH)_4]^{2-}\text{（蓝紫色）}$$

$Cu(OH)_2$ 易溶于氨水，生成深蓝色的四氨合铜(Ⅱ)配离子 $[Cu(NH_3)_4]^{2+}$。

$$Cu(OH)_2 + 4NH_3 = [Cu(NH_3)_4]^{2+} + 2OH^-$$

（二）银及其重要化合物

银属于贵重金属，富有延展性，具有很好的导热导电性，化学性质稳定。银通常形成氧化态为 +1 的化合物。银盐中 $AgNO_3$、AgF、$AgClO_4$ 易溶于水，其他银盐大都难溶于水。

1. 硝酸银　$AgNO_3$ 是无色晶体，具有氧化性，在水溶液中可被 Cu、Zn 等金属还原为单质 Ag。皮肤或衣服上沾上 $AgNO_3$ 后会逐渐变成紫黑色。它有一定的杀菌能力，对人体有腐蚀作用。

$AgNO_3$ 主要用于制造照相底片上的卤化银，它也是一种重要的分析试剂。10% 的 $AgNO_3$ 溶液在医疗用作消毒和腐蚀剂，固体 $AgNO_3$ 受热易分解。

$$2AgNO_3 = 2Ag + 2NO_2\uparrow + O_2\uparrow$$

如若见光 $AgNO_3$ 也分解，故应将其保存在棕色玻璃瓶中。

2. 卤化银　卤化银中只有 AgF 易溶于水，其余的卤化银均难溶于水。溶解度按 AgF→AgCl→AgBr→AgI 的顺序递减，颜色也由白色变黄色。Ag^+ 的沉淀反应常用于鉴别多种阴离子，如 Ag_2CrO_4（暗红色）、Ag_3AsO_4（棕色）、Ag_3PO_4（黄色）等。

AgCl、AgBr 及 AgI 可由相应的卤化氢或卤化物与硝酸银溶液作用而制得。由于银是贵重金属，故制备卤化银时通常让卤素离子过量，使卤化银 AgX 尽量沉淀完全。但由于 AgX 会与相应过量的 X^- 生成配离子而溶解。

$$AgX + X^- = [AgX_2]^-\ (X: Cl^-, Br^-, I^-)$$

且 X^- 过量越多，AgX 溶解越多。故卤化氢或卤化物的投料也不能过多。

卤化银的一个典型性质是光敏感性较强，在光照下易分解。

$$2AgX = 2Ag + X_2$$

从 AgF→AgI 稳定性减弱，分解的趋势加大，因此在制备 AgBr 和 AgI 时常在暗室内进行。基于卤化银的感光性，可用它作为照相底片上的感光物质，也可将易于感光变色的卤化银加进玻璃以制造变色眼镜。AgI 可用于人工增雨。

知识链接

变色眼镜的奥秘

变色眼镜的奥秘在镜片里。在镜片制造过程中，预先掺进了对紫外线敏感的物质——卤化银，还有少量氧化铜催化剂。眼镜片从没有颜色变成浅灰、茶褐色，再从黑眼镜变回到普通眼镜，都是卤化银变化的“魔术”。在变色眼镜的镜片材质里，有和感光胶片的曝光成像十分相似的变化过程，但是，和感光胶片情况不一样的是，卤化银分解后生成的银原子和卤素原子，依旧紧紧地挨在一起，当回到稍暗一点的地方，在氧化铜催化剂的作用下，银和卤素重新化合生成卤化银，镜片又重新变得透明起来。变色镜片的变色速度和深浅程度与紫外线强度和周围温度有关，紫外线越强变色速度越快，反之变色速度越慢；周围温度越高，镜片颜色略浅，反之颜色略深。随着制造技术的进步，变色镜片的变色速率，特别是褪色速率，都获得很大提升，温度对颜色深度的干扰也越来越小。

（三）常用药物

1. $CuSO_4$　硫酸铜对黏膜有收敛、刺激和腐蚀的作用，具有较强的杀灭真菌的作用，外用可治疗各种真菌感染引起的皮肤病；眼科用于腐蚀沙眼引起的眼结膜滤泡；内服有催吐作用。

2. $AgNO_3$　硝酸银有收敛、腐蚀和杀菌的作用，0.25%～0.5% 的硝酸银溶液用于治疗眼科炎症，更高浓度的硝酸银溶液用于治疗口腔、宫颈及其他组织的炎症；也可用于治疗溃疡和慢性肉芽创面。

（四）离子鉴定

1. Cu^{2+}

（1）在铜盐溶液中滴加氨水，生成淡蓝色絮状沉淀；再加过量的氨水，沉淀溶解，生成深蓝色溶液。

$$Cu^{2+} + 2NH_3 \cdot H_2O = Cu(OH)_2\downarrow + 2NH_4^+$$

$$Cu(OH)_2 + 4NH_3 = [Cu(NH_3)_4]^{2+} + 2OH^-$$

（2）在铜盐溶液中加入亚铁氰化钾，生成棕红色沉淀亚铁氰化铜。

$$2Cu^{2+} + [Fe(CN)_6]^{4-} = Cu_2[Fe(CN)_6]\downarrow$$

2. Ag^+

（1）在可溶性银盐溶液中加入稀盐酸，即生成白色凝乳状沉淀，沉淀不溶于硝酸，可溶于氨水，加硝酸后再次生成沉淀。

$$Ag^+ + Cl^- = AgCl\downarrow$$

$$AgCl + 2NH_3 = [Ag(NH_3)_2]^+ + Cl^-$$

$$[Ag(NH_3)_2]^+ + Cl^- + 2H^+ = AgCl\downarrow + 2NH_4^+$$

（2）在可溶性银盐溶液中加入铬酸钾试液，生成砖红色沉淀，沉淀可溶于硝酸。

$$2Ag^+ + CrO_4^{2-} = Ag_2CrO_4\downarrow$$

四、锌、镉、汞及其重要化合物

锌（Zn）、镉（Cd）、汞（Hg）是周期系中ⅡB 族元素，又称锌族元素。锌族元素的价电子层构型

为 $(n-1)d^{10}ns^2$。最外层有 2 个电子，次外层有 18 个电子。由于 18 电子层结构屏蔽作用较小，有效核电荷数较大，ns 电子受核的作用力大，较稳定，且这种稳定性随着原子序数的增大而增大。尤其是汞的 6s 电子对最稳定，造成金属键作用力最弱，在常温下为液态金属。

锌、镉、汞的化学活泼性依次降低，在干燥的空气中都是稳定的。锌和镉主要表现为 +2 氧化态，汞的常见氧化态为 +1 和 +2。锌族元素都是银白色金属（锌略带蓝色），其熔点和沸点不仅低于碱土金属，而且还低于铜族，并按锌、镉、汞的顺序下降。

（一）锌及其重要化合物

单质锌是活泼金属，在空气中，表面能生成一层致密的氧化物或碱式碳酸盐的膜，使其变得不易被腐蚀。加热时，锌能与大多数非金属化合。如

$$2Zn + O_2 = 2ZnO$$

$$Zn + S = ZnS$$

锌能溶于盐酸或者稀硫酸，放出氢气。

$$Zn + H_2SO_4 = ZnSO_4 + H_2\uparrow$$

锌在强碱溶液中，由于保护膜被溶解，可以从强碱溶液中置换出氢气。促进这一反应进行的原因是 Zn^{2+} 在碱性溶液中生成了配离子 $[Zn(OH)_4]^{2-}$，提高了 Zn 的还原能力。

$$Zn + 2NaOH + 2H_2O = Na_2[Zn(OH)_4] + H_2\uparrow$$

锌还能溶于氨水，生成 $[Zn(NH_3)_4]^{2+}$ 配离子。

$$Zn + 4NH_3 + 2H_2O = [Zn(NH_3)_4](OH)_2 + H_2\uparrow$$

锌是常用的还原剂，将锌镀在铁的表面上可保护铁不被腐蚀，如白铁和镀锌钢管。锌还用于制造干电池。

锌的重要化合物如下：

1. 氧化锌　ZnO 俗称锌白，是白色粉末，可用作白色颜料，不溶于水，遇 H_2S 不会变黑。为两性化合物，能与酸和碱作用。有一定的杀菌能力和收敛作用，医药上制成软膏外用。

2. 氢氧化锌　$Zn(OH)_2$ 是两性化合物，既能溶于酸也能溶于碱。

$$Zn(OH)_2 + 2HCl = ZnCl_2 + 2H_2O$$

$$Zn(OH)_2 + 2NaOH = Na_2ZnO_2 + 2H_2O$$

$Zn(OH)_2$ 可以溶于氨水生成无色可溶于水的氨配合物。

$$Zn(OH)_2 + 4NH_3 = [Zn(NH_3)_4](OH)_2$$

3. 氯化锌　$ZnCl_2$ 的化学性质比较稳定，易溶于水，其溶液因 Zn^{2+} 的弱水解作用而显酸性。

$$ZnCl_2 + H_2O = Zn(OH)Cl + HCl$$

在 $ZnCl_2$ 的浓溶液中，可以形成酸性很强的配合物酸 $H[ZnCl_2(OH)]$（羟基二氯合锌酸），后者能溶解金属氧化物，故在金属焊接时用于清除金属表面上的氧化物。

$$ZnCl_2 + H_2O = H[ZnCl_2(OH)]$$

无水 $ZnCl_2$ 有很强的吸水性，故在有机合成上用作脱水剂。浸过 $ZnCl_2$ 溶液的木材不易腐烂。

（二）汞及其重要化合物

单质汞是唯一在常温下呈液态的金属，并且容易挥发。汞的蒸气毒性很大，接触和使用汞时要十分小心，一切操作都要在通风橱中进行，严禁将汞放在敞开的容器里。

汞与硫粉进行混合，不必加热即可生成 HgS，当汞不慎被撒在地上时，可将硫粉撒在上面并与之混合搅拌生成 HgS，这样可防止有毒汞蒸气进入空气。如空气中含有汞蒸气，可把碘升华为气体，两种蒸气相遇，生成 HgI_2，这样空气中的汞蒸气即可除去。

汞在常温下不被空气氧化，加热时氧化为氧化汞。能溶解许多金属（如 Na、K、Ag、Au、Zn、

Cd、Sn、Pb 等），所形成的合金称为汞齐。汞齐在有机合成上用作还原剂。例如钠汞齐，它在同水接触时，其中的汞仍保持惰性，而钠则与 H_2O 反应放出氢气，同纯金属钠相比，反应进行得比较平稳；银的汞齐在制备后要经过一段时间才硬化，所以可用于修补牙齿。汞蒸气在电弧中能导电，发出富有紫外线的光，故也被用于日光灯的制造。

汞在 273～473K 的热膨胀系数很均匀，又不润湿玻璃，密度大，故用于制造温度计和压力计。

汞有 +1 和 +2 两种氧化态。Hg_2^{2+} 在溶液中比较稳定。当 $Hg(NO_3)_2$ 溶液与 Hg 作用时，绝大部分 Hg^{2+} 都能转变为 Hg_2^{2+}。

$$Hg^{2+} + Hg \Longrightarrow Hg_2^{2+}$$

汞的重要化合物如下：

1. 氧化物 汞的氧化物有 HgO 和 Hg_2O，在 Hg^{2+}、Hg_2^{2+} 溶液中加入强碱，即得黄色的 HgO 和棕褐色的 Hg_2O。HgO 有红黄两种不同颜色的晶体。

$$Hg^{2+} + 2OH^- \Longrightarrow HgO\downarrow(\text{黄色}) + H_2O$$

$$Hg_2^{2+} + 2OH^- \Longrightarrow Hg_2O(\text{棕褐色})\downarrow + H_2O$$

由 $Hg(NO_3)_2$ 加热分解得到红色的 HgO。

$$2Hg(NO_3)_2 \Longrightarrow 2HgO(\text{红色}) + 4NO_2\uparrow + O_2\uparrow$$

黄色氧化汞受热即变为红色氧化汞。研究表明，黄色氧化汞和红色氧化汞的晶体结构相同，只是由于晶粒大小不同导致颜色不同，黄色氧化汞的晶粒较细小。

HgO 不溶于水，500℃时分解为金属汞和氧气。

$$2HgO \Longrightarrow 2Hg + O_2\uparrow$$

HgO 用作医药制剂、分析试剂、陶瓷颜料等。由它能制得许多其他汞盐。

Hg_2O 不稳定，见光或者受热逐渐分解为 HgO 和 Hg

$$Hg_2O \Longrightarrow HgO + Hg$$

HgO 和 Hg_2O 都不溶于碱（即便是浓碱）中，但可溶于强酸中。

2. 汞盐 汞盐中最重要的是氯化亚汞（Hg_2Cl_2）、氯化汞（$HgCl_2$）和硝酸汞［$Hg(NO_3)_2$］。硝酸汞易溶于水，溶解时仅部分电离，主要以 $HgNO_3^+$ 形式存在；氯化汞在冷水中溶解度较小，热水中易溶，氯化汞 $HgCl_2$ 在溶液中很少电离，主要以 $HgCl_2$ 分子的形式存在；氯化亚汞难溶于水。

Hg_2^{2+} 和 Hg^{2+} 有许多重要的化学反应，这些反应可用于鉴定和区分 Hg_2^{2+} 和 Hg^{2+}。例如

（1）与氨水作用

$$HgCl_2 + 2NH_3 \Longrightarrow NH_4Cl + HgNH_2Cl\downarrow(\text{白色})(\text{氨基氯化汞})$$

$$Hg_2Cl_2 + 2NH_3 \Longrightarrow NH_4Cl + Hg\downarrow(\text{灰黑色}) + HgNH_2Cl\downarrow(\text{白色})$$

（2）与 NaOH 作用

$$Hg^{2+} + 2OH^- \Longrightarrow HgO\downarrow(\text{黄色}) + H_2O$$

$$Hg_2^{2+} + 2OH^- \Longrightarrow HgO\downarrow(\text{黄色}) + Hg\downarrow(\text{灰黑色}) + H_2O$$

（3）与 KI 作用

$$Hg^{2+} + 2I \Longrightarrow HgI_2\downarrow(\text{橙红色})$$

$$HgI_2 + 2I^- \Longrightarrow [HgI_4]^{2-}(\text{无色})$$

$$Hg_2^{2+} + 2I^- \Longrightarrow Hg_2I_2\downarrow(\text{黄绿色})$$

$$Hg_2I_2 + 2I^- \Longrightarrow [HgI_4]^{2-} + Hg\downarrow(\text{灰黑色})$$

（4）生成碘化汞氨的反应：Hg^{2+} 与过量的 KI 溶液作用生成 $K_2[HgI_4]$，$K_2[HgI_4]$ 与 KOH 的混合溶液称为奈斯勒（Nessler）试剂。该试剂遇 NH_4^+ 即有褐色到红棕色的碘化汞铵生成，这是鉴定 Hg^{2+} 和 NH_4^+ 的特效反应。

$$NH_4^+ + 2[HgI_4]^{2-} + 4OH^- \xlongequal{} [Hg_2ONH_2]I\downarrow + 7I^- + 3H_2O$$

（5）与 $SnCl_2$ 作用

$$2HgCl_2 + SnCl_2(\text{少量}) \xlongequal{} Hg_2Cl_2\downarrow(\text{白色}) + SnCl_4$$

$$Hg_2Cl_2 + SnCl_2 \xlongequal{} 2Hg\downarrow(\text{灰黑色}) + SnCl_4$$

（6）与 H_2S 作用

$$Hg^{2+} + H_2S \xlongequal{} HgS\downarrow(\text{黑色}) + 2H^+$$

$$Hg_2^{2+} + H_2S \xlongequal{} Hg_2S\downarrow(\text{黑色}) + 2H^+$$

$$\rightarrow HgS\downarrow + Hg\downarrow$$

HgS 只能溶解在王水或 Na_2S 浓溶液中。

$$3HgS + 12HCl + 2HNO_3 \xlongequal{} 3H_2[HgCl_4] + 3S\downarrow + 2NO\uparrow + 4H_2O$$

$$HgS + Na_2S \xlongequal{} Na_2[HgS_2]$$

因亚汞盐与 H_2S 作用所生成的黑色沉淀中含有 Hg 单质，故不能完全溶解在 Na_2S 溶液中。

课堂互动

$HgCl_2$ 有剧毒，而 Hg_2Cl_2 却可作为轻泻剂、利尿剂，为什么？

3. Hg(Ⅱ)配合物　无论是 Hg_2Cl_2，还是 $Hg_2(NO_3)_2$，都不会形成 Hg_2^{2+} 的配合物，而 Hg(Ⅱ)却能形成多种配合物，如 Hg(Ⅱ)与卤素离子、CN^-、SCN^- 等可形成一系列配离子，其配位数为 4 的居多。

（三）常用药物

1. $ZnSO_4$　硫酸锌为无色透明柱状结晶或细针状结晶或颗粒状的结晶粉末；无臭，有金属涩味；在空气中有风化性；极易溶于水，水溶液显酸性，难溶于甘油，不溶于醇。外用配制 0.25%～0.5% 的 $ZnSO_4$ 溶液作为滴眼溶液，用于治疗结膜炎。$ZnSO_4$ 复方制剂外用可促进伤口愈合。$ZnSO_4$ 也可用于配制内服药剂，用于治疗锌缺乏引起的疾病。

2. ZnO　氧化锌俗称锌氧粉或锌白粉。为白色或淡黄色柔软的细微粉末。在空气中能慢慢吸收水分及二氧化碳而变为碱式碳酸锌，故应密闭保存。氧化锌常制成散剂、糊剂、混悬剂和软膏，利用其收敛性与抗生素合用，治疗湿疹，皮炎等皮肤病。

3. $HgCl_2$ 和 Hg_2Cl_2　氯化汞亦称升汞。为无色或白色斜方形的块状结晶或针状结晶，或白色的结晶性粉末。无臭，$HgCl_2$ 具有强烈的毒性，致死量为 0.2～0.4g。主要用作非金属医疗器械的消毒。由于它的毒性，升汞片以及其溶液都着上特殊颜色，以示警惕，贮液瓶也应有特殊的标志。Hg_2Cl_2 又名甘汞、轻粉，不溶于水，在光照下容易分解为 $HgCl_2$ 和 Hg，外用可杀虫。

4. HgO（黄色）　氧化汞亦称黄降汞。为黄色至橙黄色无定形的细粉。它在水溶液中几乎不溶，也不溶于醇，能溶于稀盐酸或稀硝酸。黄降汞在空气中无变化，遇光颜色渐变，故应置遮光容器内密闭保存于暗处。黄降汞杀菌力很强，1% 的黄降汞眼药膏用于治疗眼部炎症等。

5. HgS（红色）　红色硫化汞亦称朱砂，又名丹砂或辰砂。为天然硫化汞矿石，是大小不一的块状、薄片状或细小颗粒状；暗红色或鲜红色，有光泽；质重而脆，易破碎；无臭无味；难溶于水、盐酸或硝酸，溶于王水。朱砂具有镇静、安神和解毒的作用。内服可治疗惊风、癫痫、心悸、失眠、多梦等疾病。配成复方制剂外用具有消肿、解毒、止痛的功效，还能抑杀皮肤的细菌及寄生虫。

（四）离子鉴定

1. Zn^{2+}

（1）在锌盐溶液中加入亚铁氰化钾试液，生成白色亚铁氰化锌沉淀，沉淀不溶于稀盐酸，可溶于 NaOH。

$$2Zn^{2+}+[Fe(CN)_6]^{4-}=Zn_2[Fe(CN)_6]\downarrow$$

$$Zn_2[Fe(CN)_6]+8OH^-=2[Zn(OH)_4]^{2-}+[Fe(CN)_6]^{4-}$$

（2）锌盐溶液以稀硫酸酸化后，加 0.1% 硫酸铜溶液 1 滴及硫氰酸汞铵试液数滴，生成紫色沉淀。

$$Zn^{2+}+[Hg(SCN)_4]^{2-}=Zn[Hg(SCN)_4]\downarrow$$

2. Hg_2^{2+}

（1）在 Hg_2^{2+} 溶液中加入氨或 NaOH 试液，生成黑色沉淀。

$$Hg_2^{2+}+2OH^-=HgO\downarrow+Hg\downarrow+H_2O$$

（2）在 Hg_2^{2+} 溶液中加入碘化钾试液，振摇，即生成黄绿色沉淀，很快变为灰绿色，并逐渐转变为灰黑色。

$$Hg_2^{2+}+2I^-=Hg_2I_2\downarrow\text{（黄绿色）}$$

$$Hg_2I_2+2I^-=[HgI_4]^{2-}+Hg\downarrow\text{（灰黑色）}$$

3. Hg^{2+}

（1）在 Hg^{2+} 溶液中加入 NaOH 试液，即生成黄色沉淀。

$$Hg^{2+}+2OH^-=HgO\downarrow+H_2O$$

（2）在 Hg^{2+} 中性溶液中加入碘化钾试液，即生成橙红色沉淀，能在过量的碘化钾试液中溶解。

$$Hg^{2+}+2I^-=HgI_2\downarrow\text{（橙红色）}$$

$$HgI_2+2I^-=[HgI_4]^{2-}\text{（无色）}$$

（3）在新磨光的铜片上，滴加 1 滴 Hg^{2+} 试液，擦拭后即生成一层光亮似银的沉积物。

$$Cu+Hg^{2+}=Hg+Cu^{2+}$$

$$Hg+Cu=Cu\text{-}Hg$$

五、环境中对人体有害的过渡元素

在冶金、电镀、电子等生产部门，尤其是化工企业排放的废水中，经常会有汞、镉、铅、铬等有害金属元素。这些有害元素在生物体内积累，不可避免地影响人类的食物链，直接危害健康。

（一）汞的危害

金属汞、无机汞盐和有机汞化合物对人体健康都影响很大，但是它们对人体的作用并不十分相同。汞的蒸气人体吸入体内之后，经肺泡膜的扩散作用而进入血液中，又透过血液细胞膜分布到全身，进而送到各器官组织。汞离子透过细胞膜比较困难，它在脂肪内的溶解度也比较小，但只要是有少量汞离子进入人体的血液中，就很容易与肾细胞中的蛋白质牢固结合，从而使得肾功能遭受破坏。当蓄积的汞和汞离子达到一定量时，会使人明显中毒，主要的症状为情绪不稳、四肢麻痹、唾液增多、口腔炎和齿龈炎等。有机汞在脂肪中的溶解度比在水中的溶解度大，摄入人体后大约 98% 被吸收，且不容易排出体外，中毒后基本上不可逆，所以有机汞的毒性比无机汞更大。

汞及其化合物进入人体主要是通过气体、饮水和食物。在提炼汞以及使用含汞的催化剂的工厂，以及制造汞温度计、白光灯、气压计的车间，空气中含有较多的汞蒸气或气态汞化合物，人们长时间吸入这些含过量汞的空气，就会发生慢性中毒。另外许多使用或者制造汞及其化合物的工厂排出的废水造成水污染，人们通过饮水或者吃了含汞的鱼类和贝类以及含汞量较多的植物也会造成中毒。20 世纪 50 年代日本的“水俣病事件 ”就是汞中素的典型事例。水俣病的症状是四肢麻痹、双目失明、重患者造成终身残疾或死亡，并有遗传性毒害。

知识链接

水俣病事件

水俣病事件是1956年日本水俣湾出现的怪病事件。这种"怪病"是日后轰动世界的"水俣病"，是最早出现的由于工业废水排放污染造成的公害病。症状表现为轻者口齿不清、步履蹒跚、面部痴呆、手足麻痹、感觉障碍、视觉丧失、震颤、手足变形，重者神经失常，或酣睡，或兴奋，身体弯弓高叫，直至死亡。

1925年，日本氮肥公司在水俣湾建厂，后又开设了合成醋酸厂。1949年后，这个公司开始生产氯乙烯（C_2H_3Cl），年产量不断提高，1956年超过6 000吨。与此同时，工厂把没有经过任何处理的废水排放到水俣湾中。氯乙烯和醋酸乙烯在制造过程中要使用含汞（Hg）的催化剂，这使排放的废水含有大量的汞。当汞在水中被生物食用后，会转化成甲基汞（CH_3Hg）。水俣湾由于常年的工业废水排放而被严重污染了，水俣湾里的鱼虾类也由此被污染了。这些被污染的鱼虾通过食物链又进入了动物和人类的体内。甲基汞通过鱼虾进入人体，被肠胃吸收，侵害脑部和身体其他部分。进入脑部的甲基汞会使脑萎缩，侵害神经细胞，破坏掌握身体平衡的小脑和知觉系统。据统计，有数十万人食用了水俣湾中被甲基汞污染的鱼虾。

日本在第二次世界大战后经济复苏，工业飞速发展，但由于当时没有相应的环境保护和公害治理措施，致使工业污染和各种公害病随之泛滥成灾。日本在这个时期的工业发展虽然使经济获利不菲，但难以挽回的生态环境的破坏和贻害无穷的公害病使日本政府和企业为此付出了极其昂贵的治理、治疗和赔偿的代价。

（二）镉的危害

镉进入人体之后，能代换骨骼中的钙，从而引起骨质疏松、骨质软化等。使人感觉骨骼疼痛，还伴有疲倦无力、头痛和头晕。随着年龄的增长，镉在人体的肾和肝中蓄积，造成累积性中毒。

工业上的镀镉车间以及锌和铜的冶炼工厂所产生的含镉废水，能被水底贝类动物以及植物吸收，人们吃了含镉的动物或植物后，镉就会进入人体，蓄积到一定量后会引起中毒。代换骨骼中的钙引起"骨痛病"。另外镉的化合物还能引起贫血、肾炎、神经炎和皮肤溃疡等疾病；镉对农作物和微生物也有很大的毒害作用。

（三）铬的危害

在铬的化合物中，Cr（Ⅵ）的毒性最大，Cr（Ⅲ）次之，Cr（Ⅱ）和金属铬毒性最小。Cr（Ⅵ）能引起贫血、肾炎、神经炎和皮肤溃疡等，被认为是致癌物质，且对农作物和微生物也有很大的毒害作用。Cr（Ⅲ）能造成人体血液中蛋白质沉淀，是蛋白质凝聚剂。

在冶金和金属加工的工厂排放的废水中含有铬的化合物，会引起周围环境水域含铬量增高，对周围居民身体造成一定的影响。

处理含有害金属离子的方法很多，常用的有离子交换法、电解法、氧化还原法、化学沉淀法等。在实际应用时，要根据实际情况选择合适的方法。

（勇飞飞）

复习思考题

一、填空题

1. d 区元素共有________种元素。包括________族元素，又称为________元素。

2. 过渡元素的价电子层包括________和________，因此，过渡元素的性质变化通常与价电子层中________有关。
3. $KMnO_4$ 需保存在________色试剂瓶中，原因是________。20 世纪 30 年代发生在日本的“富山事件”又称“骨痛病事件”，是________重金属中毒所致；20 世纪 50 年代日本的“水俣病”是________重金属中毒所致。

二、鉴别下列各组物质

1. 氯化亚铁和氯化铁
2. 氯化亚汞和氯化汞
3. 氢氧化锌和氢氧化铝
4. 硝酸银和硝酸汞

三、简答题

ER-13-5
扫一扫，测一测

1. 为什么不能将 $KMnO_4$ 固体与浓硫酸混合？
2. 从保护环境的角度考虑，能否将化工企业排放的含有汞、镉、铅、铬等有害金属元素的废水不经处理直接排放？为什么？

实 验 指 导

第一部分　无机化学实验基本知识

一、实 验 须 知

无机化学实验是无机化学课程的重要组成部分。通过实验可以帮助学生形成化学概念，理解和巩固化学知识，培养学生观察现象、分析问题和解决问题的能力，正确掌握实验的基本方法和基本技能以及实验报告的书写。通过实验能培养学生理论联系实际的学风和实事求是、严肃认真、团结协作的科学态度。要使实验顺利完成，必须注意以下几个问题。

（一）实验室规则

1. 实验前必须认真预习实验教材，复习教材的相关内容，明确实验目的要求，弄清实验基本原理、步骤、方法和安全注意事项。

2. 进实验室必须穿工作服。实验开始前，应先检查仪器、药品是否齐全，如有缺少或仪器破损，立即报告教师补领或调换。如对仪器的使用方法、药品的性能不明确时，不得开始实验，以免发生意外事故。

3. 实验中要严格按照教材所规定的方法、步骤和试剂用量进行操作，做规定以外的实验须经教师允许。实验时保持实验室的安静，要集中精力，认真操作，仔细观察，积极思考，分析比较，做好实验记录。

4. 使用试剂、药品应注意以下几点：

（1）各种试剂和药品应置于试剂架上，摆放有序，严禁拿到自己的桌上。

（2）药品应按规定量取用，如果书上未规定用量，应注意节约，尽量少用。

（3）试剂瓶用过后，应立即盖上塞子并放回原处，以免和其他试剂瓶塞搞混。

（4）取用固体药品时，注意勿撒落出来。

（5）药品自试剂瓶中取出后不得倒回原瓶中，以免带入杂质而引起瓶中药品变质。

（6）实验后要回收的试剂应放入指定回收容器中。

5. 实验时必须严格遵守实验室各项制度，注意安全，不擅自离开操作岗位；爱护仪器，节约药品，不浪费水、电和煤气；如仪器有损坏，必须向老师登记调换；实验室内一切物品未经教师许可，不准带出室外。

6. 实验中要保持实验台面和地面的整洁，废纸、火柴梗等杂物应投入废物缸内，水槽应保持清洁、畅通。

7. 实验完毕，应洗净仪器，整理好实验用品和实验台，值日生负责打扫实验室卫生，经教师检查合格后，方可离开实验室。

8. 认真书写实验报告，按时交给教师审阅。

（二）安全守则及事故处理

化学实验中常会接触到易燃、易爆、有毒、有腐蚀性的化学药品，使用各种加热仪器（电炉、酒精灯、酒精喷灯等）。为避免事故的发生，必须在思想上充分重视安全问题，实验前应充分了解本实验的安全注意事项，实验中严格遵守操作规程。

1. 安全守则

（1）凡产生刺激性、有恶臭或有毒气体（如 Cl_2、Br_2、HF、H_2S、SO_2、NO_2、CO 等）的实验，应在通风橱内进行。使用易燃、易爆试剂一定要远离火源。

（2）浓酸、浓碱具有强腐蚀性，在使用时注意不要溅到皮肤和衣服上，特别要注意保护眼睛。稀释浓硫酸时，应将浓硫酸缓慢注入水中，且不断搅拌，切勿将水注入浓硫酸中，以免出现局部沸腾而使浓硫酸溅出引起烧伤。

（3）严格预防有毒药品（如重铬酸钾、铅盐、钡盐、砷化物、汞化物、氰化物等）入口或接触伤口。有毒废液不允许倒入下水道，应按教师要求倒入指定容器内进行处理。

（4）不允许用手直接取用固体药品；不得品尝试剂的味道。不允许随意混合各种化学药品。

（5）嗅闻气体的气味时，要用手扇闻，不要直接对着容器口闻。

（6）使用移液管或吸量管，不能用口直接吸取。

（7）使用酒精灯，应随用随点，不用时盖上灯罩。严禁用燃着的酒精灯引燃其他的酒精灯。

（8）加热液体时，切勿俯视容器，以防液滴飞溅造成伤害。加热试管时，不要将试管口对着自己或他人。

（9）决不能用湿手操作电器，要注意检查电线是否完好，电源插头随用随插，以免触电。

（10）严禁将食品、餐具带进实验室；也严禁将化学试剂带出实验室。

（11）实验完毕，必须检查实验室的水、电、气、门窗是否关好。洗净双手后，方可离开实验室。

2. 事故处理 如果由于各种原因而发生事故，应立即处理。

（1）强酸腐蚀伤：立即擦去酸滴，用大量水冲洗，再用饱和碳酸氢钠溶液或稀氨水冲洗。如果腐蚀严重，再立即送医院治疗。

（2）强碱腐蚀伤：立即用水冲洗，并用硼酸或稀醋酸溶液冲洗。若眼睛受伤则应在冲洗后立即送医院治疗。

（3）吸入有毒气体：如吸入氯气、氯化氢气体时，可吸入少量乙醇和乙醚的混合蒸气使之解毒；吸入溴蒸气时，可吸入氨气和新鲜空气解毒；如吸入硫化氢气体时，立即到室外呼吸新鲜空气。

（4）毒物进入口内：把 5～10ml 稀硫酸铜（5%）溶液加入一杯温水中，内服，然后用手指伸入咽喉部催吐，并立即送医院。

（5）烫伤：在烫伤处搽上苦味酸溶液，再涂上烫伤膏、万花油或凡士林等。

（6）玻璃割伤：伤口内若有玻璃碎片，需先挑出，然后用药棉揩净伤口，涂上碘酒并包扎。伤口较大、流血不止时，应以无菌纱布压迫包扎，然后立即送医院救治。

（7）起火：根据起火原因立即采用适当方法灭火。一般的小火可用湿布或细沙土覆盖灭火；火势大时使用泡沫灭火器；如果是电器设备起火，应立即切断电源，并用四氯化碳灭火器或干粉灭火器灭火；如果是有机试剂着火，切不可用水灭火；如实验人员衣服着火，切勿乱跑，赶快脱下衣服或就地卧倒打滚，也可起到灭火的作用。如火势较大，应立即报火警。

（8）触电：立即切断电源，必要时进行人工呼吸抢救触电者。

二、无机化学实验常用仪器简介

仪器	规格	用途	注意事项
 试管  离心试管	1. 分硬质、软质试管，有刻度、无刻度试管等 2. 无刻度试管一般以管口直径（mm）× 长度（mm）表示；有刻度试管按容量表示；离心试管以容量表示	1. 少量试剂的反应容器 2. 制取和收集少量气体 3. 离心试管还可用于定性分析中的沉淀分离	1. 反应液体不超过试管容量的 1/2，加热时不超过 1/3 2. 加热时试管外壁要干，硬质试管可加热至高温 3. 加热后不能骤冷，特别是软质试管更易破裂 4. 离心试管只能用水浴加热
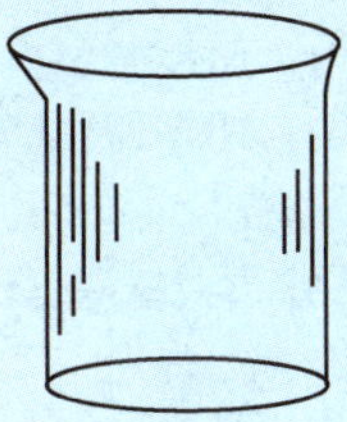 烧杯	1. 分硬质、软质，有刻度、无刻度 2. 以容量大小表示，如 $100cm^3$、$200cm^3$ 等	1. 大量物质的反应容器 2. 配制溶液 3. 物质的加热溶解 4. 接受滤液，从溶液中析出结晶或沉淀	1. 反应液体不得超过烧杯容量的 2/3 2. 加热前要擦干烧杯外壁，要垫上石棉网加热
 滴瓶  细口瓶  广口瓶	1. 按颜色分无色、棕色试剂瓶 2. 按口径大小分细口瓶和广口瓶 3. 按容量大小分，如 $60cm^3$、$125cm^3$、$500cm^3$ 等	1. 滴瓶、细口瓶盛放液体试剂 2. 广口瓶用于存放固体试剂或收集气体 3. 棕色瓶用于盛放见光易分解或不太稳定的试剂	1. 滴管及瓶塞均不得互换 2. 浓酸或其他可腐蚀胶头的试剂如溴等不能长期存放在滴瓶中 3. 盛放碱液时要用橡皮塞 4. 不能直接加热或作反应容器 5. 带磨口塞的试剂瓶不用时洗净后在磨口处垫上纸条
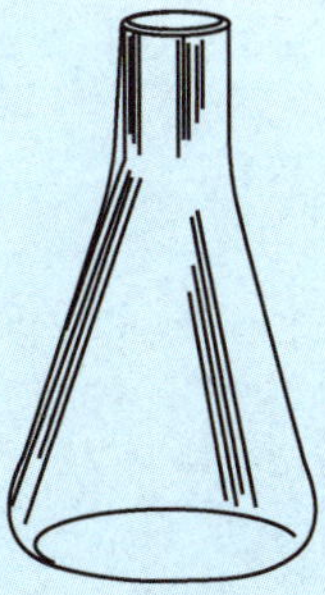 锥形瓶	1. 分有塞、无塞 2. 按容量表示，如 $100cm^3$、$250cm^3$ 等	1. 反应容器，振荡方便，适用于滴定反应 2. 装配气体发生器	1. 盛放液体不宜太多，以免振荡时溅出 2. 加热时要垫上石棉网

续表

仪器	规格	用途	注意事项
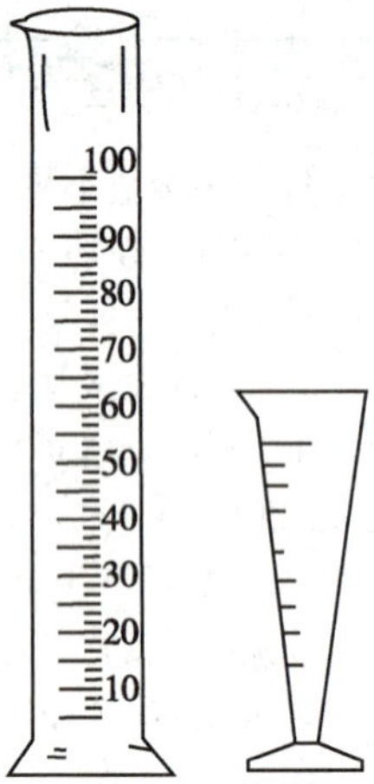 量筒 量杯	1. 按形状分为量筒、量杯 2. 按能够量出的最大容量表示，如 $10cm^3$、$50cm^3$、$100cm^3$ 等	用于粗略地量取一定体积的液体	1. 不能加热，不能量热的液体 2. 不能作反应容器 3. 不能用作配制溶液或稀释溶液
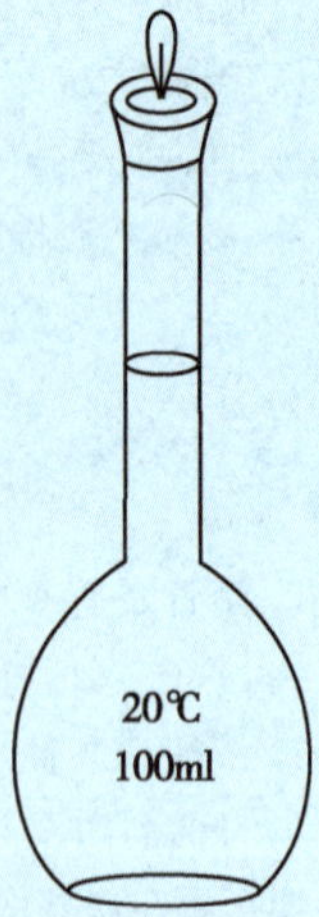 容量瓶	按刻度以下的容量大小表示，如 $50cm^3$、$100cm^3$、$250cm^3$ 等	1. 配制标准溶液 2. 配制试样溶液 3. 定量稀释溶液	1. 不能加热 2. 不能代替试剂瓶存放溶液 3. 磨口塞是配套的不能互换
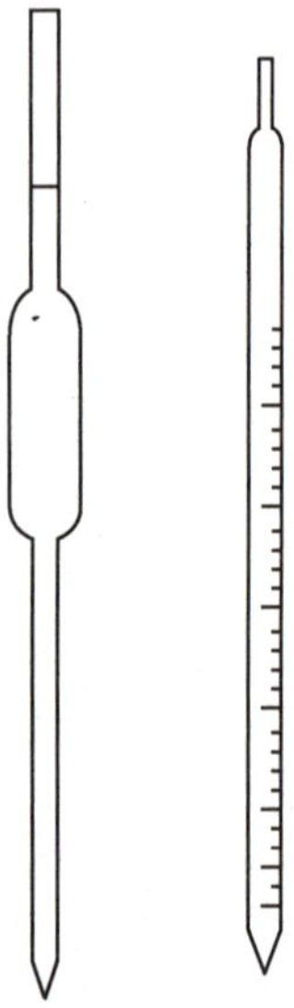 移液管 吸量管	1. 胖肚型移液管只有一个刻度 2. 吸量管按量取的最大容量表示，如 $1cm^3$、$2cm^3$、$5cm^3$、$10cm^3$ 等	用于精确移取一定体积的液体	1. 取液体时，取洁净的移液管或吸量管，先用少量待取液体荡洗 2～3 次 2. 未标“吹”字的，最后一滴液体不要吹出

续表

仪器	规格	用途	注意事项
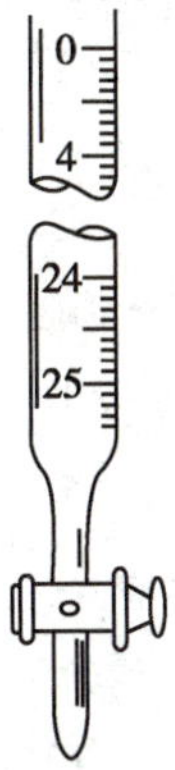 酸式滴定管  碱式滴定管	1. 按刻度以下的容量(cm^3)表示，如 $25cm^3$ 滴定管 2. 按装溶液的不同分为酸式和碱式滴定管	滴定时准确测量溶液的体积	1. 酸的滴定用酸式滴定管，碱的滴定用碱式滴定管，不能混用 2. 使用前应检查旋塞是否漏液，转动是否灵活
 漏斗	1. 按口径大小(mm)表示，如 40mm、60mm 等 2. 漏斗的锥形底角为 60°	1. 用于过滤 2. 用于往口径小的容器中倾注液体	不可直接加热
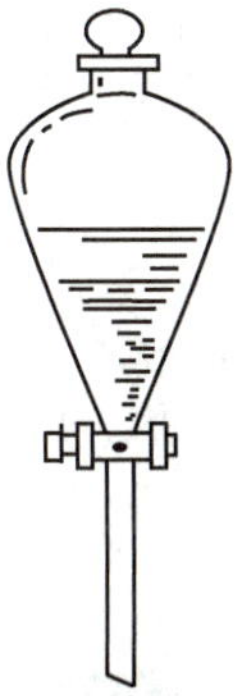 分液漏斗	1. 按容量大小表示，如 $60cm^3$、$100cm^3$ 等 2. 按形状分为球形和梨形	1. 用于互不相溶的液-液分离 2. 气体发生器中加液用	1. 不能加热 2. 塞子和活塞处要涂一薄层凡士林，不能漏液 3. 在气体发生器中漏斗颈要插入液面内
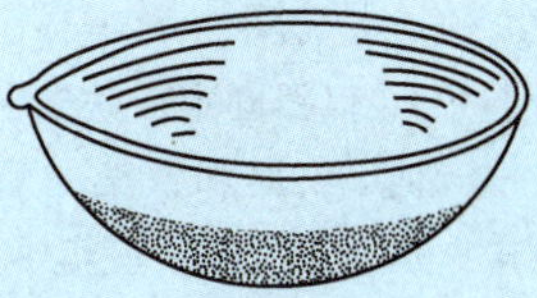 蒸发皿	1. 以口径大小表示，如 60mm、80mm 等 2. 也有以容量大小表示的 3. 常用的为瓷质制品	1. 用于溶液的蒸发、浓缩和结晶 2. 焙干物质	1. 能耐高温，但不能骤冷 2. 可直接加热，但蒸发溶液时，宜放在石棉网上加热，使受热均匀 3. 盛放液体物质的量不宜超过容量的 2/3
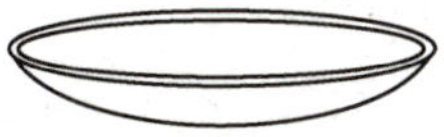 表面皿	以口径大小表示，如 45mm、65mm 等	1. 覆盖烧杯或蒸发皿 2. 作点滴反应器皿 3. 晾干晶体	1. 不能直接加热 2. 不能当蒸发皿用

续表

仪器	规格	用途	注意事项
 研钵	1. 以口径大小表示，如60mm、75mm等 2. 一般为瓷质	1. 研细固体物质 2. 混匀固体物质	1. 不能加热或作反应容器 2. 只能研磨、挤压，勿敲击 3. 盛放固体物质的量不宜超过容量的1/3
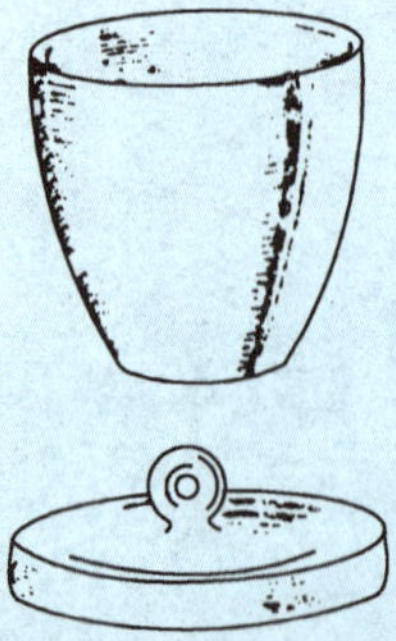 坩埚	1. 以容量(cm^3)大小表示 2. 一般为瓷质	灼烧固体时用	1. 可直接用火灼烧至高温，但不宜骤冷 2. 灼热的坩埚不能直接放在桌上，应垫上石棉网
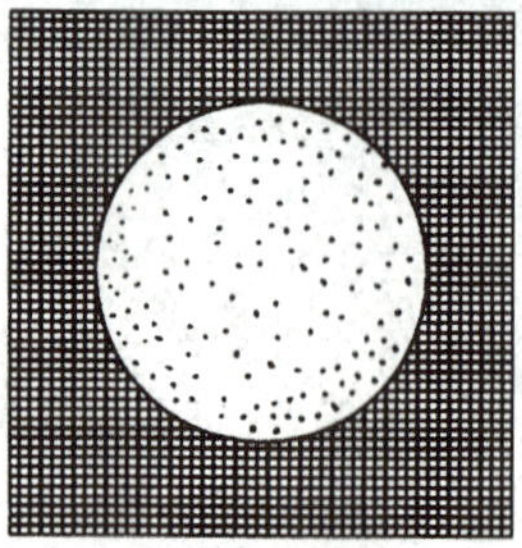 石棉网	1. 由铁丝编成，中间涂有石棉 2. 按石棉层直径大小表示，如10cm、15cm等	加热时垫上石棉网，能使受热物体均匀受热，不致造成局部过热	不能与水接触，以免石棉脱落或铁丝生锈
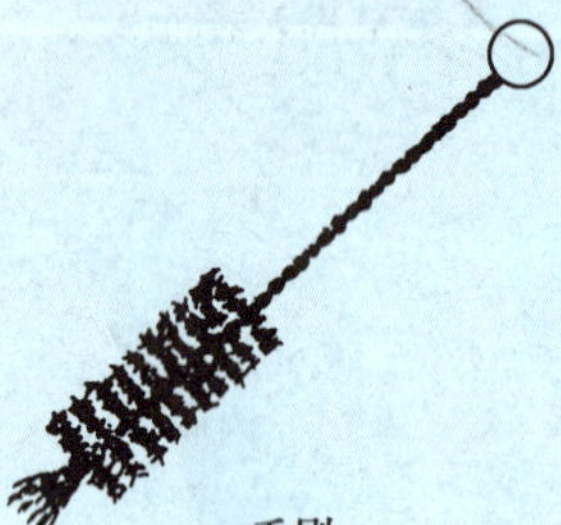 毛刷	按洗刷对象的名称表示，如试管刷、烧瓶刷、滴定管刷等	用于洗刷玻璃仪器	小心刷子顶端的铁丝捅破玻璃仪器底部
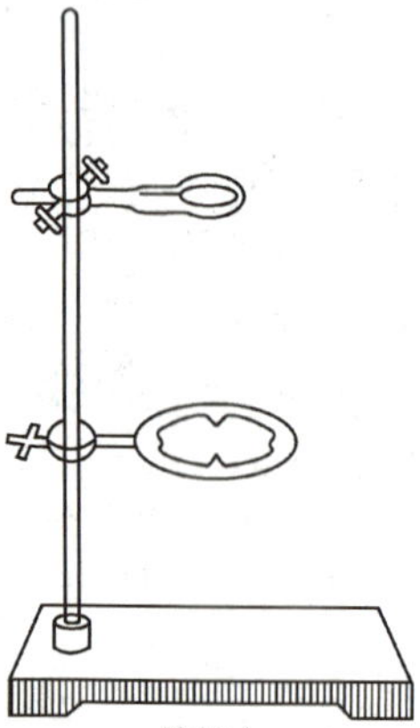 铁架台	1. 铁架台为铁制品 2. 铁夹为铁制或铝制 3. 铁圈以直径大小表示，如6cm、9cm等	1. 装配仪器时，用于固定仪器 2. 铁圈可代替漏斗架使用	1. 仪器固定在铁架台上时，仪器和铁架的重心应落在铁架台底盘中心 2. 铁夹夹玻璃仪器时不宜过紧 3. 加热后的铁圈不能撞击或摔落，以免断裂

续表

仪器	规格	用途	注意事项
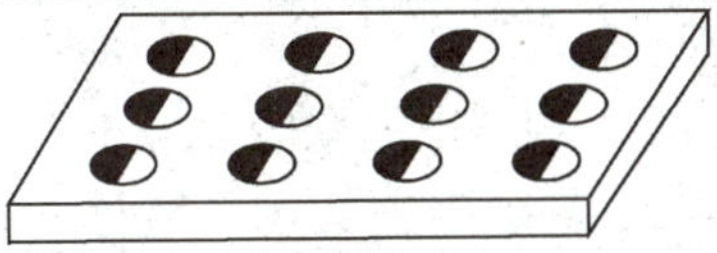 点滴板	1. 以孔数表示，如9孔、12孔等 2. 一般为白色瓷质，也有黑色的	用于产生颜色反应或沉淀反应的点滴反应	1. 常用白色点滴板，有白色沉淀生成的用黑色点滴板 2. 试剂用量为1～2滴
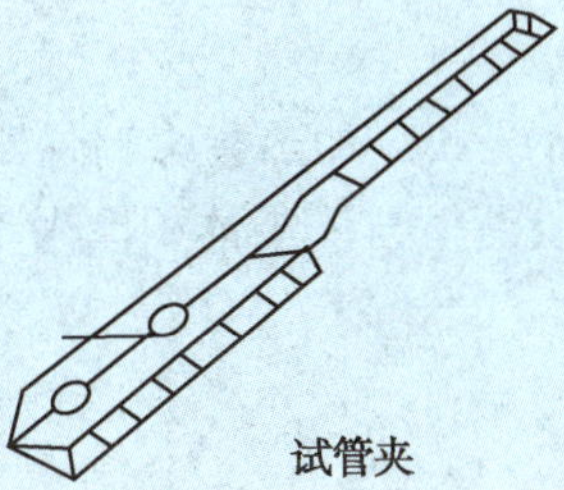 试管夹	一般为木制品	用于加热时夹持试管	1. 要从试管底部套上或取下 2. 夹在距试管口约1/3处 3. 加热时，手握试管夹的长柄，不要同时握住长柄和短柄
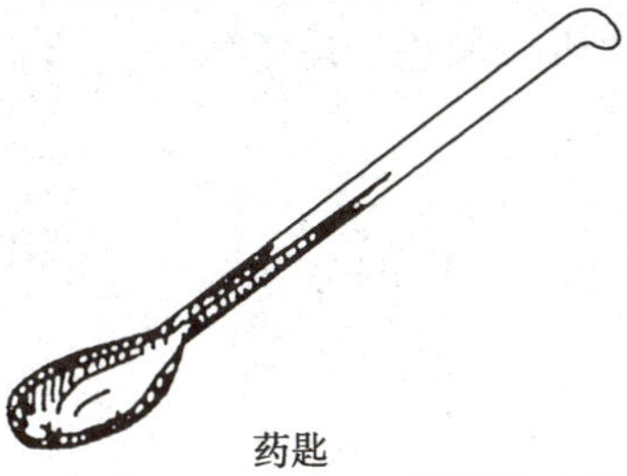 药匙	由牛角或塑料制成	用于取固体试剂	1. 保持干燥、清洁 2. 取用一种试剂后，应洗净、干燥后再取用另一种试剂

三、无机化学实验基本操作

（一）玻璃仪器的洗涤和干燥

1. 仪器的洗涤 无机化学实验经常使用各种玻璃仪器，而玻璃仪器的干净程度直接影响实验结果的准确性。仪器干净的标准是器皿内壁只附着一层均匀的水膜，不挂水珠。

洗涤仪器的方法应根据实验的要求、污物的性质、沾污的程度和仪器的特点来选择。

（1）水洗：一般先用自来水冲洗，再用试管刷刷洗。如洗涤试管时可用大小合适的试管刷在盛水的试管内转动或上下移动，但用力不要过大，以防刷尖的铁丝将试管戳破。这样既可使可溶性物质溶解，也可除去灰尘，使不溶物脱落。但不能去除油污和有机物质。

（2）洗涤剂洗：常用的洗涤剂有去污粉和合成洗涤剂。这种方法可除去油污和有机物质。

（3）铬酸洗液洗：铬酸洗液是重铬酸钾和浓硫酸的混合物，棕红色。有很强的腐蚀性，对油污和有机物的去污能力极强。

仪器污染严重或仪器口径细小（如移液管、容量瓶、滴定管等），可用铬酸洗液洗涤。

铬酸洗液洗涤仪器时，先往仪器（碱式滴定管应先将橡皮管卸下，套上橡皮头。仪器内应尽量不带水分以免将洗液稀释）内加入少量洗液（约为仪器总容量的1/5），使仪器倾斜并慢慢转动，让其内部全部被洗液润湿，并使洗液在仪器内壁流动，转动几圈后，把洗液倒回原瓶。然后用自来水冲洗干净，最后再用蒸馏水荡洗3次。根据需要也可用热的洗液洗涤，效果更好。

铬酸洗液有很强的腐蚀性，使用时一定要注意安全，防止溅在皮肤和衣服上。

铬酸洗液可重复使用，但如转变为绿色，则已失效而不能继续使用。用过的洗液不能直接倒入下水道，以免污染环境。

另外要指出的是，能用别的方法洗净的仪器，尽量不要用铬酸洗液洗，因Cr（Ⅵ）有毒。

（4）特殊污物的洗涤：如果仪器壁上某些污物用上述方法仍不能去除时，可根据污物的性质选择合适的试剂处理。如沾在壁上的二氧化锰用浓盐酸处理；沾有硫黄时可用硫化钠处理；银镜反应沾附的银可用硝酸处理等。

2. 仪器的干燥

（1）晾干：洗净后不急用的玻璃仪器倒置在实验柜内或仪器架上自然晾干。

（2）吹干：洗净的仪器如需迅速干燥，可用干燥的压缩空气或电热吹风直接吹在仪器上进行干燥。

（3）烘干：洗净的仪器放在电烘箱内烘干，温度控制在100℃以下。

（4）烤干：烧杯、蒸发皿等能加热的仪器可置于石棉网上用小火烤干。试管可以直接在酒精灯上用小火烤干，但必须使试管口向下倾斜，以免水珠倒流试管炸裂。

（5）有机溶剂干燥：带有刻度的计量仪器，不能用加热的方法进行干燥，加热会影响仪器的精密度。可以在洗净的仪器中加入适量易挥发的有机溶剂（如酒精或酒精与丙酮体积比为1:1的混合液）荡洗后晾干。

（二）物质的加热

加热时常用的仪器有酒精灯、酒精喷灯、电炉等。

1. 酒精灯 酒精灯是无机化学实验室最常用的加热器具，常用于加热温度不需太高的实验，其火焰温度在400～500℃。使用时应注意以下几点：

（1）使用酒精灯以前，应先检查灯芯，如灯芯不齐或烧焦，要进行修整。

（2）酒精灯内的酒精不可太多或太少，不能超过酒精灯容积的2/3，也不少于1/5。添加酒精时应先熄灯。

（3）点燃酒精灯时，切勿用已燃着的酒精灯引燃其他的酒精灯。

（4）熄灭酒精灯时，要用灯罩盖熄，切勿用嘴吹。

（5）酒精灯连续使用时间不宜过长，以免酒精灯灼热后，使灯内酒精气化而发生危险。

（6）酒精灯不用时，必须盖好灯帽，否则酒精蒸发后不易点燃。

2. 酒精喷灯 酒精喷灯有座式和挂式两种（实验图1和实验图2），使用方法相似，温度通常可达到700～1 000℃，可用于做焰色反应或玻璃工实验。使用时，先将灯壶（座式）或储罐（挂式）内灌入酒精，注意灯壶内贮酒精量不能超过2/3。然后在预热盘上加满酒精并点燃，待盘内酒精燃尽将灯管灼热后，打开空气调节器和储罐（挂式）下与灯管相通的开头，并在灯管口点燃喷灯，即可得到温度很高的火焰；调节空气调节器开头，可以控制火焰的大小。用毕，向右旋紧空气调节器，可使火焰熄灭，也可盖灭。挂式酒精喷灯还应关闭储罐下的开头。

使用时需要注意以下几方面：

（1）在开启空气调节器、点燃以前，灯管必须充分灼热，否则酒精在灯管内不会全部气化，会有液态酒精由管口喷出，形成“火雨”。碰到这种情况时，应马上关闭空气调节器，在预热盘中再加满酒精烧干1～2次。

（2）喷灯使用一般不超过30分钟，冷却、添加酒精后再继续使用。

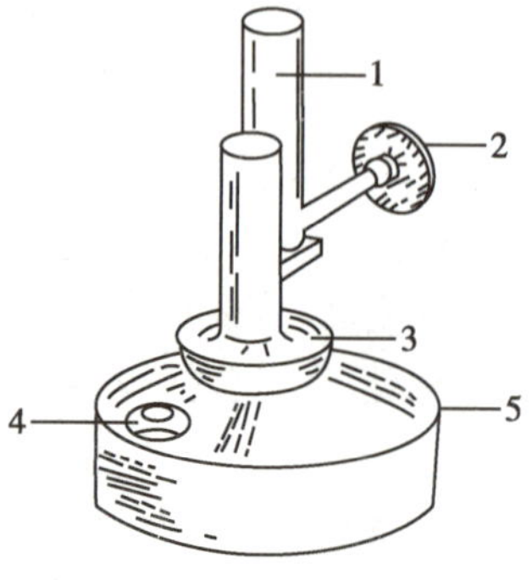

1. 灯管；2. 空气调节器；3. 预热盘；4. 灯壶盖；5. 灯壶。

实验图1 座式酒精喷灯

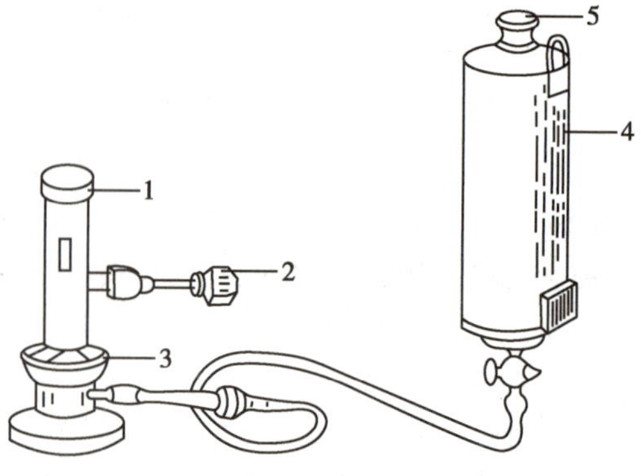

1. 灯管；2. 空气调节器；3. 预热盘；4. 储罐；5. 储罐盖。

实验图2 挂式酒精喷灯

3. 电炉、管式炉和马福炉 电炉（实验图3）可加热盛于器皿中的液体，通过调节电阻来控制温度高低。玻璃器皿与电炉间要隔一块石棉网才能受热均匀。

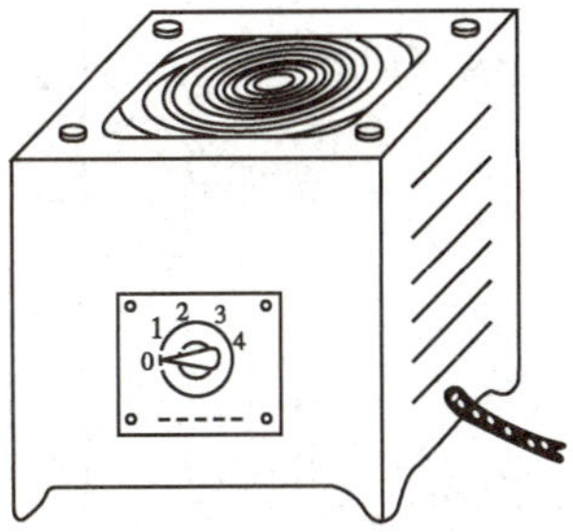

实验图3 万用电炉

管式炉（实验图4）有一管状炉膛，炉膛中可插入一根瓷管，盛有反应物的瓷舟则放入瓷管中，反应物可在空气气氛或其他气氛中受热反应。管式炉也是用电热丝加热，温度可调节，最高使用温度为950℃。

马福炉（实验图5）炉膛是长方体，炉壁很厚，也是利用电热丝加热，温度可调控，最高使用温度可达1 300℃。需要加热的物质放入坩埚里再放进炉内加热。

管式炉和马福炉内温度测量不能采用温度计，而是采用由一副热电偶和一只毫伏表所组成的高温计。将一只接入线路的温度控制器与热电偶连接起来，便可控制炉内温度，使保持在某一温度不变。

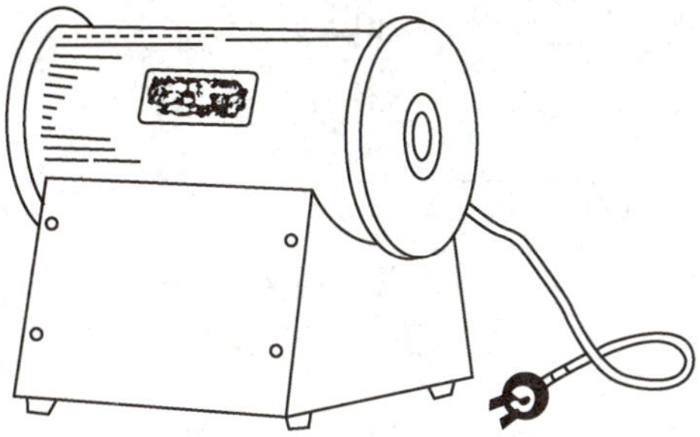

实验图4 管式炉

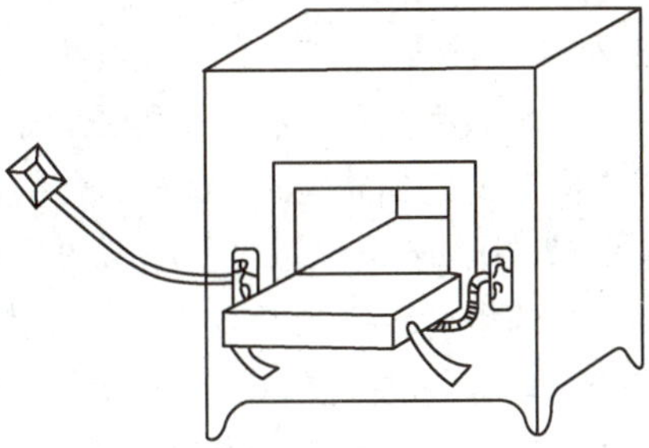

实验图5 马福炉

（三）试剂的取用

实验室中，固体试剂一般放在广口瓶内，液体试剂盛放在细口瓶或滴瓶内；见光易分解的试剂盛放在棕色瓶内。取用时，应看清标签。

1. 固体试剂的取用

（1）取粉末或小颗粒的药品，要用洁净的药匙。往试管里装粉末状药品时，为了避免药粉沾在试管口和管壁上，可将装有试剂的药匙或纸槽平放入试管底部，然后竖直，取出药匙或纸槽。

（2）取块状药品或金属颗粒，要用洁净的镊子夹取。装入试管时，应先把试管平放，把颗粒放进试管口内后，再把试管慢慢竖立，使颗粒缓慢地滑到试管底部。

2. 液体试剂的取用

（1）从滴瓶中取少量试剂时，先提起滴管至液面以上，再按捏胶头排空，然后将滴管伸入滴瓶液体中，放松胶头吸入试剂，再提起滴管，按捏胶头将试剂滴入容器中。取用试剂时滴管不能横置或倒置，以免药品流入滴管的胶头中，引起药品污染变质及胶头老化；也不能伸入接受容器中，以免接触器壁而污染药品，更不能伸入到其他液体中。不允许用自己的滴管取用滴瓶中的试剂。

（2）从细口瓶中取用试剂时，先将瓶盖取下反放在实验台面上，然后标签对着手心握住试剂瓶，缓慢地倾斜试剂瓶并将瓶口紧贴盛接容器的边缘，慢慢倾倒至所需的量，最后瓶口剩余的一滴试剂要靠到容器中去。注意倒出的试剂不能倒回原瓶，以免导致试剂被污染变质，取完试剂立即盖上塞子并将试剂瓶放回原处。

（3）量取一定体积的试剂时可用量筒、吸量管、移液管或滴定管。读取量器内液体体积时，量器必须放平稳，且使视线与量器内液体的凹面最低处保持水平，如实验图6所示。

（四）物质的称量

托盘天平（如实验图7所示）常用于精确度不高的称量，一般能称准到0. 1g。使用步骤如下：

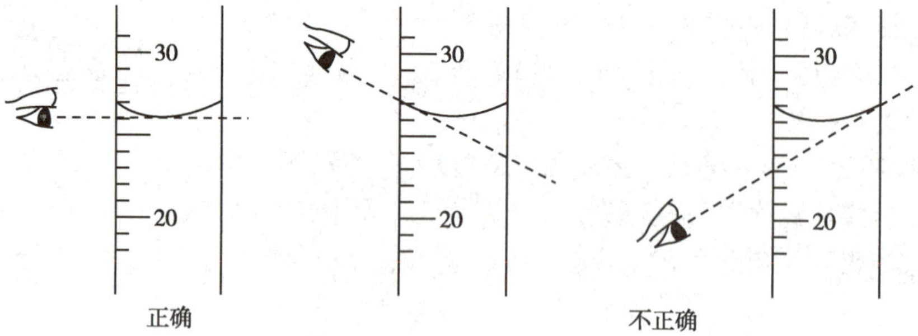

实验图 6 量筒的读数

1. 调零点 称量前，先将游码拨到游码标尺的“0”位处，检查天平的指针是否停在刻度盘的中间位置，若不在中间位置，可调节天平托盘下侧的螺旋钮，使指针指到零点。

2. 称量 称量时，左托盘放被称物，右托盘放砝码。药品不能直接放在托盘上，可放在称量纸或表面皿上。加砝码时，应先加质量大的后加质量小的，10g 或 5g 以下可移动游码。当添加砝码到天平的指针停在刻度盘的中间位置时，记录所加砝码和游码的质量，即所称物体的质量。

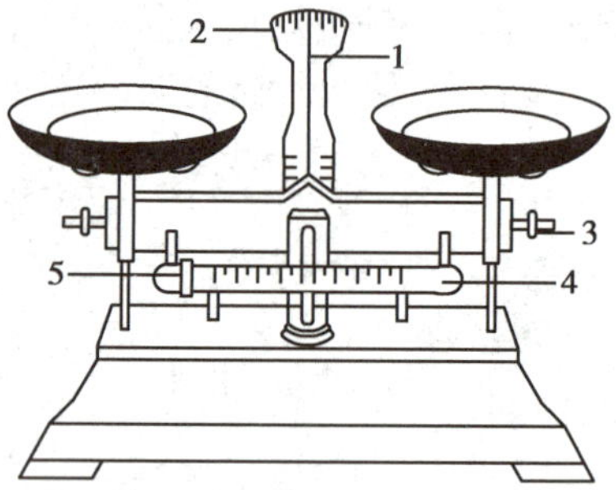

1. 指针；2. 刻度盘；3. 螺旋钮；4. 游码标尺；5. 游码。

实验图 7 托盘天平

3. 称量完毕，应将砝码放回砝码盒中，游码移至刻度“0”处，天平的两个托盘重叠后，放在天平的一侧，使天平休止，以保护天平的刀口。

如果要准确地称量，可根据要求的精确度选用扭力天平、阻尼天平、电光天平等。

（五）物质的溶解、蒸发与浓缩

1. 溶解 称取一定量的固体，将其放在烧杯中，将一定量的液体沿玻棒缓慢倒入烧杯中，以防杯内溶液溅出而损失。用玻璃棒轻轻搅拌，以加速溶解，必要时微微加热。

2. 蒸发与浓缩 若溶液的浓度太稀或物质的溶解度较大，而需要该溶质从溶液中结晶析出时，必须通过加热使水分蒸发，溶液浓缩，再经冷却方可得到晶体。常用的蒸发容器是蒸发皿，蒸发皿的面积较大，有利于快速蒸干。蒸发皿所盛液体的量不应超过其容量的 2/3。将溶液倒入蒸发皿中，把蒸发皿放在铁架台的铁圈上，用酒精灯加热，如实验图 8 所示，不断用玻璃棒搅拌溶液，直到快蒸干时，停止加热，利用余热将残留的少量水蒸干，即得到固体。

实验图 8 蒸发的操作

（六）移液管、滴定管、容量瓶的使用

1. 移液管的使用 使用前，依次用洗液、自来水、蒸馏水洗至内壁不挂水珠为止，再用少量被量取的液体洗涤 2～3 次。

吸取时，如实验图 9 所示，用右手拇指和中指拿住移液管上端，将移液管插入待吸的液面下，左手拿洗耳球，压出洗耳球内的空气，将球的尖端对准移液管上口，然后慢慢松开左手指，使液体吸入管内。待液面超过移液管刻度时，迅速移去洗耳球并用右手的食指按紧管口。将移液管提离液面，使管尖靠着容器壁，稍稍转动移液管，使液面缓缓下降至与刻度线相切，紧按食指使液体不再流出。

将移液管移至接受液体的容器中，使出口尖端靠着容器内壁，容器稍倾斜，移液管应保持垂直，松开食指，使液体顺壁流下，待液体流尽后，再等约 15 秒，取出移液管。移液管若标有“吹”

字，最后一滴要吹出。

2. 滴定管的使用 滴定管是滴定时用来精确量度液体体积的量器。滴定管可分为酸式滴定管（实验图 10a）和碱式滴定管（实验图 10b）。酸式滴定管的下端有一玻璃活塞，可装入酸性或氧化性溶液，不能盛放碱性溶液；碱式滴定管的下端连接一橡皮管，不能盛放酸性和氧化性溶液。

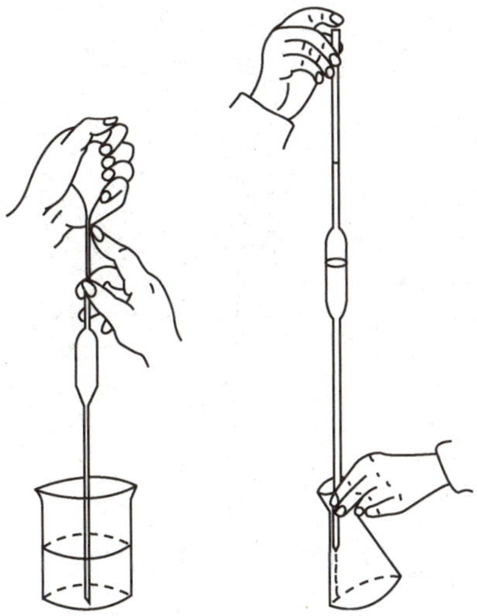

实验图 9 移液管的吸液和放液

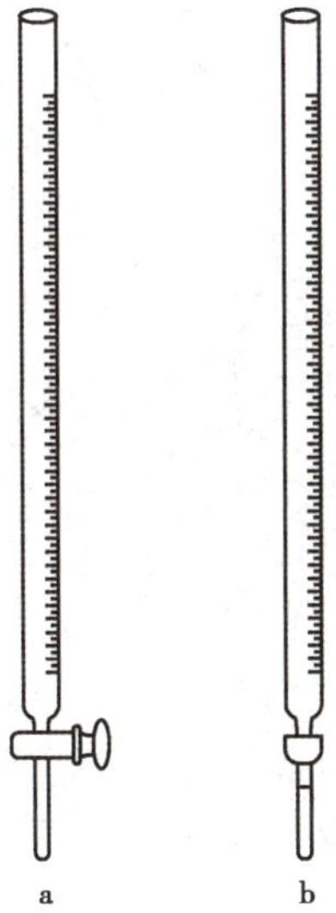

实验图 10 酸、碱式滴定管

a. 酸式滴定管 b. 碱式滴定管

（1）准备：酸式滴定管使用前应检查活塞转动是否灵活，是否有漏水现象。如果不灵活或漏水，可取下活塞，用滤纸擦干活塞与活塞套，然后在活塞的大端及活塞套的小端各涂上一层薄薄的凡士林，小心不要涂在活塞孔边以防堵塞孔眼。把活塞放入活塞套，向一个方向旋转至透明为止，套上橡皮圈。将滴定管中装满水，检查是否漏水。碱式滴定管使用前应选择大小合适的玻璃珠和橡皮管，并检查滴定管是否漏水、是否能灵活控制液滴。

（2）洗涤：滴定管在装入滴定液之前，除了用洗液浸洗、自来水冲洗及蒸馏水荡洗外，还需用滴定液荡洗 2～3 次，以免滴定液的浓度被管内残留的水稀释。

（3）装液：滴定液应装至零刻度以上。装好液后，必须把滴定管下端的气泡赶出，以免使用时带来读数误差。酸式滴定管可转动活塞，使溶液快速冲下，带走气泡；碱式滴定管可将橡皮管弯曲，用力捏挤玻璃珠旁侧的橡皮管，即可排出气泡，如实验图 11。气泡排出后，调节液面在 0.00ml 处，若实验开始前液面不在 0.00ml，则应记下初始读数。

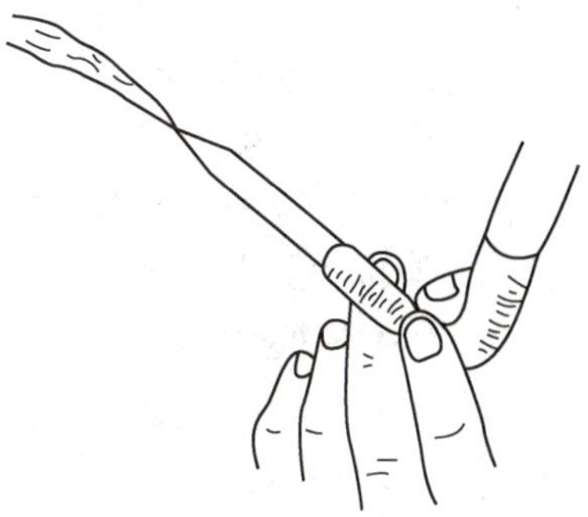

实验图 11 碱式滴定管排气泡方法

（4）滴定：滴定操作一般是左手控制滴定管，右手拿锥形瓶，左手滴液，右手摇动，如实验图 12。使用酸式滴定管时，无名指和小指向手心弯曲并轻轻贴在活塞的出口部分，左手的拇指、食指和中指控制活塞的转动，注意不要向外用力，以免顶出活塞造成漏液。使用碱式滴定管时，用左手的拇指和食指捏住橡皮管中的玻璃珠所在部位，向右侧挤捏橡皮管，使橡皮管和玻璃珠之间形成一条缝隙，溶液即可流出。注意不要捏玻璃珠下部橡皮管，以免空气进入形成气泡而影响读数。刚开始滴定时的速度可稍快，临近终点时，滴速要慢，以半滴或 1/4 滴进行滴定，以免过量。滴定结束，应洗净滴定管。

（5）读数：读数时滴定管应垂直放置，无色或浅色溶液应读取凹面的最低处，深色溶液的凹面不够清晰时，可读取液面两侧的最高点。读数必须读至小数点后第二位，即要求估计到 0.01ml。

3. 容量瓶的使用 容量瓶是用来配制一定体积、一定浓度溶液的量器。容量瓶颈部的刻度线，表示在所指温度下，当瓶内液体到达刻度线时，其体积恰好与瓶上所注明的体积相等。容量瓶的使用如实验图13所示。

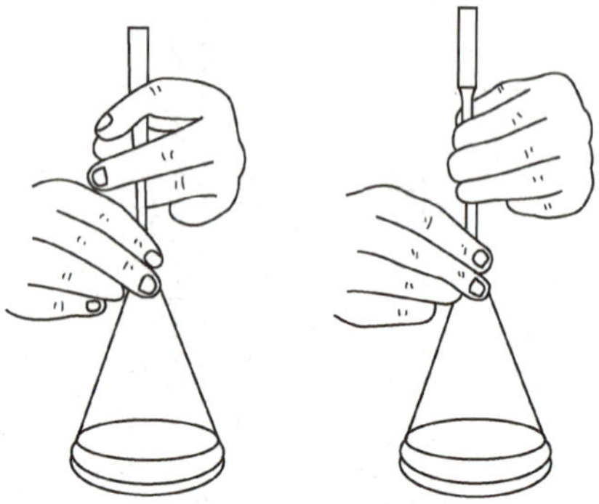

实验图12 滴定操作姿势

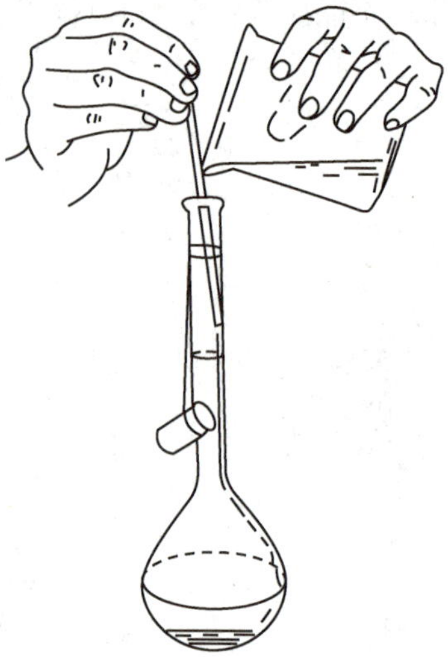

实验图13 容量瓶的操作

（1）容量瓶的检漏：使用前，先检查容量瓶是否漏水。检查的方法是：加自来水至标线附近，盖好瓶塞后，用左手食指按住瓶塞，其余手指拿住瓶颈标线以上部分，右手用指尖托住瓶底边缘。将瓶倒立2分钟，如不漏水，将瓶直立，转动瓶塞180°后，再倒立2分钟，如不漏水洗净后即可使用。

（2）洗涤：先用自来水冲洗至不挂水珠后，再用蒸馏水荡洗3次后备用。若不能洗净，需用洗液洗涤，再依次用自来水冲洗、蒸馏水荡洗。

（3）溶液的配制：将精确称量的试剂放入小烧杯中，加少量蒸馏水，搅拌使之完全溶解后，沿玻棒把溶液转移到容量瓶中。然后用蒸馏水洗涤小烧杯3～4次，将洗液完全转入容量瓶中，加蒸馏水至容量瓶体积的2/3，按水平方向旋摇容量瓶数次，使溶液大体混匀，继续加蒸馏水接近标线时，改用滴管逐滴加水至溶液的凹面与标线相切为止。最后旋紧瓶塞，用食指压住瓶塞，另一只手托住容量瓶底部，来回倒转容量瓶数次，以使溶液充分混合均匀。

（七）固液分离

在无机化合物的制备、混合物的分离、离子的分离和鉴定等操作中，常常需要进行固体和液体分离的操作，固液分离常用的方法有倾析法、过滤法、离心分离法三种。

1. 倾析法 当沉淀结晶的颗粒较大或密度较大，静置后很快沉降至容器底部时，可将沉淀物上部的澄清液缓慢倾入另一容器中，即能达到分离的目的。

2. 过滤法 过滤是分离沉淀最常用的方法之一，可分为常压过滤、减压过滤和热过滤三种。

（1）常压过滤：此法最为简便和常用。滤器为贴有滤纸的漏斗。先把滤纸沿直径对折，压平，然后再对折，将滤纸打开成圆锥状（一边三层，一边一层），从三层滤纸一边撕去外面两层的一小角，把滤纸的尖端向下，放入漏斗中，使滤纸边缘比漏斗口低5mm～1cm，如实验图14所示。用少量水润湿滤纸，使它与漏斗壁贴紧，中间不能留气泡，否则将会影响过滤速度。把过滤器放在漏斗架上，调整高度，使漏斗下端的管口紧靠烧杯的内壁，如实验图15所示。将玻璃棒下端与三层处的滤纸轻轻接触，使待过滤的液体沿玻璃棒慢慢流入漏斗，滤液的液面应保持在滤纸边缘以下。若滤液仍显浑浊，应再过滤一次。

（2）减压过滤（抽滤）：减压过滤可以加速过滤，也可把沉淀抽吸得比较干燥，但不适用于胶状沉淀和颗粒细小的沉淀的过滤。因为此类沉淀可能透过滤纸或造成滤纸堵塞。

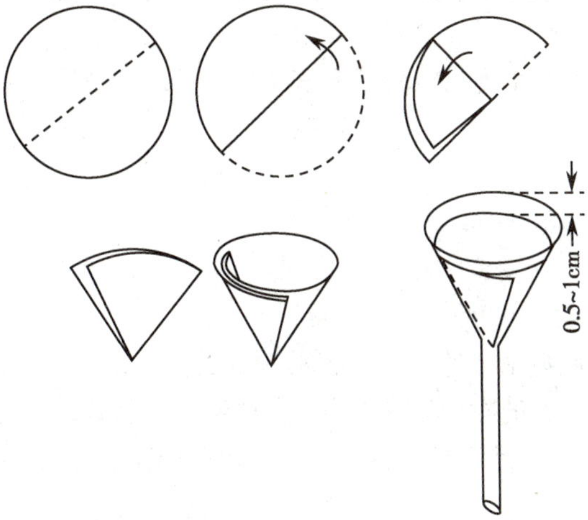

实验图 14　滤纸的折法

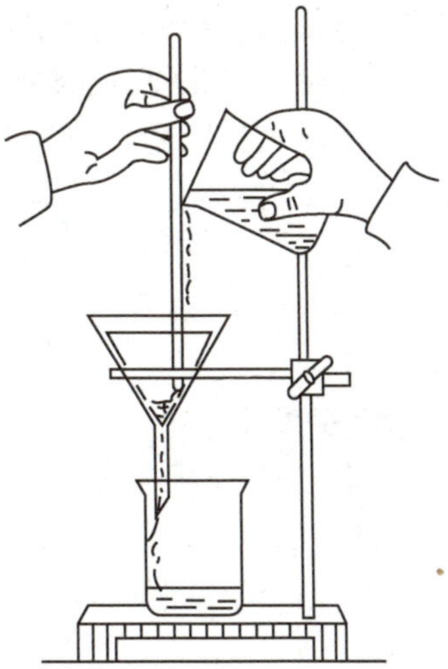

实验图 15　过滤的操作

减压过滤装置由布氏漏斗、吸滤瓶、安全瓶和水泵（或油泵）组成，如实验图 16 所示。其原理是利用水泵（或油泵）将吸滤瓶中的空气抽出，使其减压，造成布氏漏斗的液面与瓶内形成压力差，从而提高过滤速度。为了防止倒吸需要在水泵（或油泵）和吸滤瓶之间安装一个安全瓶，并且在过滤完毕时，先拔掉吸滤瓶上的橡皮管，然后关水龙头（或油泵）。

过滤前，先将滤纸剪成直径略小于布氏漏斗内径的圆形，平铺在漏斗上，恰好盖住漏斗的全部小孔，用少量水润湿滤纸，慢慢抽滤，使滤纸紧贴在漏斗瓷板上，用倾析法先将上部澄清液沿着玻棒注入漏斗中，最后将晶体或沉淀转入漏斗中，抽滤至无液体流下为止。

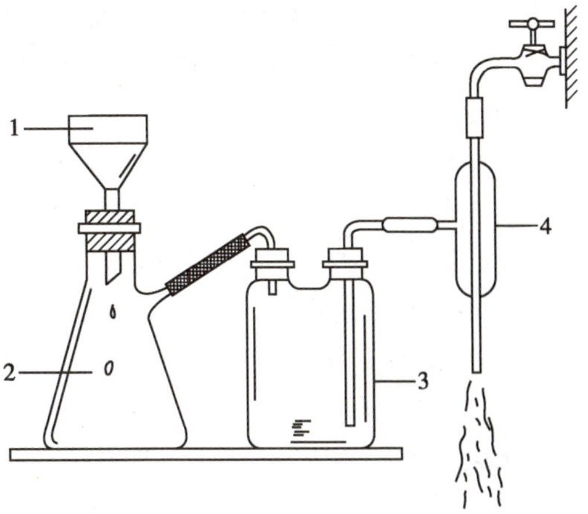

1. 布氏漏斗；2. 吸滤瓶；3. 安全瓶；4. 玻璃抽气管。

实验图 16　减压过滤装置

（3）热过滤：如果溶质在温度降低时易析出晶体，我们又不希望它在过滤时析出晶体留在滤纸上，就要采用热过滤。热过滤通常是把玻璃漏斗放在铜制的、装有热水的漏斗内，如实验图 17 所示，以维持一定的温度，其余操作与常压过滤一样。

3. 离心分离法　当被分离的沉淀很少，不能采用过滤分离时，可以应用离心分离法。离心分离法所用的仪器是电动离心机。电动离心机如实验图 18 所示。

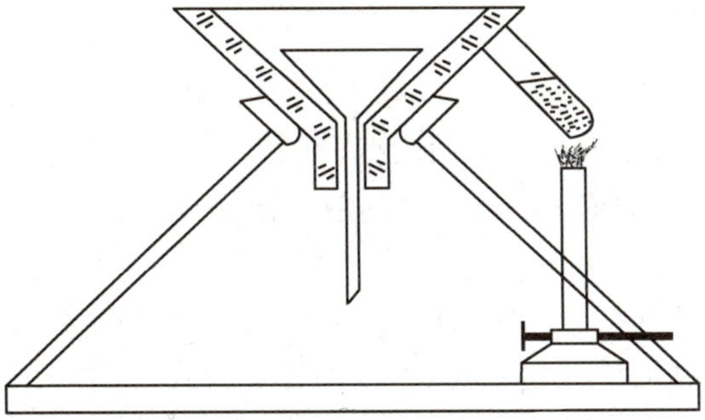

实验图 17　热过滤用漏斗

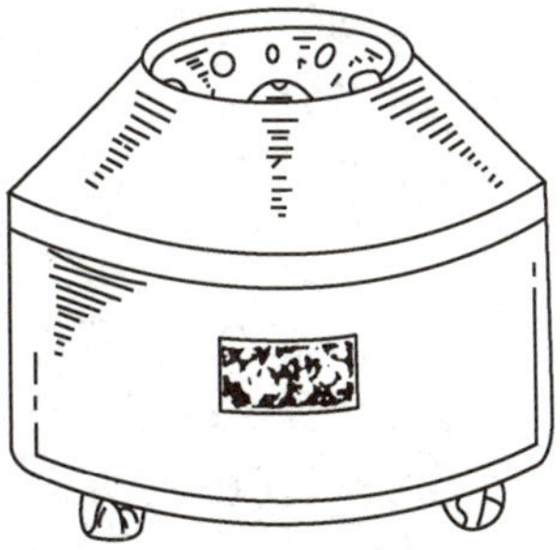

实验图 18　电动离心机

使用时将待分离的溶液放在离心试管中，再把离心试管装入离心机的套管中，位置要对称，重量要平衡。若仅离心一个样品，则在其对面的位置应放一个盛有等体积水的离心试管，否则重量不均衡会引起振动，造成机轴磨损。

开启离心机时，应先低速，逐渐加速，根据沉淀的性质决定转速和离心的时间。关机后，应让离心机自然减速，决不可用手强制其停止转动。

四、数据记录及报告书写

（一）数据记录

在化学实验中，经常需要将实验测得的数据进行数学计算。要获得准确的结果，不仅要准确地测量，而且要正确地记录和计算。记录的数据所保留的有效数字位数，应与所用仪器的精确度相适应，任何超过或低于仪器精确度的有效数字位数都是不恰当的。计算过程中也应正确地保留结果的位数。

1. 有效数字是指能从测量仪器上直接读出的数字，只有最后一位是估计得到的。如用台秤称葡萄糖，得到的结果是 2.3g，前面的“2”是准确数字，后面的“3”是估计值，这个数据是 2 位有效数字；若用分析天平称量得到 1.324 3g，前面的“1.324”是准确数字，后面的“3”是估计值，这个数据是 5 位有效数字；如果用 10ml 量筒量液体体积为 7.5ml，有 2 位有效数字；而用 25ml 的滴定管量同样的液体体积为 7.53ml，有 3 位有效数字，因为量筒的精度为 0.1ml，而滴定管的精度为 0.01ml。

数字 1～9 都可作为有效数字，而“0”有些特殊。如果在小数点前除 0 以外无其他数字，则小数点后其他数字之前的 0 都不是有效数字，如 0.008 5，“0”只起定位作用，这个数只有 2 位有效数字；如果 0 在数字中间或数字末端，则都是有效数字，如 0.306 0，这个数有 4 位有效数字。

2. 有效数字的运算

（1）加减法：所得运算结果的有效数字位数，取决于各数值中小数点后位数最少的一个。

例如 $2.465\,7+5.3+0.040=7.805\,7$

结果应为 7.8，按“四舍六入五留双”的规则修约掉多余的数字。

（2）乘除法：所得运算结果的有效数字位数，取决于各数值中有效数字位数最少的一个。

例如 $0.12\times0.312\times2.450\,1=0.091\,765\,44$

结果应写为 0.092

（3）对数运算：无机化学计算中还会遇到 pH 值、pK。lg$K$ 等对数运算，对数的整数不能看作有效数字，所得运算结果的有效数字位数，应与小数部分有效数字的位数相同。如 pH 值 = 3.14，则 $[H^+]=7.2\times10^{-4}$mol/L，有 2 位有效数字。

（二）报告的书写

正确书写实验报告是实验的主要内容之一，也是基本技能训练的需要。一份完善的实验报告应包括如下 5 个部分：

1. 实验目的 简述实验目的要求。

2. 实验原理 简要说明实验有关的基本原理、性质、主要反应式及定量测定的方法、原理。

3. 实验内容 对于实验现象记录或数据记录，要尽量采用表格、简图、符号等形式表示，如 5 滴简写为“5d”，加试剂用“＋”，加热用“△”，试剂浓度和名称分别用化学符号表示。内容要具体翔实，记录要表达准确，数据要完整真实。

4. 解释、计算与结论 对实验记录要做出简要的解释或说明，要求做到科学严谨、简洁明确，写出主要化学反应或离子反应式；数据计算结果可列入表格中，但计算公式、过程等要在表格下方举例说明；最后按需要分标题小结或最后得出结论或结果。

5. 问题讨论 主要针对实验中遇到的问题提出自己的见解或收获；定量实验则应分析出现误差的原因，对实验的方法、内容等提出改进意见。

第二部分　实验内容

实验一　粗食盐的提纯

一、实验目标

1. 会使用托盘天平、量筒、研钵、漏斗等仪器。
2. 掌握仪器的清洗操作。
3. 通过粗食盐提纯的练习，掌握溶解、过滤、蒸发、结晶等基本操作。

二、实验原理

粗食盐的提纯主要有溶解、过滤、蒸发(浓缩)3个步骤。溶解时，按粗食盐在水中的溶解度，取适量的水进行溶解。溶解过程中要用玻璃棒不断搅拌，以加速溶解。过滤时，应选用大小合适的漏斗和滤纸，并使滤纸湿润地紧贴在漏斗内壁上，然后，将准备好的漏斗放在漏斗架上，调节好高度，使漏斗下端紧靠在接受器的内壁，将玻璃棒下端轻轻靠在三层滤纸的中上部，让液体沿玻璃棒慢慢流入漏斗，漏斗中的液面高度要低于滤纸边缘1cm左右。过滤完毕，先倾倒滤液，后转移沉淀。蒸发浓缩通常在蒸发皿中进行，因为它的表面积大，有利于加速蒸发。蒸发皿使用的时候应注意加入的液体的量不能超过蒸发皿容积的2/3，以防加热时液体溅出。如果液体的量较多，应该分次加入。蒸发皿耐高温，但不宜骤冷。蒸发过程中应不断搅拌，防止液体飞溅。

三、实验仪器、试剂及其他

1. 仪器　烧杯、玻璃棒、量筒、普通漏斗、抽滤瓶、布氏漏斗、抽气泵、铁架台、铁圈、石棉网、托盘天平、表面皿、蒸发皿、酒精灯。

2. 药品　粗食盐。

3. 其他　滤纸、火柴。

四、实验内容

1. 仪器的洗涤

将所需器皿按照正确的洗涤方法进行洗涤，洗净的仪器控干水分，整齐地放在实验柜内，柜内铺上白纸，洗净的烧杯、蒸发皿、漏斗等倒置在纸上，试管、离心试管、小量筒等倒置在试管架上晾干。

2. 粗食盐的提纯

(1) 用托盘天平称取20.0g粗食盐，置于研钵中研成粉末状。

(2) 准确称取研细的粗食盐10g(精确到0.1g)，放入小烧杯(100ml)中，加入60ml蒸馏水，加热，搅动，使其完全溶解。

(3) 取一张大小适当的圆形滤纸，先折成半圆，然后再折成四等份，打开后呈圆锥形。把圆锥形滤纸尖端向下放入漏斗中，滤纸上边缘应低于漏斗边缘约5mm，然后用手压紧滤纸，用蒸馏水湿润滤纸，使其全部紧贴在漏斗内壁，不留气泡。把漏斗放在漏斗架上，漏斗下端尖部紧贴在接滤液的洁净烧杯内壁。将粗食盐溶液沿玻璃棒缓缓倾倒入漏斗中，玻璃棒下端应轻轻地斜靠在三层滤纸的中上部，先倾倒上清液，后倾倒沉淀，漏斗内液体的液面要低于滤纸上边缘 1cm 左右。用洁净小烧杯接受滤液（如实验图 15 过滤的操作）。溶解食盐的烧杯用少量蒸馏水洗涤 2～3 次，洗涤液一并过滤，若滤液仍浑浊，应重新过滤直至滤液澄清，弃去沉淀。

（4）将滤液倾入洁净的蒸发皿中（注意：滤液不能超过蒸发皿容积的 2/3），小火加热蒸发，并用玻璃棒不断搅拌（如实验图 8 蒸发的操作）。当加热浓缩溶液至稠粥状时（切不可使溶液蒸发至干），冷却，减压过滤将产品抽干。

（5）将产品放入蒸发皿中，小火烘干后冷却至室温，称量，计算产率。

$$\text{食盐提纯率}=\frac{\text{精盐质量（g）}}{\text{粗盐质量（g）}}\times 100\%$$

五、问题与讨论

1. 为什么取用药品时剩余的药品不能倒回原试剂瓶？
2. 在粗食盐提纯过程中都涉及哪些基本操作？操作方法和注意事项各是什么？
3. 食盐 20℃溶解度为 35.9g，那么 100ml 水能制得饱和食盐水多少克？

实验二 溶液的配制与稀释

一、实验目标

1. 学会一定质量浓度、一定物质的量浓度溶液配制的基本操作，会进行质量分数与物质的量浓度的换算。
2. 学会固体试剂的正确取用和液体试剂的正确倾倒，会由固体试剂或较准确浓度的溶液配制较稀准确浓度的溶液。
3. 学会正确使用吸量管、移液管、容量瓶等仪器。

二、实验原理

（一）一定质量浓度溶液的配制

根据公式$\rho_B=\frac{m_B}{V}$及所配溶液质量浓度及体积，计算出所需溶质的质量。用天平称取所需质量的溶质，转移至烧杯中加入少量纯化水使其充分溶解，转移至定容容器中，再加纯化水到需要的体积，混合均匀即得所需浓度溶液。

（二）一定物质的量浓度溶液的配制

根据公式$c_B=\frac{m_B/M_B}{V}$及所配制溶液的物质的量浓度、溶质的摩尔质量、体积，计算出所需溶质的质量。用天平称量所需量固体溶质（或用量筒量取一定量的液体溶质，溶质为液态可由其质量及密度计算出其体积）。将所取溶质放入烧杯中，加入少量的纯化水搅动使其完全溶解后，转移至定容容器中，用纯化水稀释至所需体积，混合均匀即得所需浓度溶液。

（三）溶液的稀释

根据溶液稀释前后溶质的量不变。浓溶液中加入溶剂稀释，根据公式：$c_1V_1=c_2V_2$，所配浓溶液的浓度及所配制稀溶液的浓度、体积，计算出所需浓溶液的体积。然后用量筒量取一定体积的浓溶液，再加纯溶剂到需要配制的稀溶液的体积，混合均匀即得。

三、仪器与试剂

仪器：托盘天平、称量纸、量筒（50ml、10ml）、烧杯（200ml、50ml）、容量瓶（50ml、100ml）、10ml移液管、玻璃棒、洗耳球、药匙、胶头滴管。

试剂：固体NaCl、浓硫酸、112g/L乳酸钠溶液、0.95药用酒精。

四、实训步骤

（一）溶液配制

1. 一定质量浓度溶液的配制

用NaCl固体配制100ml 1.00g/LNaCl溶液：

（1）计算：计算出配制100ml 1.00g/L所需NaCl的质量。

（2）称量：在托盘天平上称出所需质量的NaCl。

（3）溶解：将称得的NaCl放入100ml烧杯中，加入少量纯化水将其溶解。

（4）转移：将烧杯中溶液沿玻璃棒转移至100ml容量瓶中，少量纯化水冲洗烧杯和玻璃棒2～3次，洗液也转移到容量瓶中。

（5）定容：玻璃棒引流加水至容量瓶1/3～1/2容积时，初步摇匀（手持容量瓶颈部，平摇容量瓶几次）。继续向容量瓶中加入纯化水至近刻度线1cm处，改用滴管滴加纯化水至凹液面最低处与刻度线相切。

（6）摇匀：盖好容量瓶塞，反复倒置15～20次，混匀。

将配好的溶液倒入指定的回收瓶中。

2. 一定物质的量浓度溶液的配制

用市售浓硫酸配制3mol/L硫酸溶液50ml：

（1）计算：计算配制50ml 3mol/L硫酸溶液，需要密度1.84kg/L、质量分数$\omega_B=0.98$的浓硫酸的体积。

（2）量取：用干净、干燥的10ml量筒量取所需体积的浓硫酸。

（3）稀释：取一只烧杯盛纯化水约20ml，将浓硫酸缓缓倒入烧杯中，边倒边搅拌，待溶液冷却至室温。

（4）转移：将烧杯中已冷却的溶液在玻璃棒引流下倒入50ml容量瓶中，用少量纯化水洗涤烧杯及玻璃棒2～3次，洗液也应转移入容量瓶中。

（5）定容：玻璃棒引流加水至容量瓶1/3～1/2容积时，初步摇匀。继续向容量瓶中加入纯化水至近刻度线1cm处，改用滴管滴加纯化水至凹液面最低处与刻度线相切。

（6）摇匀：盖好容量瓶塞，反复倒置15～20次，混匀。

将所配好的溶液倒入指定的回收瓶。

（二）溶液的稀释

1. 112g/L的乳酸钠溶液稀释成$\frac{1}{6}$mol/L乳酸钠溶液50ml

（1）计算：计算配制$\frac{1}{6}$mol/L乳酸钠溶液50ml需用112g/L的乳酸钠溶液的体积。

（2）移取：用10ml吸量管吸取所需体积的112g/L乳酸钠溶液（吸量管要用待取液润洗2～3

次），并移至50ml容量瓶中。

（3）定容：玻璃棒引流加水至容量瓶$\frac{1}{3}$～$\frac{1}{2}$容积时，初步摇匀。继续向容量瓶中加入纯化水至近刻度线1cm处，改用滴管滴加纯化水至凹液面最低处与刻度线相切。

（4）摇匀：盖好容量瓶塞，反复倒置15～20次，混匀。

将配好的溶液倒入指定的回收瓶。

2. 用市售的$\varphi_B=0.95$的药用酒精配制$\varphi_B=0.75$的消毒酒精50ml

（1）计算：计算配制50ml$\varphi_B=0.75$酒精需要$\varphi_B=0.95$药用酒精的体积。

（2）量取：用50ml量筒量取所需体积的$\varphi_B=0.95$药用酒精。

（3）定容：在量筒中加纯化水至离50ml刻度线约1cm处，改用胶头滴管加纯化水至50ml刻度处。

（4）混匀：用干净的玻璃棒搅拌混匀。

将配好溶液倒入指定的回收瓶。

五、问题与讨论

1. 在用固体试剂配制溶液时，为什么要将烧杯的洗涤液也倒入定容容器？
2. 为什么配制硫酸溶液时要将浓硫酸慢慢加入到水中并不断搅拌，而不能将水倒入浓硫酸中？

实验三　凝固点降低法测定葡萄糖的摩尔质量

一、实验目标

1. 掌握凝固点测定物质摩尔质量的原理与方法。
2. 学习用凝固点降低法测定葡萄糖的摩尔质量。
3. 练习刻度分值为0.1℃的温度计的使用。

二、实验原理

含非挥发性溶质稀溶液的凝固点低于纯溶剂的凝固点，凝固点降低是稀溶液依数性的一种体现。纯溶剂的凝固点T_f°与溶液凝固点T_f之差，即$\Delta T_f=T_f^{\circ}-T_f$，称为溶液的凝固点降低。凝固点的降低值与溶液的质量摩尔浓度成正比。

$$\Delta T_f=K_f b_B$$

根据$b_B=\frac{n_B}{m_A}$和$n_B=\frac{m_B}{M_B}$，得：

$$\left.\begin{array}{r}\left.\begin{array}{r}\Delta T_f=K_f b_B\\ b_B=\dfrac{n_B}{m_A}\end{array}\right\}\rightarrow \Delta T_f=K_f\dfrac{n_B}{m_A}\\ n_B=\dfrac{m_B}{M_B}\end{array}\right\}\rightarrow \Delta T_f=K_f\frac{m_B}{M_B m_A}$$

$$即M_B=\frac{K_f\cdot m_B}{\Delta T_f\cdot m_A}$$

式中，K_f 为溶剂的摩尔凝固点降低常数（K•kg/mol），m_B 为溶质 B 的质量（g），m_A 为溶质 A 的质量（kg），m_B 为溶质 B 的摩尔质量（g/mol）。已知溶液的 K_f 值，则可通过实验测出纯溶剂和溶液的凝固点，并利用上式求出溶质的摩尔质量。

纯溶剂和溶液的凝固点的测定常采用过冷法。纯溶剂的凝固点是它的液相与固相平衡共存时的温度。若将纯溶剂逐步冷却，使其凝固。在未凝固之前，溶剂的温度将随时间均匀下降。从结晶开始，由于凝固热的放出使体系的温度保持不变。直到所有的溶剂全部凝固，体系温度才再继续均匀下降。

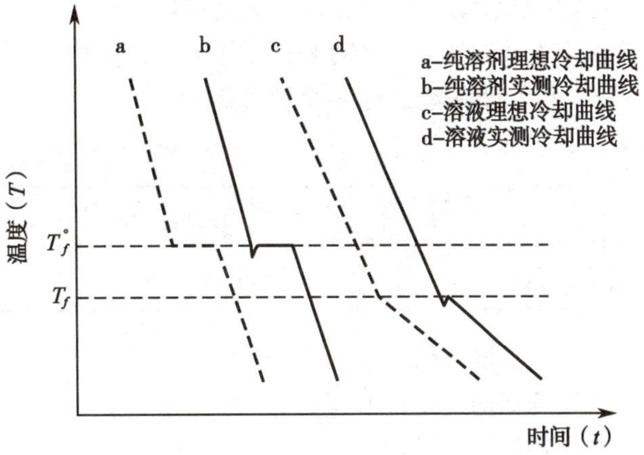

实验图 19　纯溶剂与溶液的实测冷却曲线

实验图 19 曲线 a 为理想测定曲线，其水平线段所对应的温度为纯溶剂的凝固点。实际测定中，常发生过冷现象。即在超过凝固点以下才开始析出固体，一旦生成固体，温度才回升而出现平台，如曲线 b 所示。

溶液的凝固点是溶液与溶剂的固体平衡时的温度。若将溶液逐步冷却，其冷却曲线与纯溶剂不同。由于溶液的蒸气压低于纯溶剂的蒸气压，溶液中溶剂开始结晶的温度低于纯溶剂开始结晶的温度，当溶剂开始结晶后，使剩余溶液的浓度逐渐增大，因此剩余溶液与溶剂固相的平衡温度也逐渐下降，曲线中不会出现水平线段。曲线 c 为理想冷却曲线，曲线 d 为实测中溶液出现过冷现象的冷却曲线。

三、实验仪器、试剂及其他

试剂：葡萄糖（分析纯）、粗食盐、冰块。

仪器：电子天平、精密温度计（100℃，0.1℃分刻度）、25ml 移液管、洗耳球、500ml 烧杯、大试管、玻璃棒、金属丝搅拌棒、放大镜、软木塞、铁架台、药匙。

四、实验内容

（一）仪器安装

按实验图 20 组装凝固点测定装置。

1. 用电子天平准确称取 1.300～1.400g 葡萄糖（准确至 0.001g），置于干燥洁净的大试管底部，用移液管量取 25.00ml 纯化水加入大试管中。

2. 轻轻振荡，待葡萄糖全部溶解后，用带有精密温度计和金属丝搅拌棒的软木塞将大试管塞好。

3. 小心调节温度计高度，使水银球全部浸没在葡萄糖溶液中。

4. 在大烧杯中加入 1/2 体积的冰块和 1/3 体积的水，再加入 3～4 勺粗食盐，使之成为冰盐水。调节烧杯和大试管的高度，使大试管内液面低于烧杯中冰盐水的液面。

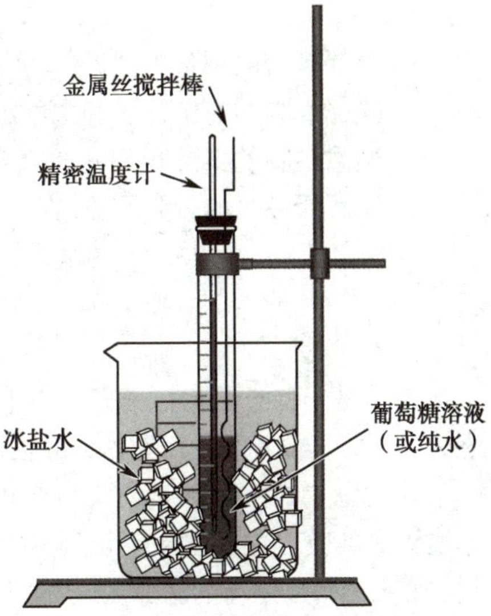

实验图 20　凝固点测定装置图

（二）葡萄糖溶液凝固点的测定

上下移动金属丝搅拌棒，使葡萄糖溶液慢慢冷却。

同时，用放大镜观察温度计的读数。待有固体结晶析出时，停止搅拌。记录下温度回升后的最高温度 T_f（精确到 0.01℃）。

取出大试管，待结冰的葡萄糖溶液完全融化后，再重复测定 2 次。3 次测量值之间的差值不能超过 ±0.05℃。

（三）溶剂凝固点的测定

将大试管、精密温度计和金属丝搅拌棒洗干净。用移液管量取 25.00ml 纯化水注入大试管中。用上述方法测量溶剂水的凝固点。重复测量 3 次。3 次测量值之间的差值不能超过 ±0.03℃。

（四）计算葡萄糖的摩尔质量

葡萄糖溶液凝固点的测定

测量次数	1	2	3	测定平均值
葡萄糖溶液的凝固点 T_f/℃				
水的凝固点 T_f°/℃				

凝固点降低值 ΔT_f(K)：________

葡萄糖的质量（g）：________

水的质量（kg）：________

葡萄糖的摩尔质量：$M_{C_6H_{12}O_6}=\dfrac{K_f \cdot m_{C_6H_{12}O_6}}{\Delta T_f \cdot m_{H_2O}}$

五、问题与讨论

1. 为什么不能将葡萄糖粘在试管上？
2. 凝固点降低法能用于测定尿素、血清蛋白的相对分子质量吗？为什么？
3. 溶液的渗透压是否可以通过测定溶液的凝固点降低值来确定？

实验四　胶体溶液和高分子化合物溶液

一、实验目的

1. 掌握溶胶的制备方法。
2. 验证溶胶的光学性质和电学性质。
3. 熟悉溶胶的聚沉和高分子化合物溶液对溶胶的保护作用。
4. 了解活性炭的吸附现象。

二、实验原理

胶体是一种分散相粒子直径为 1～100nm 分散体系，主要包括溶胶和高分子化合物溶液。固态分子、原子或离子的聚集体分散在液体介质中所形成的分散系，称为胶体溶液。

溶胶稳定的主要因素是胶粒带电和胶团表面存在水化膜。其稳定性是相对的，当稳定性因素遭到破坏时，胶粒就会相互聚集成较大的颗粒而聚沉。引起溶胶聚沉的因素有：加入少量电解质、加入带相反电荷的溶胶、加热。其中最重要的是电解质的作用，与胶粒带相反电荷的离子称为反离子，反离子的电荷数越高，聚沉能力越强。

溶胶的光学性质：在暗室中，用一束聚焦的光束照射溶胶，在与光束垂直的方向观察，可以看到溶胶中有一道明亮的光柱，这种现象称为丁达尔现象。利用丁达尔现象可以区分胶体与其他分散系。

溶胶的电学性质：溶胶是高度分散的非均相体系，胶粒易吸附与其组成相同的离子而带电。在外电场的作用下，胶粒在介质中定向移动的现象称为电泳。根据胶粒电泳的方向可以确定胶粒带何种电荷。

高分子化合物溶液的分散相是单一大分子，属均相体系。当把足量的高分子化合物溶液加入到溶胶中时，可在胶粒周围形成高分子保护层，提高溶胶的稳定性，使溶胶不易发生聚沉。

活性炭是一种疏松多孔、表面积大、难溶于水的黑色粉末。吸附能力强，可以用来吸附各种色素、有毒气体，所以常用作吸附剂。

三、实验仪器、试剂及其他

1. 仪器 试管及试管架、烧杯（100ml）、三脚架、石棉网、酒精灯、表面皿、量筒（10ml、50ml）、丁达尔效应装置、电泳装置（U 形管、直流电源、电极）。

2. 试剂 1mol/L $FeCl_3$、0.2mol/L NaCl、0.2mol/L Na_2SO_4、0.2mol/L Na_3PO_4、0.2mol/L $BaCl_2$、0.2mol/L $AlCl_3$、0.01mol/L KI、0.01mol/L $AgNO_3$、0.01mol/L KNO_3、0.01mol/L K_2CrO_4、0.01mol/L $Pb(NO_3)_2$、硫酸铜溶液、明胶溶液。

3. 其他 活性炭、品红溶液、硫化砷溶胶、酚酞、明胶溶液。

四、实验内容

（一）胶体的制备

1. $Fe(OH)_3$ 溶胶的制备 100ml 烧杯中加入 50ml 蒸馏水，加热至沸腾，边搅拌边逐滴加入 1mol/L $FeCl_3$ 溶液 3～4ml（每 1ml 约 20 滴），继续搅拌和加热，直至生成红褐色 $Fe(OH)_3$ 溶胶。

2. AgI 溶胶的制备 用量筒量取 0.01mol/L KI 溶液 40ml 置于 100ml 烧杯中，边振摇边滴加 20ml 0.01mol/L $AgNO_3$，制得微黄色的 AgI 负溶胶。

（二）胶体溶液的聚沉

1. 加入少量电解质

（1）取三支试管，各加入 $Fe(OH)_3$ 溶胶 2ml。分别加入一滴 0.2mol/L NaCl 溶液、0.2mol/L Na_2SO_4 溶液、0.2mol/L Na_3PO_4 溶液，充分震荡后观察并比较三支试管中生成沉淀的量，并解释为什么上述三种溶液对 $Fe(OH)_3$ 溶胶聚沉能力不同。

（2）取三支试管，各加入 AgI 负溶胶 2ml。分别加入一滴 0.2mol/L NaCl 溶液、0.2mol/L $BaCl_2$ 溶液、0.2mol/L $AlCl_3$ 溶液，充分震荡后观察并比较三支试管中生成沉淀的量，并解释为什么上述三种溶液对 AgI 负溶胶聚沉能力不同。

2. 加入带相反电荷的溶胶 取 1 支试管，加入 $Fe(OH)_3$ 溶胶和 AgI 负溶胶各 1ml，振荡，观察有何现象发生，并解释原因。

3. 加热 取 1 支试管，加入 2ml $Fe(OH)_3$ 溶胶，缓慢加热至沸腾，观察有何现象，并解释原因。

（三）胶体的丁达尔现象

取 $Fe(OH)_3$ 溶胶于试管中，置于丁达尔效应器内观察有无丁达尔现象。改用硫酸铜溶液做同样的实验，观察有无丁达尔现象。

（四）胶体的电泳

如实验图 21 所示，将 $Fe(OH)_3$ 溶胶放入 U 形管中，用滴管在 U 形管的左右两端缓慢加入

2～3ml KNO_3 溶液（导电用），使 KNO_3 溶液与溶胶之间保持清晰的界面，两边的分界面要高度一致。然后插入电极，通电后，观察现象。

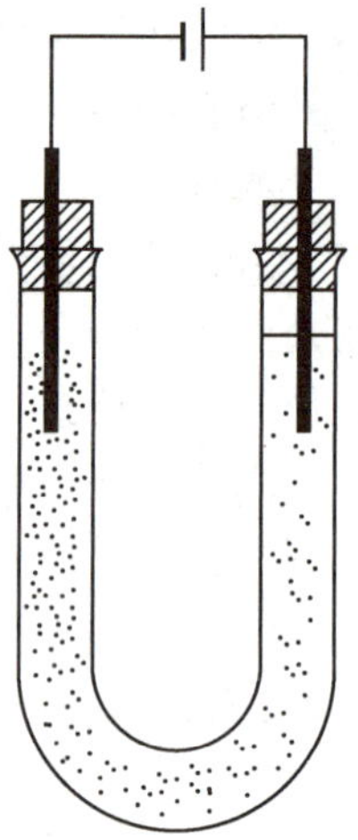

实验图 21　电泳现象

（五）高分子化合物对溶胶的保护作用

取三支试管，分别加入 2ml $Fe(OH)_3$ 溶胶和 4 滴 1% 浓度的白明胶，震荡摇匀。再分别加入一滴 0.2mol/L NaCl 溶液、0.2mol/L Na_2SO_4 溶液、0.2mol/L Na_3PO_4 溶液，充分震荡后观察是否有沉淀生成，与实验步骤 2（1）的现象比较，并解释原因。

（六）活性炭的吸附作用

1. 活性炭对色素的吸附

（1）在一支试管中加入 4ml 品红溶液和一药匙活性炭，用力振荡试管后静置。观察上清液颜色有何变化。并解释原因。

（2）将（1）中大试管里的物质用力摇动后过滤，过滤完毕，移去装有滤液的烧杯。在一个干净的空烧杯中，用 4～5ml 乙醇洗涤滤纸及滤纸上的残留物，观察滤液的颜色。并解释原因。

2. 活性炭对重金属离子的吸附

（1）在一支试管里加入蒸馏水约 3ml，再滴加 5 滴 0.01mol/L $Pb(NO_3)_2$ 溶液，然后加入 0.01mol/L K_2CrO_4 溶液 5 滴，观察现象。写出有关化学反应方程式。

（2）另取一支试管加入蒸馏水约 3ml，再滴加 5 滴 0.01mol/L $Pb(NO_3)_2$ 溶液和一小勺活性炭，振荡试管，静置片刻后过滤除去活性炭。然后在滤液中滴加 5 滴 0.01mol/L K_2CrO_4 溶液，观察现象。与（1）比较有何不同，并解释原因。

五、问题与讨论

1. 制备 $Fe(OH)_3$ 溶胶时，如何才能避免生成 $Fe(OH)_3$ 沉淀？
2. 为什么使等量的硫化砷溶胶聚沉时所需 $AlCl_3$ 和 NaCl 的量不同？
3. 在高分子化合物对溶胶的保护作用实验中，为什么加入明胶的先后不同会产生不同的现象？
4. 哪些因素可以使溶胶发生聚沉？

实验五　化学反应速率和化学平衡

一、实验目的

1. 掌握浓度、温度、催化剂对化学反应速率的影响。
2. 掌握浓度、温度对化学平衡的影响。

二、实验原理

（一）外界条件对化学反应速率的影响

化学反应速率除与物质的本性有关外，还受浓度、温度、催化剂等外界因素的影响。

例如，$Na_2S_2O_3$ 与 H_2SO_4 混合会发生如下反应：

$$Na_2S_2O_3 + H_2SO_4(稀) = Na_2SO_4 + H_2O + SO_2 + S\downarrow$$

由于反应析出淡黄色的硫使溶液呈现浑浊现象。从两种不同浓度的 $Na_2S_2O_3$ 与 H_2SO_4 溶液在不同温度下混合，观察溶液出现浑浊快慢，即可考察浓度和温度对反应速率的影响。

又如 H_2O_2 水溶液在常温时较稳定，当加入少量 $K_2Cr_2O_7$ 溶液或 MnO_2 固体作为催化剂后，H_2O_2 就会分解很快。

$$2H_2O_2 = O_2\uparrow + 2H_2O$$

通过观察气泡产生的速率，可判断催化剂对反应速率的影响。

（二）外界条件对化学平衡的影响

可逆反应处于平衡状态，若改变浓度、温度等外界条件，原平衡将被破坏，平衡就向减弱这种改变的方向移动，在新条件下重新建立平衡。

例如，$CuSO_4$ 和 KBr 反应

$$Cu^{2+} + 4Br^- \rightleftharpoons [CuBr_4]^{2-}$$

改变浓度条件，通过溶液颜色改变，判断化学平衡移动的方向。

$$\underset{\text{红棕色}}{2NO_2} \rightleftharpoons \underset{\text{无色}}{N_2O_4} + Q$$

改变温度条件，通过气体颜色改变，判断化学平衡移动的方向。

三、实验仪器、试剂及其他

1. 仪器 试管 6 支、量筒（10ml）1 个、二氧化氮平衡仪、秒表 1 只、温度计（100℃）1 支、水浴锅（可控温）1 只等。

2. 试剂

酸：0.04mol/L H_2SO_4、1mol/L H_2SO_4。

盐：0.04mol/L $Na_2S_2O_3$、0.1mol/L $K_2Cr_2O_7$、1mol/L $CuSO_4$、2mol/L KBr、KBr 固体。

其他：3% H_2O_2、MnO_2 固体、蒸馏水、冰块。

四、实验内容

1. 浓度对化学反应速率的影响 按表实-5-1，取 3 支试管（试管 A）并分别编号 1、2、3，在 1 号试管中加入 2ml 0.04mol/L $Na_2S_2O_3$ 溶液和 4ml 蒸馏水，在 2 号试管中加入 4ml 0.04mol/L $Na_2S_2O_3$ 溶液和 2ml 蒸馏水，在 3 号试管中加入 6ml 0.04mol/L $Na_2S_2O_3$ 溶液，不加蒸馏水。

再另取 3 支试管（试管 B），各加入 2ml 0.04mol/L H_2SO_4 溶液，并将这 3 支试管（试管 B）中溶液同时迅速对应加入上述 1、2、3 号试管（试管 A）中，立即看表，充分振荡，记下溶液出现浑浊的时间（t）。

将实训结果记录于表实-5-1 中，分析比较得出浓度对反应速率影响的实验结论。

表实-5-1 浓度对化学反应速率的影响

编号	试管 A			试管 B		溶液混合后变浑浊所需时间
				H_2SO_4		
	$V_{Na_2S_2O_3}$/ml	V_{H_2O}/ml	混合后 $c_{Na_2S_2O_3}$/mol·L^{-1}	$c_{H_2SO_4}$/mol·L^{-1}	V/ml	t/s
1	2	4		0.04	2	
2	4	2		0.04	2	
3	6	0		0.04	2	

2. 温度对化学反应速率的影响 取 3 支试管（试管 A），按表实-5-2 分别加入 2ml 0.04mol/L $Na_2S_2O_3$ 溶液和 4ml 蒸馏水；再取 3 支试管（试管 B），分别加入 2ml 0.04mol/L H_2SO_4 溶液。将它

们分成三组，每组包括盛有 $Na_2S_2O_3$ 溶液（试管 A）和 H_2SO_4 溶液（试管 B）的试管各一支。

表实 -5-2 温度对化学反应速率的影响

编号	试管A		试管B	反应温度	溶液混合后变浑所需时间(*t*)/s
	$V_{Na_2S_2O_3}$/ml	V_{H_2O}/ml	$V_{H_2SO_4}$/ml		
1	2	4	2	室温	
2	2	4	2	比室温高 10℃	
3	2	4	2	比室温高 20℃	

记下室温，将第 1 组两支试管溶液迅速混合，充分振荡，记下开始混合到溶液出现浑浊所需时间（*t*）。

第 2 组两支试管，先置于高于室温 10℃的水浴中，稍等片刻，将两支试管溶液混合，充分振荡，记下开始混合到溶液出现浑浊所需时间（*t*）。

第 3 组两支试管，先置于高于室温 20℃水浴中，稍等片刻，将两支试管溶液混合，充分振荡，记下开始混合到溶液出现浑浊所需时间（*t*）。

比较三组试管溶液混合后变浑浊时间，分析比较得出温度对反应速率影响的实验结论。

3. 催化剂对化学反应速率的影响

（1）均相催化：在盛有 2ml 3%H_2O_2 溶液的试管中，滴加 1mol/L H_2SO_4 酸化，再加入 4 滴 $K_2Cr_2O_7$ 溶液，振荡试管，并与另一支仅盛有 2ml 3%H_2O_2 溶液对比，观察气泡产生的速率。

实验现象：

（2）多相催化：在盛有 2ml 3%H_2O_2 溶液的试管中，加入少量 MnO_2 粉末，同样与另一支仅盛有 2ml 3%H_2O_2 的溶液对比，观察气泡产生的速率。

实验现象：

分析比较上述实验现象，得出催化剂对化学反应速率影响的实验结论。

4. 浓度对化学平衡的影响 按表实 -5-3，取 3 支试管并分别编号 1、2、3，在 3 支试管中分别加入 1mol/L $CuSO_4$ 溶液 5 滴、5 滴和 10 滴，向第 1、2 支试管中再各加入 2mol/L KBr 溶液 5 滴，另向第 2 支试管加入少量 KBr 固体，记录并比较 3 支试管中溶液的颜色，分析得出浓度对化学平衡影响的实验结论。

表实 -5-3 浓度对化学平衡的影响

编号	V_{CuSO_4}/滴	V_{KBr}/滴	KBr 固体	溶液颜色
1	5	5	0	
2	5	5	少量	
3	10	0	0	

5. 温度对化学平衡的影响 将二氧化氮平衡仪一边的烧瓶放进盛有热水的烧杯中，另一边的烧瓶放进盛有冰水的烧杯中，比较两个烧瓶中气体颜色的变化。

也可用两支带塞的大试管，里面装有 NO_2 和 N_2O_4 的平衡混合气体，分别按上述条件要求进行操作，比较两支试管中颜色的变化情况。

五、注意事项

1. 在“浓度对化学反应速率的影响”和“温度对化学反应速率的影响”实验中，溶液混合操作一定要迅速；量筒不能混用；秒表计时要准确，记录要正确。

2. 使用温度计时要小心谨慎。

3. 实验完毕，废液要倒入废液缸。

六、问题与讨论

1. 影响化学反应速率的因素有哪些？是如何影响的？
2. 在什么样的条件下会发生化学平衡移动？有什么样的规律？
3. 在“浓度对化学反应速率的影响”和“温度对化学反应速率的影响”实验中中各试管中的溶液呈现出各种颜色，是否表示各反应都已经终止？

实验六　醋酸电离度和电离常数的测定

一、实验目标

1. 掌握测定醋酸电离度和电离常数的方法。
2. 学会使用 pH 计。
3. 巩固容量瓶、移液管和吸量管的基本操作。

二、实验原理

醋酸是一元弱酸，在水溶液中存在着以下电离平衡

$$HAc \rightleftharpoons H^+ + Ac^-$$

若 c 为 HAc 的原始浓度，则有

$$\alpha = \frac{[H^+]}{c} \times 100\%$$

$$K_a = \frac{[H^+][Ac^-]}{[HAc]} = \frac{[H^+]^2}{c-[H^+]}$$

当 α 小于 5 时，$c-[H^+] \approx c$，所以　$K_a \approx \dfrac{[H^+]^2}{c}$

根据以上关系，用 pH 计测定已知浓度 HAc 溶液的 pH 值，就可算出 $[H^+]$，从而可以计算该 HAc 溶液的电离度和平衡常数。

三、实验仪器、试剂及其他

1. 仪器　pH 计、移液管（25ml）、吸量管（5ml）、小烧杯（50ml）、容量瓶（50ml）。

2. 试剂　0.2mol/L HAc 标准溶液（HAc 的准确浓度可利用 NaOH 标准溶液滴定测出，也可由实验室提供 HAc 标准溶液）。

四、实验内容

1. 配制不同浓度的 HAc 溶液　用移液管或吸量管分别量取 25.00ml、5.00ml 和 2.50ml 的 0.2mol/L HAc 标准溶液，分别置于 3 个 50ml 容量瓶中，用蒸馏水稀释至刻度，摇匀，得到不同浓度的 HAc 溶液并计算各溶液的浓度。

2. 测定不同浓度 HAc 的溶液的 pH 值，并计算电离度和电离常数　将以上配制的 3 种不同浓度的溶液分别加入到干燥洁净的 50ml 小烧杯中，另取一干燥洁净的 50ml 烧杯，加入 HAc 标准溶液，分别将 4 只烧杯编号，按由稀到浓的次序在 pH 计上分别测定它们的 pH 值。记录数据和室温，分别计算电离度和电离常数。

3. 数据记录及结果处理

室温：　℃

实验序号	c(HAc)	pH 值	[H^+]/mol·L^{-1}	α	K_a	K_a 平均值
1						
2						
3						
4						

五、注意事项

1. pH 计在使用时，先用 pH 计标准缓冲溶液校正。

2. 用 pH 计测定 HAc 溶液的 pH 值时，每次换测量液都必须清洗电极，并用滤纸吸干，减小测量误差。

3. pH 计的玻璃电极在使用前用去离子水浸泡 48 小时以上。玻璃电极的球部特别薄，使用时一定要小心，以免打坏电极。

4. 吸量管、移液管在使用之前要用待吸取的溶液润洗 2～3 次。

六、问题与讨论

1. “电离度越大，酸度就越大”，这句话是否正确？

2. 改变所测溶液的浓度或温度，电离度或电离常数是否有变化？若有变化，怎样变？

3. 用 pH 计测量不同浓度的 HAc 时，为什么要按浓度由低到高的顺序测定？

实验七　醋酸银溶度积的测定

一、实验目的

1. 掌握过滤操作。

2. 学会测定醋酸银溶度积常数。

3. 学会移液管、滴定管的使用。

4. 加深对溶度积原理和沉淀 - 溶解平衡概念的理解。

二、实验原理

本实验用 $AgNO_3$ 和 NaAc 反应生成 AgAc 沉淀，当达到沉淀 - 溶解平衡时，测定溶液中的 [Ag^+] 和 [Ac^-]，然后求其 K_{sp}。要测定 [Ag^+] 和 [Ac^-] 浓度，就要先将沉淀过滤，收取滤液，以 $Fe(NO_3)_3$ 溶液作指示剂，由已知浓度的 KSCN 溶液滴定到滤液呈浅红色为止。根据消耗 KSCN 的体积和浓度，求算出溶液中的 [Ag^+]，再根据实验开始时所加入 $AgNO_3$ 和 NaAc 的量，求算出平衡时溶液中[Ac^-]。

反应式

$$AgNO_3 + NaAc \rightleftharpoons AgAc\downarrow + NaNO_3$$

$$Ag^+ + SCN^- \rightleftharpoons AgSCN\downarrow$$

$$Fe^{3+} + 3SCN^- \rightleftharpoons Fe(SCN)_3\text{（红色溶液）}$$

计算公式

$$[Ag^+] = \frac{V_{KSCN}C_{KSCN}}{V_{\text{滤液}}}$$

平衡时

$$[Ac^-] = [Ag^+]$$

$$K_{sp}(AgAc) = [Ac^-][Ag^+]$$

三、实验仪器、试剂及其他

1. 仪器 漏斗、锥形瓶、50ml 滴定管、50ml 棕色滴定管、25ml 移液管、滤纸、玻璃棒。

2. 试剂 酸：6mol/L HNO_3；

盐：0.10mol/L KSCN、0.20mol/L NaAc、0.20mol/L $AgNO_3$、0.10mol/L $Fe(NO_3)_3$。

四、实验内容

1. 沉淀的生成 将 0.20mol/L $AgNO_3$ 溶液和 0.20mol/L NaAc 溶液，分别装入两支滴定管中，取两个洁净锥形瓶分别编号。通过滴定管向两个锥形瓶中各加入 0.20mol/L $AgNO_3$ 溶液 30.00ml 和 0.20mol/L NaAc 溶液 30.00ml，总体积都是 60ml。轻轻摇动锥形瓶约 3 分钟，然后静置 30 分钟，使沉淀 - 溶解完全达到平衡。

2. 沉淀的过滤 用干燥洁净的漏斗和干燥的滤纸（滤纸不要润湿）将上述两瓶混合液分别过滤到两个干燥洁净的小烧杯中，得澄清滤液。

3. 滴定 用移液管吸取 25.00ml 滤液放入一洁净的锥形瓶中，加入 1ml 6mol/L HNO_3 和 5 滴 0.1mol/L $Fe(NO_3)_3$ 溶液。如有颜色需再加 HNO_3 至无色。将 0.10mol/L KSCN 溶液装入滴定管，调至“0”刻度，然后开始滴定锥形瓶中的滤液至溶液呈浅红色，且保持半分钟不褪色为止。记录所消耗 KSCN 溶液的体积。

再测定另一锥形瓶中的滤液，记录所消耗 KSCN 溶液的体积，分别计算出[Ag^+]和[Ac^-]，然后求出两个醋酸银的 K_{sp}。取两次所得 K_{sp} 的平均值即为醋酸银的溶度积常数。

将测定结果填入下表：

滤液体积 /ml	KSCN 体积 /ml	[Ag^+]	[Ac^-]	K_{sp}	平均值
25.00					
25.00					

五、问题与讨论

1. 过滤沉淀时为什么要用干燥的漏斗滤纸和烧杯？

2. 如果 $AgNO_3$ 和 NaAc 的浓度不相同应该如何计算？

3. 用 KSCN 溶液滴定待测液中的 Ag^+ 时，为何要加入 HNO_3？能否用 HCl 或 H_2SO_4 代替？为什么？

实验八 氧化还原与电化学

一、实验目的

1. 通过实验掌握电极电势、介质 pH 值及反应物浓度对氧化还原反应的影响。
2. 观察并了解氧化态、还原态浓度的变化对电极电势的影响。

二、实验原理

从 Nernst 方程可以看出，在 25℃时，影响电极电势的因素为电极的本性（氧化态的氧化能力和还原态的还原能力）和电极反应中氧化态及还原态的浓度。

在 25℃时，电极的反应为：氧化态 + ne $\rightleftharpoons$ 还原态

$$\varphi = \varphi^{\ominus} + \frac{0.059}{n}\lg\frac{[\text{氧化态}]}{[\text{还原态}]}$$

一定温度下，φ 值越大，则电对中氧化态的氧化能力越强；φ 值越小，则表示还原能力越强。氧化还原反应自发进行的方向，总是由两电对中电极电势较高的氧化态氧化电极电势较低的还原态。

三、实验仪器、试剂及其他

1. 仪器 50ml 烧杯、5cm 表面皿、8cm 表面皿、伏特计、锌电极片、铜电极片、导线、试管、盐桥。

2. 试剂

（1）酸：3mol/L H_2SO_4、6mol/L HAc、2mol/L HNO_3、浓 HNO_3。

（2）碱：6mol/L NaOH、40%NaOH 溶液、浓 $NH_3 \cdot H_2O$。

（3）盐：0.1mol/L $FeCl_3$、KI、KBr、$FeSO_4$、$KClO_3$、Na_2SO_3 溶液、0.5mol/L $CuSO_4$、$ZnSO_4$、0.01mol/L $KMnO_4$。

3. 其他 CCl_4（C.P.）、饱和碘水、饱和溴水、红色石蕊试纸、0.01mol/L 邻菲咯啉溶液。

四、实验内容

1. 电极电势与氧化还原反应的关系

（1）取溶液 0.1mol/L KI 溶液 10 滴，加入 0.1mol/L $FeCl_3$ 溶液 2 滴，混匀，加入 15 滴 CCl_4，充分振摇，观察 CCl_4 层的颜色变化。

（2）用 0.1mol/L KBr 溶液代替 0.1mol/L KI 溶液，进行上述实验，观察现象。根据以上实验结果，定性比较 Br_2/Br^-、I_2/I^-、Fe^{3+}/Fe^{2+} 三组电对的电极电势相对大小。

（3）分别用饱和碘水和饱和溴水 2 滴与 0.1mol/L $FeSO_4$ 溶液 6 滴作用，观察现象。并说明电极电势与氧化还原反应的关系。

2. 酸度对氧化还原反应的影响

（1）两个各盛 10 滴 0.1mol/L KBr 溶液的试管中，分别加入 10 滴 3mol/L H_2SO_4 溶液和 10 滴 6mol/L HAc 溶液，然后往两支试管中各滴加 1 滴 0.01mol/L $KMnO_4$ 溶液，振摇，观察比较两支试管中溶液颜色消退的快慢，写出反应式并加以解释。

（2）取 0.1mol/L $FeSO_4$ 溶液 10 滴，加 0.01mol/L 邻菲咯啉溶液 10 滴，振荡，待溶液变为橘红

色后，加入 0.1mol/L $KClO_3$ 溶液 4～5 滴，有无变化？再边振荡边滴加 3mol/L H_2SO_4，有何变化？在这一氧化还原反应中 H_2SO_4 起何作用？

（3）取试管 3 支，各加 10 滴 0.1mol/L Na_2SO_3 溶液，再分别加 10 滴 3mol/L H_2SO_4、蒸馏水和 40%NaOH 溶液，摇匀后，再各加 3 滴 0.01mol/L $KMnO_4$ 溶液，观察现象。$KMnO_4$ 在酸性、中性和碱性介质中的还原产物分别为 Mn^{2+}、MnO_2 和 MnO_4^{2-}，写出反应式。

3. 浓度对氧化还原反应的影响

（1）往两个各盛有一细粒锌的试管中分别加入 10 滴浓 HNO_3 和 2mol/L HNO_3 溶液。观察反应现象，比较反应速率和反应产物是否相同。浓硝酸被还原后的产物可通过观察产生的气体的颜色来判断，稀硝酸还原后的产物用检验溶液中是否有 NH_4^+ 生成的方法来确定。

$$Zn + 4HNO_3(浓) = Zn(NO_3)_2 + 2NO_2\uparrow + 2H_2O$$

$$4Zn + 10HNO_3(稀) = 4Zn(NO_3)_2 + NH_4NO + 3H_2O$$

NH_4^+ 的检验方法：将 5 滴待测溶液置于表面皿中心，再加 3 滴 6mol/L NaOH 溶液碱化，混匀。在另一块较小的表面皿中心贴附一小块用水润湿的红色石蕊试纸，把它盖在大表面皿上构成气室，将此气室置于水浴上微热数分钟；若红色石蕊试纸变蓝，则表示有 NH_4^+ 存在。此法简称“气室法”。

（2）浓度对电极电势及电池电动势的影响：在 50ml 烧杯中加 0.5mol/L $CuSO_4$ 溶液 20ml，并插入一铜片组成正电极，在另一 50ml 烧杯中加入 0.5mol/L $ZnSO_4$ 溶液 20ml，并插入一锌片组成负电极，用导线连接铜片和锌片，用盐桥将两烧杯中溶液连接起来构成一原电池。将伏特计按实验图 22 所示连接并测量该原电池两极间的电动势 E_1。

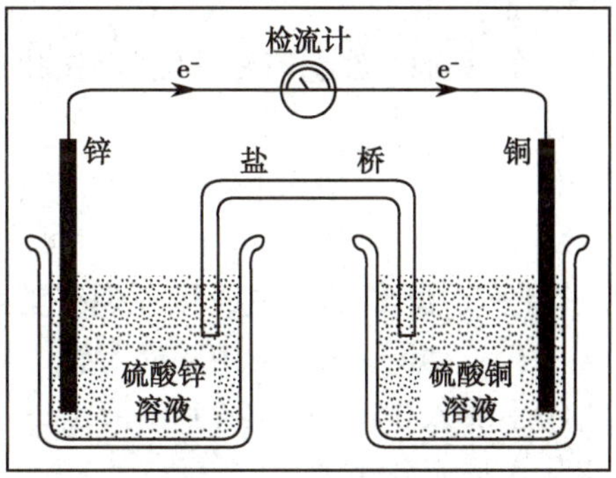

实验图 22　原电池示意图

在盛 $CuSO_4$ 的烧杯中边搅拌边滴加浓氨水，直至沉淀生成又溶解，记录此时的电动势 E_2。再在盛有 $ZnSO_4$ 的烧杯中边搅拌边滴加浓氨水，直至沉淀生成又溶解。

五、问题与讨论

1. 影响电极电势的因素有哪些？
2. 氧化还原反应进行的方向由什么因素决定？

实验九　配位化合物与配位平衡

一、实验目标

1. 学会配合物、配离子的制备，通过实验认识配离子的稳定性。
2. 学会区别配合物和复盐、配离子与简单离子。
3. 通过实验，认识配位平衡与溶液酸度、沉淀反应、氧化还原反应的关系。

二、实验原理

配合物是指一定数目的配体以配位键与中心原子结合所形成的复杂化合物。大多数的易溶配合物在水溶液中可完全离解为配离子和外界离子，但配离子在水溶液中较稳定，不易离解。中心原子和配体的浓度极低，不易检测出来。而复盐能完全离解成简单离子。

配离子的稳定性是相对的，在水溶液中能微弱地离解成简单离子，有条件地形成配位平衡。当外界条件发生变化时，如加入沉淀剂、氧化剂、还原剂或改变溶液的酸度，配位平衡会发生移动。

三、实验仪器、试剂及其他

1. 仪器 试管、离心试管、试管夹、药匙、大小表面皿各 1 块、100ml 烧杯、石棉网、铁架台、铁圈、酒精灯、离心机。

2. 试剂

酸：2mol/L HNO_3。

碱：0.1mol/L NaOH、6mol/L NaOH、6mol/L $NH_3 \cdot H_2O$。

盐：0.1mol/L $CuSO_4$、0.1mol/L $BaCl_2$、0.1mol/L $NH_4Fe(SO_4)_2$、0.1mol/L KSCN、0.1mol/L $FeCl_3$、0.1mol/L $K_3[Fe(CN)_6]$、0.1mol/L $AgNO_3$、0.1mol/L NaCl、0.1mol/L KBr、0.1mol/L $Na_2S_2O_3$、0.1mol/L KI。

3. 其他 红色石蕊试纸、四氯化碳。

四、实验内容

（一）配离子的生成和配离子的稳定性

1. $CuSO_4$ 在溶液中的稳定性 取 2 支试管，分别加入 0.1mol/L $CuSO_4$ 溶液 1ml，然后在试管①中加入 0.1mol/L $BaCl_2$ 溶液 2 滴，在试管②中加入 0.1mol/L NaOH 溶液 4 滴，观察现象。写出化学反应方程式。

2. $[Cu(NH_3)_4]^{2+}$ 配离子的生成及稳定性 取 1 支大试管，加入 0.1mol/L $CuSO_4$ 溶液 4ml，逐滴加入 6mol/L $NH_3 \cdot H_2O$，边加边振荡，待生成的沉淀完全溶解后再多加氨水 1～2 滴，观察现象，写出化学反应方程式。另取 2 支试管，将此溶液各取 5 滴（剩余的溶液留着下面实验备用），在其中一支试管中加入 0.1mol/L $BaCl_2$ 溶液 2 滴，在另一试管中加入 0.1mol/L NaOH 溶液 4 滴，观察现象。并加以解释。

（二）配合物和复盐的区别

1. 复盐 $NH_4Fe(SO_4)_2$ 中简单离子的鉴定

（1）SO_4^{2-} 鉴定：取 1 支试管，加入 0.1mol/L $NH_4Fe(SO_4)_2$ 溶液 1ml，再滴入 0.1mol/L $BaCl_2$ 溶液 2 滴，观察现象。

（2）Fe^{3+} 的鉴定：取 1 支试管，加入 0.1mol/L $NH_4Fe(SO_4)_2$ 溶液 1ml，再滴入 0.1mol/L KSCN 溶液 2 滴，观察现象。

（3）NH_4^+ 的鉴定：在一块大的表面皿中心，滴入 0.1mol/L $NH_4Fe(SO_4)_2$ 溶液 5 滴，再加 6mol/L NaOH 溶液 3 滴，混匀。在另一块较小的表面皿中心粘上一条润湿的红色石蕊试纸，将它盖在大的表面皿上做成气室，将气室放在水浴上微热片刻，观察现象。

2. 配合物 $[Cu(NH_3)_4]SO_4$ 中离子鉴定

（1）SO_4^{2-} 的鉴定：取 1 支试管，加入前面配制的 $[Cu(NH_3)_4]SO_4$ 溶液 1ml，再滴入 0.1mol/L $BaCl_2$ 溶液 2 滴，观察现象。

（2）Cu^{2+} 的鉴定：取 1 支试管，加入前面配制的 $[Cu(NH_3)_4]SO_4$ 溶液 1ml，再滴入 0.1mol/L NaOH 溶液 4 滴，观察现象，并加以解释。

根据上述实验现象，说明配合物和复盐的区别。

3. 简单离子和配离子的区别

(1) 取1支试管，加入0.1mol/L $FeCl_3$ 溶液1ml，滴入0.1mol/L KSCN溶液3滴，观察现象。

(2) 以 $K_3[Fe(CN)_6]$ 溶液代替 $FeCl_3$ 溶液做相同的实验，观察现象，并加以解释。

(三) 配位平衡的移动

1. 沉淀反应的影响 取1支离心试管，加入0.1mol/L $AgNO_3$ 溶液1ml和0.1mol/L NaCl溶液1ml，将离心试管放入离心机内，离心后弃去上层清液，然后向离心试管内加入6mol/L $NH_3 \cdot H_2O$，边滴边振荡，至沉淀刚好溶解为止，得澄清溶液。然后向此澄清溶液中滴入0.1mol/L NaCl溶液2滴，观察是否有白色沉淀生成。再滴入0.1mol/L KBr溶液2滴，观察是否有淡黄色沉淀生成，继续滴加0.1mol/L KBr溶液，至沉淀不增加为止。将此试管溶液离心后弃去清液，在沉淀中加入0.1mol/L $Na_2S_2O_3$ 溶液，直到沉淀刚好溶解为止。

在此溶液中滴入0.1mol/L KBr溶液2滴，观察是否有淡黄色沉淀生成，再滴入0.1mol/L KI溶液2滴，观察是否有黄色沉淀生成。

根据上述实验结果，讨论沉淀平衡与配位平衡的关系，并比较AgCl、AgBr、AgI的 K_{sp} 的大小及 $[Ag(NH_3)_2]^+$、$[Ag(S_2O_3)_2]^{3-}$ 配离子稳定性的大小。

2. 氧化还原反应的影响 取2支试管，各加入0.1mol/L $FeCl_3$ 溶液5滴，在其中1支试管中逐滴加入0.1mol/L KF溶液，摇匀至黄色褪去，再过量几滴。然后在这两支试管中分别加入0.1mol/L KI溶液5滴和四氯化碳5滴，振摇，观察这两支试管中各层的颜色。解释现象，写出化学反应方程式。

3. 溶液酸度的影响 取1支试管，加入5滴0.1mol/L $AgNO_3$ 溶液，再逐滴加入6mol/L $NH_3 \cdot H_2O$ 溶液，边加边振荡，待生成的沉淀完全溶解。然后逐滴加入2mol/L HNO_3，观察溶液的颜色变化，是否有沉淀生成。继续加入2mol/L HNO_3 至溶液显酸性，观察变化并解释现象，写出化学反应方程式。

五、问题与讨论

1. AgCl为什么能溶于氨水？写出有关反应的化学方程式。
2. 在 $[Cu(NH_3)_4]SO_4$ 溶液中加入NaOH溶液，为什么没有蓝色沉淀生成？
3. 如何证明 $NH_4Fe(SO_4)_2$ 是复盐，而 $K_3[Fe(CN)_6]$ 是配位化合物？

实验十 碱金属和碱土金属元素及其化合物

一、实验目的

1. 验证常见碱金属和碱土金属的主要性质。
2. 进行常见碱土金属氢氧化物及某些难溶盐的生成实验，并验证它们的主要性质。
3. 掌握 Na^+、K^+、Ca^{2+} 的鉴定反应。
4. 进行钠、钾、钙、钡盐的焰色反应实验。

二、实验原理

碱金属元素的价电子层构型为 ns^1，碱土金属元素的价电子层构型为 ns^2，它们很容易失去电子，是典型的金属元素，化学性质很活泼，其单质能与非金属和许多化合物反应。

碱金属氢氧化物都是易溶于水的强碱；碱土金属氢氧化物的碱性弱于相应的碱金属氢氧化物，在水中的溶解度也较小，并以沉淀形式析出。

碱金属的盐大多数易溶解于水，碱土金属的硝酸盐、卤化物（除氟化物）、醋酸盐易溶于水，而碳酸盐、草酸盐、硫酸盐等则难溶于水。

三、实验仪器、试剂及其他

1. 仪器 试管、烧杯、镊子、铂金丝、酒精喷灯。

2. 试剂

（1）酸：2mol/L HCl、2mol/L HAc、1mol/L H_2SO_4、浓 HNO_3。

（2）碱：2mol/L NaOH（新制）、澄清石灰水、2mol/L $NH_3 \cdot H_2O$。

（3）盐：0.1mol/L Na_2CO_3、1mol/L NaCl、0.1mol/L NaCl、0.1mol/L Na_2SO_4、1mol/L KCl、0.1mol/L KCl、0.1mol/L $CaCl_2$、0.1mol/L $MgCl_2$、0.1mol/L $BaCl_2$、1mol/L $MgSO_4$、饱和醋酸铀酰锌溶液、饱和钴亚硝酸钠溶液、饱和 NH_4Cl 溶液、饱和草酸铵溶液。

3. 其他 pH 试纸、金属钠、镁条、酚酞试液、碳酸钠（固）、碳酸氢钠（固）。

四、实验内容

（一）钠和钠的化合物

1. 钠单质的反应

（1）与水的反应：在一小烧杯中加入 20～30ml 水，用镊子从煤油中取出一小块金属钠，用干燥滤纸将钠表面的煤油吸干，用小刀取约米粒大小的钠。观察新鲜表面的颜色及变化。将金属钠放入水中，迅速用表面皿盖好烧杯，观察现象。反应完后，往烧杯里滴入 1～2 滴酚酞试液，观察现象。写出反应的化学方程式。

（2）取一绿豆大小的金属钠，用滤纸吸干表面的煤油，放在蒸发皿中，加热。一旦金属钠开始燃烧即停止加热，观察产物的颜色和状态。写出反应式。产物冷却后，用玻璃棒轻轻捣碎产物，转移入试管中，加入少量水，检验管口有无氧气放出，检验溶液 pH 值。

2. 碳酸钠和碳酸氢钠的反应 取 2 支试管，分别加入少量的碳酸钠、碳酸氢钠粉末，再向每支试管中加入适量 2mol/L HCl，将放出的气体分别通入澄清的石灰水，观察现象，写出反应方程式。

3. 钠离子和钾离子的鉴定

（1）钠盐：取 1mol/L NaCl 溶液 3～4 滴，加入 2mol/L HAc 1～2 滴，滴加饱和醋酸铀酰锌溶液 10～12 滴，用玻棒摩擦试管内壁。观察现象，说明结果。

（2）钾盐：取 1mol/L KCl 溶液 3～4 滴，加入 4～5 滴饱和 $Na_3[Co(NO_2)_6]$ 溶液，用玻棒搅拌，并摩擦试管内壁，片刻后，观察现象，说明结果。

（二）单质镁和氢氧化镁的反应

1. 镁燃烧的反应 取一小段金属镁条，用砂纸除去表面氧化层，点燃，观察燃烧现象、产物的颜色和状态。写出反应式。

2. 镁和水的反应 取两小段镁条，除去表面氧化膜后，分别投入盛有约 2ml 冷水和热水的两支试管中，观察现象，对比反应的不同，加入 1 滴酚酞试液，观察溶液颜色有无变化，说明原因并写出反应方程式。

3. 氢氧化镁的制备和性质 取 1 支试管，加入 1mol/L $MgSO_4$ 溶液 0.5ml，加入 2mol/L $NH_3 \cdot H_2O$ 溶液 1ml，观察有无沉淀生成。然后将得到的产物分装在 3 支试管中，分别加入 2mol/L HCl、2mol/L NaOH、饱和 NH_4Cl 溶液，又有何现象？写出反应方程式。

（三）碱土金属氢氧化物溶解性比较

1. 取 3 支试管，分别加入浓度均为 0.1mol/L 的 $MgCl_2$、$CaCl_2$、$BaCl_2$ 溶液各 0.5ml，再分别加

入 0.5ml 2mol/L 的 NaOH 溶液，观察现象。写出反应方程式。

2. 取 3 支试管，分别加入浓度均为 0.1mol/L 的 $MgCl_2$、$CaCl_2$、$BaCl_2$ 溶液各 0.5ml，再分别加入浓度为 2mol/L 的 $NH_3 \cdot H_2O$ 溶液 0.5ml，观察现象。写出反应方程式。

说明碱土金属氢氧化物溶解度的大小顺序。

（四）碱土金属难溶盐的生成和性质

1. 镁、钙、钡的碳酸盐 取 3 支试管，分别加入浓度均为 0.1mol/L 的 $MgCl_2$、$CaCl_2$、$BaCl_2$ 溶液各 0.5ml，再分别加入 0.1mol/L 的 Na_2CO_3 溶液 0.5ml，观察有无沉淀生成，然后再分别加入 2mol/L 的 HAc 1ml，观察现象。写出反应方程式。

2. 碳酸钙和碳酸氢钙的生成 取 1 支试管，加入约 2ml 澄清石灰水，用玻璃管吹入 CO_2 气体，观察现象。再继续吹入 CO_2 气体，观察有无变化，将溶液加热至沸腾，观察现象。写出各步反应方程式。

3. 硫酸盐溶解度的比较 在 3 支试管中分别加入 0.5ml 浓度均为 0.1mol/L 的 $MgCl_2$、$CaCl_2$、$BaCl_2$ 溶液，再各加入 0.5ml 0.1mol/L 的 Na_2SO_4 溶液，比较现象。分别检验沉淀与浓硝酸的作用，写出反应式。比较 $MgCl_2$、$CaCl_2$、$BaCl_2$ 的溶解度大小。

4. 草酸盐溶解度的比较 在 3 支试管中分别加入 0.5ml 浓度均为 0.1mol/L 的 $MgCl_2$、$CaCl_2$、$BaCl_2$ 溶液，再各加入 0.5ml 饱和草酸铵溶液，观察现象。将生成的沉淀分成两等份，一支加入 2mol/L 的 HCl 1ml，另一支加入 2mol/L 的 HAc 1ml，观察 2 支试管中沉淀是否消失。说明原因并写出反应方程式。

（五）焰色反应

取 1 根顶端弯成小圈的铂金丝，蘸取浓盐酸在酒精喷灯上灼烧至无色，然后分别蘸取浓度均为 0.1mol/L 的 NaCl、KCl、$CaCl_2$、$BaCl_2$ 溶液在无色火焰上灼烧，每进行完一种溶液的焰色反应后，均需蘸浓盐酸溶液灼烧铂丝，烧至火焰无色后，再进行新的溶液的焰色反应。观察并比较它们的焰色。

五、注意事项

做钠的反应实验时，钠一定不能取多！在能做出现象的前提下，取量越少越好，要用镊子取用，以防剧烈反应而发生危险，切记！

切勿用手直接接触金属钠，未用完的钠屑不能乱丢，可加少量酒精使其缓慢分解。

学生在进行金属钠实验时，须经指导教师指导或示范后才能进行实验。

镁条在空气中的燃烧，注意除净镁条表面的氧化膜，镁条厚度小于 2mm。

六、问题与讨论

1. 金属钠的使用和保存有哪些注意事项？为什么？

2. 为什么在实验中比较 $Mg(OH)_2$、$Ca(OH)_2$、$Ba(OH)_2$ 的溶解度时，所用的 NaOH 溶液必须是新配制的？

实验十一　卤素、氧硫元素及其化合物

一、实验目标

1. 通过实验，比较卤素氧化性和卤离子还原性强弱的变化规律。

2. 验证过氧化氢的性质及其鉴定方法。

3. 验证硫代硫酸盐的性质。

4. 练习萃取和分液的操作。

二、实验原理

1. 氧化还原性是卤素的特征。卤素单质均为氧化剂，其氧化性按下列顺序变化：

$$F_2>Cl_2>I_2>Br_2$$

卤素离子的还原性按相反顺序变化：

$$I^->Br^->Cl^->F^-$$

2. 漂白粉与水或酸反应生成 HClO，表现出较强的氧化性，还可发挥漂白的作用。

3. 过氧化氢中的氧处于中间氧化态，所以既有氧化性，又有还原性。

过氧化氢的检验方法是在酸性溶液中加入重铬酸钾（$K_2Cr_2O_7$）溶液，生成蓝色的过氧化铬 CrO_5。CrO_5 在水中不稳定，在乙醚中较稳定，所以常预先加入乙醚。反应为：

$$K_2Cr_2O_7+H_2SO_4+4H_2O_2=\!=\!=K_2SO_4+2CrO_5+5H_2O$$

4. 硫代硫酸盐有较强的还原性，还具有较强的配位能力。

三、实验仪器、试剂及其他

1. 仪器 试管，胶头滴管，50ml 分液漏斗，角匙，玻棒，铁架台等。

2. 试剂

酸：浓 H_2SO_4，1mol/L H_2SO_4。

碱：浓 $NH_3\cdot H_2O$。

盐：0.1mol/LKBr、KI、$K_2Cr_2O_7$，0.01mol/L $KMnO_4$，0.1mol/L $Na_2S_2O_3$、$AgNO_3$、$BaCl_2$，固体 NaCl、KBr、KI。

3. 其他 淀粉碘化钾试纸、醋酸铅试纸、淀粉液、氯水、溴水、碘水、四氯化碳、乙醚、30g/L H_2O_2 等。

四、实验内容

（一）卤素氧化性的比较

1. 氯与溴的氧化性比较 在盛有 1ml 0.1mol/L KBr 溶液的试管中，逐滴加入氯水，振荡，有何现象？再加入 0.5ml CCl_4，充分振荡，又有何现象？试解释之。氯和溴的氧化性哪个较强？

2. 溴和碘的氧化性比较 在盛有 1ml 0.1mol/L KI 溶液的试管中逐滴加入溴水，振荡，有何现象？再加入 0.5ml CCl_4，充分振荡，又有何现象？试解释之。溴和碘的氧化性哪一个较强？

比较上面两个实验，氯、溴和碘的氧化性的变化规律如何？

（二）卤素离子的还原性比较

1. 往盛有少量氯化钠固体的试管中加入 1ml 浓 H_2SO_4 有何现象？用玻璃棒蘸一些浓 $NH_3\cdot H_2O$ 移近试管口以检验气体产物，写出反应式并加以解释。

2. 往盛有少量溴化钾固体的试管中加入 1ml 浓 H_2SO_4 有何现象？用湿的淀粉碘化钾试纸移近管口以检验气体产物。写出反应式并加以解释。

3. 往盛有少量碘化钾固体的试管中加入 1ml 浓 H_2SO_4 有何现象？把湿的醋酸铅试纸移近管口，以检验气体产物，写出反应式并加以解释。

综合上述三个实验，说明氯、溴和碘离子的还原性强弱的变化规律。

（三）萃取

用量筒取 10ml 碘水，用碘化钾 - 淀粉试纸试之。把碘水倒入分液漏斗，加入 4ml CCl_4，振荡，静置，待分层后进行分液操作（用小烧杯接 CCl_4 溶液，回收）。再用淀粉碘化钾试纸试验萃取后的碘水，与萃取前的结果比较。

（四）过氧化氢的性质和检验

1. 氧化性 在小试管中加入 0.1mol/L KI 溶液约 1ml，用 1mol/L H_2SO_4 酸化后，加入 2～3 滴 30g/L H_2O_2 溶液，观察有何变化？再加入 2 滴淀粉液，有何现象？解释之。

2. 还原性 在试管里加入 0.01mol/L $KMnO_4$ 溶液约 1ml，用 1mol/L H_2SO_4 酸化后，逐滴加入 30g/L H_2O_2 溶液（边滴边振摇），至溶液颜色消失为止。写出化学反应方程式。

3. 过氧化氢的检验 取试管一支，加入 2ml 蒸馏水，加入 1ml 乙醚，0.1mol/L $K_2Cr_2O_7$ 溶液和 1mol/L H_2SO_4 溶液各 1 滴，再加入 3～5 滴过氧化氢溶液。充分振荡，观察水层和乙醚层中的颜色变化。

（五）硫代硫酸盐的性质

1. 硫代硫酸钠与 Cl_2 的反应 取 1ml 0.1mol/L $Na_2S_2O_3$ 溶液于一试管中，加入 2mlCl_2 水，充分振荡，检验溶液中有无 SO_4^{2-} 生成。

2. 硫代硫酸钠与 I_2 的反应，取 1ml 0.1mol/L $Na_2S_2O_3$ 溶液于一试管中，加入 2ml I_2 水，充分振荡，检验溶液中有无 SO_4^{2-} 生成。

3. 硫代硫酸钠的配位反应 取 0.5ml 0.1mol/L $AgNO_3$ 溶液于一试管中，连续滴加 0.1mol/L $Na_2S_2O_3$ 溶液，边滴边振荡，直至生成的沉淀完全溶解。解释所见现象。

五、问题与讨论

1. 如何检验硫代硫酸钠与 I_2 的反应液中是否含 SO_4^{2-}？

2. 在水溶液中 $AgNO_3$ 与 $Na_2S_2O_3$ 的反应，有的同学的实验结果生成了黑色沉淀，有的同学的实验结果却无沉淀产生，这两种实验现象都正确吗？它们各在什么情况下出现？

3. 硫化物溶液和亚硫酸盐溶液不能长久保存的原因是什么？

实验十二 氮族、碳族、硼族元素及其化合物

一、实验目标

1. 学会检验氨盐和硝酸盐的热稳定性。
2. 了解碳酸盐的热稳定性以及硼酸的性质。
3. 了解氢氧化铝的两性和碳酸盐的水解性质。

二、实验原理

1. 铵盐受热易分解，并且因阴离子的不同而分解产物不同。硝酸盐受热也易分解，因阳离子的不同而分解产物不同。

2. 碳酸的正盐的稳定性大于酸式碳酸盐，酸式碳酸盐受热可分解为碳酸盐；碳酸的正盐和酸式盐都易水解而使溶液呈碱性。碳酸盐的水溶液与某些含金属阳离子的盐反应可生成碳酸盐

的沉淀、氢氧化物沉淀或碱式碳酸盐的沉淀。如 Ca^{2+}、Sr^{2+}、Ba^{2+} 等盐生成碳酸盐的沉淀：

$$Ba^{2+} + CO_3^{2-} = BaCO_3\downarrow$$

Cu^{2+}、Mg^{2+}、Zn^{2+}、Co^{2+}、Ni^{2+} 等生成碱式碳酸盐沉淀；还有些阳离子生成氢氧化物沉淀，如 Cr^{3+}、Al^{3+}、Fe^{3+}。

$$2Cu^{2+} + 2CO_3^{2-} + H_2O = Cu_2(OH)_2CO_3\downarrow + CO_2\uparrow$$

$$2Al^{3+} + 3CO_3^{2-} + 3H_2O = 2Al(OH)_3\downarrow + 3CO_2\uparrow$$

3. 硼酸是典型的路易斯酸，但接受电子能力很弱，故为一元弱酸。硼酸与甘油结合后，酸性明显增强。利用硼酸的特性反应可鉴别硼酸和硼酸盐。

4. 铝的氢氧化物具有两性，既可溶于盐酸，也可溶于氢氧化钠，还可溶于氨水。

三、实验仪器、试剂及其他

1. 仪器 试管，胶头滴管，角匙，玻棒，铁架台等。

2. 试剂

酸：浓 H_2SO_4，6mol/L HCl。

碱：6mol/LNaOH、$NH_3 \cdot H_2O$，2mol/L$NH_3 \cdot H_2O$。

盐：饱和 Na_2CO_3，1mol/LNa_2CO_3，0.1mol/L$NaHCO_3$，饱和 $Al_2(SO_4)_3$，0.5mol/L$Al_2(SO_4)_3$，0.001mol/L$Pb(NO_3)_2$，1mol/L$CuSO_4$，1mol/L$BaCl_2$，硼砂（饱和溶液），固体 $NaNO_3$、$NaHCO_3$、Na_2CO_3、NH_4Cl、$NH_4H_2PO_4$、NH_4NO_3、$Pb(NO_3)_2$、$AgNO_3$。

3. 其他 H_3BO_3，甘油，乙醇，石灰水等。

四、实验内容

（一）铵盐的热分解与阴离子的关系

1. 阴离子为挥发性酸根 在干燥试管内放入约 1g 的 NH_4Cl 固体，加热试管底部（底部略高于管口），用湿润的红色石蕊试纸在管口检验逸出的气体，观察试纸颜色的变化。继续加强热，石蕊试纸又怎样变化？观察试管上部冷壁上有白霜出现。解释实验过程中所出现的现象。

2. 阴离子为不挥发性酸根 在干燥试管中加入约 1g$NH_4H_2PO_4$ 的固体，用酒精灯加热，观察是否有气体放出并检验释放的气体为何物？

3. 阴离子为氧化性酸根 取少量 NH_4NO_3 固体放在干燥试管内，加热，观察现象。

总结铵盐的热分解产物与阴离子的关系，写出上述的热分解反应方程式。

（二）硝酸盐的热分解与阳离子的关系

在三支试管中分别加入少量 $AgNO_3$、$Pb(NO_3)_2$ 和 $NaNO_3$ 固体，加热之，有何现象？用带有余烬的火柴伸进管口，观察现象。并加以解释。

（三）碳酸盐的性质

1. 碳酸盐热稳定性的比较 在大试管中装入 3g $NaHCO_3$ 固体，将大试管固定在铁架台上（参见固体的加热装置图），管口连一具塞玻璃管，玻璃管插入一装有澄清石灰水的试管，加热，观察石灰水有何变化。

用同样的方法加热 Na_2CO_3 比较两者热稳定性的大小。

2. 碳酸盐的水解

（1）取二支试管分别加入 0.1mol/L Na_2CO_3 溶液和 0.1mol/L $NaHCO_3$ 溶液各 1ml，滴加酚酞试液 2 滴，观察现象并解释之。

（2）取二支试管分别加入 1mol/L $BaCl_2$ 溶液和 1mol/L$CuSO_4$ 溶液 1ml，再分别加入 1mol/L Na_2CO_3 溶液 1ml。观察现象并解释之。

（3）在 0.5ml 饱和 $Al_2(SO_4)_3$ 溶液中加入 1ml 饱和 Na_2CO_3 溶液，有何现象？反应产物是什么？

（四）硼酸的性质和检验

1. 硼酸的生成 取 1ml 硼砂饱和溶液，测其 pH 值。在该溶液中加入 0.5ml 浓 H_2SO_4 用冰水冷却之，有无晶体析出？离心分离，弃去溶液，用少量冷水洗涤晶体 2～3 次，再用 0.5mlH_2O 使之溶解。用 pH 试纸测其 pH 值。并与硼砂溶液比较。

2. 硼酸的性质 在一试管中加少量 H_3BO_3 固体和 6ml 蒸馏水，微热，使固体溶解。把溶液分装于两支试管中，在一试管中加几滴甘油[$C_3H_5(OH)_3$]，混匀。各加 1 滴甲基橙指示剂，观察溶液的颜色。比较颜色的差异并解释之。

3. 硼酸的鉴定 取少量硼酸晶体放在蒸发皿中，加几滴浓 H_2SO_4 和 2ml 乙醇，混合后点燃，观察火焰呈现出来的由硼酸三乙酯蒸气燃烧时所发出的特征绿色。

（五）氢氧化铝的性质

在三支试管中分别加入 0.5ml 0.5mol/L $Al_2(SO_4)_3$ 溶液，再滴加 0.5ml、2mol/L $NH_3·H_2O$，生成沉淀，然后离心分离，再弃去上清液。在三支试管中分别加入过量的 6mol/L 的 $NH_3·H_2O$、NaOH 和 HCl 溶液。有何现象发生，写出反应方程式。

五、问题与讨论

1. 为什么不能用 HNO_3 同 FeS 作用以制备 H_2S？
2. 为什么不能用磨口玻璃瓶盛装碱液？
3. 硼酸溶液加甘油后为什么酸度会变大？

实验十三　重要过渡元素及其化合物

一、实验目的

1. 验证铬、锰、铁、铜、锌和汞的重要化合物的主要性质。
2. 进行一些过渡金属元素形成的离子的特性反应实验。

二、实验原理

1. 铬是周期系ⅥB 族元素，价电子构型为 $3d^54s^1$，常见氧化态有 +3 和 +6；锰是周期系ⅦB 族元素，价电子构型为 $3d^54s^2$，常见氧化态有 +2、+4、+6 和 +7，通常氧化态为 +2 时最稳定。

Cr^{3+} 盐溶液与适量的氨水或 NaOH 溶液作用时，即有 $Cr(OH)_3$ 灰绿色胶状沉淀生成，$Cr(OH)_3$ 具有两性。

Cr^{3+} 在碱性介质中还原性较强，能被 H_2O_2、Cl_2、Br_2 等氧化剂氧化成 CrO_4^{2-}。而在酸性介质中，重铬酸盐和铬酸盐都是强氧化剂。

铬酸盐和重铬酸盐在溶液中存在下列平衡

$$2CrO_4^{2-} + 2H^+ \rightleftharpoons Cr_2O_7^{2-} + H_2O$$

加酸或加碱可使平衡发生移动，故 CrO_4^{2-} 和 $Cr_2O_7^{2-}$ 可相互转化。

2. Mn（Ⅱ）在碱性介质中还原性较强。例如，当 Mn^{2+} 与 OH^- 作用时，可生成 $Mn(OH)_2$ 白色沉淀，放置片刻即被空气中的 O_2 氧化，生成棕色的水合二氧化锰 $MnO(OH)_2$。Mn(Ⅳ)的化合物中，最重要的是 MnO_2，它在酸性介质中是强氧化剂。

$KMnO_4$ 是强氧化剂，它们的还原产物随介质的不同而不同，例如 MnO_4^- 在酸性介质中被还原成 Mn^{2+}；在强碱性介质中被还原成 MnO_4^{2-}；在中性介质中被还原成 MnO_2。

3. 铁是周期系Ⅷ族元素，价电子构型为 $3d^64s^2$，常见氧化数为 +2、+3。Fe(Ⅱ)有还原性。过渡金属阳离子大都有相应的特性反应，可用来进行定性鉴别。

4. 铜位于周期系第ⅠB族，最外层只有 1 个 s 电子，化学性质较稳定，通常有 +1 和 +2 两种氧化态的化合物。Cu^{2+} 是较好的配合物形成体，能与许多配体如 OH^-、Cl^-、F^-、SCN^-、H_2O、NH_3 等以及一些有机配体形成配合物或螯合物。

$Cu(OH)_2$ 微显两性，易溶于酸，也能溶于过量的较浓的强碱中。

5. 锌、汞是周期系中ⅡB族元素，锌族元素的价电子层构型为 $(n-1)d^{10}ns^2$。最外层有 2 个电子，次外层有 18 个电子。$Zn(OH)_2$ 是两性化合物，既能溶于酸也能溶于碱。

三、实验仪器、试剂及其他

1. 仪器 试管、离心试管、离心机、酒精灯、烧杯。

2. 试剂

（1）酸：浓 HCl、2mol/L H_2SO_4、2mol/L HCl、2mol/L HAc。

（2）碱：6mol/L NaOH、2mol/L NaOH、1mol/L NaOH、2mol/L $NH_3 \cdot H_2O$。

（3）盐：1mol/L $FeSO_4$、$K_3[Fe(CN)_6]$、0.1mol/L $CrCl_3$、$K_2Cr_2O_7$、Na_2SO_3、$FeCl_3$、$CuSO_4$、$ZnSO_4$、$MnSO_4$、KSCN、$Hg(NO_3)_2$、$Hg_2(NO_3)_2$、NaCl、$SnCl_2$、0.01mol/L $KMnO_4$。

3. 其他 3%H_2O_2、MnO_2（固体）、Na_2SO_3（固体）、$FeSO_4$（固体）、淀粉碘化钾试纸。

四、实验内容

（一）铬的化合物

1. $Cr(OH)_3$ 的生成和两性 在试管中加入 10 滴 0.1mol/L 的 $CrCl_3$ 溶液，逐滴加入 2mol/L 的 NaOH，观察生成沉淀的颜色。然后将沉淀分成两份，再分别加入 2mol/L 的 H_2SO_4 和 6mol/L 的 NaOH 溶液，观察沉淀是否溶解。写出反应方程式。

2. Cr(Ⅲ)的还原性及 CrO_4^{2-} 和 $Cr_2O_7^{2-}$ 的转化 取 5 滴 0.1mol/L 的 $CrCl_3$ 溶液，逐滴加入 2mol/L 的 NaOH 溶液直到沉淀溶解为止。然后加入 2～3 滴 3%H_2O_2，观察溶液颜色变化。加热分解过量 H_2O_2 后，将溶液分为两份，一份加入 2mol/L 的 H_2SO_4 酸化，观察两份溶液的颜色。写出反应式并解释。

3. $Cr_2O_7^{2-}$ 的氧化性 取 2 支试管，各加入 5 滴 0.1mol/L 的 $K_2Cr_2O_7$ 和 5 滴 2mol/L 的 H_2SO_4 溶液，然后，在一支试管中加入 1 小粒 $FeSO_4$ 晶体，另一支试管中加入少量 Na_2SO_3 的固体，观察溶液的颜色变化。写出反应方程式。

（二）锰的化合物

1. $Mn(OH)_2$ 的生成和性质 在数滴 0.1mol/L 的 $MnSO_4$ 溶液中，加数滴 2mol/L 的 NaOH，立即观察现象，放置后再观察现象有何变化？写出反应方程式。

2. MnO_2 的生成 取 10 滴 0.01mol/L 的 $KMnO_4$ 溶液，逐滴加入 0.1mol/L 的 $MnSO_4$ 溶液，观察 MnO_2 的生成。

3. MnO_2 的氧化性 取少量 MnO_2 固体粉末于试管中，加入 10 滴浓盐酸，微热，用湿润的淀粉 KI 试纸检验有无氯气生成。

4. MnO_4^- 的氧化性 取3支试管各加入5滴0.01mol/L的$KMnO_4$溶液，再分别加入2滴2mol/L的H_2SO_4、水和2mol/L的NaOH，然后各加入数滴0.1mol/L的Na_2SO_3溶液，观察各试管中的现象。写出反应方程式，并说明$KMnO_4$的还原产物与溶液酸碱性的关系。

（三）铁的化合物

1. Fe^{2+} 与碱的作用及 Fe^{2+} 的还原性 在试管中加入新配制的1mol/L的$FeSO_4$溶液1ml，然后加入5滴1mol/L的NaOH溶液，观察近乎白色的$Fe(OH)_2$沉淀的生成。写出反应方程式。将这些沉淀放置于空气中，观察沉淀的颜色变化并加以解释。

2. Fe^{2+} 和 Fe^{3+} 的特性反应

（1）Fe^{2+}的特性反应：在试管中加入新配制的1mol/L的$FeSO_4$溶液1ml，然后加入1mol/L的$K_3[Fe(CN)_6]$ 2滴，产生深蓝色沉淀，示有Fe^{2+}存在。

（2）Fe^{3+}的特性反应：在试管中加入0.1mol/L $FeCl_3$溶液1ml，然后加入0.1mol/L的KSCN溶液2滴，溶液变为血红色，示有Fe^{3+}存在。

（四）铜的化合物

1. $Cu(OH)_2$ 的生成和性质 在试管中加入1ml 0.1mol/L的$CuSO_4$溶液和0.5ml 2mol/L的NaOH溶液，观察沉淀的颜色和状态。将沉淀分成两份，分别加入2mol/L的H_2SO_4和6mol/L的NaOH溶液，观察沉淀是否溶解。写出反应方程式。

2. $[Cu(NH_3)_4]^{2+}$ 的生成 在试管中加入5滴0.1mol/L的$CuSO_4$溶液，然后逐滴加入2mol/L的$NH_3 \cdot H_2O$，边加边摇，观察沉淀的生成和溶解及颜色的变化。写出反应方程式。

（五）锌的化合物

1. $Zn(OH)_2$ 的生成和两性 在试管中加入1ml 0.1mol/L的$ZnSO_4$溶液和0.5ml 2mol/L的NaOH溶液，观察沉淀的颜色和状态。将沉淀分成两份，分别加入2mol/L的H_2SO_4和6mol/L的NaOH溶液，观察沉淀是否溶解。写出反应方程式。

2. $[Zn(NH_3)_4]^{2+}$ 的生成 在试管中加入5滴0.1mol/L的$ZnSO_4$溶液，然后逐滴加入2mol/L的$NH_3 \cdot H_2O$，边加边摇，观察沉淀的生成和溶解。写出反应方程式。

（六）汞的化合物

1. $HgCl_2$ 与 Cu 的反应 滴1滴0.1mol/L的$HgCl_2$溶液于光亮的铜片上，静置片刻，用水冲去溶液，用滤纸擦拭，观察白色光亮斑点的生成。写出离子反应式。

2. 汞的氯化物的溶解性及 Hg(Ⅱ)和 Hg(Ⅰ)的氧化性 在两支试管中各滴加0.1mol/L的$Hg(NO_3)_2$和0.1mol/L的$Hg_2(NO_3)_2$溶液，再分别滴入2滴0.1mol/L的NaCl溶液，观察有何现象？然后再分别滴加0.1mol/L的$SnCl_2$溶液，观察颜色的变化，两支试管中的现象有何区别？写出反应方程式。

五、问题与讨论

1. 用什么方法可以使下列离子相互转化？

$$Cr^{3+} \rightleftharpoons CrO_4^{2-} \rightleftharpoons Cr_2O_7^{2-}$$

2. 如何鉴别可溶性的Hg(Ⅱ)和Hg(Ⅰ)盐？
3. 怎样鉴定Fe^{2+}和Fe^{3+}？

附　　录

附录一　我国法定计量单位

国际单位制（SI）是法语 Le Systeme International d'Unite's 的缩写，是从米制发展而成的一种计量单位制度，为世界范围内的“法定计量单位”。我国简称为国际制。国际单位制计量的单位和国家选定的其他计量单位，为国家法定计量单位。

表附 1-1　SI 基本单位

量的名称	单位名称	单位符号	
		国际	中文
长度	米（meter）	m	米
质量	千克（公斤）（kilogram）	kg	千克
时间	秒（second）	s	秒
电流	安[培]（Ampere）	A	安
热力学温度	开[尔文]（Kelvin）	K	开
物质的量	摩[尔]（mole）	mol	摩
发光强度	坎[德拉]（candela）	cd	坎

注：方括号内的字在不致混淆的情况下可以省略；圆括号内的字为前者的同义词，具有同等的使用地位。下同。

表附 1-2　SI 词头

因数	词头名称		符号
	中文	英文	
10^{18}	艾[可萨]	exa	E
10^{15}	拍[它]	peta	P
10^{12}	太[拉]	tera	T
10^{9}	吉[咖]	giga	G
10^{6}	兆	mega	M
10^{3}	千	kilo	k
10^{2}	百	hecto	h
10^{1}	十	deca	da
10^{-1}	分	deci	d
10^{-2}	厘	centi	c
10^{-3}	毫	milli	m
10^{-6}	微	micro	μ

续表

因数	词头名称		符号
	中文	英文	
10^{-9}	纳[诺]	nano	n
10^{-12}	皮[可]	pico	p
10^{-15}	飞[母托]	femto	f
10^{-18}	阿[托]	atto	a

表附 1-3 可与国际单位制单位并用的我国法定计量单位

量的名称	单位名称	单位符号	与SI单位的关系
时间	分	min	1min=60s
	[小]时	h	1h=60min=3 600s
	天(日)	d	1d=24h=86 400s
质量	吨	t	1t=1 000kg
	原子质量单位	u	$1u=1.660\ 540\times10^{-27}kg$
长度	海里	n mile	1n mile=1 852m(只用于航海)
体积	升	L,(l)	$1L=1dm^3=10^{-3}m^3$
[平面]角	度	°	1°=(π/180)rad
	[角]分	′	1′=(1/60)°=(π/1 080)rad
	[角]秒	″	1″=(1/60)′=(π/64 800)rad
旋转速度	转每分	r/min	1r/min=(1/60)s
面积	公顷	hm^2	$1hm^2=10^4m^2$

附录二 常用物理常数及单位换算

表附 2-1 常用物理常数

常数名称	符号	数值
真空中的光速	c	$2.997\ 925\times10^8$m/s
电子电荷	e	$1.602\ 19\times10^{-19}$C(库伦)
质子电荷	−e	$-1.602\ 19\times10^{-19}$C(库伦)
电子静止质量	m_e	$9.109\ 53\times10^{-31}$kg
玻尔(Bohr)半径	α_0	$5.291\ 77\times10^{-11}$m
阿伏加德罗(Avogadro)常数	N_A	$6.022\ 136\times10^{23}$/mol
普朗克(Planck)常数	h	$6.626\ 17\times10^{-34}$J•s
玻尔兹曼(Boltsmann)常数	k	$1.380\ 66\times10^{-23}$J/K
法拉第(Faraday)常数	F	$9.648\ 45\times10^4$C/mol
气体常数	R	8.314 41J/K•mol

表附 2-2 常用单位换算

1 米(m)=100 厘米(cm)=10^3 毫米(mm)=10^6 微米(μm)=10^9 纳米(nm)=10^{12} 皮米(pm)

1 大气压(atm)=1.013 25 巴(Bars)=$1.013\ 25\times10^5$ 帕(Pa)=760 毫米汞柱(mmHg)(0℃)

1 大气压•升=1.013 3 焦耳(J)=24.202 卡(cal)

1 卡(cal)=4.184 0 焦耳(J)=$4.184\ 0\times10^7$ 尔格(erg)

1 电子伏特(eV)=1.602×10^{-19} 焦(J)=23.06 千卡/摩(kcal/mol)

O℃=273.15k

附录三　常用酸碱溶液的相对密度、质量分数和物质的量浓度

表附 3-1　常用酸碱溶液的相对密度、质量分数和物质的量浓度（20℃）

化学式	相对密度	质量分数 /%	物质的量浓度 /mol·L^{-1}
浓 HCl	1.19	38.0	12
稀 HCl			2.8
稀 HCl	1.10	20.0	6
浓 HNO_3	1.42	69.8	16
稀 HNO_3			1.6
稀 HNO_3	1.2	32.0	6
浓 H_2SO_4	1.84	98	18
稀 H_2SO_4			1
稀 H_2SO_4	1.18	24.8	3
浓 HAc	1.05	90.5	17
浓 HAc	1.045	36～37	6
$HclO_4$	1.47	74	13
H_3PO_4	1.689	85	14.6
浓 $NH_3 \cdot H_2O$	0.90	25～27（NH_3）	15
稀 $NH_3 \cdot H_2O$		10（NH_3）	6
稀 $NH_3 \cdot H_2O$		2.5（NH_3）	1.5
NaOH	1.109	10	2.8

附录四　平衡常数

表附 4-1　弱酸、弱碱的电离平衡常数 $K_a(K_b)$

弱电解质	温度 K	电离常数 $K_a(K_b)$	$pK_a(pK_b)$
H_3AsO_4	291	$K_1=5.62 \times 10^{-3}$	2.25
	291	$K_2=1.70 \times 10^{-7}$	6.77
	291	$K_3=3.95 \times 10^{-12}$	11.53
H_3BO_3	293	7.3×10^{-10}	9.14
HBrO	298	2.06×10^{-9}	8.69
H_2CO_3	298	$K_1=4.30 \times 10^{-7}$	6.37
	298	$K_2=5.61 \times 10^{-11}$	10.25
$H_2C_2O_4$	298	$K_1=5.90 \times 10^{-2}$	1.23
	298	$K_2=6.40 \times 10^{-5}$	4.19
HCN	298	4.93×10^{-10}	9.31
HClO	291	2.95×10^{-5}	7.53
H_2CrO_4	298	$K_1=1.8 \times 10^{-1}$	0.74
	298	$K_2=3.20 \times 10^{-7}$	6.49
HF	298	3.53×10^{-4}	3.45
HIO_3	298	1.69×10^{-1}	0.77
HIO	291	2.3×10^{-11}	10.64
HNO_2	298	4.6×10^{-4}	3.37
NH_4^+	298	5.68×10^{-10}	9.25
H_2O_2	298	2.4×10^{-12}	11.62

续表

弱电解质	温度K	电离常数$K_a(K_b)$	$pK_a(pK_b)$
H_3PO_4	298	$K_1=7.52\times10^{-3}$	2.12
	298	$K_2=6.23\times10^{-8}$	7.21
	298	$K_3=2.2\times10^{-13}$	12.67
H_2S	291	$K_1=9.1\times10^{-8}$	7.04
	291	$K_2=1.1\times10^{-12}$	11.96
H_4SiO_4	298	$K_1=2.2\times10^{-10}$	9.66
	298	$K_2=2\times10^{-12}$	11.70
	303	$K_3=1\times10^{-12}$	12.00
		$K_4=1\times10^{-12}$	12.00
HSO_4^-	298	1.20×10^{-2}	1.92
H_2SO_3	291	$K_1=1.54\times10^{-2}$	1.81
	291	$K_2=1.02\times10^{-7}$	6.91
HCOOH	293	1.77×10^{-4}	3.75
CH_3COOH	298	1.76×10^{-5}	4.75
$NH_3\cdot H_2O$	291	1.76×10^{-5}	4.75
$Ca(OH)_2$	298	$K_1=3.74\times10^{-3}$	2.43
		$K_2=4.0\times10^{-2}$	1.40
$Zn(OH)_2$	298	$K_1=8\times10^{-7}$	6.10

表附4-2　常见难溶电解质的溶度积常数K_{sp}(298K)

难溶电解质	K_{sp}	难溶电解质	K_{sp}
AgAC	1.94×10^{-3}	$Fe(OH)_2$	4.87×10^{-17}
AgCN	5.97×10^{-17}	$Fe(OH)_3$	2.79×10^{-39}
AgCl	1.77×10^{-10}	FeS	1.59×10^{-19}
AgBr	5.35×10^{-13}	Hg_2Cl_2	1.43×10^{-18}
AgI	8.52×10^{-17}	HgS	6.44×10^{-53}
Ag_2CO_3	8.46×10^{-12}	$MgCO_3$	6.82×10^{-6}
Ag_2CrO_4	1.12×10^{-12}	$Mg(OH)_2$	5.61×10^{-12}
Ag_2SO_4	1.20×10^{-5}	$Mn(OH)_2$	2.06×10^{-13}
$Ag_2S(\alpha)$	6.69×10^{-50}	MnS	4.65×10^{-14}
$Ag_2S(\beta)$	1.09×10^{-49}	$Ni(OH)_2$	5.48×10^{-16}
$Al(OH)_3$	1.1×10^{-33}	NiS	1.07×10^{-21}
$BaCO_3$	2.58×10^{-9}	$PbCl_2$	1.70×10^{-5}
$BaSO_4$	1.08×10^{-10}	$PbCO_3$	7.4×10^{-14}
$BaCrO_4$	1.17×10^{-10}	$PbCrO_4$	2.8×10^{-13}
$CaCO_3$	3.36×10^{-9}	PbF_2	3.3×10^{-8}
$CaC_2O_4\cdot H_2O$	2.32×10^{-9}	$PbSO_4$	2.53×10^{-8}
CaF_2	3.45×10^{-10}	PbS	9.04×10^{-29}
$Ca_3(PO_4)_2$	2.07×10^{-33}	PbI_2	9.8×10^{-9}
$CaSO_4$	4.93×10^{-5}	$Pb(OH)_2$	1.42×10^{-20}
$Cd(OH)_2$	7.2×10^{-15}	$SrCO_3$	5.60×10^{-10}
CdS	1.40×10^{-29}	$SrSO_4$	3.44×10^{-7}
$Co(OH)_2$(桃红)	1.09×10^{-15}	$ZnCO_3$	1.46×10^{-10}
$Co(OH)_2$(蓝)	5.92×10^{-15}	$Zn(OH)_2(\gamma)$	6.86×10^{-17}
$CoS(\alpha)$	4.0×10^{-21}	$Zn(OH)_2(\beta)$	7.71×10^{-17}
$CoS(\beta)$	2.0×10^{-25}	$Zn(OH)_2(\varepsilon)$	4.12×10^{-17}
$Cr(OH)_3$	6.3×10^{-31}	ZnS	2.93×10^{-25}
CuI	1.27×10^{-12}		
CuS	1.27×10^{-36}		

表附 4-3 常见配离子的稳定常数 $K_{稳}$

配离子	$K_{稳}$	$\lg K_{稳}$
$[Ag(CN)_2]^-$	1.3×10^{21}	21.11
$[Ag(NH_3)_2]^+$	1.1×10^{7}	7.04
$[Ag(SCN)_2]^-$	3.7×10^{7}	7.57
$[Ag(S_2O_3)_2]^{3-}$	2.9×10^{13}	13.46
$[Al(C_2O_4)_3]^{3-}$	2.0×10^{16}	16.30
$[AlF_6]^{3-}$	6.9×10^{19}	19.84
$[Cd(CN)_4]^{2-}$	6.0×10^{18}	18.78
$[CdCl_4]^{2-}$	6.3×10^{2}	2.80
$[Cd(NH_3)_4]^{2+}$	1.3×10^{7}	7.11
$[Cd(SCN)_4]^{2-}$	4.0×10^{3}	3.60
$[Co(NH_3)_6]^{2+}$	1.3×10^{5}	5.11
$[Co(NH_3)_6]^{3+}$	2.0×10^{35}	35.30
$[Co(NCS)_4]^{2-}$	1.0×10^{3}	3.0
$[Cu(CN)_2]^-$	1.0×10^{24}	24.0
$[Cu(CN)_4]^{3-}$	2.0×10^{30}	30.30
$[Cu(NH_3)_2]^+$	7.2×10^{10}	10.86
$[Cu(NH_3)_4]^{2+}$	2.1×10^{13}	13.32
$[FeCl_2]$	98	1.99
$[Fe(CN)_6]^{4-}$	1.0×10^{35}	35.0
$[Fe(CN)_6]^{3-}$	1.0×10^{42}	42.0
$[Fe(C_2O_4)_3]^{3-}$	2.0×10^{20}	20.30
$[Fe(NCS)_2]^+$	2.3×10^{3}	3.36
$[FeF_3]$	1.13×10^{12}	12.05
$[HgCl_4]^{2-}$	1.2×10^{15}	15.08
$[Hg(CN)_4]^{2-}$	2.5×10^{41}	41.40
$[HgI_4]^{2-}$	6.8×10^{29}	29.83
$[Hg(NH_3)_4]^{2+}$	1.9×10^{19}	19.28
$[Ni(CN)_4]^{2-}$	2.0×10^{31}	31.30
$[Ni(NH_3)_6]^{2+}$	5.5×10^{8}	8.74
$[Pb(CH_3COO)_4]^{2-}$	3.0×10^{8}	8.48
$[Pb(CN)_4]^{2-}$	1.0×10^{11}	11.0
$[Zn(CN)_4]^{2-}$	5.0×10^{16}	16.70
$[Zn(C_2O_4)_2]^{2-}$	4.0×10^{7}	7.60
$[Zn(OH)_4]^{2-}$	4.6×10^{17}	17.66
$[Zn(NH_3)_4]^{2+}$	2.9×10^{9}	9.46

附录五 标准电极电势

表附 5-1 酸性溶液中的标准电极电势（298K，100kPa）

	电极反应	$\varphi^{\ominus}/V$
Ag	$AgBr+e^- \rightleftharpoons Ag+Br^-$	+0.071 33
	$AgCl+e^- \rightleftharpoons Ag+Cl^-$	+0.222 3
	$Ag_2CrO_4+2e^- \rightleftharpoons 2Ag+CrO_4^{2-}$	+0.447 0
	$Ag^++e^- \rightleftharpoons Ag$	+0.799 6
Al	$Al^{3+}+3e^- \rightleftharpoons Al$	−1.662
As	$HAsO_2+3H^++3e^- \rightleftharpoons As+2H_2O$	+0.248
	$H_3AsO_4+2H^++2e^- \rightleftharpoons HAsO_2+2H_2O$	+0.560
Bi	$BiOCl+2H^++3e^- \rightleftharpoons Bi+H_2O+Cl^-$	+0.158 3
	$BiO^++2H^++3e^- \rightleftharpoons Bi+H_2O$	+0.320

续表

	电极反应	$\varphi^{\ominus}$/V
Br	$Br_2+2e^- \rightleftharpoons 2Br^-$	+1.066
	$BrO_3^-+6H^++5e^- \rightleftharpoons 1/2Br+2H_2O$	+1.482
Ca	$Ca^++2e^- \rightleftharpoons Ca$	−2.868
Cl	$ClO_4^-+2H^++2e^- \rightleftharpoons ClO_3^-+H_2O$	+1.189
	$ClO_2+2e^- \rightleftharpoons 2Cl^-$	+1.358 27
	$ClO_3^-+6H^++6e^- \rightleftharpoons Cl^-+3H_2O$	+1.451
	$ClO_3^-+6H^++5e^- \rightleftharpoons 1/2Cl_2+3H_2O$	+1.47
	$HClO+H^++e^- \rightleftharpoons 1/2Cl_2+H_2O$	+1.611
	$ClO_3^-+3H^++2e^- \rightleftharpoons HClO_2+H_2O$	+1.214
	$ClO_2+H^++e^- \rightleftharpoons HClO_2$	+1.277
	$HClO_2+2H^++2e^- \rightleftharpoons HClO+H_2O$	+1.645
Co	$Co^{3+}+e^- \rightleftharpoons Co^{2+}$	+1.92
Cr	$CrO_7^{2-}+14H^++6e^- \rightleftharpoons 2Cr^{3+}+7H_2O$	+1.232
Cu	$Cu^{2+}+e^- \rightleftharpoons Cu^+$	+0.153
	$Cu^{2+}+2e^- \rightleftharpoons Cu$	+0.341 9
	$Cu^++e^- \rightleftharpoons Cu$	+0.521
Fe	$Fe^{2+}+2e^- \rightleftharpoons Fe$	−0.447
	$Fe(CN)_6^{3-}+e^- \rightleftharpoons Fe(CN)_6^{4-}$	+0.358
	$Fe^{3+}+e^- \rightleftharpoons Fe^{2+}$	+0.771
H	$2H^++2e^- \rightleftharpoons H_2$	0.000 00
Hg	$Hg_2Cl_2+2e^- \rightleftharpoons 2Hg+2Cl^-$	+0.268 1
	$Hg_2^{2+}+2e^- \rightleftharpoons 2Hg$	+0.797 3
	$Hg^{2+}+2e^- \rightleftharpoons Hg$	+0.851
	$2\ Hg^{2+}+2e^- \rightleftharpoons Hg_2^{2+}$	+0.920
I	$I_2+2e^- \rightleftharpoons 2I^-$	+0.535 5
	$I_3+2e^- \rightleftharpoons 3I^-$	+0.536
	$IO_3^-+6H^++5e^- \rightleftharpoons 1/2I_2+3H_2O$	+1.195
	$HIO+H^++e^- \rightleftharpoons 1/2I_2+H_2O$	+1.439
K	$K^++e^- \rightleftharpoons K$	−2.931
Mg	$Mg^{2+}+2e^- \rightleftharpoons Mg$	−2.372
Mn	$Mn^{2+}+2e^- \rightleftharpoons Mn$	−1.185
	$MnO_4^-+e^- \rightleftharpoons MnO_4^{2-}$	+0.558
	$MnO_2+4H^++2e^- \rightleftharpoons Mn^{2+}+2H_2O$	+1.224
	$MnO_4^-+8H^++5e^- \rightleftharpoons Mn^{2+}+4H_2O$	+1.507
	$MnO_4^-+4H^++3e^- \rightleftharpoons MnO_2+2H_2O$	+1.679
Na	$Na^++e^- \rightleftharpoons Na$	−2.71
N	$NO_3^-+4H^++3e^- \rightleftharpoons =NO+2H_2O$	+0.957
	$2NO_3^-+4H^++2e^- \rightleftharpoons N_2O_4+2H_2O$	+0.803
	$HNO_3+H^++e^- \rightleftharpoons NO+H_2O$	+0.983
	$N_2O_4+4H^++4e^- \rightleftharpoons 2NO+2H_2O$	+1.035
	$NO_3^-+3H^++2e^- \rightleftharpoons HNO_2+H_2O$	+0.934
	$N_2O_4+2H^++2e^- \rightleftharpoons 2HNO_2$	+1.065
O	$O_2+2H^++2e^- \rightleftharpoons H_2O_2$	+0.695
	$H_2O_2+2H^++2e^- \rightleftharpoons 2H_2O$	+1.776
	$O_2+4H^++4e^- \rightleftharpoons 2H_2O$	+1.229
P	$H_3PO_4+2H^++2e^- \rightleftharpoons H_3PO_3+H_2O$	−0.276
Pb	$PbI_2+2e^- \rightleftharpoons Pb+2I^-$	−0.365
	$PbSO_4+2e^- \rightleftharpoons Pb+SO_4^{2-}$	−0.358 8
	$PbCl_2+2e^- \rightleftharpoons Pb+2Cl^-$	−0.267 5
	$Pb^{2+}+2e^- \rightleftharpoons Pb$	−0.126 2
	$PbO_2+4H^++2e^- \rightleftharpoons Pb^{2+}+2H_2O$	+1.455
	$PbO_2+SO_4^{2-}+4H^++2e^- \rightleftharpoons PbSO_4+2H_2O$	+1.691 3

续表

电极反应		$\varphi^{\ominus}$/V
S	$H_2SO_3+4H^++4e^- \rightleftharpoons S+3H_2O$	+0.449
	$S+2H^++2e^- \rightleftharpoons H_2S$	+0.142
	$SO_4^{2-}+4H^++2e^- \rightleftharpoons H_2SO_3+H_2O$	+0.172
	$S_4O_6^{2-}+2e^- \rightleftharpoons 2S_2O_3^{2-}$	+0.08
	$S_2O_8^{2-}+2e^- \rightleftharpoons 2SO_4^{2-}$	+2.010
Sb	$Sb_2O_3+6H^++6e^- \rightleftharpoons 2Sb+3H_2O$	+0.152
	$Sb_2O_5+6H^++4e^- \rightleftharpoons 2SbO^++3H_2O$	+0.581
Sn	$Sn^{4+}+2e^- \rightleftharpoons Sn^{2+}$	+0.151
V	$V(OH)_4^++4H^++5e^- \rightleftharpoons V+4H_2O$	−0.254
	$VO^{2+}+2H^++e^- \rightleftharpoons V^{3-}+H_2O$	+0.337
	$V(OH)_4^++2H^++e^- \rightleftharpoons VO^{2+}+3H_2O$	+1.00
Zn	$Zn^{2+}+2e^- \rightleftharpoons Zn$	−0.761 8

表附 5-2 碱性溶液中的标准电极电势(298K，100kPa)

电极反应		$\varphi^{\ominus}$/ V
Ag	$Ag_2S+2e^- \rightleftharpoons 2Ag+S^{2-}$	−0.691
	$Ag_2O+H_2O+2e^- \rightleftharpoons 2Ag+2OH^-$	+0.342
Al	$H_2AlO_3^-+H_2O+3e^- \rightleftharpoons Al+4OH^-$	−2.33
As	$AsO_2^-+2H_2O+3e^- \rightleftharpoons As+4OH^-$	−0.68
	$AsO_4^{3-}+2H_2O+e^- \rightleftharpoons AsO_2^-+4OH^-$	−0.71
Br	$BrO_3^-+3H_2O+6e^- \rightleftharpoons Br^-+6OH^-$	+0.61
	$BrO^-+H_2O+2e^- \rightleftharpoons Br^-+2OH^-$	+0.761
Cl	$ClO_3^-+H_2O+2e^- \rightleftharpoons ClO_2^-+2OH^-$	+0.33
	$ClO_4^-+H_2O+2e^- \rightleftharpoons ClO_3^-+2OH^-$	+0.36
	$ClO_2^-+H_2O+2e^- \rightleftharpoons ClO^-+2OH^-$	+0.66
	$ClO^-+H_2O+2e^- \rightleftharpoons Cl^-+2OH^-$	+0.81
Co	$Co(OH)_2+2e^- \rightleftharpoons Co+2OH^-$	−0.73
	$Co(NH_3)_6^{3+}+e^- \rightleftharpoons Co(NH_3)_6^{2+}$	+0.108
	$Co(OH)_3+e^- \rightleftharpoons Co(OH)_2+OH^-$	+0.17
Cr	$Cr(OH)_3+3e^- \rightleftharpoons Cr+3OH^-$	−1.48
	$CrO_2^-+2H_2O+3e^- \rightleftharpoons Cr+4OH^-$	−1.2
	$CrO_4^{2-}+4H_2O+3e^- \rightleftharpoons CrO(OH)_3+5OH^-$	−0.13
Cu	$Cu_2O+H_2O+2e^- \rightleftharpoons 2Cu+2OH^-$	−0.360
Fe	$Fe(OH)_3+e^- \rightleftharpoons Fe(OH)_2+OH^-$	−0.56
H	$2H_2O+2e^- \rightleftharpoons H_2+2OH^-$	−0.827 7
Hg	$HgO+H_2O+2e^- \rightleftharpoons Hg+2OH^-$	+0.097 7
I	$IO_3^-+3H_2O+6e^- \rightleftharpoons I^-+6OH^-$	+0.26
	$IO^-+H_2O+2e^- \rightleftharpoons I^-+2OH^-$	+0.485
Mg	$Mg(OH)_2+2e^- \rightleftharpoons Mg+2OH^-$	−2.690
Mn	$Mn(OH)_2+2e^- \rightleftharpoons Mn+2OH^-$	−1.56
	$MnO_4^-+2H_2O+3e^- \rightleftharpoons MnO_2+4OH^-$	+0.595
	$MnO_4^{2-}+2H_2O+2e^- \rightleftharpoons MnO_2+4OH^-$	+0.60
N	$NO_3^-+H_2O+2e^- \rightleftharpoons NO_2^-+2OH^-$	+0.01
O	$O_2+2H_2O+4e^- \rightleftharpoons +4OH^-$	+0.401
S	$S+2e^- \rightleftharpoons S^{2-}$	−0.476 27
	$SO_4^{2-}+H_2O+2e^- \rightleftharpoons SO_3^{2-}+2OH^-$	−0.93
	$2SO_3^{2-}+3H_2O+4e^- \rightleftharpoons S_2O_3^{2-}+6OH^-$	−0.571
	$S_4O_6^{2-}+2e^- \rightleftharpoons 2S_2O_3^{2-}$	+0.08
Sb	$SbO_2^-+2H_2O+3e^- \rightleftharpoons Sb+4OH^-$	−0.66
Sn	$Sn(OH)_6^{2-}+2e^- \rightleftharpoons HSnO_2^-+H_2O+3OH^-$	−0.93
	$HSnO_2^-+H_2O+2e^- \rightleftharpoons Sn+3OH^-$	−0.909

主要参考书目

[1] 冯务群. 无机化学[M]. 4版. 北京：人民卫生出版社，2018.
[2] 刘斌，付洪涛. 无机化学[M]. 北京：人民卫生出版社，2015.
[3] 傅春华，黄月君. 基础化学[M]. 3版. 北京：人民卫生出版社，2018.
[4] 石宝珏，宋守正. 基础化学[M]. 北京：人民卫生出版社，2015.
[5] 石宝珏，刘俊萍. 医用化学基础[M]. 2版. 北京：高等教育出版社，2022.
[6] 叶国华. 无机化学[M]. 北京：中国中医药出版社，2018.
[7] 宋天佑，程鹏，徐家宁，等. 无机化学[M]. 4版. 北京：高等教育出版社，2019.
[8] 朱秀明，林珍. 无机化学[M]. 3版. 北京：人民卫生出版社，2018.
[9] 蒋文，石宝珏. 无机化学[M]. 4版. 北京：中国医药科技出版社，2021.
[10] 蔡自由，叶国华. 医用化学[M]. 北京：中国医药科技出版社，2022.
[11] 钟国清. 无机及分析化学[M]. 3版. 北京：科学出版社，2021.
[12] 将文. 无机化学[M]. 北京：中国医药科技出版社，2021.
[13] 陈晓靓，代甜甜. 药用基础化学[M]. 河北：郑州大学出版社，2022.

复习思考题答案要点

模拟试卷

《无机化学》教学大纲